中国河湖长制发展研究报告

（2022）

主　编　鞠茂森　唐　彦　唐德善
副主编　王山东　顾向一　夏继红
　　　　夏管军　包　耘

光明日报出版社

图书在版编目（CIP）数据

中国河湖长制发展研究报告 . 2022 / 鞠茂森，唐彦，唐德善主编 . -- 北京：光明日报出版社，2023. 5

ISBN 978 - 7 - 5194 - 7253 - 5

Ⅰ. ①中… Ⅱ. ①鞠… ②唐… ③唐… Ⅲ. ①河道整治—责任制—研究报告—中国—2022 Ⅳ. ①TV882

中国国家版本馆 CIP 数据核字（2023）第 088946 号

中国河湖长制发展研究报告 . 2022

ZHONGGUO HEHUZHANG ZHI FAZHAN YANJIU BAOGAO. 2022

主　　编：鞠茂森　唐　彦　唐德善

责任编辑：刘兴华　　　　责任校对：李　倩　李佳莹
封面设计：中联华文　　　责任印制：曹　诤

出版发行：光明日报出版社
地　　址：北京市西城区永安路 106 号，100050
电　　话：010-63169890（咨询），010-63131930（邮购）
传　　真：010-63131930
网　　址：http：//book. gmw. cn
E - mail：gmrbcbs@ gmw. cn
法律顾问：北京市兰台律师事务所龚柳方律师

印　　刷：三河市华东印刷有限公司
装　　订：三河市华东印刷有限公司
本书如有破损、缺页、装订错误，请与本社联系调换，电话：010-63131930

开　　本：170mm×240mm
字　　数：467 千字　　　　印　　张：26
版　　次：2023 年 5 月第 1 版　　印　　次：2023 年 5 月第 1 次印刷
书　　号：ISBN 978 - 7 - 5194 - 7253 - 5

定　　价：99. 00 元

内容提要

全书四篇。1. 总论篇：河长制发展的历史回顾，河湖长制解读及实施效果指标体系，河湖长制的意义，河湖长制推行大事记。2. 发展篇：水利部、生态环境部对全面推行河湖长制总结评估进行了部署，河海大学承担评估了各省份推进河湖长制的效果，此篇对2019年之前的河湖长制发展情况进行系统梳理。3. 成效篇：2022年4月6日河海大学向31个省（自治区、直辖市）河长办发函征求“推行河湖长制的经验、问题、建议及效果”，得到了大多数省份河湖长制办公室的支持，这些省份反映了2019年年底以来省份推行河湖长制的经验、问题、建议及成效，整理出成效篇。4. 展望篇：分析推行河湖长制的问题及挑战、河湖长制的经验及启示、河湖长制的发展路径（方向）。

本书对保护河湖、推行河湖长制具有理论意义和实践价值。适合广大河湖长、河长办工作人员、环境保护人员及第三方评估人员参考使用。

强化河湖长制　建设幸福河湖

全面推行河湖长制，是以习近平同志为核心的党中央，立足解决我国复杂水问题、保障国家水安全，从生态文明建设和经济社会发展全局出发做出的重大决策。习近平总书记亲自谋划、亲自部署、亲自推动这项重大改革。2016年11月、2017年12月，中共中央办公厅、国务院办公厅先后印发《关于全面推行河长制的意见》《关于在湖泊实施湖长制的指导意见》。5年来的实践充分证明，全面推行河湖长制完全符合我国国情水情，是江河保护治理领域根本性、开创性的重大政策举措，是一项具有强大生命力的重大制度创新。

全面推行河湖长制取得显著成效

5年来，在党中央、国务院的坚强领导下，水利部与各地区各部门共同努力，推动解决了一大批长期想解决而没有解决的河湖保护治理难题，我国江河湖泊面貌发生了历史性变化，人民群众的获得感、幸福感、安全感显著增强，河湖长制焕发出勃勃生机。

责任体系全面建立。按照党中央、国务院确定的时间节点，2018年如期全面建立河长制、湖长制。31个省（自治区、直辖市）党委和政府主要领导担任省级总河长，省、市、县、乡四级河湖长共30万名，村级河湖长（含巡河员、护河员）超90万名，实现了河湖管护责任全覆盖。

工作机制不断完善。国家层面成立由国务院分管领导同志担任召集人的全面推行河湖长制工作部际联席会议，建立完善河湖长履职、监督检查、考核问责、正向激励等制度，形成了一级抓一级、层层抓落实的工作格局。推动建立长江、黄河流域省级河湖长联席会议机制，各地探索建立上下游左右岸联防联控机制、部门协调联动机制、巡（护）河员制度、民间河长制度、社会共治机制，形成了强大工作合力。

河湖面貌持续向好。推动各地建立“一河一档”，编制“一河一策”。推进河湖管理范围划界，120万公里河流、1955个湖泊首次明确管控边界。开展河湖“清四乱”（乱占、乱采、乱堆、乱建）专项行动、长江黄河岸线利用专项整治，集中清理整治河湖突出问题18.5万个，整治违建面积4000多万平方米，清除非法围堤1万多公里、河道内垃圾4000多万吨，清理非法占用岸线3万公里，打击非法采砂船1.1万多艘。实施华北地区地下水超采综合治理，部分地区地下水水位止跌回升，永定河、大清河、滹沱河、子牙河等多年断流河道实现全线贯通，白洋淀重放光彩。全国地级及以上城市黑臭水体基本消除，2020年全国地表水Ⅰ到Ⅲ类水水质断面比例较2016年提高近16个百分点。①

全民关爱河湖意识显著增强。推进河湖长制进企业、进校园、进社区、进农村，各地涌现出一批“企业河长”“乡贤河长”“巾帼河长”等，全社会关心参与河湖保护治理的氛围日益浓厚。

全面推行河湖长制积累了宝贵经验

5年来的实践，深化了我们对河湖保护治理的规律性认识，积累了全面推行河湖长制的宝贵经验。

一是坚持以人民为中心。江河湖泊与人民群众生产生活密切相关，人民群众对江河湖泊保护治理有着热切期盼。5年来，通过全面推行河湖长制，着力解决人民群众最关心最直接最现实的涉水问题，打造河畅、水清、岸绿、景美、人和的亮丽风景线，河湖保护治理成效得到了人民群众的广泛认可。实践证明，全面推行河湖长制必须坚持以人民为中心的发展思想，满足推动高质量发展、创造高品质生活的现实要求，为扎实推动共同富裕构筑坚实的生态根基。

二是坚持生态优先。江河湖泊是自然生态系统的重要组成部分，也是经济社会发展的重要支撑力量。5年来，通过全面推行河湖长制，促进各地坚持走生态优先、绿色发展之路，统筹经济社会发展与河湖保护治理，实现了江河湖泊面貌的历史性转变。实践证明，全面推行河湖长制必须完整准确全面贯彻新发展理念，维护河湖健康生命，为促进经济社会发展全面绿色转型、实现高质量发展提供有力支撑。

三是坚持问题导向。我国水灾害频发、水资源短缺、水生态损害、水环境污染等问题仍然突出。这些问题集中体现在江河湖泊上。5年来，通过全面推行河湖长制，因地制宜，对症下药，重拳整治河湖乱象，依法管控水空间、严格

---

① 参见《河长制湖长制评估系统研究》唐德善鞠茂森王山东唐彦，河海大学出版社。本书数据皆来源于此书。

保护水资源、精准治理水污染、加快修复水生态，有效解决了河湖保护治理突出问题。实践证明，全面推行河湖长制必须坚持问题导向，抓重点、补短板、强弱项，才能全面提升国家水安全保障能力。

四是坚持系统治理。山水林田湖草沙是生命共同体。5 年来，通过全面推行河湖长制，统筹河湖不同区域的功能定位和保护目标要求，综合运用各种措施，整体推进治水、治岸、治山、治污任务，河湖生态状况发生了历史性变化。实践证明，全面推行河湖长制必须树立系统观念，强化综合治理、系统治理、源头治理，才能实现河湖面貌的根本改善。

五是坚持团结治水。全面推行河湖长制是一项复杂的系统工程。5 年来，通过全面推行河湖长制，充分发挥集中力量办大事的制度优越性，强化河湖长制的组织领导和统筹协调作用，形成了推动河湖保护治理的强大合力。实践证明，全面推行河湖长制必须树立全局“一盘棋”思想，建立流域统筹、区域协同、部门联动的河湖管理保护格局，才能汇聚起各方面的智慧和力量。

努力建设造福人民的幸福河湖

河湖保护治理任重道远。全面贯彻落实党中央关于强化河湖长制、推进大江大河和重要湖泊湿地生态保护和系统治理的决策部署，必须咬定目标、脚踏实地，埋头苦干、久久为功，全力把河湖长制实施向纵深推进。

一要强化责任落实部门协同。进一步完善以党政主要领导为主体的责任体系，健全一级带一级、一级督一级，上下贯通、层层落实的河湖管护责任链，确保每条河流、每个湖泊有人管、有人护。加强河湖长履职、监督检查、正向激励和考核问责，层层传导压力。明确各地区各部门河湖保护治理任务，完善协调联动机制，形成党政主导、水利牵头、部门协同、社会共治的河湖保护治理机制。

二要强化水资源集约节约利用。全面贯彻以水定城、以水定地、以水定人、以水定产的原则，建立水资源刚性约束制度，规范取用水行为。全面实施国家节水行动，打好重要领域重点地区深度节水控水攻坚战，提高水资源集约节约利用水平。实施国家水网重大工程，优化水资源空间配置，全面增强水资源统筹调配能力、供水保障能力、战略储备能力。

三要促进河湖生态环境复苏。深入推进河湖“清四乱”常态化规范化，将清理整治重点向中小河流、农村河湖延伸。加快划定落实河湖空间保护范围，加强河湖水域岸线空间分区分类管控，实施河湖空间带修复，保障生态流量，畅通行洪通道，打造沿江沿河沿湖绿色生态廊道。坚持源头防控、水岸同治，严控各类污染源，加大黑臭水体治理力度，保持河湖水体清洁，保护河湖水生生物资源。持续开展河湖健康评价，强化地下水超采治理，科学推进水土流失综合治理。

四要强化数字赋能提升能力。按照“需求牵引、应用至上、数字赋能、提升能力”要求，以数字化、网络化、智能化为主线，以数字化场景、智慧化模拟、精准化决策为路径，加强数据监测和互联共享，加快构建具有预报、预警、预演、预案功能的数字孪生河湖。完善监测监控体系，打造“天、空、地、人”立体化监管网络，及时掌握河湖水量、水质、水生态和水域面积变化情况、岸线开发利用状况、河道采砂管理情况，强化部门间、流域与区域间、区域与区域间信息互联互通，为河湖智慧化管理提供支撑。

（水利部党组书记、部长　李国英）

（来源：2021 年 12 月 8 日人民日报）

为河湖长制发展研究贡献河海智慧

江河湖泊保护治理是关系中华民族伟大复兴的千秋大计，河海大学深入学习贯彻落实习近平总书记治水兴水的重要论述精神，依托水利工程、环境科学与工程 2 个一流建设学科，充分发挥河湖管理保护方面的理论和人才优势，适时成立河（湖）长制研究与培训中心，组织开展河（湖）长制科学研究、专业培训和决策咨询，成为国家全面推行河（湖）长制的重要支撑力量。2018 年 9 月，按照水利部、生态环境部的有关要求，水利部发展研究中心组织“全面推行河长制湖长制总结评估”项目公开招标，河海大学中标成为全国河长制湖长制总结评估工作的第三方评估单位。在水利部、生态环境部有关部门的关心支持下，经过项目评估工作组专家们的共同努力，全面完成了评估工作，取得了可喜的成果，已出版《河长制湖长制评估系统研究》。

为响应水利部党组书记、部长李国英“强化河湖长制　建设幸福河湖”的号召，充分反映 5 年来推行河湖长制情况，推动河湖长制的深化发展，河海大学组织业内相关专家编学河湖长制发展工作的报告。为搜集最新素材，河海大学向 31 个省（自治区、直辖市）河长办发函征求“推行河湖长制的经验、问题、建议及效果”，得到了大多数省份河湖长制办公室的支持，更新了 2019 年以来省份推行河湖长制的经验、问题、建议及成效，为本书的出版提供了重要支持。全书共四篇：1. 总论篇：河长制发展的历史回顾，河湖长制解读及实施效果指标体系，河湖长制的意义，河湖长制推行大事记。2. 发展篇：水利部、生态环境部对全面推行河湖长制总结评估进行了部署，河海大学承担评估了各省份推进河湖长制的效果，此篇对 2019 年之前的河湖长制发展情况进行系统梳理。3. 成效篇：2022 年 4 月 6 日河海大学向 31 个省（自治区、直辖市）河长办发函征求“推行河湖长制的经验、问题、建议及效果”，得到了大多数省份河湖长制办公室的支持，这些省份反映了 2019 年年底以来省份推行河湖长制的经验、问题、建议及成效，整理出成效篇。4. 展望篇：分析推行河湖长制的问题及挑战、河湖长制的经验及启示、河湖长制的发展路径（方向）。

在编写过程中，编写组发扬“艰苦朴素、实事求是、严格要求、勇于探索”的校训精神，精准把握党中央关于河湖长制工作的各项部署，严格按照发展报告要求，立足实际，以“钉钉子”精神狠抓工作落实，圆满完成发展报告的各项任务。本次发展报告的成果，有助于促进各省（自治区、直辖市）总结推行河长制湖长制的经验，找出存在的问题，明确努力的方向，促进各地推行河（湖）长制取得实效。本发展报告也促进了河海大学的学科建设更契合河湖治理需求，进一步凝练了研究方向，提升了科研能力和人才培养水平，为河（湖）长制深入推进和全面发展做好人才保障和科技支撑。

编写专家们对河湖长制发展进行了系统研究，并在光明日报出版社的支持下出版专著，是对推行河湖长制的有益尝试。该专著对河（湖）长制评价实事求是、客观公正、科学严谨、资料丰富、内容翔实、数据准确、条理清晰、观点鲜明，提出的经验、问题和建议具有科学性、实践性。本书既可供全国河长及水利系统人员决策参考，也可为从事考核评估的师生、学者提供科学依据。

本书是河长制湖长制工作的“加油站”“助推器”，是河湖保护新的起点。我们要继续总结交流发现的问题，提炼好的经验和建议，在河湖长制研究方面多出成果，为建设美丽幸福河湖贡献河海智慧。

河海大学校长　徐辉教授

2022 年 7 月

前　言

为统筹解决我国复杂的水问题，中共中央办公厅、国务院办公厅分别印发了《关于全面推行河长制的意见》《关于在湖泊实施湖长制的指导意见》，对全面推行河长制湖长制作出了总体部署，提出了目标任务及党政领导担任河长湖长等明确要求。为响应水利部党组书记、部长李国英“强化河湖长制　建设幸福河湖”的号召，充分梳理5年来推行河湖长制情况，河海大学组织有关专家撰写本报告。全书四篇：

1. 总论篇：河长制发展的历史回顾，河湖长制解读及实施效果指标体系，河湖长制的意义，河湖长制推行大事记；本篇第一章鞠茂森编写，第二章唐彦、夏管军、唐德善编写，第三章、第四章顾向一编写。

2. 发展篇：为全面推进河湖长制落地生根、取得实效，促进政府管理方式的创新，促进河湖长制工作健康发展，水利部、生态环境部对全面推行河湖长制总结评估进行了全面部署，河海大学科学评估了各省份推进河湖长制的效果，此篇对2019年之前的河湖长制发展情况进行系统梳理；本篇唐彦、夏管军、包耘、唐德善编写。

3. 成效篇：为系统总结2019年以来推行河湖长制情况，河海大学向31个省（自治区、直辖市）河长办发函征求“推行河湖长制的经验、问题、建议及效果”，得到了大多数省份河湖长制办公室的支持，这些省份反映了2019年以来推行河湖长制的经验、问题、建议及成效，据此整理出成效篇；本篇唐彦、夏管军、唐德善编写。

4. 展望篇，分析推行河湖长制的问题及挑战、河湖长制的经验及启示、河湖长制的发展路径（方向）；本篇第一章夏继红、夏管军、唐德善编写，第二章王山东、唐彦、唐德善编写，第三章鞠茂森、唐德善编写。

本书对保护河湖、推行河湖长制具有理论意义和实践价值。适合广大河湖长、河长办工作人员、环境保护人员及第三方评估人员参考使用。

本书对河湖长制发展进行了系统研究，感谢水利部及各级河长办在调研评估和资料搜集过程中给予的大力支持；感谢光明日报出版社支持；感谢编写过程中各位专家和同行们的宝贵意见和提供的素材。因为时间紧、任务重，报告中的疏漏和不足之处恳请指正，提出宝贵意见。

河海大学中国河湖长制发展研究报告编写组

2022年7月16日

目　录

CONTENTS

第一篇 01

总论篇

此篇阐明河长制发展的历史回顾，河湖长制解读及实施效果指标体系，河湖长制的意义，河湖长制推行大事记。

第一章

河长制发展的历史回顾

第一节　古代河道管理

河道管理在中国有悠久的历史，长期以来积累了行政、经济、科学、工程和技术的宝贵经验。据文献记载，我国第一位治水人物是鲧，被认为是中华民族的第一位河长。据《史记·夏本纪》载：“当帝尧之时，洪水滔天，浩浩怀山襄陵，下民其忧。尧求能治水者，群臣四岳皆曰鲧可。”后来，鲧因“水来土掩”“堵洪水”治水 9 年“功用不成”，被舜帝放逐羽山。“于是舜举鲧子禹，而使续鲧之业。”禹被推上了政治舞台，开始承担第二位天下大河长之重任。

禹不墨守成规，深入实地，虚心听取民众意见，总结鲧及前人治水教训经验，采取了“疏”的办法，利导江河。传说中禹治水的地域范围大致是从黄河到长江，最后到了大越的了溪（今绍兴市所属的嵊州市），治水大获成功，地平天成。鲧、禹治水的传说流传广泛，影响深远，他们是中华民族远古时期治水英雄的缩影和象征。

上古时代的鲧被委任负责治水，他的思路是“水来土堰”“堵洪水”，最终没有成功，被革职流放。后来大禹治水，因势利导，疏导洪水，系统思维，成效显著，流芳百世。鲧禹被认为是尧舜时代的“河长”。

蜀国郡守李冰是岷江河长。经过商鞅变法改革的秦国名君贤相辈出，国势日盛，他们正确认识到巴、蜀在统一中国的过程中特殊的战略地位，秦相司马错语：“得蜀则得楚，楚亡则天下并矣”。

在这一历史大背景下，战国末期秦昭王委任知天文、识地理、隐居岷峨的李冰为蜀国郡守。李冰上任后，下决心修建都江堰渠首枢纽，根治岷江（成都江）水患，发展川西农业，造福成都平原，为秦国统一中国创造经济基础；使“人或成鱼鳖”的成都平原成为“天府之国”。

都江堰渠首枢纽主要由鱼嘴、飞沙堰、宝瓶口三大主体工程构成。三者有机配合，相互制约，协调运行，引水灌田，分洪减灾，具有“分四六，平潦旱”的功效。

还有业内专家认为，黑河流域管理其实也是河长制的早期实践。清朝康熙时期，定西将军年羹尧于1723年奉命去今天的甘肃等地平叛，为了保黑河（又称弱水）下游阿拉善王的领地额济纳旗和大军用水，对黑河流域实行了“下管一级”的政策。所谓“下管一级”，即上中游的张掖县令为七品，中游的酒泉县令为六品，下游额济纳旗的县令为五品，以上县令实际上也是黑河的河长。

由此可见，今天实施的河长制，源远流长，是对中华民族治水历史和优秀文化的传承和弘扬。

关于我国水利职官的设立，可上溯至原始社会末期，“司空”是古代中央政权机关中主管水土工程的最高行政长官，也是“水利专司之始”。

唐代的工部不仅管天下那些比较大的干流，还管乡下的小河，并且要保证河道通畅、鱼虾肥美，正所谓事无巨细，全部囊括。唐代还有一部十分完备的《水部式》，不仅包括了城市水道管理，还包括农业用水与航运。

到了宋代，朝廷对河流的管理则更为细致。人、畜的粪便和生活污水若不加节制地向河中倾倒，也会污染河流，使人畜得病，因此宋朝很重视河流污染问题，尤其是人口密集的大城市，对于河流污染的防控，宋朝已经达到了制度、水平都相当高的程度，如河流的疏浚养护、盯防巡逻、事故问责等都有一套专业的管理制度和班子，以京师开封为例，大国之都，人口稠密，河流污染关乎百姓和皇室的生命健康安全，当时有规定，凡向河内倾倒粪便者，要严厉处罚，杖六十。

唐朝的白居易和北宋时期的苏轼都在杭州任职过，分别担任过杭州刺史和杭州太守，他们带领民众治理西湖，浚湖筑堤，加强水利管理，建成白公堤和苏堤，成效明显，可以认为他们是唐宋年代的湖长。

康熙书房的三个条幅七个字：河工、漕运、平三藩。

河工（河道工程，防洪，国家稳定）；

漕运（水上交通，发展国家经济）；

平三藩（国家统一，政治）。

我国历代负责河道管理的机构和官员，在长期的实践过程中，逐渐形成了一套完备的体系。

第二节 “圩长制”的内容及其作用

明代治水贤良刘光复在浙江诸暨推行了圩长制，可以理解为现在的河长制的雏形。

浦阳江发源于浦江县西部岭脚，北流经诸暨、萧山汇入钱塘江，全长150公里，流域面积3452平方公里。古代浦阳江诸暨段河道曲窄，源短流急，曾有著名的“七十二湖”分布沿江两岸，以利蓄泄。宋明两代，人多地少，沿湖竞相围湖争地，到明万历初期诸暨的水利形势迅速变坏。一是蓄水滞洪能力变弱。其时围垦湖畈达117个，导致湖面减小，蓄泄能力减弱，洪旱涝灾害频发，洪涝尤重于干旱。二是下游排水不畅。明代初期的浦阳江改道，“筑麻溪，开碛堰，导浦阳江水入浙江（钱塘江）”，扰乱了浦阳江的出口水道。三是水利管理难度增大。与水争地，清障困难；堤防保护范围加大，堤线延长，保护标准要求提高；防汛难以统一调度，官民责任不明，水事矛盾增加。

正是在这种水利环境下，刘光复于明万历二十六年（1598年）冬任诸暨知县，先后历时八年。刘光复深入实地考察，对诸暨浦阳江的水患有了较全面认识：上游流溪河来水量大，中游诸暨河流断面偏小，下游又排洪不畅，每至梅雨季节或台风暴雨时，极易成灾。在广泛听取民间有识之士建议的基础上，刘光复总结前人经验教训，学习外地好的做法，因地制宜提出了“怀、捍、摒”系统治水措施（“怀”即蓄水，“捍”为筑堤防，“摒”是畅其流）。更重要的创新之举是实施圩长制管理水利，其原因是刘光复认识到，“事无专责，终属推诿”。治理水患，防汛抗洪，除了要采取工程措施外，更需要落实人的责任，因此采用了“均编圩长夫甲，分信地以便修筑捍救”。

实行圩长制的主要目的是明确责任、提高防洪抗灾能力、加强日常管理、协调水事矛盾。其管理方式主要包括以下五个方面：

（1）人选要求。圩长要选择踏实能干并为群众普遍认可者担任。

（2）日常管理。①给圩长以一定待遇和优惠。当然，待遇优惠必须详尽公开。②明确任用年限。圩长大略三年一换。③确定更换交接要求。“圩长交替时，须取湖中诸事甘结明白，不致前后推挨”。

（3）监督处罚。①对圩长实施公示制。在各湖畈的显要处刻石明示。②对圩长实行官民两级监督。在日常巡查管理中发现的问题，圩长含糊不报，一并治罪。③对抗洪救灾不力者进行严厉处罚。

（4）纪律要求。①要到现场办事。凡湖中水利事须圩长亲行踏勘。②不得扰民。③把握有度。要以事实为依据，奖惩公正，使人信服。

（5）责任分工。为形成官民河长体系，刘光复对县一级的官吏都明确分工负责：刘光复是诸暨总河长，对清障及重要水事必到现场，“每年断要亲行巡视，执法毋挠”。对之下官员的责任，将全县湖田分作三部分，“县上一带委典史，县下东江委县丞，西江委主簿，立为永规，令各专其事，农隙督筑，水至督救。印官春秋时巡视其功次，分别申报上司”。

刘光复严格执行圩长制，奖惩分明。明万历二十七年（1599年）仲夏，他在白塔湖现场检查时发现堤埂险情及圩长责任不到位之事，于是“拘旧圩长督责勉励，明示功罪状，始大惧”。数日后，这圩长便全力组织将缺漏填堵完成。惩治起到了很好的警示作用。万历三十一年（1603年），刘光复在全县全面推行圩长制。统一制发了防护水利牌，明确全县各圩长姓名和管理要求，钉于各湖埂段。牌文规定湖民圩长在防洪时要备足抢险器材，遇有洪水，昼夜巡逻，如有怠惰而致冲塌者，要呈究坐罪。这样，各湖筑埂、抢险，都有专人负责和制度规定。他还改变了原来按户负担的办法，实行按田授埂，使田多者不占便宜，业主与佃户均摊埂工。同时严禁锄削埂脚，不许在埂脚下开挖私塘，种植蔬菜、桑柏、果木等。

“诸暨湖田熟，天下一餐粥。”刘光复治水，洪涝旱灾明显减少，成绩卓著，带来仓实人和。在治水成功后，刘光复又进行实践总结，纂辑《经野规略》，以供后人借鉴。

第三节　清朝河道总督的职责

清朝建立后，对江南漕粮的需求量相当庞大，为了使运道畅通，清政府设河道总督管理黄河、运河、永定河、淮河、海河等河道，并设漕运总督负责征派税粮、催攒运船、修造船只等事务，形成河督、漕督各司其职、相互配合的局面。清代黄运两河治理复杂、形势多变，责任重大。

顺治元年（1644年）设总河一人（又称河台、河督），官阶为正二品或从一品，其职责是“统摄河道漕渠之政令，以平水土，通朝贡”。顺治、康熙时期，河督总揽全国河道、水利事务，任期较长，一般都在四年以上。

雍正七年（1729年）将河道总督一分为三，互不统属。其中江南河道总督驻清江浦、河东河道总督驻济宁州、直隶河道总督驻天津，均为正二品大员，与地方总督职衔相同；分段管理江南运河、山东河南黄运两河、直隶北河。河督有自己的卫队河标营，负责守卫、巡逻、防洪、修筑堤坝等，下属机构有道、厅、汛，分别由专门官员或地方官员管理。河东河道总督有正副职，分别驻于山东济宁与河南开封，有一整套的行政、军事机构作为支撑，管理严密，任务明确。乾隆到嘉庆时期，东河河道总督变换更为频繁，有时一年之内出现三次更替，这不仅体现了国家对河督这一职务的重视，同时也说明了河督责任相当艰巨。

道光前期历任东河河督任职较长，后期及咸丰、同治时大为缩短，这是因为道光中期后河道淤塞，漕粮海运，咸丰五年（1855 年）黄河在河南铜瓦厢决口，冲决山东张秋运河，导致河道治理难度加大。光绪时裁撤江南河道总督，河东河道总督也一度裁撤，由河南巡抚或山东巡抚代行其职务，所以东河河督任免不定，不断变换。

第四节　洱海水源保护催生河长

洱海之源，河流如织，湖泊如镜，港汊交错。洱海是大理各族人民赖以生存的“母亲湖”，洱海源头保护是重点。洱源县位居大理、丽江、香格里拉中部。洱源县立足洱海源头独特的区位和环境条件，以保护洱海水源为根本，为保住洱海源头这片青山碧水作出巨大贡献。

2003 年，洱海保护治理提上了当地政府的议事日程，洱源县与洱海流域各乡镇签订《洱海水源保护治理目标责任书（2003—2006 年）》，实施环保战略的蓝图逐渐清晰：洱源县率先在洱海流域 7 镇乡设立环保工作站，增加河道协管员数量，对洱海流域的大小河流、湖泊实施管护。由于有专人管理监督，在当地河流中乱排、乱倒的现象得到有效遏制，河管员的工作得到沿河群众支持，被当地群众称为“河长”。

洱源县率先启动县级领导班子挂钩抓环保的管理机制，这是后来衍生而来的领导任“河长”的由来。2006 年，为切实提高河道协管员的战斗力，洱源县建立动态管理制度，“河长”们由半脱产变成全脱产，“河长制”走向专业化。

2008 年，洱源县决定由县级主要领导亲自挂帅任“河长”，河流所在乡镇主要领导（乡镇长）任段长，镇乡环保工作站及河道管理员为具体责任人，建立了切实可行的河段长制度。洱源县入湖河道环境综合治理目标为：全面实现污染岸上治，垃圾不入湖，河道有效治理，入湖水质逐年提高，补给水质达标。

第五节　浙江长兴行政河长

浙江省长兴县本来是山川秀美之地，但是由于粗放型发展导致污水横流、河道淤塞，环境污染严重，2002年，县委和县政府成立创建国家卫生城市、全国文明城市办公室，并举全县之力创建国家卫生城市和全国文明城市。2003年起县乡两级政府设立河道保洁领导机构，并签订目标责任书。2003年10月，县委县政府印发《关于调整城区环境卫生责任区和路长地段，建立里弄长制和河长制并进一步明确工作职责的通知》，第一次在文件中提出河长制。文件发布后，全县设置了20名路长，62名里弄长，2名河长。其中，2名河长由县水利局局长和环卫处主任分别担任，负责4条河道的卫生保洁管理责任。具体职责包括：负责做好河道日常保洁工作，确保水面无漂浮物、河道两岸无垃圾污染；教育两岸居民和市民规范生活行为，不乱排污水，不随意向河道周边乱扔垃圾；协助城市管理部门对所负责的河道两岸的乱搭乱建、乱堆乱放等行为实施监督管理。

2005年5月，为加强水源地的保护，长兴县水口乡人民政府出台文件，明确对水口港实行河长制管理，任命该乡乡长为水口港河道的河长，河长负责水面保洁、清淤疏浚、河岸绿化、沿线工业污染治理等监督、协调、推进和跟踪等工作。这是我国第一次出现乡级行政河长。2008年开始，长兴县政府的4名副县长开始担任河长，提升了河长的行政层次，提高了河长制的权威性。

第六节　无锡河长制的缘起

2007年5月29日，太湖蓝藻大规模暴发造成近百万无锡市民生活用水困难，敲响了太湖生态环境恶化的警钟。这一事件的持续发酵引发了党中央、国务院以及江苏省委省政府的高度重视。为了化解危机，无锡市组织开展了“如何破解水污染困局”的大讨论，广集良策。破解水环境治理困局，需要流域区域协同作战。就单个城市而言，治河治水绝不是一两个部门、某一个层级的事情，需要重构顶层设计，实施部门联动，充分发挥地方党委和政府的主导作用。

2007年9月，《无锡市河（湖、库、荡、氿）断面水质控制目标及考核办法（试行）》应运而生，明确将79个河流断面水质的监测结果纳入市县区主要负责人政绩考核，主要负责人也因此有了一个新的头衔——河长。河长的职责不仅要改善水质，恢复水生态，而且要全面提升河道功能。《办法》内容涉及水系调整优化、河道清淤与驳岸建设、控源截污、企业达标排放、产业结构升级、企业搬迁、农业面源污染治理等方方面面。这份文件，后来被认定是无锡实施河长制的起源。河长制成为当时太湖水治理、无锡水环境综合改善的重要举措。

河长并不是无锡行政系列中的官职，刚开始有人甚至怀疑它只是行政领导新增的一个“虚衔”，是治理水环境的权宜之计，或者说是非常时期的非常之策。然而，文件一发，一石激起千层浪。在百姓的期待中，在严格的责任体系下，河长们积极作为，社会舆论高度关注，相关部门团结治水热情高涨，过去水环境治理中的很多难题迎刃而解。2007 年 10 月，九里河水系暨断面水质达标整治工程正式启动，封堵排污口 80 个，105 家企业和居住相对集中的 458 户居民生活污水实现接管入网。当年，除九里河综合整治外，无锡还对望虞河、鹅真荡、长广溪等湖荡相继实施了退渔还湖、生态净水工程。无锡下辖的全市 5 区 2 市立刻行动起来。一时间，无锡城乡兴起了“保护太湖、重建生态”的水环境治理热潮。一年后，无锡河湖整治立竿见影，79 个考核断面水质明显改善，达标率从 53.2%提高到 71.1%。这一成效得到了省内外的高度重视和充分肯定。

河道变化同时带来了受益区老百姓对河长制的褒奖、对河长的点赞。但决策者清醒认识到：无锡水域众多、水网密布，水污染矛盾长期积累，水环境治理不可能一蹴而就，这是一项长期而艰巨的任务。尝到了甜头的无锡市委市政府顺势而为，于 2008 年 9 月下发文件，全面建立河长制，全面加强河（湖、库、荡、氿）整合整治和管理。河长制实施范围从 79 个断面逐步延伸到全市范围内所有河道。2009 年年底，815 条镇级以上河道全部明确了河长；2010 年 8 月，河长制覆盖到全市所有村级以上河道，总计 6519 条（段）。

在河长制确立安排方面，无锡市委、市政府主要领导担任主要河流的一级河长，有关部门的主要领导分别担任二级河长，相关镇的主要领导为三级河长，所在村的村干部为四级河长。各级河长分工履职，责权明确。自上而下、大大小小河长形成的体系，实现了与区域内河流的“无缝对接”。此外，河长制强化了河长是第一责任人，且固定对应具体的领导岗位，即使产生人事变动也不影响河长履职，避免了人治的弊病，保证了治河护河的连续性，为一张蓝图绘到底奠定了制度基础。

河长制产生从表面看是应对水危机的应急之策。细究深层次原因，水危机事件也许只是河长制产生的“导火索”。随着经济社会发展，经济繁荣与水生态失衡矛盾日积月累、愈发突出。河长制催生了真正的河流代言人，其责任和使命就是改变多头治理水环境的积弊，逐步化解积累的矛盾，顺应百姓对美好生活的新期待。

第七节　河长制在全国推广试行

在无锡市实行河长制后，江苏省苏州、常州等地也迅速跟进。苏州市委办公室、市政府办公室于2007年12月印发《苏州市河（湖）水质断面控制目标责任制及考核办法（试行）》，全面实施“河（湖）长制”，实行党政一把手和行政主管部门主要领导责任制。张家港、常熟等地区还建立健全了联席会议制度、情况反馈制度、进展督查制度，由市委书记、市长等16名市领导分别担任区域补偿、国控、太湖考核等30个重要水质断面的“断面长”和24条相关河道的“督查河长”，各辖市、区部门、乡镇、街道主要领导分别担任117条主要河道的“河长”及断面长。且建立了通报点评制度，以月报和季报形式发各位“河长”。常州市武进区率先为每位“河长”制定了《督查手册》，包括河道概况、水质情况、存在问题、水质目标及主要工作措施，供“河长”们参考。

2008年，江苏省政府办公厅下发《关于在太湖主要入湖河流实行“双河长制”的通知》，15条主要入湖河流由省、市两级领导共同担任“河长”，江苏“双河长制”工作机制正式启动。随后，江苏省不断完善河长制相关管理制度。建立了断面达标整治地方首长负责制，将河长制实施情况纳入流域治理考核，印发河长工作意见，定期向河长通报水质情况及存在问题。2012年，江苏省政府办公厅印发了《关于加强全省河道管理“河长制”工作意见的通知》，在全省推广“河长制”。河长制在江苏生根的同时，也很快在全国部分省市和地区落地开花。

浙江：2008年，浙江省长兴县等地率先开展河长制试点；2013年，浙江省委、省政府印发了《关于全面实施“河长制”进一步加强水环境治理工作的意见》，河长制扩大到全省范围，成为浙江“五水共治”的一项基本制度。

黑龙江：2009年，黑龙江省对污染较重的阿什河、安邦河、呼兰河、安肇新河、鹤立河、穆棱河试行“河长制”，采取“一河一策”的水环境综合整治方案，实行“三包”政策。

天津：2013年1月，天津《关于实行河道水生态环境管理地方行政领导负责制的意见》出台，标志着天津市“河长制”正式启动。2017年，天津市将进一步出台深化河长制实施意见，完善河长组织体系，扩大管理范围和管理内容，强化对河长履职情况的考核。

福建：2014 年福建省开始实施河长制，闽江和九龙江、敖江流域分别由一位副省长担任河长，其他大小河流也都由辖区内的各级政府主要领导担任“河长”和“河段长”。

北京：2015 年 1 月，北京市海淀区试点河长制；2016 年 6 月，印发了《北京市实行河湖生态环境管理“河长制”工作方案》，明确了市、区、街乡三级河长体系及巡查、例会、考核工作机制；2016 年 12 月，北京市全面推行河长制，所有河流均由属地党政“一把手”担任河长，分段管理。

安徽：2015 年，安徽省芜湖县开展河长制试点工作，2016 年县人大会议，把《以河长制为抓手，治理保护水生态工程》列为“一号议案”，重点督办。县委将其列入芜湖县“十大工程”之一，予以强力推进。县委书记、县长亲自担任“十大工程”政委和指挥长。河湖水生态治理保护工程由县政协主席担任组长，五位县级领导担任成员，各乡镇各部门成立相应的工作机构，主要领导负总责，落实分管领导和具体经办人员，确保工作有力、有序、有效推进。

海南：2015 年 9 月，海南省印发《海南省城镇内河（湖）水污染治理三年行动方案》，全面推行河长制。2016 年 8 月 17 日，海南省水务厅制定《海南省城镇内河（湖）“河长制”实施办法》，明确河长制组织形式与考核制度。

江西：2015 年 11 月，江西省委办公厅、省政府办公厅印发《江西省实施“河长制”工作方案》，江西省河长制工作全面展开。立足“保护优先、绿色发展”，确立“六治”工作方法，明确各级河长，落实考核问责制。

水利部：2014 年 2 月，水利部印发《关于加强河湖管理工作的指导意见》，明确提出在全国推行河长制，其后 2014 年 9 月，水利部开展河湖管护体制机制创新试点工作，确定北京市海淀区等 46 个县（市）为第一批河湖管护体制机制创新试点。从 2015 年起，有关试点县（市）用 3 年左右时间开展试点工作，建立和探索符合我国国情、水情，制度健全、主体明确、责任落实、经费到位、监管有力、手段先进的河湖管护长效体制机制。把“积极探索实行河长制”作为试点内容之一。

第八节 河长制在全国全面推行

党中央、国务院高度重视水安全和河湖管理保护工作。习近平总书记强调，保护江河湖泊，事关人民群众福祉，事关中华民族长远发展。党的十八大以来，中央提出了一系列生态文明建设特别是制度建设的新理念、新思路、新举措。一些地区先行先试，在推行“河长制”方面进行了有益探索，形成了许多可复制、可推广的成功经验。在深入调研、总结地方经验的基础上，2016 年 10 月 11 日，中央全面深化改革委员会第二十八次会议审议通过了《关于全面推行河长制的意见》。会议强调，全面推行河长制，目的是贯彻新发展理念，以保护水资源、防治水污染、改善水环境、修复水生态为主要任务，构建责任明确、协调有序、监管严格、保护有力的河湖管理保护机制，为维护河湖健康生命、实现河湖功能永续利用提供制度保障。要加强对河长的绩效考核和责任追究，对造成生态环境损害的，严格按照有关规定追究责任。

2016 年 11 月 28 日，中共中央办公厅、国务院办公厅印发了《关于全面推行河长制的意见》（下简称《意见》），要求各地区各部门结合实际认真贯彻落实河长制，标志着河长制从局地应急之策正式走向全国，成为国家生态文明建设的一项重要举措。《意见》体现了鲜明的问题导向，贯穿了绿色发展理念，明确了地方主体责任和河湖管理保护各项任务，具有坚实的实践基础，是水治理体制的重要创新，对于维护河湖健康生命、加强生态文明建设、实现经济社会可持续发展具有重要意义。河长制《意见》出台以来，水利部会同河长制联席会议各成员单位迅速行动、密切协作，第一时间动员部署，精心组织宣传解读，制定出台实施方案，全面开展督导检查，加大信息报送力度，建立部际协调机制。地方各级党委、政府和有关部门把全面推行河长制作为重大任务，主要负责同志亲自协调、推动落实。

太湖流域管理局出台河长制指导意见，明确提出推动流域片 2017 年年底前率先全面建成省、市、县、乡四级河长制。江苏首创的河长制有了“升级版”，建立省、市、县、乡、村五级河长体系，组建省、市、县、乡四级河长制办公室。江西省建立了区域与流域相结合的五级河长制组织体系，全省境内河流水域均全面实施河长制，《关于以推进流域生态综合治理为抓手打造河长制升级版的指导意见》审议通过。《浙江省河长制规定》由浙江省人大法制委员会提请省十二届人大常委会第四十三次会议表决通过，这是国内省级层面首个关于河长制的地方性立法。

一些省份创新机制，倡导全民治河，四川绵阳、遂宁，福建龙岩，浙江台州、温州，甘肃定西等地区都实现了“河道警长”与“河长”配套。“河小二”“河小青”，是浙江、福建等省为充分发挥全社会管理河湖、保护河湖的积极性，推行全民治水、全民参与的生动实践。信息化成为全民参与河长制的重要手段，福建三明、泉州实行了“易信晒河”“微信治河”。

各地和流域机构积极贯彻落实河长制工作。

河北：2017 年 3 月，河北省印发《河北省实行河长制工作方案》，设立覆盖全省河湖的省、市、县、乡四级河长体系，省级设立双总河长，重点河流湖泊设立省级河长，省水利厅、省环境保护厅分别为每位省级河长安排 1 名技术参谋。省级设立厅级河长制办公室。

山西：2017 年 3 月，山西省水利厅召开了全面推行河长制工作座谈会。要求 6 月底前建立省级河长制配套制度和考核办法，出台市、县、乡级实施方案并确定市、县、乡三级河长名单，9 月底前建立市、县、乡级河长制的配套制度和考核办法，确保 2017 年年底在全省范围内全面建立河长制。

内蒙古：2017 年 3 月，内蒙古自治区对 2017 年深入推行河长制工作进行部署，全面推行河长制工作方案已编制完成并报省政府审议，下一步将加快组建河长制办公室。建立完善河长体系和相关制度体系，确定重要河湖名录，实现水治理体系的现代化发展。

辽宁：2017 年 2 月，辽宁省印发《辽宁省实施河长制工作方案》，在全省范围内全面推行河长制，4 月底前，确定省、市、县、乡四级河长人员，6 月底前，完成市、县两级工作方案编制及人员确定工作；年底前，完成省级重点河湖“一河一策”治理及方案编制，搭建河长制工作主要管理平台，2018 年 6 月底前完成河长制系统考核目标及全省河长配置相关档案建立。

吉林：2017 年 3 月，吉林省政府召开常务会议，审议通过《吉林省全面推行河长制实施工作方案》，所有河湖全面实行河长制，建立省、市、县、乡四级河长体系，设省、市、县三级河长制办公室。2017 年年底前，要全面推行河长制，组建县级以上各级河长制办公室，出台各级河长制实施工作方案及相关配套工作制度，分河分段确定并公示各级河长，编报《吉林省河长制河湖分级名录》。

上海：2017 年 1 月，上海市委办公厅、市政府办公厅印发《关于本市全面推行河长制的实施方案》。这标志着上海市河长制工作正式启动，建立市、区、街镇三级河长体系，并分批公布全市河湖的河长名单，接受社会监督。

安徽：2017 年 3 月，安徽省委办公厅、省政府办公厅联合印发《安徽省全面推行河长制工作方案》，河长制在安徽省全面展开并将于 2017 年 12 月底前，建成省、市、县（市、区）、乡镇（街道）四级河长制体系，覆盖全省江河湖泊。

江西：2017 年 3 月，江西省通过《江西省全面推行河长制工作方案（修订）》《关于以推进流域生态综合治理为抓手打造河长制升级版的指导意见》

《2017 年河长制工作要点及考核方案》，提出严守三条红线，标本兼治，创新机制，着力打造升级版河长制。

山东：山东省济南、烟台、淄博全市和济宁部分县（区）已率先推行河长制；2017 年 3 月，山东省水利厅召开全省水利系统河长制工作座谈会，对全面推行河长制工作动员部署，确保 2017 年年底前全面建立河长制；3 月底，山东省委省政府印发《山东省全面实行河长制工作方案》，明确 2017 年 12 月底全面实行河长制，建立起省、市、县、乡、村五级河长制组织体系。

河南：2017 年 3 月，河南省省政府常务会议原则通过《河南省全面推行河长制工作方案》，指出要全面建立省、市、县、乡、村 5 级河长体系，各级河长工作要突出重点，接受公众监督，加强部门协同配合。按照方案，将于 2017 年年底前全面建立河长制。

湖北：2017 年 2 月，湖北省委省政府印发《关于全面推行河湖长制的实施意见》，到 2017 年年底前将全面建成省、市、县、乡四级河长制体系，覆盖到全省流域面积 50 平方公里以上的 1232 条河流和列入省政府保护名录的 755 个湖泊。

湖南：2017 年 2 月，湖南省委办公厅、省政府办公厅印发《关于全面推行河长制的实施意见》，在全省江河湖库实行河长制，届时湖南境内 5341 条 5 公里以上的河流和 1 平方公里以上的湖泊（含水库）2017 年年底前全部都将有“河长”。

广东：2017 年 3 月，广东省全面推行河长制工作方案及配套制度起草工作领导小组会议在广州召开，《广东省全面推行河长制工作方案》已报省政府待审议，将实行区域与流域相结合的河长制，重点打造具有岭南特色的平安绿色生态水网。

广西：广西壮族自治区在贺州、玉林两市以及桂林市永福县先行先试，创新河湖管护体制机制。目前广西壮族自治区全区已搭建完成推行河长制工作平台；起草完成实施意见和工作方案，并报省政府待审议；开展江河湖库分级名录调查和各市、县、乡工作方案起草工作，确保到 2018 年 6 月全面建立河长制。

重庆：2017 年 3 月，重庆市印发《重庆市全面推行河长制工作方案》及监督考核追责相关制度，全面推行河长制，搭建市、区（县）、乡镇（街道）、村（社区）四级河（段）长体系，严格监督考核追责，提出到 2017 年 6 月底前，将全面建立河长制。

四川：2017 年年初，四川省委省政府印发《四川省贯彻落实<关于全面推行河长制的意见>实施方案》，要求全面建立省、市、县、乡四级河长体系；2

月，四川省水利厅公布省级十大主要河流将实行双河长制；3月，四川省召开全面落实河长制工作领导小组第一次全体会议，审议通过《四川省全面落实河长制工作方案》和相关制度规则，提出年底前在全省全面落实河长制。

贵州：2017年3月，贵州省印发《贵州省全面推行河长制总体工作方案》，明确力推省、市、县、乡、村五级河长制，省、市、县、乡设立双总河长。预计将于5月底前，完成各级河长制组织体系的制定和组建工作，向社会公布河湖水库分级名录和河长名单，年底前制定出台各级各项制度及考核办法。

云南：2017年3月，云南省政府审议通过《云南省全面推行河长制实施意见》和《云南省全面推行河长制行动计划》，提出2017年底全面建立河长制，要求河湖库渠全覆盖，实行省、州（市）、县（市、区）、乡（镇、街道）、村（社区）五级河长制。

西藏：2017年3月，《西藏自治区全面推行河长制工作方案》已经省委、省政府审议通过即将印发实施，明确建立区、地（市）、县、乡四级河长体系。

陕西：2017年2月，陕西省委、省政府印发《陕西省全面推行河长制实施方案》，公布陕西省总河长、省级河长、河长制办公室，并要求建立省市县乡四级责任明确、协调有序、监管严格、保护有力的江河库渠管理保护机制。

甘肃：2017年3月，甘肃省已完成《甘肃省全面推行河长制工作方案》（征求意见稿）编制并提出下一步工作任务：一是抓紧提出需由市、县、乡级领导分级担任河长的河湖名录及河长名录；二是各市（州）尽快将河长制办公室设置方案报送市委市政府审批；三是加强推进河长制信息报送。

青海：2017年2月，青海水利厅拟定了《青海省全面推行河长制工作方案（初稿）》，细化实化河长制工作目标和主要任务，提出了时间表、路线图和阶段性目标，初步确立了“十二河三湖”省级领导担任责任河长的河湖名录。

七大流域也积极响应两办河长制《意见》和两部委河长制《方案》，发挥其协调、监督、指导和监测的功能。

长江水利委员会：2016年12月，召开会议对全面推行河长制工作安排部署，扎实推进相关工作。提出一要制定长江流域全面推行河长制工作方案；二要履行好流域水行政管理职能，帮助沿江各省份全面推行河长制；三要把握全面推行河长制的新机遇，在长江流域建立科学、规范、有序的河湖管理机制。

黄河水利委员会：2017年1月，组织召开全面推行河长制工作座谈会，明确各单位要抓紧落实推行河长制工作，成立推进河长制工作领导小组，建立简报制度，动态跟踪黄河流域河长制工作推行进展情况；充分发挥流域管理机构组织协调、督促落实、检查监督监测作用，主动融入各省份河长制工作中，落实好各级黄河河长确定的事项。

淮河水利委员会：2017 年 1 月，组织召开全面推进河长制工作专题讨论会，探讨推进河长制工作方案及有关问题；2 月，淮河流域推进河长制工作座谈会在徐州召开，制订了推进河长制工作方案，成立了推进河长制工作领导小组。

海河水利委员会：2017 年 3 月，出台《海委关于全面推行河长制工作方案》，成立“海委推进河长制工作领导小组”，印发《全面推行河长制工作督导检查方案》，确保河长制各项任务落实。

珠江水利委员会：2017 年 3 月，召开珠江流域片推进河长制工作座谈会，印发《珠江委责任片全面推行河长制工作督导检查制度》，编制完成《珠江流域全面推行河长制工作方案》，并成立了珠江委推进河长制工作领导小组。

松辽水利委员会：2017 年 3 月，成立推进河长制工作领导小组，指导督促流域内各省（自治区）全面推行河长制，随后制定出台《松辽委全面推行河长制工作督导检查制度》，抓紧制定《松辽委全面推行河长制工作方案》；4 月，松辽委召开河长制工作推进会暨专题讲座，进一步安排部署松辽委推行河长制重点工作。

太湖流域管理局：太湖流域是河长制的“发源地”，2016 年 12 月，在第一时间制定印发《关于推进太湖流域片率先全面建立河长制的指导意见》；2017 年 2 月，出台《太湖流域管理局贯彻落实河长制工作实施方案》，进一步发挥流域管理机构的协调、指导、监督、监测等作用，推进太湖流域片率先全面建立河长制；3 月，在无锡组织召开太湖流域片河长制工作现场交流会，进一步研究加快推进河长制工作举措。

第九节　湖长制在全国全面推行

湖长制在全国全面推行。为加强湖泊的管理保护，在全面推行河长制一年后，2017 年 12 月，习近平总书记主持召开中央深改组会议，审议通过《关于在湖泊实施湖长制的指导意见》，中办和国办于 2018 年 1 月 4 日正式公布。意见要求到 2018 年年底前在全国湖泊全面建立湖长制，建立健全以党政领导负责制为核心的责任体系。

“湖长制”，即由湖泊最高层级的湖长担任第一责任人，对湖泊的管理保护负总责，其他各级湖长对湖泊在本辖区内的管理保护负直接责任，按职责分工组织实施湖泊管理保护工作。县级及以上湖长负责组织对相应湖泊下一级湖长进行考核，考核结果作为地方党政领导干部综合考核评价的重要依据。

湖长制是在全面推行河长制的基础上，坚持人与自然和谐共生的基本方略，遵循湖泊的生态功能和特性，建立健全湖泊制度体系和责任体系，以湖泊水域空间管控、湖泊岸线管理保护、湖泊水资源保护和水污染防治、加大湖泊水环境综合整治力度、湖泊生态治理与修复、湖泊执法监管为主要任务，构建湖泊长效保护机制，为改善湖泊生态环境、维护湖泊健康生命、实现湖泊功能永续利用提供有力保障。

湖泊最高层级的湖长是第一责任人，对湖泊的管理保护负总责，要统筹协调湖泊与入湖河流的管理保护工作，确定湖泊管理保护目标任务，组织制定“一湖一策”方案，明确各级湖长职责，协调解决湖泊管理保护中的重大问题，依法组织整治围垦湖泊、侵占水域、超标排污、违法养殖、非法采砂等突出问题。其他各级湖长对湖泊在本辖区内的管理保护负直接责任，按职责分工组织实施湖泊管理保护工作。

生态文明建设是关于中华民族永续发展的千年大计。“十九大”报告提出，统筹山水林田湖草系统治理，实行最严格的生态环境保护制度，形成绿色发展方式和生活方式，坚定走生产发展、生活富裕、生态良好的文明发展道路，建设美丽中国。实行“湖长制”是将绿色发展和生态文明建设从理念向行动转化的具体制度安排，也是中国水环境管理制度和运行机制的重大创新，使责任主体更加明确、管理方法更加具体、管理机制更加有效。

湖泊实施“湖长制”是贯彻党的十九大精神、加强生态文明建设的具体举措，是加强湖泊管理保护、改善湖泊生态环境、维护湖泊健康生命、实现湖泊功能永续利用的重要制度保障。

自此，河长制湖长制工作在全国31个省份全面推开。

第二章

河长制解读及指标体系研究

为全面落实绿色发展理念，推进生态文明建设，解决我国复杂水问题、维护河湖健康，2016年12月11日，经中央全面深化改革委员会第28次会议审议通过，中共中央办公厅、国务院办公厅印发了《关于全面推行河长制的意见（厅字〔2016〕42号）》（以下简称《意见》）。本章解读《意见》，根据《意见》研究建立落实河长制六项任务的指标体系。

第一节 《意见》解读

国务院新闻办公室于2016年12月12日上午举行新闻发布会，水利部副部长周学文、水利部水资源司司长陈明忠、建设管理督察专员祖雷鸣、生态环境部水环境管理司司长张波介绍《意见》有关情况，回答记者提问，从《意见》出台的背景和意义、主要内容、总体要求、主要任务、保障措施、监督考核等方面进行了政策解读。

一、《意见》出台的背景和意义

江河湖泊具有重要的资源功能、生态功能和经济功能；各地积极采取措施，加强河湖治理、管理和保护，在防洪、供水、发电、航运、养殖等方面取得了显著的综合效益。但是随着经济社会快速发展，我国河湖管理保护出现了一些新问题，例如，一些地区入河湖污染物排放量居高不下，一些地方侵占河道、围垦湖泊、非法采砂现象时有发生。

党中央、国务院高度重视水安全和河湖管理保护工作。习近平总书记强调，保护江河湖泊，事关人民群众福祉，事关中华民族长远发展。李克强总理指出，江河湿地是大自然赐予人类的绿色财富，必须倍加珍惜。党的十八大以来，中央提出了一系列生态文明建设特别是制度建设的新理念、新思路、新举措。一些地区先行先试，在推行“河长制”方面进行了有益探索，形成了许多可复制、可推广的成功经验。在深入调研、总结地方经验的基础上，中央制定出台了《关于全面推行河长制的意见》。

《意见》体现了鲜明的问题导向，贯穿了绿色发展理念，明确了地方主体责任和河湖管理保护各项任务，具有坚实的实践基础，是水治理体制的重要创新，对于维护河湖健康生命、加强生态文明建设、实现经济社会可持续发展具有重要意义。

二、《意见》的主要内容

《意见》包括总体要求、主要任务和保障措施 3 个部分，共 14 条。主要内容包括：

（一）“河长制”的组织形式

《意见》提出全面建立省、市、县、乡四级河长体系。各省（自治区、直辖市）设立总河长，由党委或政府主要负责同志担任；各省（自治区、直辖市）行政区域内主要河湖设立河长，由省级负责同志担任；各河湖所在市、县、乡均分级分段设立河长，由同级负责同志担任。县级及以上河长设置相应的“河长制”办公室。

（二）河长的职责

各级河长负责组织领导相应河湖的管理和保护工作，包括水资源保护、水域岸线管理、水污染防治、水环境治理等，牵头组织对侵占河道、围垦湖泊、超标排污、非法采砂等突出问题进行清理整治，协调解决重大问题，对相关部门和下一级河长履职情况进行督导，对目标任务完成情况进行考核。各有关部门和单位按职责分工，协同推进各项工作。

（三）“河长制”工作的主要任务

“河长制”工作的主要任务包括六个方面：一是加强水资源保护，全面落实最严格水资源管理制度，严守“三条红线”；二是加强河湖水域岸线管理保护，严格水域、岸线等水生态空间管控，严禁侵占河道、围垦湖泊；三是加强水污染防治，统筹水上、岸上污染治理，排查入河湖污染源，优化入河排污口布局；四是加强水环境治理，保障饮用水水源安全，加大黑臭水体治理力度，实现河湖环境整洁优美、水清岸绿；五是加强水生态修复，依法划定河湖管理范围，强化山水林田湖系统治理；六是加强执法监管，严厉打击涉河湖违法行为。

（四）“河长制”的监督考核

《意见》提出，县级及以上河长负责组织对相应河湖下一级河长进行考核，考核结果作为地方党政领导干部综合考核评价的重要依据。实行生态环境损害责任终身追究制，对造成生态环境损害的，严格按照有关规定追究责任。

三、落实《意见》重点抓好三件事

“河长制”是非常重要的制度，《意见》出台体现了党中央、国务院对河湖管理保护的高度重视；《意见》有很强的针对性和可操作性。《意见》里规定了六个方面的主要任务。“河长制”落实的主体是地方党委和政府，作为全国河湖的主管机关，水利部会同有关部门坚决落实中央的决策部署，责无旁贷。要抓好“河长制”的全面推行重点要抓好三件事。

第一，要细化、实化工作任务。水利部已会同生态环境部制定出台贯彻落实《意见》的实施方案，指导各地抓紧编制工作方案，细化、实化工作任务；实施方案和生态环境部一起联合印发。

第二，抓督促、检查。水利部建立“河长制”的督导检查制度，定期对各个地方“河长制”实施情况开展专项督导检查。还建立了评估制度，2017 年年底开展中期评估，2018 年全面完成的时候要开展总结评估。

第三，抓考核、问责。一方面将督促各个地方加强监督考核，严格责任追究，另一方面水利部将把全面推行“河长制”纳入最严格的水资源管理制度的考核，并且组织对各地全面推行“河长制”的情况进行监督和评估工作。

四、全面建立“河长制”关键做到三个“一”

实行“河长制”的目的是贯彻新的发展理念，以保护水资源、防治水污染、改善水环境、修复水生态为主要任务，构建一种责任明确、协调有序、严格监管、保护有力的河湖管理保护机制，实现河湖功能的有序利用，提供制度的保障。全面建立“河长制”，关键要做到三个“一”。

一是要有一个具体的工作方案。方案要把中央《意见》提出的工作目标进一步细化、实化。包括本地“河长制”的主要任务、组织形式、监督考核、保障措施等内容，并且要明确全省的总河长由谁担任，省内主要河流的河长由谁担任，要明确各项任务的时间表、路线图和阶段性目标。为此，首先要出台一个工作方案，要求省市县都要出台具体的工作方案。

二是要有一个完善的工作机制。“河长制”主要突出地方党委政府的主体责任，强化部门之间的协调和配合，要有一套完善的工作机制，要明确一个牵头部门，要有一个河长办，明确相关的成员单位，同时明晰各个部门之间的分工，落实工作责任，搭建一个有效的工作平台。

三是要有一套管用的工作制度。全面推行“河长制”需要一套完整的制度体系，包括河长会议制度、信息共享制度、公众参与制度、监督检查制度、验收制度和考核问责与激励制度等一系列制度，总之，要有一套完整管用的制度。

最后“河长制”落实得好不好，关键还不在于有多少制度，也不在于出台的工作方案细不细，关键要看最后实施的效果好不好。就是要做到每条河湖有人管，管得住，管得好。

五、推行“河长制”对于落实水污染防治计划有重要意义

党中央、国务院着眼于治水的大局，做出了关于全面推行“河长制”的决策，对全面落实党中央、国务院关于生态文明建设、环境保护的总体要求和水污染行动计划具有十分重要的意义。

“河长制”是非常重要的决策创新、机制创新。通过“河长制”的推动，把党委政府的主体责任落到实处，而且把党委政府领导成员的责任也具体地落到实处。通过这种责任的落实，领导成员都有各自的分工，大家会自觉地把环境保护、治水任务和各自分工有机结合起来，形成一个大的工作格局，充分发挥我国政治制度在治水方面的优势，有利于攻坚克难。

水污染防治计划是面向未来三四十年，到2050年的国家水污染防治战略计划，明确了水污染防治的总体思路、目标任务、工作措施以及细化和分工，这是非常好的制度和机制的创新，必将有利于落实水污染防治计划。

六、推行“河长制”和落实水污染防治计划相结合的举措

生态环境部门推行“河长制”与落实水污染防治计划工作的举措，可概括为“一个落实、三个结合”。

一个落实，就是要按照中央关于全面建立省、市、县、乡四级河长体系的要求，把“河长制”的建立和落实情况纳入中央环保督察。同时结合“水十条”实施情况的考核工作，强化信息公开、行政约谈和区域限批，切实推动各地切实落实环境保护的责任，全面落实“河长制”，这是在全面落实的方面可以推动的工作。

第一个结合是与依法治污有机结合。国务院会议审议通过了《中华人民共和国水污染防治法》修正草案，已提请全国人大审议，修正案将为水污染防治工作提供更加强有力的法律支撑。生态环境部门将会按照新环保法、水污染防治法等法律法规的要求，依法行政、严格执法，为全面推行“河长制”提供有力的法律保障。

第二个结合是与科学治污有机结合。国务院发布了《“十三五”生态环境保护规划》，以落实这个《规划》为抓手，以改善环境质量为核心。生态环境部门将会立足流域的每一个控制单元，来统筹建立污染防治、循环利用、生态保护的综合治理体系，把责任细化到每一个治污的主体。生态环境部还会指导各地科学地筛选项目，务实、具体、有力地推动流域环境质量逐年改善、持续进步。

第三个结合是与深化改革有机结合。按照党中央国务院的统一部署，生态环境部组织开展控制污染物排放许可制的改革，同时在部分流域探索建立按流域设置环境监管和行政执法机构的改革试点。生态环境部争取尽快形成一些可复制、可推广的经验模式，为全面推行“河长制”提供重要支撑和补充。

七、“河长制”有利于推动化工园区等产业的结构调整

“河长制”会把我国政治体制的优势发挥出来，有攻坚克难的作用。在水污染防治过程当中，遇到一个很大的拦路虎，就是一些地方的产业结构比较重，布局也不够合理。当推动这些工作的时候，会遇到环境与发展两难的问题。如何统筹环境保护与经济发展、社会稳定，地方党委政府具有这方面的能力，所以当党委政府的责任落到实处，党委政府领导成员对每一个河段都负起责任来的时候，相信统筹经济、社会发展和环境保护，推动一些像化工园区产业的结构调整、优化布局，就会更加有利。

八、《意见》规定考核问责要重点解决的三个问题

各地实践表明，“河长制”能不能取得实效，关键的一条就是考核是不是严格。考核重点要解决好三个问题。

一是要解决好考核谁的问题。《意见》规定县级及以上的河长负责组织对相应河湖的下一级河长进行考核，就是谁考核谁的问题，在《意见》里说得非常清晰。

二是要解决考核什么的问题。主要是考核推行“河长制”的进展情况。《意见》规定的六大任务是不是落实了，推行“河长制”的成效怎么样，原来是黑臭的水体，通过推进“河长制”的一段时间的治理是不是见到实效了。但是由于各个地方河湖面临的主要问题各不相同，有的地方河湖面临的是侵占河湖比较厉害，有的面临的是排污量比较多，污染比较厉害，所以需要各个地方根据实际情况来制定具体的考核办法。考核办法要体现问题导向。

三是解决考核结果怎么用的问题。《意见》提出要把“河长制”的考核结

果作为地方党政领导干部综合考核评价的一个重要依据，上一级组织部门要对下一级组织部门的领导干部考核，“河长制”是一个重要的依据。如果造成生态环境损害的，要严格按照有关规定追究相关责任人的责任，也就是追究河长的责任。

解决好这三个问题，这次“河长制”的实施，最后的考核一定能见到成效。

九、“河长制”将推进地方环境责任的落实

落实责任首先在于细化责任，国家《水污染防治行动计划》发布以后，生态环境部门做的第一件事就是与各省签订目标责任书，把水污染防治行动计划的目标任务、工作分工细化到各个地方。各个地方又参照国家的做法进一步细化到各个市、各个县，细化到基层，使每一级党委政府、每一个治污的责任主体都承担相应的责任。

按照中央的统一部署，生态环境部正在推进中央环境保护督察，对照各自的责任检查落实情况。一些地方有这样或者那样的问题，问题的背后是责任不够落实，对相应的地方包括有关人员就涉及问责的问题。只要按照国家的有关法律法规、《水污染防治行动计划》的具体要求，把任务细化，通过“河长制”这样一个非常好的制度创新，进行良好地运转，再加上督察问责工作，计划一定会逐步落到实处。

十、“河长制”将推动水利和环保工作更好合作

“河长制”的实施没有改变原来部门之间的职责分工，原来是水利部门管的还是水利部门管，生态环境部门管的还是生态环境部门管，关键是搭建一个合作与协作的平台，在党委政府的统筹和统一领导下搭建这样一个平台。“河长制”实施以后，在中央层面，水利部跟生态环境部协商，将一起成立一个部际联席会议制度，一些重大的问题要提交这个部际联席会议进行协调。

水利和环保关于水量、水质的信息共享，前几年已经开始着手做这项工作。每年水利部门的水文站监测的水质数据，都向同级生态环境部门提供，能够做到信息共享，作为水污染防治的一个重要依据。涉及一些水污染事件，比如一些突发的水污染事件，生态环境部门主导，水利部门配合，水利部主要做的，一是加强水质监测，二是加强工程的调度，减少突发的水污染事件对经济社会的影响，这方面有很好的配合。“河长制”实施以后，水利和环保在水污染防治、水资源保护方面会合作得更好，合作得更顺畅，取得的效果会更好。

十一、《意见》对河长的设置做出非常明确的规定

《意见》中讲，各省、自治区、直辖市要设立总河长，这个总河长由省委书记或者省长来担任，并且各个省区的行政区域主要河湖要设立河长，这个河长由省级领导担任。这些河湖流经的市、县、乡也要分级分段来设立河长，这个河长由同级的负责同志担任，可以是党委负责同志，也可以是政府负责同志，有的是人大、政协的负责同志，都可以，但不能是部门负责的同志来担任。这是这次《意见》对河长的设立、对谁来担任河长做出的非常具体和明确的规定。

十二、“河长制”将推动河湖水域岸线保护利用管理工作

水利部一直非常重视河湖水域岸线的保护利用管理，主要开展了三方面工作。

一是对全国主要江河重要河段全部编制了水域岸线保护利用规划。比如说长江上，水利部会同交通运输部、自然资源部联合编制了《长江岸线保护和开发利用总体规划》，这个规划对整个长江干流进行分区管理，分为保护区、保留区、可开发利用区、控制利用区，并且保护区、保留区占到64.8%，充分体现了习近平总书记提出的“共抓大保护、不搞大开发”的理念。

二是加强河湖管理范围的划定，是河湖管理保护的基础性工作。现在水利部不只在全国全面推进这项工作，对于中央直属工程，想与河长制开展同步推进，争取到2018年年底基本完成河湖管理范围划定工作。

三是加强日常监管和综合执法，通过一系列的措施来加强河湖水域岸线的管理保护。

十三、“河长制”将更好地保障最严格水资源管理制度落实到位

按照国务院部署，“十二五”期间，水利部门会同生态环境部、发改委等九个部门共同推进了最严格水资源管理制度的实施。从这几年的推进情况看，效果非常明显。前一段水利部对“十二五”期末最严格水资源管理制度落实情况进行了考核，考核结果向社会进行了公告。总的来看，“三条红线”得到了有效管控，用水总量、用水效率和纳污控制指标都在“十二五”期间控制范围之内，各级责任也都明确落实到位。最严格的各项制度体系也都全部建立健全，全国从中央到地方层面一共建立100多项最严格水资源管理制度的管控制度。

这次中央出台河长制《意见》，对水资源保护、水污染防治、水环境治理等都提出了明确要求，作为河长制的主要任务，特别强调，要强化水功能区的监督管理，明确要根据水功能区的功能要求，对河湖水域空间、确定纳污容量，提出限排要求，把限排要求作为陆地上污染排放的重要依据，强化水功能区的管理，强化入河湖排污口的监管，这些要求跟最严格水资源管理制度、“三条红线”、总量控制、效率控制，特别是水功能区限制纳污控制的要求，以及入河湖排污口管理、饮用水水源地管理、取水管理等这些要求充分对接。应该说，这次河长制在落实三条红线管控上，内容很具体，任务也很明确，责任更加清晰、更加具体到位。河长制的制度要求从体制机制上能够更好地保障最严格水资源管理制度各项措施落实到位，同时，“十三五”在最严格水资源管理制度考核的时候，要把河长制落实情况纳入最严格水资源管理制度的考核，做到有效对接。

第二节　河长制实施效果指标体系

为客观评价河长制实施效果，需要构建一套科学合理的评价指标体系。本章根据《意见》的六项任务，从水资源保护效果、水域岸线管护效果、水污染防治效果、水环境治理效果、水生态修复效果、水执法监督效果六项准则层出发，采用主观和客观相组合的方法进行指标体系的构建。

一、指标体系构建原则

河长制实施效果评价指标众多，涉及环境学、公共管理学等多个学科。因此，选取的指标要在能全面反映河长制实施效果的情况下，做到简洁、合理。指标体系构建应遵循以下原则：

（1）完备性原则

建立的指标体系能全面反映河长制实施效果，指标内容应涵盖河长制六大任务完成情况；不仅立足于现在，也需要有长远的考虑。

（2）简洁性原则

指标体系在保证完备性的情况下，减少指标数量，做到简单明了。避免出现指标关联性强、指标数据冗杂、分析计算复杂等问题。

（3）通用性原则

指标体系可用于31个省份的河长制实施效果评价，在各地区统计年鉴、公报及文献基础上选择通用指标，构建普适性强的指标体系。

（4）针对性原则

在满足通用性的情况下，针对各地区河长制实施的实际情况，适当调整部分指标，使得指标体系具备针对性，来满足不同地区对河长制实施效果的评价要求。

（5）科学性原则

指标的选取采用科学的方法，每一个指标应具有科学的内涵，选取方便理解、含义明确、可操作性和可靠性强的指标，切实反映河长制实施效果。

（6）可操作性原则

不能脱离实际，盲目选择全面但获取难度大的指标，应立足于现有资料和工作成果，选择操作性较高的指标，保证评价工作的可操作性。

（7）层次性原则

河长制实施效果评价体系是多层次、多要素组成的整体，各要素相互作用，共同决定评价结果。评价结果既能反映河长制实施效果总体情况，也能反映河长制实施各层次存在的问题。

二、指标体系的构建步骤

（1）明确目标及体系

目标是河长制实施效果，通过对全国河长制实施情况进行综合评价来反映河长制工作产生的效果，明晰河长制工作中存在的问题，总结经验，为河长制工作重心的调整提供指导。根据《意见》的六项任务制定河长制实施效果指标体系。

（2）初选指标

在明确目标的基础上，采用理论分析法对河长制实施效果进行层次分解，列出河长制实施效果的影响因素；采用频度分析法对河长制实施效果相关的研究成果和论文进行统计分析，选取频度较高的指标；采用专家咨询法，对指标进行初步调整。指标初选注重完备性原则，为下一步精确筛选提供基础。

（3）指标筛选

初选指标数量较多，采用德尔菲法和信息贡献率法进行指标筛选，经专家鉴定后选定河长制实施效果指标体系。指标体系构建的流程如图 2-1 所示。

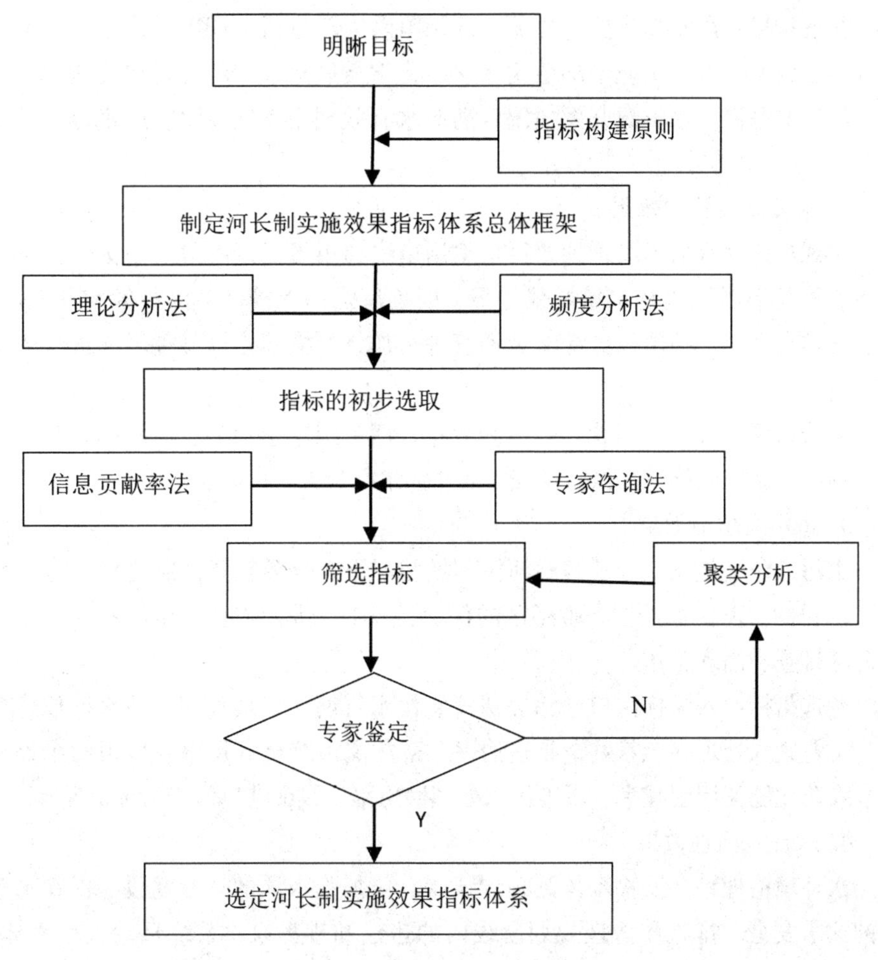

图 2-1　指标体系构建流程图

三、指标分析初选

河长制实施效果从六大任务完成情况出发，利用理论分析法进行层次分解，列出影响河长制实施效果的主要因素。借鉴现有研究成果、相关论文以及各省份河长制工作评估细则，采用 Spss 软件进行频度分析，选择频率较高的指标，再通过专家咨询法，进行指标的调整。

1. 水资源保护效果

实现河湖保护的重要前提是具备优质足量的水资源。为落实水资源的保护，首先要严格水资源开发，减少不合理取水。其次要加大节水技术的推广和改造，打造节水型城市。最后要严格限定水域纳污和排污总量。

初选指标：用水总量控制情况、万元国内生产总值（GDP）用水量、节水型社会建设率、万元工业增加值用水量、化学需氧量（COD）排放控制率、入河排污口监测率、水资源开发情况、灌溉水有效利用系数、脱脂废水排放控制率等。

2. 水域岸线管护效果

实现良好的水域岸线管护要科学编制岸线利用规划，依据《中华人民共和国河道管理条例》进行水域岸线划界，明确岸线的保护区、保留区和开发区，落实管护主体。加强岸线日常清理和管理工作，严格禁止以各种名义进行非法涉水活动。

初选指标：主要河湖管理范围划界率、四乱问题整治率、河湖岸线利用规划编制率、岸线功能分区执行情况、非法涉水行为查处率等。

3. 水污染防治效果

水污染防治是在充分了解到河湖问题情况下，分类施策，以达到“青山绿水”的目的。需要加强生态敏感区的保护，开展工业、农业、生活和养殖等污染源的排查和治理工作。

初选指标：入河排污口整治完成率、污水管网建设增长率、污水排放达标率、工业废水处理率、养殖企业整治率、畜禽粪污综合利用率、城镇污水处理率、农药化肥使用削减率、城市污水处理回用率、城市港口污染治理情况等。

4. 水环境治理效果

水环境治理综合反映水体治理的成果。要加强水质的达标建设，保障水源地的饮水安全，排查和清理规划岸线内的违建和排污口。系统整治城市水体，定期清理河道垃圾，建设生态护坡，实现水美城市。

初选指标：水功能区水质达标率、考核断面水质达标率、重要河道整治完成率、水土流失治理率、城市黑臭水体治理完成率、地表Ⅲ类水以上比例、地表劣Ⅴ类水比例、集中式饮用水水源地水质达标率、城乡垃圾分类设施覆盖率、城乡垃圾无害化处理率等。

5. 水生态修复效果

水生态修复反映河流生态建设情况。要加强水系流通，开展湿地修复工作，保证生态基流，提高河流流通和自净能力。加强水生生物的养护，维护河流的生态健康。

初选指标：岸线绿化率、水系连通情况、重要断面生态基流满足率、自然湿地保护率、水域面积增长率、主要河湖生物多样性情况、国家水生态文明城市建成率、河湖健康评价优良率、生态清洁小流域建成率等。

6. 水执法监督效果

执法监督是河长制发挥成效的重要环节。要建立健全水环境监管制度、巡查制度和联合执法制度。要构建河长制多元化信息化平台，提高工作效率，实现一体化管理。

初选指标：河长制公示牌覆盖率、执法问题解决率、多部门联合执法情况、河长制信息化水平、河湖网格化管理情况、河长制监管制度落实情况、公众知晓率、公众参与率、公众满意度等。

四、指标的筛选

指标体系的科学性决定了评价结果的准确性。河长制实施效果初选指标涉及面广、数量众多，指标筛选方法包含定性和定量筛选两种。定性筛选方法主要通过理论分析和专家咨询完成指标的筛选；定量筛选方法通常考虑指标的相关性和替代性，通过设立临界值，筛选掉信息贡献率低和区分度小的指标。

信息贡献率法是通过分析指标信息占全部信息的比例，筛选掉贡献信息占比较低的指标。计算步骤如下：

假设 $X=(X_1, X_2, X_3\cdots, X_n)$ 是河长制实施效果第 n 项评价指标中的第 m 个样本，其展开形式如式 2-1 所示。

$$X=\begin{bmatrix} X_1 \\ X_2 \\ \vdots \\ X_n \end{bmatrix}=\begin{bmatrix} x_{11} & x_{12} & \cdots x_{1m} \\ x_{21} & x_{22} & \cdots & x_{2m} \\ \vdots & \vdots & \vdots & \vdots \\ x_{n1} & x_{n2} & \cdots & x_{nm} \end{bmatrix} \quad (2-1)$$

（1）由于计量单位不同，将指标数据进行标准化处理，计算公式为：

效益型指标：

$$r_i=\frac{x_{ij}-\min(x_j)}{\max(x_j)-\min(x_j)} \quad (2-2)$$

成本型指标：

$$r_i=\frac{\max(x_j)-x_{ij}}{\max(x_j)-\min(x_j)} \quad (2-3)$$

其中 x_{ij} 为指标初始值，r_i 为指标标准值；$\max(x_j)$ 和 $\min(x_j)$ 分别表示第 j 个指标的最大值和最小值。

（2）计算相关系数矩阵 X^TX 的特征值 λ_j（j=1，2，⋯，m），公式如下：

$$|X^TX-\lambda E_n| \quad (2-4)$$

（3）确定 p 个方差贡献率 wj 较大，且累计方差贡献率 $\Omega_P>90\%$ 为关键因子。累计方差贡献率 Ω_P 计算公式如下：

$$\Omega_p=\sum_{j=1}^{p}w_j=\sum_{j=1}^{p}(\lambda_j/m)>M_0 \tag{2-5}$$

（4）对关键因子进行因子载荷分析，构建因子载荷矩阵 $A=(a_{ij})_{m\times p}$。

$$A=(\lambda_1^{\frac{1}{2}}\xi_1,\ \lambda_2^{\frac{1}{2}}\xi_2\cdots\lambda_p^{\frac{1}{2}}\xi_p) \tag{2-6}$$

式中：ε_j 为特征值 λ_j 对应的标准正交化的特征向量。

（5）计算指标 X_i 的信息贡献率 I_j。计算公式如下：

$$I_i=\sum_{j=1}^{p}I_{ij}=\sum_{j=1}^{p}w_j(a_{ij}^2/\sum_{j=1}^{p}a_{ij}^2) \tag{2-7}$$

（6）将信息贡献率 I_i 按照从大到小进行排序，依次计算累计信息贡献率 R_x，当累计信息贡献率达到70%以上，则认为指标信息保留较为完全。此外取累计信息贡献率 $R_0=95\%$。

$$R_p=\sum_{i=1}^{p}I_{mi}/\sum_{i=1}^{m}I_i \tag{2-8}$$

式中：λ_1^*，λ_t^* 分别为 t 个指标相关系数矩阵的最大和最小特征值。

通过上述定性和定量筛选方法，结合研究对象情况和指标数据，可确定河长制实施效果综合评价指标体系。见下表 2-2 六类 28 项指标。

表 2-2　河长制实施效果指标体系

目标层	准则层	具体指标	单位	指标类型
河长制实施效果综合评价指标体系（29 项）	B_1 水资源保护效果（5 项）	C_{11}万元 GDP 用水量	m^3/万元	成本型
		C_{12}万元工业增加值用水量	m^3/万元	成本型
		C_{13}用水总量控制率	%	成本型
		C_{14}灌溉水利用系数	%	效益型
		C_{15}入河排污口监测率	%	效益型
		C_{16}节水型社会建设率	%	效益型
	B_2 水域岸线管护效果（4 项）	C_{21}河湖管理范围划界率	%	效益型
		C_{22}“四乱”问题整治率	%	效益型
		C_{23}河湖面积的萎缩比例	%	成本型
		C_{24}防洪达标率	%	成本型

续表

目标层	准则层	具体指标	单位	指标类型
河长制实施效果综合评价指标体系（29项）	B_3 水污染防治效果（5项）	C_{31}工业废水排放达标率	%	成本型
		C_{32}城镇污水处理率	%	效益型
		C_{33}农药化肥使用量削减率	%	效益型
		C_{34}畜禽粪污综合利用率	%	效益型
		C_{35}生活污水处理回用率	%	效益型
	B_4 水环境治理效果（5项）	C_{41}水功能区水质达标率	%	效益型
		C_{42}黑臭水体治理完成率及复现情况	%	成本型
		C_{43}集中式饮用水水源地水质达标率	%	效益型
		C_{44}地表Ⅲ类水以上比例	%	效益型
		C_{45}入河排污口达标率	%	效益型
	B_5 水生态修复效果（5项）	C_{51}水土流失治理率	%	效益型
		C_{52}河湖健康评价优良率	%	效益型
		C_{53}国家水生态文明城市建成率	%	效益型
		C_{54}生态清洁小流域建成率	%	效益型
		C_{55}生态流量（水位）保证率	%	效益型
	B_6 水执法监督效果（5项）	C_{61}河长制监管制度落实情况	分	效益型
		C_{62}多部门联合执法情况	分	效益型
		C_{63}水执法问题解决率	%	效益型
		C_{64}河湖网格化管理推行率	%	效益型
		C_{65}公众满意度	%	效益型

第三节 指标含义及计算方法

本书参考《地表水环境质量标准》（GB3838-2002）、《水功能区监督管理办法》《中华人民共和国河道管理条例》《全国河长制湖长制总结评估工作方案》等相关法律法规和政策规划文件，对河长制实施效果指标含义及计算方法进行说明。

1. 水资源保护效果指标（5 项）

（1）万元 GDP 用水量

万元 GDP 用水量指每一万元生产总值所需要的水资源量，反映该地区用水与社会经济的关系，计算公式如下：

$$万元\text{GDP}用水量=\frac{地区总用水量}{地区生产总值}$$

（2）万元工业增加值用水量

万元工业增加值用水量反映工业水资源利用情况，计算公式如下：

$$万元工业增加值用水量=\frac{工业用水总量}{工业增加值}$$

（3）用水总量控制率

用水总量控制率指地区用水总量与年度目标用水量的比值，计算公式如下：

$$用水总量控制率=\frac{用水总量}{计划用水总量}\times 100\%$$

（4）灌溉水利用系数

灌溉水利用系数指田间有效水量与水源地取水量的比值，反映农业水资源利用情况，计算公式如下：

$$灌溉水利用系数=\frac{田间作物利用水量}{水源地灌溉取水量}$$

（5）节水型社会建设率

节水型社会指通过制度的建设、生产技术的改革来开展社会节水工作。节水型社会建成率指通过水利部验收的节水型社会城市占下设城市数量的比值，计算公式如下：

$$节水型社会建设率=\frac{通过水利部验收的节水型城市数量}{下设城市总数量}\times 100\%$$

2. 水域岸线管护效果指标（4 项）

（1）河湖管理范围划界率

河湖确权划界能明确开发利用区、保留区和禁止开发区，为岸线管护提供依据，减少岸线违法利用行为。计算公式如下：

$$河湖管理范围划界率=\frac{已完成划界长度}{计划完成划界长度}\times 100\%$$

（2）“四乱”问题整治率

四乱指乱占、乱采、乱堆、违建等行为，开展“四乱”工作能有效提高河湖面貌，改善生态环境。计算公式如下：

$$“四乱”问题整治率=\frac{已清理四乱问题数量}{四乱台账记录总数量}\times100\%$$

（3）河湖面积的萎缩比例

以省份（市、县）评估年丰水期河湖水面面积对比历史参考年份（20世纪50至80年代水文状况相近年份）丰水期的水面面积，具体调查方法参照SL/T238-1999，河湖面积萎缩率按下式计算，赋分标准见表2-3、表2-4，中间赋分值分段线性内插。计算得分取各项得分平均值。

$$河湖面积萎缩率=\left(1-\frac{评估年河湖水面面积}{历史参考年河湖水面面积}\right)\times100\%$$

表2-3 河道面积萎缩率评估赋分标准表

河道面积萎缩率（%）	0	(0，5]	(5，10]	(10，15]	>15
赋分	100	80	60	30	0

表2-4 湖泊面积萎缩率评估赋分标准表

湖泊面积萎缩率（%）	0	(0，10]	(10，20]	(20，30]	>30
赋分	100	75	50	25	0

（4）防洪达标率

评价省份（市、县）河湖堤防及沿河（环湖）口门建筑物防洪达标情况。河流防洪达标率统计达到防洪标准的堤防长度占堤防总长度的比例，有堤防交叉建筑物的，须考虑堤防交叉建筑物防洪标准达标比例，按照公式（2-9）计算；湖泊同时还应评价环湖口门建筑物满足设计标准的比例，按照公式（2-10）计算。无相关规划对防洪达标标准规定时，可参照GB50201确定。河流及湖泊防洪达标率赋分标准见表2-5。

$$FDRI=\left(\frac{RDA}{RD}+\frac{SL}{SSL}\right)\times\frac{1}{2}\times100\% \tag{2-9}$$

$$FDLI=\left(\frac{LDA}{LD}+\frac{GWA}{DW}\right)\times\frac{1}{2}\times100\% \tag{2-10}$$

式中：$FDRI$ 为河流防洪工程达标率，%；RDA 为河流达到防洪标准的堤防长度，m；RD 为河流堤防总长度；SL 为河流堤防交叉建筑物达标个数；SSL 为河流堤防交叉建筑物总个数；$FDLI$ 为湖泊防洪工程达标率，%；LDA 为湖泊达到防洪标准的堤防长度，m；LD 为湖泊防洪堤防总长度，m；GWA 为环湖达标口门宽度，m；DW 为环湖口门总宽度。

表 2-5　防洪达标率赋分标准表

防洪达标率（%）	≥95	90	85	70	≤50
指标	100	75	50	25	0

3. 水污染防治效果指标（5 项）

（1）工业废水排放达标率

工业废水排放达标率是指工业废水排放达标量与工业废水排放总量的比率。其中，工业废水排放达标是指全面达到国家与地方排放标准的外排工业废水量，既包括经处理后达标外排的工业废水量，也包括未经处理即能达标外排的工业废水量。可反映工业污水情况，计算公式如下：

$$工业废水排放达标率=\frac{工业废水排放达标量}{工业废水排放总量}\times 100\%$$

（2）城镇污水处理率

城镇污水指居民生活污水及各类服务机构的排水，提升污水处理率能有效减少入河污染物总量，提升水生态环境质量。计算公式如下：

$$城镇污水处理率=\frac{污水处理量}{污水排放总量}\times 100\%$$

（3）农药化肥使用量削减率

农药化肥使用量削减率是指该年度化肥农药使用量较上一年的削减量占上一年农药化肥的总用量，反映该地区在进行农业生产时，对化肥农药用量的控制情况，是否实现年度化肥农药总用量零增长的目标，计算公式如下：

$$农药化肥使用量削减率=\frac{该年度化肥农药使用量较上一年的削减量}{上一年农药化肥的总用量}\times 100\%$$

（4）畜禽粪污综合利用率

畜禽粪污是养殖场产生的主要污染物，而粪肥也是农业良好有机肥，提高粪肥利用率，不仅能减少养殖污染，也能有效减少农业化肥使用量。计算公式如下：

$$畜禽粪污综合利用率=\frac{畜禽粪污综合利用量}{畜禽粪污总产量}\times 100\%$$

（5）生活污水处理回用率

中水回用需要更高的污水处理标准和污水处理工艺，污水回用率能较好反映污水处理水平。计算公式如下：

$$生活污水处理回用率=\frac{生活污水处理回用量}{生活污水处理总量}\times100\%$$

4. 水环境治理效果指标（5 项）

（1）水功能区水质达标率

水功能区水质达标率指达到水质标准的水功能区数与水功能区总数之比，反映水体治理情况，计算公式如下：

$$水功能区水质达标率=\frac{水质达标水功能区个数}{水功能区总个数}\times100\%$$

（2）黑臭水体治理完成率及复现情况

黑臭水体是突出的水环境问题，损害人民生活质量和城市面貌。黑臭水体的治理要以系统化的眼光进行看待，要采取三位一体的综合治理措施。复黑臭水体治理完成率反映黑臭水体治理的完成情况，计算公式如下：

$$黑臭水体治理完成率=\frac{已治理黑臭水体数量}{黑臭水体总数量}\times100\%$$

黑臭水体复现是指黑臭水体治理完成后再次出现的情况，如有复现，一票否决。

（3）集中式饮用水水源地水质达标率

集中式饮用水水源地水质达标率指达标饮用水源地数与总水源地个数的比例，计算公式如下：

$$集中式饮用水水源地水质达标率=\frac{集中式水源地达标个数}{集中式水源地总个数}\times100\%$$

（4）地表Ⅲ类水以上比例

地表Ⅲ类水以上比例指水体与监测河段总长度之比，计算公式如下：

$$地表Ⅲ类水以上比例=\frac{监测河段Ⅲ类水以上长度}{监测河段总长度}\times100\%$$

（5）入河排污口达标率

入河排污口达标率指累计达标排污口个数与核查总入河排污口个数的比值，计算公式如下：

$$入河排污口达标率=\frac{累计达标排污口个数}{核查总入河排污口个数}\times100\%$$

5. 水生态修复效果指标（5 项）

（1）水土流失治理率

水土流失不仅易使洪涝灾害加剧，也易造成水体污染物增多，降低水环境质量等问题，计算公式如下：

$$水土流失治理率=\frac{已治理水土流失面积}{水土流失总面积}\times 100\%$$

（2）河湖健康评价优良率

河湖健康评价优良率指开展河湖健康评价数量中评价等级达到优良的比例，计算公式如下：

$$河湖健康评价优良率=\frac{评价达到优良等级河湖数量}{开展河湖健康评价数量}\times 100\%$$

（3）国家水生态文明城市建成率

国家水生态文明城市的建设需要构建完备的生态文明制度体系。国家水生态文明城市建成率指通过水利部验收的国家水生态文明城市占下设区市的比例，计算公式如下：

$$国家水生态文明城市建成率=\frac{通过水利部验收的国家水生态文明城市数量}{下设区市总数量}\times 100\%$$

（4）生态清洁小流域建成率

生态清洁小流域指流域内生态系统良好、人与自然和谐的小流域。生态清洁小流域建成率指通过验收的生态清洁小流域占小流域建设计划数量的比例，计算公式如下：

$$生态清洁小流域建成率=\frac{通过验收的生态清洁小流域数量}{生态清洁小流域建设计划数量}\times 100\%$$

（5）生态流量（水位）保证率

反映区域生态流量（水位）满足程度，计算公式如下：

$$生态流量（水位）保证=\frac{最小日均流量（水位）满足天数（d）}{评估年总天数（d）}\times 100\%$$

6. 水执法监督效果指标（5 项）

（1）河长制监管制度落实情况

河长制工作的落实需要强有力的监管措施，由 20 位专家通过河长制监管制度相关文件和材料，从监管制度建立、监管人员资金落实、考核机制落实、奖惩机制落实四个方面进行评价，评价细则见表 2-6。

表 2-6 河长制监管制度落实情况评分标准

序号	评分项	评分细则	评分标准
1	监管制度建立	是否制定了河长制监管制度	25
2	监管人员资金落实	是否有具体工作人员开展河长制监管工作。是否有充足资金进行河长制工作落实，资金使用是否落到实处	25
3	考核机制落实	是否开展河长考核工作，是否由第三方开展考核评估	25
4	奖惩机制落实	是否对考核结果优秀的河长进行奖励，是否对河长失职行为进行惩处	25

（2）多部门联合执法情况

反映各行政部门联合执法情况，由20位专家通过多部门联合执法相关文件和材料，从多部门联合执法制度建立、多部门联合执法落实两个方面进行评价，评价细则见表2-7。

表 2-7 多部门执法情况评分标准

序号	评分项	评分细则	评分标准
1	多部门联合执法制度建立	是否制定了多部门联合执法规章制度，各部门职责是否清晰	50
2	多部门联合执法落实	是否开展过多部门联合执法会议，是否对河湖突出问题进行多部门执法	50

（3）水执法问题解决率

反映水执法过程中问题解决情况，计算公式如下：

$$水执法问题解决率=\frac{执法解决问题数量}{执法发现问题数量}\times 100\%$$

（4）河湖网格化管理推行率

通过河湖网格化管理平台，建立责任到人全覆盖的网格化责任体系，可实现对河长远端监管。河湖网格化管理推行率指开展河湖网格化管理的城市占下设区市的比例，计算公式如下：

$$\text{河湖网格化管理推行率}=\frac{\text{开展河湖网格化管理的城市数量}}{\text{下设区市数量}}\times 100\%$$

（5）公众满意度

公众满意度反映公众对河长制监督治理成效的评价，参考全国河长制总结评估调查问卷，制定公众满意度问卷星表，调查采用问卷星及现场问卷调查方法，通过数据统计分析，得出公众满意度评分。满意度指标设置满意（100分）、基本满意（80分）、一般满意（60分）、不满意（40分）和非常不满意（0分）五个选项，利用统计软件进行分析，得到河长制满意度数据。

本章小结

本章依据《意见》、指标体系构建原则、步骤和方法，从水资源保护效果、水域岸线管护效果、水污染防治效果、水环境治理效果、水生态修复效果、水执法监督效果六个层面出发，采用理论分析法、频次分析法和专家咨询法进行指标初选，再采用德尔菲法和信息贡献率法进行指标进一步筛选，筛选出包含29个具体指标的河长制实施效果综合评价指标体系，该指标体系从河长制实施的动机出发，体现了河长制实施过程中产生的效果。最后对河长制实施效果具体指标的含义、计算方法以及等级标准进行说明，为河长制实施效果综合评价奠定基础。

参考文献

[1] 王洪霞，柳璐，单卫国．我国河湖管理存在的问题及解决途径 [J]．安徽农业科学，2012，40（03）．

[2] 晁星．推广河长制折射改革善治思路 [N]．北京日报，2016-12-14（003）．

[3] 钟凯华，陈凡，角媛梅，等．河长制推行的时空历程及政策影响 [J]．中国农村水利水电，2019（09）．

[4] 中办国办印发《关于全面推行河长制的意见》[J]．中国水利，2016（23）．

[5] 李永健．河长制：水治理体制的中国特色与经验 [J]．重庆社会科学，2019（05）．

[6] 吴国柱．深化流域机构管理体制改革 [J]．水利经济，1998（03）．

[7] 王树义．流域管理体制研究 [J]．长江流域资源与环境，2000，9（04）．

[8] 李启家，姚似锦．流域管理体制的构建与运行 [J]．环境保护，2002（10）．

[9] 王秉杰．流域管理的形成、特征及发展趋势 [J]．环境科学研究，2013，26

(04).

[10] 李奇伟. 从科层管理到共同体治理：长江经济带流域综合管理的模式转换与法制保障 [J]. 吉首大学学报（社会科学版），2018，39（06）.

[11] 刘文，王建平，陈金木，等. 关于推进流域立法的思考 [J]. 水利发展研究，2010，10（01）.

[12] 王彬，冯相昭. 我国现行流域立法及实施效果评价 [J]. 环境保护，2019，47（21）.

[13] 何艳梅.《长江保护法》关于流域管理体制立法的思考 [J]. 环境污染与防治，2020，42（08）.

[14] 原光. 我国流域治理的前景和制度框架研究 [J]. 水利发展研究，2008（02）.

[15] 殷世芳. 流域管理中公众参与的探讨与思考 [J]. 中国水利，2012（02）.

[16] 王俊燕，刘永功，卫东山. 我国流域管理公众参与机制初探 [J]. 人民黄河，2016，38（12）.

[17] 闫慧敏，李壁成. "4D" 技术在流域管理中应用 [J]. 水土保持通报，1999，19（01）.

[18] 冯吉平，陈微，官涤，等. 大数据技术在松辽流域水环境管理中的应用展望 [J]. 水利发展研究，2014，14（09）.

[19] 周仕凭. 无锡 "河长制"：走向绿色中国的明道 [J]. 绿叶，2008（09）.

[20] 耿海军. "河长制" 能否挽救中国环境危局 [N]. 中国青年报，2009-04-07（002）.

[21] 肖显静. "河长制"：一个有效而非长效的制度设置 [J]. 环境教育，2009（05）.

[22] 朱卫彬. "河长制" 在水环境治理中的效用探析 [J]. 江苏水利，2013（10）.

[23] 王勇. 水环境治理 "河长制" 的悖论及其化解 [J]. 西部法学评论，2015（03）.

[24] 左其亭，韩春华，韩春晖，等. 河长制理论基础及支撑体系研究 [J]. 人民黄河，2017，39（06）.

[25] 卢清彬. 浅论代际公平理论在河长制的立法实践 [J]. 环境与可持续发展，2017，42（04）.

[26] 李慧玲，李卓. "河长制" 的立法思考 [J]. 时代法学，2018，16（05）.

[27] 丘水林，靳乐山. 整体性治理：流域生态环境善治的新旨向——以河长制改革为视角 [J]. 经济体制改革，2020（03）.

[28] 李红梅，祝诗羽，张维宇. 我国 "河长制" 绩效评价体系构建研究 [J]. 环境与发展，2018，30（11）.

[29] 沈晓梅，姜明栋. 基于 DPSIRM 模型的河长制综合评价指标体系研究 [J]. 人

民黄河，2018，40（08）.

［30］唐新玥，唐德善，常文倩，等．基于云模型的区域河长制考核评价模型［J］．水资源保护，2019，35（01）.

［31］洪轶帆．基于平衡记分卡的河长制绩效评价模型设计［J］．上海管理科学，2019，41（05）.

［32］郑荣伟，续衍雪，程静．基于AHP的河长制评价体系构建［J］．浙江水利水电学院学报，2020，32（04）.

［33］张丽伟，周丙锋，田金炎，等．基于GF-2影像的大运河及河长制治理效果评价［J］．南水北调与水利科技（中英文），2021，19（04）.

［34］任敏．“河长制”：一个中国政府流域治理跨部门协同的样本研究［J］．北京行政学院学报，2015（03）.

［35］李恩，赵琼．浅论河长制在流域水环境治理与管理中的作用［J］．科技创新导报，2019，16（07）.

［36］左其亭．人水和谐论及其应用研究总结与展望［J］．水利学报，2019，50（01）.

［37］顾玲巧，余晓，卢宏宇．基于政策协同的政府整体性治理水平测度框架分析［J］．领导科学，2020（20）.

［38］余亚梅，唐贤兴．协同治理视野下的政策能力：新概念和新框架［J］．南京社会科学，2020（09）.

［39］王露霏．河长制的延续性困境及其破解之道［J］．农村实用技术，2019（07）.

［40］秦格，刘晓艳．河长制绩效评价体系理论及框架构建［J］．水利经济，2020，38（04）.

［41］黄梦婷，李建国，孙金彦．河长制建设效果评价模型的构建及应用［J］．安徽农业科学，2020，48（20）.

［42］陈洪海，王慧，隋新．基于信息贡献率的评价指标筛选与赋权方法［J］．科研管理，2020，41（08）.

［43］宋冬梅，刘春晓，沈晨，等．基于主客观赋权法的多目标多属性决策方法［J］．山东大学学报（工学版），2015，45（04）.

［44］郭昱．权重确定方法综述［J］．农村经济与科技，2018，29（08）.

［45］李刚，李建平，孙晓蕾，等．主客观权重的组合方式及其合理性研究［J］．管理评论，2017，29（12）.

［46］朱权洁，张尔辉，李青松，等．基于熵权法和灰靶理论的突出危险性评价方法及其应用［J］．安全与环境学报，2020，20（04）.

［47］杨丹，唐彦，唐德善．基于熵权的模糊物元法在农业用水效率评价中的应用［J］．节水灌溉，2018（10）.

[48] 欧忠辉，朱祖平．区域自主创新效率动态研究——基于总体离差平方和最大的动态评价方法 [J]．中国管理科学，2014，22（S1）．

[49] 艾龙海．基于组合赋权法的高校图书馆纸质图书质量评估研究 [D]．内蒙古大学，2020.

[50] 彭张林，张强，杨善林．综合评价理论与方法研究综述 [J]．中国管理科学，2015，23（S1）．

[51] 周文浩，曾波．灰色关联度模型研究综述 [J]．统计与决策，2020，36（15）．

[52] 周清华，王琦，陈锂．基于直觉模糊集-TOPSIS 的绿色供应商选择研究 [J]．系统科学学报，2017，25（01）．

[53] 杨永宇，尹亮，刘畅，等．基于灰关联和 BP 神经网络法评价黑河流域水质 [J]．人民黄河，2017，39（06）．

[54] JING L I, SHIMIN Z. Basin Water Resources Management in Unite States and Its Enlightenment to China [J]. Procedia Engineering, 2012, 28.

[55] NIELSEN H, FREDERIKSEN P, SAARIKOSKI H, et al. How different institutional arrangements promote integrated river basin management. Evidence from the Baltic Sea Region [J]. Land Use Policy, 2013, 30 (1).

[56] GREEN, O O, COSENS B A, GARMESTANI A S. Resilience in Transboundary Water Governance: the Okavango River Basin. [J]. Ecology & Society, 2013, 18 (2).

[57] ERIKSSON M, NUTTER J, DAY S, et al. Challenges and Commonalities in Basin-wide Water Management [J]. Aquatic Procedia, 2015, 5.

[58] M. CHITAKIRA, B. NYIKADZINO. Effectiveness of environmental management institutions in sustainable water resources management in the upper punge River basin, Zimbabwe [J]. Physics and Chemistry of the Earth, 2020.

[59] LIU J L, LUAN Y, SU L Y, et al. Public participation in water resources management of Haihe river basin, China: the analysis and evaluation of status quo [J]. Procedia Environmental Sciences, 2010, 2.

[60] RUIZ-VILLAVERDE A, GARCIA-RUBIO M A. Public Participation in European Water Management: from Theory to Practice [J]. Water Resources Management, 2017, 31 (8).

[61] HURLBERT M, ANDREWS E. Deliberative democracy in Canadian watershed governance [J]. Water Alternatives, 2018, 11 (1).

[62] MAILHOT A, ROUSSEAU A N, MASSICOTTE S, et al. A watershed-based system for the integrated management of surface water quality: The GIBSI system [J]. Water Science & Technology, 1997, 36 (5).

[63] STRAYER M P, FLETCHER J J, STRAYER J M, et al. Watershed analysis with

GIS: The watershed characterization and modeling system software application [J]. Computers and Geosciences, 2010, 36 (7).

[64] SINGH P, GUPTA A, SINGH M. Hydrological inferences from watershed analysis for water resource management using remote sensing and GIS techniques [J]. Egyptian Journal of Remote Sensing and Space Science, 2014, 17 (2).

[65] ANTWI-AGYEI P, DOUGILL A J, AGYEKUM T P, et al. Alignment between nationally determined contributions and the sustainable development goals for West Africa [J]. Climate Policy, 2018, 18 (6-10).

[66] SAATY T L. The U. S. -OPEC energy conflict the payoff matrix by the Analytic Hierarchy Process [J]. International Journal of Game Theory, 1979, 8 (4).

[67] SHAO W Q. Evaluation of international port city based on fuzzy comprehensive evaluation [J]. Journal of Intelligent & Fuzzy Systems, 2020, 38 (6).

第三章

河湖长制的意义

2016年12月，中共中央办公厅、国务院办公厅印发《关于全面推行河长制的意见》①，推动形成党政主导、水利牵头、部门联动、社会共治的河湖管理保护新局面。2017年12月26日，中共中央办公厅、国务院办公厅印发了《关于在湖泊实施湖长制的指导意见》②，确立了湖长制。在中央官方文件的号召下，河湖长制逐渐在全国推广并不断完善体系。长期以来，我国以经济建设为中心，忽视了生态环境保护，导致水问题日益突出③，再加上我国水系复杂、治理散乱，治水问题一直都是民生关注的重点议题。河湖长制的推行，突破原有管理体制的界限，推进了流域生态环境整体性治理④，有利于破解治水的体制机制难题、解决复杂的水问题、推进生态文明和建设幸福河湖，下文将具体阐述河湖长制推行的积极意义。

第一节 破解治水的体制机制难题，构建高效治水体系

长期以来，由于我国的流域生态区域分属多层级、多部门、多行政区域所管辖，致使流域生态环境治理效率低下⑤，为了突破这一治水机制困境，借鉴

① 中共中央办公厅 国务院办公厅印发《关于全面推行河长制的意见》[N]. 人民日报，2016-12-12 (001).

② 中共中央办公厅 国务院办公厅印发《关于在湖泊实施湖长制的指导意见》[EB/OL]. 中华人民共和国中央人民政府，2018-01-04.

③ 曹新富，周建国. 河长制促进流域良治：何以可能与何以可为 [J]. 江海学刊，2019 (06)：139-148.

④ 丘水林，靳乐山. 整体性治理：流域生态环境善治的新旨向——以河长制改革为视角 [J]. 经济体制改革，2020 (03)：18-23.

⑤ 丘水林，靳乐山. 整体性治理：流域生态环境善治的新旨向——以河长制改革为视角 [J]. 经济体制改革，2020 (03)：18-23.

江苏太湖的行政首长负责河长制治理的显见成效，全国各省迅速效仿推行，中央随后也出台文件将河长制上升为国家战略。根据《关于全面推行河长制的意见》的要求，我们能明晰全面推行河长制是落实绿色发展理念、推进生态文明建设的内在要求，是解决中国复杂水问题、维护河湖健康生命的有效举措，是完善水治理体系、保障国家水安全的制度创新。在《意见》中我们还看到地方各级党委和政府要强化考核问责，根据不同河湖存在的主要问题，实行差异化绩效评价考核，将领导干部自然资源资产离任审计结果及整改情况作为考核的重要参考。2017 年 3 月 5 日，在第十二届全国人民代表大会第五次会议上①，国务院总理李克强作政府工作报告，指出要全面推行河长制，健全生态保护补偿机制。之后，中央和各省不断出台相关文件，推动河长制湖长制的有效实施，以保护水资源、防治水污染、改善水环境、修复水生态为主要任务，在全国构建了责任明确、协调有序、监管严格、保护有力的河湖管理保护机制，确保了工作方案到位、组织体系和责任落实到位、相关制度和政策措施到位、监督检查和考核评估到位，建立健全了以党政领导负责制为核心的责任体系，明确县、乡、村三级河长责任，强化联动机制，统筹各方力量，形成一级抓一级、层层抓落实的工作格局，能有效解决好河湖管理保护的突出问题，维护河湖健康生命，实现河湖功能永续利用，推进生态文明建设。

水无常势，河流八方，河湖管护问题复杂。江河湖泊是地球的血脉、生命的源泉、文明的摇篮，也是经济社会发展的基础支撑，保护江河湖泊，事关人民群众福祉，事关中华民族长远发展。河道要治理得好，须先管住源头污水的排放。而在“限”与“排”的利益博弈中，单靠企业的自觉和自律是不靠谱的，而轻微的惩罚，对于一些企业来说无异于隔靴搔痒，企业很难感到“肉疼”。如此，使用重典、加大惩罚的力度不失为良策。并且长期以来，治理河道污染实行属地管理，一条河流流经几地，各管一段，再加上各部门联动较为困难，水利、环保、交通、经信、航道、住建、海事等政府职能部门均参与治水，但由于缺乏权威机构统筹协调，部门职责边界不清、协同不力、相互推诿，出现了“九龙治水”现象②，这种互相推诿、责任不清、权责不明的窘境，致使一些河流，特别是流经几地的河流很难做到统一思想、统一治理。河长制实行后，书记省长负责协调各地政府和各职能部门行动，实行协同治水，成效明显，

① 李克强作政府工作报告［EB/OL］. 中国新闻网，2017-03-05.

② 贾先文. 我国流域生态环境治理制度探索与机制改良——以河长制为例［J］. 江淮论坛，2021（01）：62-67.

进一步来说实行"河长负责制 "，首先革除了环境污染治理只依赖生态环境部门的弊病，地方政府领导"高度重视"，并且自任河长，促进了生态环境部门工作的顺利开展，使污染治理形成上下一盘棋，部门与部门、部门与地方、上游与下游，密切配合协调，真正做到凝心聚力。① 由于河湖长制重构了横向部门和纵向部门的治水关系，实现了分级定责、分区定责和跨部门协作②，所以高效的治水体系才得以构建，多元的水资源治理格局才得以形成。

第二节 解决复杂的水问题，重现人民满意的健康河湖

随着我国经济的持续增长和规模的不断扩大，水问题呈现新老问题交织的状态，传统水灾害问题尚未得到根本解决，水资源短缺、水生态损害和水环境污染等新问题又日益凸显，河湖污染、湖泊萎缩、生态退化等现象令人担忧，河湖生态环境恶化趋势尚未得到根本扭转，河湖管理与保护压力越来越大，满足人民群众对饮水安全和碧水清波的期盼成为新时代治国理政的重要努力方向。河湖水系是水资源的重要载体，也是新老水问题体现最为集中的区域。由于对河湖监管的认识不够、河湖监管的相关制度不完善、部分涉河湖监管执法流于形式等原因，河湖监管的"宽、松、软"成为河湖乱象产生的重要原因，而要解决河湖资源开发与保护失衡的问题，就必须要树立绿色发展理念，从"重开发、重建设"转向"重保护、重监管"，实行党政主导、高位推动、部门联动、责任追究并行的河湖执法监管体制。

近年来，各地积极采取措施加强河湖治理、管理和保护，取得了显著的综合效益，但河湖管理保护仍然面临严峻挑战。一些河流特别是北方河流的开发利用已接近甚至超出水环境承载能力，导致河道干涸、湖泊萎缩，生态功能明显下降；一些地区废污水排放量居高不下，超出水功能区纳污能力，导致水环境状况堪忧；还有一些地方侵占河道、围垦湖泊、超标排污、非法采砂等现象时有发生，严重影响着河湖防洪、供水、航运、生态等功能发挥。要解决这些问题，亟须大力加强河湖执法监管，采取有效的措施，比如全面建立省、市、县、乡四级河长体系，县级及以上河长设置相应的河长制办公室，具体组成由

① 张玉磊．跨界危机治理中的府际合作研究［J］．上海大学学报（社会科学版），2018，35（02）：130-140.

② 张露露．湖域社会水资源治理研究［J］．求实，2019（05）：68-77.

各地根据实际确定；对跨行政区域的河湖明晰管理责任，协调上下游、左右岸实行联防联控；对相关部门和下一级河长履职情况进行督导，对目标任务完成情况进行考核，强化激励问责；河长制办公室承担河长制组织实施具体工作，落实河长确定的事项①。只有各有关部门和单位按照职责分工，协同落实各项工作，推进河湖系统保护和水生态环境整体改善，坚持系统治理，用系统思维统筹流域内各自然要素，树立山水林田湖草是一个生命共同体的意识，才能有效及时维护河湖健康生命。

第三节　推进生态文明发展，绘制发展的绿色底色

我们身边的江河湖泊，乃地球之血脉、生命之源泉、文明之摇篮，亦为经济社会发展之支撑。良好的水生态环境是最公平的公共产品，是最普惠的民生福祉。治理好老百姓身边的水环境是更大力度推进生态文明的责任所在、民心所系。因为江河湖泊具有重要的资源功能、生态功能和经济功能，是生态系统和国土空间的重要组成部分，所以全面推行河长制、加强河湖管理，事关人民福祉。绿色发展是永续发展的前提和必要条件，核心要义是解决人、社会、自然三者之间和谐共生问题。同时绿色也是当今中国发展的靓丽底色，我们应当坚持生态优先、绿色发展理念，全面落实“河长制”，努力实现河畅、水清、岸绿、景美的目标，树立“绿水青山就是金山银山”的重要意识②，努力走向社会主义生态文明新时代。

为了能够加快推进水生态文明建设，需要我们进一步推动河湖长制的建设，要积极践行“节水优先、空间均衡、系统治理、两手发力”治水新思路，把水生态文明建设放在突出的战略位置，将水生态文明理念融入水利规划、建设、管理、改革的各环节和水资源开发、利用、治理、配置、节约、保护的各方面，完善水生态文明建设格局，优化水资源配置，建立水生态文明建设制度体系，促进水利可持续发展。加快推进水生态文明建设要积极转变治水管水理念，立足于“山水林田湖生命共同体”的认识，高举生态文明大旗，以水生态文明建设统筹全国水利改革发展，从以人为主转变为人水和谐，从人力为要转变为自

① 吕志奎，蒋洋，石术．制度激励与积极性治理体制建构——以河长制为例［J］．上海行政学院学报，2020，21（02）：46-54.

② 施生旭，周燕华，阮晓菁．以党建引领推动基层水环境治理创新——基于福建省大田县“河长制”的实践案例［J］．中国行政管理，2021（04）：157-159.

然力为要，从单一治理转变为系统治理，加快推进传统水利向现代水利、可持续发展水利转变。习近平总书记提出推动长江经济带发展要坚持生态优先、绿色发展，这也是全面推行河长制的立足点。推行河长制，要将保护和修复河湖生态环境放在压倒性位置，坚守生态优先和绿色发展两条底线，将生态作为主旋律，将绿色作为主色调，统筹解决河湖管理中存在的水安全、水生态、水环境问题，促进河湖系统保护和水生态环境整体改善。

坚持生态优先、绿色发展，必须尊重自然、顺应自然、保护自然。尊重自然是科学发展的理念要求，顺应自然是科学发展的决策原则，保护自然是科学发展的必然选择。要把尊重自然、顺应自然、保护自然的理念贯穿到河湖管理保护与开发利用的全过程，为生态“留白”，给河湖“种绿”①。要牢固树立人与自然对等互惠的思想，始终以平视的眼光、敬重的姿态考量人与水的关系，秉持保护水环境和水生态系统的准则，使河湖开发利用能和自然相互惠益、相互和谐。我们只有坚持将生态优先、绿色发展的理念贯穿于河长制实施的始终，才能与时俱进完善河湖管理，久久为功共享绿色生态，力争天蓝、地绿、水清的美丽中国早日实现。

第四节　建设幸福河湖，满足人民对美好生活的向往

我国江河湖泊众多，水系发达。然而一些河流开发利用已经接近甚至超出水环境承载能力，一些地区的废污水排放量居高不下，一些地方侵占河道、围垦湖泊等现象时有发生。伴随着我国经济社会的高速发展，水生态问题已经成为群众最关注的民生议题之一。根据中央发布的一系列政策文件，全国各省齐心协力构建权责清晰、监督有力的河湖长制体系，坚持问题导向，强化系统治理，健全长效机制，持续强化河湖长制，大力建设人民追求的幸福河湖。“幸福河湖要让人民群众看得见、摸得着、感受得到。”正如习近平总书记所说，建设幸福河湖是“国之大者”。为了能够让人民群众在绿水青山中呼吸新鲜空气，饮用健康水质，推动河长制的行动刻不容缓。尽管在推动过程中我们将面临重重困难，但是依旧要坚持高起点规划，在已有的工作基础上，认真履行水安全保障、水岸线管控、水环境治理、水生态修复、水文化传承、可持续利用这六大任务，做到全面落实、全域覆盖。要把幸福河湖的建设目标摆在龙头地位，努

① 全面推行河长制评论［N］. 中国水利报，2016-12-14.

力实现河湖安澜、生态健康、环境优美、文明彰显、人文和谐①。此外，我们在推进河长制的过程中，需要深刻意识到这项制度是以人民群众的长久幸福生活为最终归宿的，因此应当结合人民群众的生产生活需求和经济社会发展需要，依托原有的河道打造生态岸景、亲水平台，做到在保护中开发，推动水生态优势转为经济优势。

在接下来的很长一段时间里，我们还要全面贯彻落实中央、省市关于河湖长制的系列部署，扛稳长江大保护的治理责任，“把黄河建设成造福人民的幸福河”“让大运河永远造福人民”；进一步深化全国河湖长制监管职责，加强全国生态系统保护、修复工作，不断推动河湖治理体系和治理能力现代化，持续改善各地河湖面貌和生态环境，建设更多造福人民的幸福河湖。

① 江西省关于强化河湖长制建设幸福河湖的指导意见［EB/OL］. 江西省水利厅，2022-01-12.

第四章

河湖长制推行大事记

1. 2007 年

（1）2007 年，无锡市太湖蓝藻暴发事件推动河长制实行，无锡市印发了《无锡市河（湖、库、荡、氿）断面水质控制目标及考核办法（试行）》，将 79 个河流断面水质检测结果纳入各市（县）、区党政主要负责人政绩考核内容，为无锡市 64 条主要河流分别设立“河长”，由市委、市政府及相关部门领导担任，并初步建立了将各项治污措施落实到位的“河长制”。

（2）2007 年 12 月，苏州市委办公室、市政府办公室印发《苏州市河（湖）水质断面控制目标责任制及考核办法（试行）》，全面实施“河（湖）长制”，实行党政一把手和行政主管部门主要领导责任制。

2. 2008 年

江苏省政府办公厅下发《关于在太湖主要入湖河流实行“双河长制”的通知》，15 条主要入湖河流由省、市两级领导共同担任河长，江苏“双河长制”工作机制正式启动。

3. 2010 年

（1）2010 年 5 月 1 日起，昆明市施行《昆明市河道管理条例》，将“河长制”、各级河长和相关职能部门的职责纳入地方法规，使得河长制的推行有法可依，实现长效机制，这是首个明确河长制法律地位的城市。

（2）2010 年 12 月 17 日，江苏省水利厅印发了《江苏省水利厅关于建立“河长制”的实施办法》的通知。

4. 2012 年

江苏省政府办公厅印发《关于加强全省河道管理“河长制”工作意见的通知》，在全省推广“河长制”。

5. 2013 年

天津在全境推“河长制”，对河长集中考核并公布成绩单，排名后三位将被约谈。

6. 2014 年

浙江成立了省委书记任组长的“五水共治”领导小组，由六名副省级领导担任 6 条省级河流的“河长”。

7. 2015 年

北京市委市政府先后出台了《关于加强河湖生态环境建设和管理工作的意见》《北京市实施河湖生态环境管理“河长制”工作方案》。海淀区作为水利部第一批河湖管护体制机制创新试点，于 2015 年起先行探索区-镇两级“河长制”，落实“河长”及其工作职责，编制管理考核标准和工作台账，设立专项经费并与考核结果直接挂钩。

8. 2016 年

（1）2016 年 12 月 ，中共中央办公厅、国务院办公厅印发《关于全面推行河长制的意见》，推动形成党政主导、水利牵头、部门联动、社会共治的河湖管理保护新局面。

（2）2016 年 12 月 13 日，水利部牵头召开十部委视频会议，全面推进河长制，与生态环境部共同制定实施方案，提出力争 2018 年 6 月底前全面建立河长制。

（3）2016 年，重庆市政府出台《河道管理范围划定管理办法》《河道采砂管理办法》，有关部门编制完成涉河事项验收、砂石资源开采可行性论证等一系列技术标准，初步形成推行河长制的法规体系。

9. 2017 年

（1）2017 年 3 月 1 日，河北省委办公厅、省政府办公厅印发《河北省实行河长制工作方案》，建立健全河湖管理体制机制。

（2）2017 年 3 月 2 日，江苏省委办公厅、政府办公厅印发《关于在江苏全省全面推行河长制的实施意见》，要求在全省江河湖库全面推行河长制，构建责任明确、协调有序、监管严格、保护有力的河湖管理保护机制。

（3）2017 年 3 月 16 日，中共重庆市委办公厅、重庆市人民政府办公厅联合印发《中共重庆市委办公厅重庆市人民政府办公厅关于印发〈重庆市全面推行河长制工作方案〉的通知》，按照流域与区域结合的方式建立市、区县、乡镇、村四级河长体系。

（4）2017 年 5 月 2 日，全面推行河长制工作部际联席会议第一次全体会议在京召开。

（5）2017 年 5 月 2 日，吉林省委办公厅、政府办公厅印发《吉林省全面推行河长制实施工作方案》，吉林省所有河湖将全面实行河长制，总河长由省委书记和省长共同担任。

（6）2017年5月4日，中共江西省委办公厅、江西省政府办公厅印发《江西省全面推行河长制工作方案（修订）》的通知，在全省境内河流水域全面推行河长制，构建责任明确、协调有序、监管严格、保护有力的河湖管理保护机制。

（7）2017年5月19日，河南省委办公厅、河南省政府办公厅联合印发了《河南省全面推行河长制工作方案》，制定了河南省全面推行河长制的总体目标、工作职责、组织体系、主要任务、保障措施等，标志着河南省全面推行河长制全面启动。

（8）2017年6月19日，河南省召开首次河长制厅际联席会议。会上，省河长制办公室正式挂牌成立，并研究审核了河长制工作制度、河长制公示牌设立方案、下半年重点工作等。

（9）2017年6月27日，新修订的《中华人民共和国水污染防治法》填补了河长制在法律层面缺失的漏洞，将有关河长制的内容增加在第五条，即"省、市、县、乡建立河长制，分级分段组织领导本行政区域内江河、湖泊的水资源保护、水域岸线管理、水污染防治、水环境治理等工作。"

（10）2017年9月4日，吉林省河长制办公室印发《吉林省河长制办公室工作规则》，要求各成员单位要根据《吉林省全面推行河长制实施工作方案》职责分工，认真履职尽责，确保省河长制办公室职能作用得到充分发挥。

（11）2017年12月26日，中共中央办公厅、国务院办公厅印发了《关于在湖泊实施湖长制的指导意见》，确立了湖长制。

（12）2017年全国全面推行河长制取得重大进展，省、市、县、乡四级工作方案全部出台，6项配套制度基本建立，设立乡级及以上河长31万名、村级河长62万名，湖长制全面启动实施。

10. 2018年

（1）2018年1月12日，水利部办公厅关于印发《河长制湖长制管理信息系统建设指导意见》《河长制湖长制管理信息系统建设技术指南》的通知，有利于进一步推进和规范各地河长制湖长制管理信息的系统建设。

（2）2018年4月24日，江苏省水利厅印发了《江苏省河长湖长履职办法》，该《办法》适用于全省县级以上总河长和河长湖长的履职，进一步健全了江苏省河长制湖长制工作制度体系。5月9日，江苏省水利厅又公布了《江苏省河长制湖长制工作2018年度省级考核细则》。两份文件集中出台，起到工作"指挥棒"作用。

（3）2018年4月30日，湖南省委办公厅、湖南省人民政府办公厅印发《关于在全省湖泊实施湖长制的意见》，明确以洞庭湖为重点在全省湖泊实施湖长制。

（4）2018年5月9日，江西省委办公厅、江西省政府办公厅印发《关于在湖泊实施湖长制的工作方案》通知，进一步加强湖泊保护管理，推进国家生态文明试验区建设。

（5）2018年5月11日，河北省委办公厅、河北省政府办公厅印发《河北省贯彻落实<关于在湖泊实施湖长制的指导意见>实施方案》。

（6）2018年5月22日，中共江苏省委办公厅、江苏省人民政府办公厅印发《关于加强全省湖长制工作的实施意见》的通知，全面加强湖长制工作，尽快完善湖长制体系。

（7）2018年6月7日，四川省与重庆市签署了川渝两地《跨界河流联防联控合作协议》。

（8）2018年6月底，全国31个省（自治区、直辖市）已全面建立河（湖）长制，其中部分省份河长制已经设到乡级甚至村级。

（9）截至2018年，全国省、市、县、乡四级河长湖长巡河巡湖次数就达717万人次，有的省份河长湖长巡查发现并督办整改河湖问题超10万个。

（10）2018年，河北省在全国率先采用“省级开发，省市县乡村五级应用”的模式，利用互联网、地理信息系统（GIS）、遥感（RS）、全球定位系统（GPS）、云计算、大数据等先进技术，开发建设了河北省河长制信息管理平台，其“互联网+河长制湖长制”管理新模式入选全国典型案例。

（11）2018年7月3日，河北省人民检察院、河北省河湖长制办公室印发《关于协同推进全省河（湖）长制工作的意见》，强化检察监督职能与行政执法职能的衔接配合。

（12）2018年7月4日，中共浙江省委办公厅、浙江省人民政府办公厅印发《关于深化湖长制的实施意见》的通知，将围绕水域空间管控、岸线管理保护、水资源保护和水污染防治、水环境综合整治、生态治理和修复以及执法监管等任务，全面深化湖长制。

（13）2018年7月14日，四川省与陕西省在陕西召开川陕两省河长制相关工作交流对接座谈会，共商两地跨界河流联合治理保护协议。

（14）2018年7月19日，川滇两省共同保护治理泸沽湖工作会议在成都召开，基本形成《川滇两省共同保护治理泸沽湖工作方案》《川滇两省共同保护治理泸沽湖实施方案》《川滇两省共同保护治理泸沽湖联席会议制度》和《川滇两省共同保护治理泸沽湖联合环境巡查督察制度》“1+3”共同保护治理泸沽湖框架协议。

（15）2018 年 9 月 27 日，全国首个河（湖）长制标准发布研讨会在绍兴召开。会上，全国首个河（湖）长制市级地方标准——《河长制工作规范》《湖长制工作规范》正式发布实施，这两个标准均分九大部分，主要对河长和湖长的术语和定义、管理要求、工作职责和内容、工作任务、巡查要求、公开要求、考核与问责等内容做了全面的规定，对河湖长的工作任务作出了系统、明确的规定，设置了七大职责，提出了十项要求，使得河湖长的工作职责更加具体明确，可操作性大大增强，进一步提升治水工作的成效。

（16）2018 年 11 月，水利部太湖流域管理局联合江苏省、浙江省河长办在江苏省宜兴市召开太湖湖长协作会议，审议通过太湖湖长协商协作机制规则，正式建立了太湖湖长协商协作机制，这是我国首个跨省湖泊湖长高层次议事协调平台。

（17）2018 年 11 月 29 日江西省第十三届人民代表大会常务委员会第九次会议通过《江西省实施河长制湖长制条例》，该《条例》自 2019 年 1 月 1 日起施行。标志着江西省全面推行河长制、深入实施湖长制正式步入法制化轨道。

（18）2018 年 12 月 28 日，浙江省成立全国首个河长学院。

11. 2019 年

（1）2019 年 6 月，江西省发展和改革委员会、江西省水利厅联合印发实施《江西省“五河一湖一江”流域保护治理规划》，明确了全省河湖保护治理的指导思想、基本原则、目标任务、总体布局和实施路径，明确了“五河一江一湖”流域保护治理重点任务。

（2）2019 年 7 月 30 日，辽宁省第十三届人民代表大会常务委员会第十二次会议通过《辽宁省河长湖长制条例》。

（3）2019 年 8 月 28 日，江西、湖南两省于江西省水利厅签署《湘赣边区域河长制合作协议》，《协议》明确双方建立跨省河流信息共享机制、协同管理机制、联合巡查执法机制、跨省河流管护联席会议制度、河流联合保洁机制、水质联合监测机制、流域生态环境事故协商处置机制、联络员制度等。

（4）2019 年 9 月 4 日，福建省人民政府第三十七次常务会议通过《福建省河长制规定》，该规定自 2019 年 11 月 1 日起施行。

（5）2019 年 12 月 14 日，水利部太湖流域管理局联合江苏省、浙江省、上海市河长办在浙江省长兴县召开的太湖淀山湖湖长协作会议上通过了《太湖淀山湖湖长协作机制规则》，推进了长三角区域开展河湖长制一体化机制创新。

（6）2019年12月27日，水利部办公厅印发《关于进一步强化河长湖长履职尽责的指导意见》，进一步强化河长湖长履职尽责，推动河长制湖长制尽快从“有名”向“有实”转变。

（7）2019年12月30日，江西省市场监督管理局批准发布《河长制湖长制工作规范》，将于2020年6月1日实施。这是全国首部河长制湖长制工作省级地方标准，也是落实生态文明标准化体系建设的具体举措和推动河长制湖长制工作规范化的重要成果。

12. 2020年

（1）2020年1月3日，江苏省河长制工作领导小组印发《全省河湖长制工作高质量发展指导意见》，为江苏全省河湖长制工作由“高强度”发展向“高质量”发展迈进提供行动指南。

（2）2020年3月27日，江西省河长办公室、江西省水利厅印发《深入推进全省河湖“清四乱”常态化规范化实施方案》的通知，加快推进河长制湖长制“有名”“有实”。

（3）2020年5月19日，江西省河长办公室、江西省人民检察院印发《关于建立“河湖长+检察长”协作机制的指导意见》的通知，密切全省检察机关与河长制湖长制工作机构的协调配合。

（4）2020年6月5日，浙江省在全国率先实行全社会的公众护水“绿水币”机制。

（5）2020年8月6日，厦门市河长制办公室（水利局）与厦门大学公共事务学院签订协议，成立“厦门河长制研究院”，这是国内首家河长制研究院。

（6）2020年8月6日，苏州市全面深化河长制改革工作领导小组办公室印发《跨界河湖联合河长制实施细则》，为长三角一体化高质量发展和新时代治水事业开辟新路径。

（7）2020年8月20日，黄委与流域9省（区）签订《黄河流域河湖管理流域统筹与区域协调合作备忘录》，推进建立黄河流域河长制湖长制“1+9”组织体系。

（8）2020年9月15日，河南省委改革办、省检察院、省河长办共同形成了《河南省全面推行“河长+检察长”制改革方案》。《改革方案》由“河长+检察长”制的基本内涵和全面推行要求、工作原则、组织形式和工作职责、主要任务、运行机制、保障措施等六部分构成。

（9）2020年11月，江苏省河长办发布《关于充分发挥河湖长制作用进一步加强跨界河湖协同共治的通知》，将全面落实长三角区域一体化发展战略，推进河湖治理保护无盲区、无死角、无缝隙。

（10）2020 年 12 月，江苏省河长办部署开展 2017—2020 年全省河湖长制工作评估，成为全国首个开展河湖长制工作评估的省份。

（11）2020 年 12 月 3 日，重庆市第五届人民代表大会常务委员会第二十二次会议通过《重庆市河长制条例》，该条例自 2021 年 1 月 1 日起施行。

13. 2021 年

（1）2021 年 2 月 4 日，《河湖健康评价规范》经苏州市市场监督管理局批准正式发布，将于 2021 年 2 月 8 日正式实施。据了解，这是全国首个市级河湖健康评价地方标准。

（2）2021 年 3 月 1 日，重庆市人民检察院和重庆市河长办公室签署《全面推行“河长+检察长”协作机制的意见》，充分发挥河长、检察长各自职能优势，形成行政执法与检察监督合力，标志着重庆全面推行“河长+检察长”协作机制工作。

（3）2021 年 3 月，经江苏省市场监督管理局批准，日前，《河长公示牌规范》发布实施。这是全国首部河长公示牌方面的省级地方性标准，也是全国首部关于“公示牌”方面的规范标准。

（4）2021 年 3 月，水利部黄河委员会推动建立全国首个流域省级河湖长联席会议机制，完善《黄河流域（片）省级河长办联席会议制度》，进一步明确了黄河流域上下游、左右岸、干支流的管理责任，在协调解决重大问题、统筹推进黄河流域河湖长制有关工作等方面发挥了重要作用。

（5）2021 年 6 月，经全面推行河湖长制工作部际联席会议审议通过，水利部近日印发《全面推行河湖长制工作部际联席会议工作规则》《全面推行河湖长制工作部际联席会议办公室工作规则》《全面推行河湖长制工作部际联席会议 2021 年工作要点》《河长湖长履职规范（试行）》。

（6）2021 年 6 月 29 日，河南省总河长令（第 3 号）《关于全面推行“河长+”工作机制的决定》已经由省委书记、省第一总河长楼阳生和省长、省总河长王凯签发。将深入贯彻习近平生态文明思想，践行绿水青山就是金山银山的发展理念，推动河南省河湖长制从“有名有实”向“有力有为”转变，进一步深化河湖长制工作。

（7）2021 年 7 月 1 日，水利部河长办印发《河长制办公室工作规则（试行）》。

（8）2021 年 7 月 16 日，从河南省河长制办公室获悉，省委书记、省第一总河长楼阳长和省长、省总河长王凯签发 2021 年第 3 号总河长令，决定在全省全面推行“河长+”工作机制，推动河湖长制从“有名有实”向“有力有为”转变。

（9）2021年7月28日，浙江省十二届人大常委会第四十三次会议审议通过了《浙江省河长制规定》，这是全国首个专门规范河长制内容的地方性法规。

（10）2021年9月9日举办的国新办新闻发布会上，水利部部长李国英介绍，党的十八大以来，我国全国加强水生态保护修复，31个省份全部建立了河湖长制。

（11）2021年10月17日，全国首家省级河湖长制研究院——江苏省河湖长制研究院成立，为江苏省深入推进河湖长制、打造幸福河湖增添技术和人才保障。研究院由河海大学、省河长制工作办公室联合成立，将围绕全面推行河长制、湖长制和生态幸福河湖建设，建立江苏河长湖长云智库平台，开展相关的政策和理论研究，为有效实施河湖长制、改善水环境、建设幸福河湖提供科技支撑，成为服务于全省河湖长制工作的新基地。

（12）2021年11月19日，浙江省长兴县第十六届人大常委会审议通过相关议案，以法定形式确定每年11月28日为长兴县“河长日”，旨在高质量推动河长制工作迭代升级，强化河长履职担当，提升公众治水护水积极性。

（13）2021年11月25日，四川省第十三届人民代表大会常务委员会第三十一次会议通过《四川省河湖长制条例》，对四川省全面推进河湖长制、全面提升河湖管理保护水平、切实筑牢长江黄河上游重要生态屏障，实现河湖长制从“有章可循”到“有法可依”的转变具有重要意义。

（14）2021年12月21日，江西省委深改委第十九次会议审议通过《江西省关于强化河湖长制建设幸福河湖的指导意见》，将运用信息平台调度通报河湖长巡河发现问题，推动各级河湖长履职尽责，努力建设造福人民的幸福河湖。

14. 2022年

（1）2022年1月，水利部印发《在南水北调工程全面推行河湖长制的方案》，以充分发挥河湖长制优势，及时协调解决南水北调工程安全管理中的突出问题，构建责任明确、协调有序、监管严格、保护有力的管理保护机制，切实维护好南水北调工程安全、供水安全、水质安全。

（2）2022年2月15日，河北省河湖长制办公室印发《在南水北调工程全面推行河湖长制的实施方案》。

（3）2022年3月16日，江西省河长办公室印发《2022年度强化河湖长制建设幸福河湖工作要点及考核方案》，进一步强化水安全保障、水岸线管控、水环境治理、水生态修复、水文化传承、可持续利用，推动河湖长制全面落实、全面见效。

第二篇 02

发展篇

为全面推进河湖长制落地生根、取得实效，促进河湖长制工作健康发展，水利部、生态环境部对全面推行河湖长制总结评估进行了全面部署，河海大学作为第三方评估单位科学评估了各省份推进河湖长制的效果，此篇对2019年之前的河湖长制发展情况进行系统梳理。

全篇梳理了31个省（自治区、直辖市）推行河湖长制的经验、问题及工作建议，经验具有可复制性、可推广性、独特性，问题是推行河湖长制过程中迫切需要解决的重要问题，建议乃推行河湖长制解决实际问题要做的事。

第一章

评估工作情况

第一节　评估背景

为统筹解决我国复杂的水问题，中共中央办公厅、国务院办公厅分别印发了《关于全面推行河长制的意见》《关于在湖泊实施湖长制的指导意见》，对全面推行河长制湖长制作出了总体部署，提出了目标任务及党政领导担任河长湖长等明确要求。水利部、原环境保护部联合印发《贯彻落实<关于全面推行河长制的意见>实施方案》，明确提出“水利部、生态保护部将在2018年底组织对全面推行河长制情况进行总结评估”。2018年11月，水利部办公厅、生态环境部办公厅印发《全面推行河长制湖长制总结评估工作方案》，对全面推行河长制湖长制总结评估进行了全面部署。

河海大学作为第三方评估单位承担全国河长制湖长制总结评估工作，全校上下十分重视；学校为此专门召开了校长专题办公会，成立了领导小组和项目评估工作组，各个学院相关的专家教授和研究生积极踊跃报名，292位师生参加河长制湖长制总结评估工作。精心举办了“全面推行河长制湖长制总结评估技术核查研讨会”，邀请全国河长办180位专家齐聚河海，从减负、实用、可操作三个方面对核查细则进行梳理完善。利用寒假组织100多个调研组开展调查研究，收集了全国各地河湖的真实情况及群众的满意度；制定了《手册》和《技术要求》；这些都为核查评估奠定了坚实的基础。《手册》包括：评估目的、评估思路、核查方式、核查流程、核查细则，省、市、县128（省59+市33+县36）个数据；直辖市93（市56+区37）个数据。各省、市、县根据技术大纲总结出这些数据和佐证材料，通过32个评估组核查，利用评估系统的评分模型统计算出省、市、县分值，找出差距和减分原因，有助于地方总结经验和不足，推动河湖长制工作的健康发展。

河海大学按照《意见》《实施方案》《工作方案》《技术大纲》《手册》和《技术要求》的要求，以各省份的自评估报告、核查数据、佐证材料及开展的工作为基础，评估人员对各省份全面推行河长制湖长制情况进行现场系统核查：一是室内核查交流，主要是省、市、县 128 个数据，直辖市 93 个数据的核查，应用评估核查系统解决；二是室外核查，主要是河清、水畅、岸绿、景美现场核查及公众满意度调查，应用手机 APP 和微信程序暗访解决。真实反映各省份全面推行河长制湖长制情况、成效和存在问题，对各省份全面推行河长制湖长制情况进行客观、公正的核查评估，完成 31 个省（自治区、直辖市）《全面推行河长制湖长制总结评估核查报告》（31 本）、《全面推行河长制湖长制总结评估报告》（省 31 本+全国 20 本）；82 本报告（31 个省份核查和总结评估报告各 31 本，全国总结评估报告 20 本），6 月 20 日在北京科学会堂汇报，听取领导和专家意见，继续修改完善。编制全国核查报告及总结评估报告，2019 年 6 月 26 日提交水利部发展研究中心。7 月 30 日河海大学向魏山忠副部长及河湖司领导汇报评估成果后，按照魏部长指示、河湖司及发展研究中心领导要求，我校梳理了 31 个省（自治区、直辖市）推行河湖长制的经验、问题及工作建议，经验要具有可复制性、可推广性、独特性，问题是推行河湖长制过程中迫切需要解决的重要问题，建议乃推行河湖长制解决实际问题要做的事。初稿已征求 31 个省（自治区、直辖市）河长办意见，31 个省份都认可我们的初稿，仅有少数省份对问题轻描淡写，31 个省份返回后，我校又根据各省扣分值对主要问题进行了调整；参考 31 个省份河长办建议，形成全国推行河湖长制经验、问题及建议（详见河海大学出版社《河长制湖长制评估系统研究》2020 年 5 月）。

第二节　评估过程

总结评估过程经过了 9 个阶段：

1. 投标、中标、印发工作方案、技术大纲

2018 年 11 月，水利部办公厅、生态环境部办公厅印发全面推行河长制湖长制总结评估工作方案的通知（办河湖函〔2018〕1509 号）。2018 年 10 月−2018 年 12 月，由评估机构组织编制总结评估技术大纲，在征求各省河长办和相关单位意见、召开专家咨询座谈会、评审会、开展试评估的基础上，2018 年 12 月 6 日，水利部发展研究中心、河海大学、华北水利水电大学印发《全面推行河长制湖长制总结评估技术大纲》（简称《技术大纲》）。

《全面推行河长制湖长制总结评估工作方案》《全面推行河长制湖长制总结评估技术大纲》印发全国。

2. 明晰核查细则，筛选提炼核查数据

大纲印发后，各省市向河海大学询问《技术大纲》的操作细节，为减轻各省自评估的负担，推进河湖长制工作的健康发展并了解各省份河湖长制总结评估的相关情况，河海大学在 2019 年 1 月 26 日举办“全面推行河长制湖长制总结评估技术核查研讨会”；请全国河长办及相关专家 180 人进行研讨，旨在：减轻地方负担，解释技术大纲，明晰核查细则；会议由河海大学河长制研究培训中心常务副主任鞠茂森主持，郑金海副校长及水利部发展研究中心陈健高级工程师到会讲话，河海大学唐德善教授对《技术大纲》及《全面推行河长制湖长制总结评估核查细则》做了说明，王山东副教授对《全面推行河长制湖长制总结评估系统》进行演示说明。与会代表分组讨论后，各省代表踊跃发言讨论，根据各省的迫切要求，唐德善、王山东等专家带领河海大学评估团对安徽、云南、上海、天津、浙江、河北、广东、福建、陕西、四川、宁夏、黑龙江、辽宁、新疆维吾尔自治区等省份进行试评估，根据各省专家建议，筛选提炼出省、市、县 128 个数据，直辖市 93 个数据，作为各省、市、县核查的基础数据。详见宁夏回族自治区、市、县三张核查数据表。

3. 开发评估系统、核查系统、暗访系统、测评系统

河海大学为了科学评估、切实了解全国推进河长制湖长制情况，自主开发了评估系统、核查系统、手机 APP 暗访系统和群众满意度测评系统（取得 4 项软件著作权），为全国核查及总结评估提供了科学依据。4 项软件著作权证书（详见河海大学出版社《河长制湖长制评估系统研究》2020 年 5 月）。

1）河（湖）长制评估满意度调查系统

2）河（湖）长制评估系统

3）河（湖）长制评估核查系统

4）河（湖）长制评估现场核查 APP

4. 全国推行河长制湖长制试评估

为了验证四大系统的科学性和实用性，河海大学利用寒假开展社会调查，组织 100 多个调研组，制定了严格规范的调研操作系统和规则，每个组对当地群众做 30 份以上《推行河湖长制问卷调查》（每份问卷 10 元），每个居民有唯一的微信号，评估河湖问题及群众满意度，每组抽查 10 块以上河湖长公示牌，与调查问卷对应，定点定位拍摄公示牌上游、下游 1 公里河湖问题，及时上报操作系统，收集了全国各地河湖的真实情况及群众的满意度，为全国核查评估

奠定了实践基础。

5. 制定工作手册、核查技术要求

为了有效开展全国核查评估，河海大学精心制定了《全面推行河长制湖长制总结评估工作手册》，292名评估员人手一册以利现场核查。制定了《全面推行河长制湖长制总结评估核查技术要求》网上公示；印发全国31个省份；作为各省及核查组核查的依据；指导全国河长制湖长制总结评估核查。从《技术大纲》中提炼出关键核查数据（省128个）、（直辖市93个），根据这些数据用电脑系统评估各项分值（含省、市、县及各项指标分值）。

《全面推行河长制湖长制总结评估工作手册》，含具体核查程序、方法、操作规程、填写表格，具体指导292位评估员到全国核查。

6. 组织292位评估员对全国进行核查评估

河海大学按照《技术大纲》编制《全面推行河长制湖长制总结评估工作手册》《全面推行河长制湖长制总结评估核查技术要求》；印发全国31个省份及各组评估员，作为各省及核查组核查的依据；经统一培训后，核查动员；5月19日，安排96名专家和196名评估员，组成32个评估组（每个评估组7~12人：1位组长，2位副组长，4—9位评估员），组长负责与学校及省河长办协调沟通，统筹全省核查评估工作，确保评估核查工作公平、公正、公开、科学、合理。副组长负责河湖管理保护创新核查及系统工作。4—9名组员负责组织体系建设完善情况、河湖长制制度及机制建设到位情况、河长湖长履职尽责情况、工作组织推进情况4项评估内容开展核查工作。每个省抽查3个市六个县，按照《全面推行河长制湖长制总结评估工作手册》，请省份上传自评估的数据和佐证材料，先在省级交流和仔细核查省级评估报告及省级数据。分三个小组赴三个市，每个小组核查市级数据、5块以上河长公示牌及河湖现场拍照，再到6个县核查县级、乡级数据、5块以上河长公示牌及河湖现场拍照，（共45块以上公示牌）及河湖现场照片，现场定位拍照上传到系统。公众满意度调查45份以上问卷，与群众交流河湖保护良策。重点核查河长公示牌附近一公里河湖，河清、水畅、岸绿、景美的效果，每块公示牌及河湖定位并拍照上传到系统，45份以上问卷以系统填报的电子版为主，纸质版补充，全部收回上传到系统。32个核查组分赴31个省份开展现场核查工作，采取座谈交流、资料核查、现场核查、质询核查等方式，对31个省份本级和93个地级、186个县级（含直辖市的区县）、开展了实地核查工作。

第三节 省市县抽取情况

全面推行河长制湖长制总结评估核查省、市、县抽取表见表1。

表1 全面推行河湖长制总结评估核查市县抽取表

序号	省（自治区、直辖市）	抽取的市	抽取的县（区）
1	北京	昌平区、密云区、延庆区	密云、昌平、延庆
2	天津	静海区、滨海新区、西青区	静海区、滨海新区、西青区
3	河北	石家庄市、邯郸市、保定市	鹿泉、行唐、安国、高碑店、涉县、魏县
4	山西	阳泉市、临汾市、晋中市	阳泉市城区、盂县、昔阳县、榆次区、隰县、永和县
5	内蒙古	鄂尔多斯市、呼和浩特市、乌海市	土默特左旗、清水河县、康巴什区、杭锦旗、海勃湾区、乌达区
6	辽宁	大连市、丹东市、鞍山市	庄河市、甘井子县、东港县、宽甸满族自治县、海城市、台安县
7	吉林	通化市、延边朝鲜族自治州、辽源市	柳河县、辉南县、延吉市、珲春市、东丰县、东辽县
8	黑龙江	绥化市、伊春市、佳木斯市	兰西县、北林区、嘉荫县、铁力市、汤原县、抚远市
9	上海	闵行区、青浦区、奉贤区	闵行区、青浦区、奉贤区
10	江苏	连云港市、淮安市、盐城市	洪泽区、涟水县、赣榆区、灌云县、大丰区、阜宁县
11	浙江	丽水市、台州市、金华市	松阳县，云和县，仙居县，临海市；浦江县，义乌

续表

序号	省（自治区、直辖市）	抽取的市	抽取的县（区）
12	安徽	淮北市、淮南市、蚌埠市	寿县、凤台县、濉溪县、烈山区、怀远县、五河县
13	福建	莆田市、三明市、南平市	涵江区、仙游县，沙县、将乐县，浦城县、顺昌县
14	江西	鹰潭市、九江市、抚州市	余江区、贵溪市；濂溪区、庐山市，崇仁县、宜黄县，
15	山东	菏泽市、济宁市、聊城市	曹县、东明县、任城区、金乡县、高唐县、高新区
16	河南	三门峡市、焦作市、平顶山市	灵宝市和卢氏县，孟州市和武陟县，宝丰县和鲁山县
17	湖北	随州市、襄阳市、黄冈市	襄城区、老河口市，曾都区、随县，黄州区、麻城市
18	湖南	邵阳市、怀化市、湘西土家族苗族自治州	北塔区、隆回县、芷江县、鹤城区、吉首市、凤凰县
19	广东	珠海市、东莞市、广州市	天河区、海珠区、金湾区、斗门区、道滘镇、石排镇
20	广西	桂林市、柳州市、百色市	永福县、恭城瑶族自治县、鹿寨县、柳城县、德保县、平果县
21	海南	三亚市	天涯区、海棠区
22	重庆	荣昌区、江北区、南川区	江北区、南川区、荣昌区
23	四川	资阳市、德阳市、遂宁市	乐至县、射洪县、什邡市、大英县、雁江区、广汉市
24	贵州	毕节市、安顺市、贵阳市	观山湖区、清镇、镇宁自治县、黄果树、纳雍县、威宁自治县
25	云南	德宏傣族景颇族自治州、西双版纳傣族自治州、临沧市	勐腊县、景洪市、瑞丽市、芒市、临翔区、凤庆县

续表

序号	省（自治区、直辖市）	抽取的市	抽取的县（区）
26	西藏	山南市、林芝、昌都	卡若区、八宿县、巴宜区、工布江达县、乃东区、贡嘎县
27	陕西	商洛市、安康市、西安市	曲江新区和高陵区，山阳县和柞水县，汉滨区和汉阴县
28	甘肃	定西市、甘南藏族自治州、天水市	合作县、夏河县、陇西县、渭源县、秦安县、麦积区
29	青海	海北藏族自治州、西宁市、海东	湟中县、城西区、平安区、互助县、刚查县和海晏县
30	宁夏	石嘴山市、银川市、吴忠市	贺兰县、金凤区、大武口区、惠农区、盐池县、红寺堡区
31	新疆	乌鲁木齐市、博尔塔拉蒙古自治州、石河子	水磨沟区、乌鲁木齐县、八师石河子市、博乐市、阿拉山口市

7. 送审 82 本报告

根据自评估报告、核查报告和盖章的核查数据表（每个省份 10 张），统计整理核查数据表、满意度调查表、现场照片，输入评估系统，评估各项分值。河海大学对全面建立河湖长制工作进行总体评估，编写 82 本报告（31 个省份核查和总结评估报告各 31 本，全国总结评估报告 20 本），6 月 20 日在北京科学会堂汇报，听取领导和专家意见，继续修改完善。

8. 报送 51 本报告

根据 6 月 20 日在北京科学会堂汇报时领导和专家意见，继续修改完善。编制全国核查报告及总结评估报告，6 月 26 日提交水利部发展研究中心 51 本报告：其中：总结评估报告 5 本，核查评估报告 31 本，好、中、差 3 种典型核查评估报告各 5 本。51 本报告已报送水利部发展研究中心。

9. 向水利部汇报，完善评估成果，验收评审

2019 年 7 月 30 日河海大学向魏山忠副部长及河湖司领导汇报评估成果后，按照魏部长指示、河湖司及发展研究中心领导要求，我校梳理了 31 个省（自治区、直辖市）推行河湖长制的经验、问题及工作建议，经验要具有可复制性、可推广性、独特性，问题是推行河湖长制过程中迫切需要解决的重要问题，建

议乃推行河湖长制解决实际问题要做的事。初稿已征求 31 个省（自治区、直辖市）河长办意见，31 个省份都认可我们的初稿，仅有少数省份对问题轻描淡写，31 个省份返回后，我校又根据各省扣分值对主要问题进行了调整；参考 31 个省份河长办建议，形成全国推行河湖长制经验、问题及建议（详见河海大学出版社《河长制湖长制评估系统研究》2020 年 5 月）。

2019 年 8 月 16 日在北京科学会堂对《全面推行河长制湖长制总结评估》项目进行了验收评审，根据领导和专家意见，继续修改完善。编制全国核查报告及总结评估报告，8 月 19 日提交水利部发展研究中心《全面推行河长制湖长制总结评估报告》。

第二章

评估案例（以宁夏为典型）

第一节　评估过程

采取明察与暗访相结合的核查方式。

宁夏评估组在银川交流后，分3个小组到3个市、6个县河长办，核查数据表及佐证材料。核查40块以上公示牌及河湖情况，做30份以上问卷；进行暗访。

每个省核查10张数据表，签字盖章，其中：省1张，市3张，县6张。10张数据表为核查主要结果及评分依据，系统按10张表评分。

1. 填报省、市、县级10张核查数据表，签字盖章

对技术大纲中提炼出的省、市、县三张数据表（抽查一省三市六县共10张表），评估组在各地逐个数据认真核查其依据，双方确认后，签字盖章，形成核查的重要成果表，作为省份输入评估系统评分的重要依据。详见河海大学出版社《河长制湖长制评估系统研究》。

2. 三个市核查成果

分三个小组开展工作，三个小组分别核查三个市级数据表，根据市级填报的数据表，对照佐证材料核实数据正确性。现场暗访，每个市核查5块以上河湖长公示牌及牌子上下游1公里范围之内河湖情况；做5份公众满意度调查问卷；现场暗访拍20块公示牌及沿岸河道照片100张以上，做15份公众满意度调查问卷。

3. 六个县核查成果

每个小组核查所在市两个县的县级数据表，根据县级填报的数据表，对照佐证材料核实数据正确性。现场暗访，每个县核查5块以上县级、乡级河长公示牌及牌子上下游1公里范围之内河湖情况；做5份公众满意度调查问卷。现

场暗访拍30块公示牌及沿岸河道照片150张以上，做30份公众满意度调查问卷。

4. 暗访五步法（结合手机APP核查）

一看水：看水体颜色是否异常，水生动植物生长是否正常，水体有无异味。

二查牌：河长牌有无缺失破损，信息是否完整，信息是否及时更新。

三巡河：河道河岸河面三位一体，水体环境卫生吗？有新增污染源吗？有垃圾吗？有晴天排水口吗？

四访民：问居民知道河长制吗？对水环境满意吗？有啥护水良策？

五落实：落实到公众调查表和核查表，记录问题及措施。

第二节　宁夏评估得分

依据省、市、县级10张核查成果表，现场调查得到的公示牌照片及公示牌沿岸河道照片，现场调查得到的满意度调查表，评估系统评估统计出宁夏回族自治区（省、市、县级）得分总表，详见河海大学出版社《河长制湖长制评估系统研究》。

扣分原因分析：

1. 河（湖）长组织体系建设完善情况减分原因为：

二级指标“河（湖）长设立和公告情况”与“河（湖）长制办公室建设情况”未全部达到指标要求，扣0.39分。

2. 河（湖）长制制度及机制建设到位情况减分原因为：

二级指标“工作机制建设情况”和“河湖管护责任主体落实情况”中未全部达到指标要求，分别扣0.13分、0.23分。

3. 河（湖）长履职情况减分原因为：

二级指标“重大问题处理”和“日常工作开展”未全部达到指标要求，按照赋分原则，分别扣0.29分、0.05分。

4. 工作组织推进情况减分原因为：

二级指标“督察与考核结果运用情况”未全部达到指标要求，按照赋分标准，扣0.25分。

5. 河湖治理保护及成效减分原因为：

二级指标中“河湖水域岸线保护情况”“河湖生态综合治理情况”和“公众满意度调查”未全部达到指标要求，分别扣1.72分、0.4分和0.07分。

第三节 典型经验及问题

宁夏回族自治区党委、政府认真贯彻落实中央全面推行河湖长制实施湖长制决策部署，立足自治区情实际，大力实施生态立区战略，统筹推进河湖长制落地见效。全自治区上下按照中央污染防治攻坚战战略部署，自治区总河长第一次、第二次、第三次会议精神和打好碧水保卫战、打响新时代黄河保卫战总体安排，狠抓任务落实，强化综合施策，加大专项整治，各项工作稳步推进。经过3年多的实践，自治区河湖长制组织体系、责任体系、制度体系有效建立，五级河湖长上岗履职，河湖专项整治加快实施，河湖生态环境加速改善，“河长主导、部门联动、标本兼治、全民参与”良好局面形成，河长制湖长制制度优势和河湖治理保护效果逐步显现。在工作实践中形成了一些经验做法。

（一）典型经验

1. 强化与人大监督、政协议政相结合

将河湖长制工作任务纳入人大代表建议和政协提案，形成河湖长制监督办理的长效机制。自治区党委书记、人大常委会主任、总河长石泰峰带头多次跟踪督办人大代表提出的沙湖、星海湖综合整治建议；自治区政协连续三年把推行河长制、落实“水十条”列为常委会议民主监督议题，专题研究讨论水治理措施；主动倒逼污染企业转型升级，解决治水背后的环境再造问题。今年，自治区政协将13条重点入黄排水沟治理列入2019年主要工作计划，由各位副主席分别牵头推进治理。

2. 强化与中央环保督查反馈意见整改相结合

将自治区领导包抓中央第八环境保护督察组反馈重点环保问题整改与推行河湖长制深度融合，建立“一个问题、一个责任领导、一个责任单位、一抓到底”的联动包抓制度，突出解决重点河湖水质下降、入黄排水沟水质恶化环境问题，短期内实现了水生态环境形势总体逆转向好。

3. 强化河湖长制与生态环境损害责任追究相结合

将全面推行河湖长制作为落实“生态立区”战略重要举措，出台的考核管理办法着重凸显生态环境损害责任追究，把河湖长制考核与领导干部自然资源离任审计、干部选拔任用紧密挂钩。

4. 强化监督考核倒逼履职

建立河长主导、责任单位指导、河长办盯办、地方落实的运行机制，建立通报、督办、暗访、月通报制度，通过问题河段重点督办、信息平台提醒督办、投诉举报线索及时督办、重点问题挂牌督办等方式推动问题整改落实，有效督促了各级、各部门落实责任。以最严格的考核问责制度倒逼干部作风转变，建立综合考评及奖惩机制，将河湖长制工作纳入自治区对市县（区）的效能考核，层层压紧压实责任。

5. 强化河湖长治理责任

实行省级河长述职制度，自治区级河长在自治区总河长会议上向总河长汇报履职情况，研究部署下一步工作，基本建立年初建账、年底交账的河长述职工作模式，加速推动了河湖长制从“有名”向“有实”转变。建立断面交接制，强化跨行政区域交接断面水质监测，明确河湖长河湖管理保护责任。

6. 搭建河湖长制信息平台

依托自治区“政务云”和“智慧水利”建设，率先建成省级河长制综合管理信息平台。平台采用“一级开发+四级应用”模式，集成整合水利、生态环境、住建等有关部门涉河湖监测数据信息，有效打破了治水部门间的“数据围栏”，为各级河长办、责任部门搭建了“统一调度、协同办公、资源共享”平台，为各级河湖长提供巡河管河、查询信息、跟踪督办、辅助决策服务。开发河长通 APP、巡河通 APP，推进电子巡河、投诉举报业务协同，加强领导交办、工作督办、巡河事件、投诉举报和事件处置流程多端同步关联，实现任务智能处理、精准派发。开通“宁夏河长”微信公众号，实现社会公众微信投诉与属地各级河长办人员 APP 受理同步进行，支持群众举报、查询、反馈河湖治理信息，鼓励公众监督、参与河湖治理。“宁夏河长”微信公众号关注人数已达 3.7 万人，平台公众涉河湖治理保护投诉举报处理办结率保持在 100%，让各级河长的职责、任务、监督、受理、举报、考评等能够“看得见、找得到、落得实”。

7. 探索区域特色做法

银川市搭建“智慧银川+河长制”工作平台，聘请社区网格员为河长制网格义务监督员，通过《电视问政》聚焦河湖长制热点难点问题，强力推动河湖长制责任落实；因地制宜建立河湖长制举报奖励受理制度、管护保洁资金及奖惩考核办法等多项地方特色性制度。吴忠市采取成立综合执法大队、政府购买服务、推行“河长+警长”模式等，全面落实河湖水系保洁责任，破除单一部门执法的局限性，提升了河湖执法效率；红寺堡区建立区、乡、村三级河长交接制度，新、老河长在工作交接后 1~2 个工作日内完成河长交接手续并签订河长移交清单，解决了因职务变动等原因造成的河长责任缺位问题。固原市建立“公益岗位+民间河长”模式，将建档立卡贫困户选聘为河湖巡查保洁员，走出助力脱贫的治河新路子。中卫市将推行河长制与农田水利基本建设结合起来，在整治沟渠的同时，加大对河湖水系的治理力度，促进生态环境改善和农业基础建设平衡发展。

8. 构建群防群治格局

普及使用河长通、巡河通 APP，拓宽公众投诉渠道。统一全区河湖监管举报电话并向社会公开，全区河湖公示牌统一使用区级和所属市级监督举报电话，畅通了问题线索渠道，广泛接受群众举报。金凤区等地组织社区离退休党员开展巡河护绿活动常态化。各地通过制作情景广播剧、公益宣传片，举办“巡河达人”投票活动及河长制知识竞赛，组织开展节水护水志愿活动、足球赛及进机关、进企业、进学校、进集市、进社区、进家庭“六进”活动等形式，不断创新宣传模式，以群众喜闻悦见的方式宣传河湖长制，让广大群众切身感受到河湖长制带来的获得感。

9. 构建立体监督体系

自治区、银川市围绕水污染突出问题集中进行报道、追根溯源，有力有效推动了问题解决，同时营造了全社会参与的良好氛围。尤其是银川市通过《电视问政》聚焦河湖长制热点问题，让水环境顽疾无处躲藏，让河长现场红脸、出汗，银川市纪委根据问政及整改情况依法给予追责问责，强力推动了河湖长制责任落实。

10. 彭阳美丽茹河建设经验

彭阳美丽茹河建设项目总体建设思路概括为：一河两线三带，就是以茹河为主轴，以水治理为核心，以旅游为支撑，形成了水环境生态带、风景园林带和产业经济带。通过水线和绿线的建设，茹河沟圈出境断面水质稳定达到Ⅳ类，Ⅲ类水水质比率提高到 25%，全流域水质得到全面提升，形成水环境生态带：主要有四项治理措施，一控源，对全县重点排污口进行规范化建设，实施农药化肥零增长行动，落实病虫害专业化统防统治和绿色防控，推行“163”残膜回收利用模式，畜禽养殖企业实行粪污无害化处理。二截污，实行分段分类治理，建设污水收集管网，村镇居民生活污水、屠宰场养殖场生产污水能接入县城污水处理厂经过预处理后输送到县城污水处理厂集中再处理；不能接入的，新建街道和居民点一体化污水处理站小区域集中处理；原县城污水处理厂提标改造、排水管网雨污分流改造和再生水利用工程，污水处理能力达到一级 A 排放。三修复，将采砂遗留坑建设成为人工湿地和氧化塘，种植水生植物，增强河流自净能力，恢复水域面积 598 亩，水流条件和水域面貌整体改善。四管理，构建县、乡、村、民间河长四级河长管理体系，划定四级河长管理责任范围，陆域、水域河长有效融合，实现河、沟管理全覆盖。绿线，由两条线组成：即以茹河岸坡及慢行系统绿化、国道327绿化为两条绿线串联沿途5个景点、18个美丽村庄，合理布设各种设施和景观小品，形成景观通道和风景园林带。

（二）推行河湖长制问题

1. 河湖水域岸线保护有待加强

大力推进河湖“清四乱”及划界工作。开展河湖“清四乱”专项行动，建立“清四乱”台账。2018年“清四乱”完成率不高，河湖划界工作已开展，但由于财力有限，划界压力较大。河湖管理保护和河长制工作需法制化、系统化，需要加快出台《宁夏回族自治区河湖管理条例》进度，以规范河湖长制工作、水域岸线管理工作和采砂等工作。

2. 河湖生态综合治理有待加强

污染在水里，问题在岸上，加快水岸共治，山水林田湖草系统治理，发展“生态农业”“循环经济”是防治水污染的治本之策。推广发展循环农业，有效减少面源污染，充分发挥河湖长制生态保护与经济发展协同推进、相互促进作用，引进社会资本建国家湿地公园、休闲度假区等生态主题景点，切实推进水旅融合，河库生态效益、周边土地价值同步提升，河库产业发展、群众致富脱贫同步推进。河湖生态综合治理尚需进一步巩固提高。部分河湖、入黄主要排水沟水质现状与自治区考核目标尚存差距，河湖生态综合整治压力依旧较大，特别是“六大任务”涉及工业、农业、生活等多种污染源和河湖沟渠生态综合环境系统治理等难点问题，受到诸多基础设施现状制约，难以在短时间内妥善解决，河湖治理还有很长的路要走。

3. 河长办建设需要进一步做实

各级河湖长办公室已建立，但仍存在基础工作不够扎实、推动落实工作不够到位等现象，一些市、县河长办工作人员少而不专，抽调、兼职人员较多，人员流动性大，河长履职需要进一步做实。河湖长体制机制尚未完全理顺。河湖长制总体仍处于磨合提高阶段，制度执行和河湖长因职务变动等原因造成的更新替补有机衔接还有待加强。

4. 河湖长制经费缺口较大

因宁夏地区经济欠发达，财政总体收入规模较小，“六大任务”落实经费缺口仍然较大，河湖生态环境治理成果需要持续投入人力物力提升巩固，广大农村人居环境整治、生活污水处理等需要大量资金投入，资金短缺问题成为制约河湖系统治理的短板。

（三）推行河湖长制建议

（1）尽快完善环境制度设计，出台生态环境损害责任终身追究制指导性实施办法或细则，将河湖环境质量指标细化到领导干部自然资源资产离任审计、自然资源资产负债表、构建生态环境激励机制等制度设计中，强化河长湖长履职尽责。

（2）国家出台地方河长办设置指导意见，将河长办升格为政府直属职能机构或者将河长办设置在各级政府办，将河长办职能和河湖业务管理职能彻底分开，一方面解决事大机构小问题，另一方面解决河长办职能和河湖业务管理职能交叉、部分地区河长办工作压力过大的问题。

（3）加大对河湖生态治理保护专项资金的投入力度，尤其是在资金项目安排上适度向中西部贫困地区倾斜。

第三章

河湖长制发展情况

依据省、市、县级10张核查盖章成果表，现场调查拍的公示牌及沿岸河道照片，现场调查得到的满意度调查表，根据各省份核查评估报告，对全国推行河湖长制总体发展情况总结如下：

第一节 河湖长组织体系建设

通过审核河湖长任命文件、编制文件、河长办的财政预算报告或批复文件、河湖长公示牌台账等佐证材料，评估组认为各省河湖长组织体系建设已经到位。通过现场核查河长制湖长制公示牌，大部分公示牌无缺失破损，信息完整，有明确的河长职责、管护目标和监督电话，大部分河长制湖长制公示牌右下角设有地方河长制办公室的微信二维码，方便问题反馈及交流，且大部分河长牌信息及时更新。

（1）总河长设立和公告情况，分值4分。除北京市得3.5分，其余各省均得4分。

（2）河湖长设立和公告情况，分值9分。除河北省得8.67分，其余各省份均得到9分。

（3）河长制湖长制办公室建设情况，分值9分。全国各省份值处于0~7.99分的有1个省份，占3.2%；8~8.99分的有15个，占48.4%；9分的有15个，占48.4%。存在的问题：部分基层河长办人员配置不到位。

（4）河湖长公示牌设立情况，分值3分。2.85分以下的有3个省份，占9.7%；2.86~2.99分的有4个，占12.9%；3分的有24个，占77.4%。存在的主要问题：部分公示牌破损，少量河长公示电话无法接通。

31个省份全面建立河长制湖长制。

对标全面建立河长制湖长制的各项要求，通过严格评估，得分均高于89.89

分，各省份对全面推行河长制湖长制高度重视，行动雷厉风行，效果明显改善，既有名，又有实，受到群众好评。

31 个省份已于 2018 年年底前完成全面建立河湖长制工作，并按照中共中央办公厅、国务院办公厅《关于在湖泊实施湖长制的指导意见》，将湖长制纳入全面推行河湖长制工作体系。各省份结合实际，做到了工作方案到位、责任落实到位、相关制度和政策措施到位、监督检查和考核评估到位，全面建立省、市、县、乡四级河长体系，并进一步细化实化了河湖水域空间管控、岸线管理保护、水资源保护和水污染防治、水环境综合整治、生态治理与修复、执法监管等主要任务，为维护河湖健康生命、实现河湖功能永续利用提供制度保障。

第二节　河湖长制制度及机制建设

河长制湖长制制度及机制建设情况方面，评估小组通过核查六项制度文件及执行情况、相关的工作协作机制文件、财政预算报告或批复文件、党政领导担任河湖长的相关文件、河湖管理单位相关证明、公众参与活动记录等佐证材料，结合现场调查问卷题 9 的调查结果，大部分省份河长制湖长制制度及机制建设到位。

（5）省、市、县六项制度建立情况，分值 4 分。全国 31 个省份均已建立六项制度。

（6）工作机制建设情况，分值 8 分。全国 7.89 分以下的有 7 个省份，占 22.6%；7.9~7.99 分的有 6 个，占 19.4%；8 分的有 18 个，占 58.0%。存在问题：部分基层河长办河湖治理保护资金投入落实不到位。

（7）河湖管护责任主体落实情况，分值 3 分。2.49 分以下的有 4 个省份，占 13.0%；2.5~2.99 分的有 6 个，占 19.4%；3 分的有 21 个，占 67.7%。存在问题：部分省份河湖管护责任主体未落实。

第三节　河湖长履职情况

评估组通过审核总河湖长会议部署及简报照片、专项行动文件、相关督办文件、巡河台账及巡河记录、考核文件等佐证材料，结合现场调查问卷题 7 的调查结果，发现各成员单位认真履行职责，形成良好的组织协调机制。

（8）重大问题处理情况，分值 8 分。7.49 分以下的有 10 个省份，占 32.2%；7.5~7.99 分的有 14 个，占 45.2%；8 分的有 7 个，占 22.6%。存在问题：个别省份因河长履职不力被相关部门约谈问责或中央媒体通报，部分省份突出问题挂牌督办处理不及时。

（9）日常工作开展情况，分值 4 分。3.49 分以下的有 3 个省份，占 9.7%；3.5~3.99 分的有 11 个，占 35.5%；4 分的有 17 个，占 54.8%。存在问题：部分省份河湖长巡河发现问题后处置不及时。

第四节　工作组织推进情况

评估组通过审核督查通知、问责的相关文件、考核运用制度、“一河一策”成果、“一河一档”资料、信息系统建设相关材料、宣传报道相关记录、培训通知等佐证材料，全国上下齐发力，以生态综合治理为抓手，全面有序、统筹推进河长制湖长制工作。

（10）督察与考核结果运用情况，分值 6 分。5.49 分以下的有 7 个省份，占 22.6%；5.5~5.99 分的有 15 个，占 48.4%；6 分的有 9 个，占 29.0%。存在问题：部分省份督察下级河长制湖长制工作并推进整改落实不彻底。

（11）基础工作开展情况，分值 6 分。5.49 分以下的有 2 个省份，占 6.4%；5.5~5.99 分的有 6 个，占 19.4%；6 分的有 23 个，占 74.2%。存在问题：个别省份河长制湖长制管理信息系统应用未全覆盖，县区没有河长制湖长制管理信息系统。

（12）宣传与培训情况，分值 4 分。全国 29 个省份得到满分，2 个省份得到 3.8 分以上。存在问题：个别省份存在因工作不到位出现负面报道的情况。

各省份积极推进督查和考核方案制定，重庆、陕西、西藏、广西、黑龙江等省份将河长制湖长制督查和考核列入了政府年度绩效考核；贵州、海南、云南、湖北、江西、广东等省份制定了相应的督查考核制度方案；其他省份也都定期开展督导检查。

全国 31 个省份都开展了“一河（湖）一策”“一河（湖）一档”方案编制工作；大部分地区搭建的河长制湖长制信息系统得到了实际的应用，基本完成省、市、县（直辖市、自治区、开发区）、乡镇河长制体系相关数据的整编和入库工作。

31 个省份开展河长制湖长制宣传。江苏、广西、云南、浙江等省份通过印发宣传手册、设立宣传牌、印制日历海报条幅等群众喜闻乐见的方式；一些地方还将河长制湖长制作为“世界水日中国水周”重要宣传内容，举办节水护水知识竞赛，利用工作简报、报刊、电视、网站、QQ群、微信公众号、手机APP、专题片、微电影、微视频、开展活动等丰富多样的形式，将河长制湖长制工作宣传到乡镇社区、厂矿企业、中小学校，积极营造全民爱水、护水、管水的社会氛围。

第五节 河湖治理保护及成效

评估组通过核查省级生态环境部门出具的水质情况相关材料、“清四乱”专项行动部署文件、“清四乱”台账等佐证材料，结合现场暗访有代表性的河流，发现大部分河湖“清四乱”整治任务效果显著，岸边有绿化带，有植被花草，无乱占、乱采、乱堆、乱建的现象，河湖水质好、无异味，水体无垃圾等漂浮物；利用手机微信，请当地居民扫码填写河长制湖长制公众参与及满意度调查问卷，问卷反映出各省份河长制湖长制宣传情况，大多数居民对河长、湖长有所了解，且对河湖清理整治效果比较满意，表示身边河湖较以前相比变好，认为河长制湖长制有效果，对河湖长工作总体评价较为满意。

全国各地认真贯彻落实党中央国务院决策部署，紧密结合本地实际，创造性开展河长制湖长制工作，在河湖水质、城市集中式饮用水水源水质、城市黑臭水体整治、河湖水域岸线保护、河湖生态综合治理等方面，取得明显成效，积累了宝贵的经验，这些做法和经验使得社会公众对河湖管理的满意度逐步提升，值得认真总结、大力宣传和积极推广。

大多数省份对乱占、乱采、乱堆、乱建等河湖管理保护“四乱”问题开展专项清理整治行动，有的省份在消灭垃圾河、清除黑臭水体、剿灭劣V类水体、保护饮用水水源地、河湖综合治理与生态修复等方面取得了初步成效，31个省份经过两年多的努力，河湖水环境得到明显改善，水污染得到一定治理，水生态得到进一步修复，部分中小河流已初步实现了河畅、水清、岸绿、景美目标。

北京市、天津市、河北省、辽宁省、黑龙江省、上海市、江苏省、浙江省、安徽省、福建省、江西省、山东省、河南省、湖南省、广东省、广西壮族自治区、四川省、云南省、西藏自治区、陕西省、甘肃省、青海省、新疆维吾尔自治区、宁夏回族自治区、吉林省25个省份公众获得感较好，群众满意度达95%以上。

但2018年广东71个国考断面水质优良比例考核评价为78.9%，与《广东省水污染防治目标责任书》要求81.7%差2.8个百分点。2018年全省71个国考断面劣于Ⅴ类水体控制比例为12.7%，与《广东省水污染防治目标责任书》要求7.0%差5.7个百分点。2018年全省地级及以上城市集中式饮用水水源水质优良比例为97.4%，与《广东省水污染防治目标责任书》要求100%的指标相差2.6个百分点。全省地级及以上城市建成区黑臭水体共481条，截至2018年年底，共有376条黑臭水体治理达到“初见成效”效果，黑臭水体消除比例为78.17%，与目标80%相比，相差1.83个百分点；广东发展经济对环境欠账太多，包括江苏也相似，浙江省委省政府抓了五水共治才能有今天；广东在水环境治理方面投入不够，问题多，效果不好，要重锤敲打，引起省委省政府下大决心治水，兴起全面推行河湖长制新高潮。

（13）河湖水质及城市集中式饮用水水源水质达标情况，分值9分。7.99分以下的有8个省份，占25.8%；8~8.99分的有2个，占6.5%；9分的有21个，占67.7%。其中，城市集中式饮用水水源水质达到或优于Ⅲ类的比例，1.49分以下的有2个省份，占6.5%；1.5~2.99分的有2个，占6.5%；3分的有27个，占87.0%。存在问题：部分省份水质不达标，城市集中式饮用水水源水质达到或优于Ⅲ类的比例、国控断面地表水水质劣Ⅴ类水体控制比例均未达到考核指标要求。

（14）城市建成区黑臭水体整治情况，分值4分。全国各省份得满分的有29个，占93.5%，江苏省得2分，广东省得3.09分。存在问题：个别省地级及以上城市建成区黑臭水体治理不达标。

（15）河湖水域岸线保护情况，分值9分。全国各省份7.49分以下的有21个，占67.7%；7.5~8.99分的有8个，占25.8%；9分的有2个，占6.5%。详见附表。

其中，“清四乱”完成率（已清理数量/台账总数）达80%以上，有10个省份，占32.3%；50%以上，有17个省份，占54.8%；已开展清理工作并取得一定成效的，有4个省份，占32.8%。

河湖管理保护范围划定情况，省、市级党政领导担任河湖长的河湖已全部划定管理范围的，有5个省份，占16.1%；50%河湖完成划定的，有10个省份，占32.3%；30%河湖完成划定的，有9个省份，占29%；全省范围内部署开展河湖管理范围划定并开展工作的，有7个省份，占22.6%。

（16）河湖生态综合治理情况，分值5分。3.99分以下的有7个省份，占22.5%；4~4.99分的有17个，占55.0%；5分的有7个，占22.5%。存在问题：部分省份河湖生态综合治理修复试点建设不达标，仅开展此工作；部分省份不存在河湖水域围网肥水养殖整治行动。

（17）公众满意度调查，分值5分。4.49分以下的有3个省份，占9.6%；4.5~4.99分的有5个，占16.1%；5分的有23个，占74.3%。

全国各地认真贯彻落实中央、国务院决策部署，紧密结合本地实际，创造性开展工作，在河湖水质、城市黑臭水体整治等方面，治理成效明显，积累了宝贵的经验，这些做法和经验使得社会公众对河湖管理的满意度逐步提升，值得认真总结、大力宣传和积极推广。评估组通过核查省级生态环境部门出具的水质情况相关材料、“清四乱”专项行动部署文件、“清四乱”台账等佐证材料，结合现场暗访有代表性的河流，发现大部分河湖“清四乱”整治效果显著，岸边有绿化带，有植被花草，无乱占、乱采、乱堆、乱建的现象，河湖水质好、无异味，水体无垃圾等漂浮物；利用手机微信，请当地居民扫码填写河长制湖长制公众参与及满意度调查问卷，问卷反映出各省份河长制湖长制宣传情况，大多数居民对河长、湖长有所了解，且对河湖清理整治效果比较满意，表示身边河湖较以前相比变好，认为河长制湖长制有效果，对河湖长工作总体评价较为满意。但2018年广东71个国考断面水质优良比例考核评价为78.9%，与《广东省水污染防治目标责任书》要求81.7%差2.8个百分点。2018年全省71个国考断面劣于Ⅴ类水体控制比例为12.7%，与《广东省水污染防治目标责任书》要求7.0%差5.7个百分点。2018年全省地级及以上城市集中式饮用水水源水质优良比例为97.4%，与《广东省水污染防治目标责任书》要求100%的指标相差2.6个百分点。全省地级及以上城市建成区黑臭水体共481条，截至2018年年底，共有376条黑臭水体治理达到“初见成效”效果，黑臭水体消除比例为78.17%，与目标80%相比，相差1.83个百分点；广东发展经济对环境欠账太多，包括江苏也相似，浙江省委省政府抓了五水共治才能有今天；广东在水环境治理方面投入不够，问题多，效果不好，要重锤敲打，引起省委省政府下大决心治水，兴起全面推行河湖长制新高潮。详见河海大学出版社《河长制湖长制评估系统研究》。

六、河湖长制总体推行情况

全面推行河长制湖长制以来，各地认真贯彻落实党中央、国务院、水利部和省委、省政府关于推进河长制湖长制的决策部署，各级河湖长积极巡河湖履职，圆满完成各项年度目标任务，碧水保卫战“清流行动”取得丰硕成果，河湖面貌显著改善、水质稳步提升，长效机制不断健全，得到人民群众普遍认可。

各省份河长制湖长制工作成绩来之不易，经验弥足珍贵，但河湖治理绝非一朝一夕之功，护水治水永远在路上。各省份要继续按照水利部和省委省政府的决策部署，攻坚克难，持续开展河湖专项整治行动，强化流域生态综合治理，推动河长制湖长制提档升级，推动长江、河湖大保护向纵深开展，为国家生态文明建设打造美丽中国“河湖样板”。

全国各地认真贯彻落实中央、国务院全面推行河长制湖长制决策部署，在河湖清四乱、水质、城市黑臭水体整治等方面，治理成效明显，积累了宝贵的经验，这些做法和经验使得社会公众对河湖管理的满意度逐步提升，值得认真总结、大力宣传和积极推广。评估组通过核查省级生态环境部门出具的水质情况相关材料、“清四乱”专项行动部署文件、“清四乱”台账等佐证材料，结合现场暗访有代表性的河流，发现河湖“清四乱”整治任务效果显著，大多数岸边有绿化带，有植被花草，乱占、乱采、乱堆、乱建的现象明显减少，大多数河湖水质好、无异味，水体无垃圾等漂浮物；利用手机微信，请当地居民扫码填写河长制湖长制公众参与及满意度调查问卷，通过问卷反映出各省份河长制湖长制宣传情况，大多数居民对河长、湖长有所了解，且对河湖清理整治效果比较满意，表示身边河湖较以前相比变好，认为河长制湖长制有效果，对河湖长工作总体评价较为满意：公众满意度调查分值5分，4.49分以下的有3个省份，占9.6%；4.5~4.99分的有5个，占16.1%；5分的有23个，占74.3%。但2018年广东71个国考断面水质优良比例考核评价为78.9%，与《广东省水污染防治目标责任书》要求81.7%差2.8个百分点。2018年全省71个国考断面劣于Ⅴ类水体控制比例为12.7%，与《广东省水污染防治目标责任书》要求7.0%差5.7个百分点。2018年全省地级及以上城市集中式饮用水水源水质优良比例为97.4%，与《广东省水污染防治目标责任书》要求100%的指标相差2.6%。全省地级及以上城市建成区黑臭水体共481条，截至2018年底，共有376条黑臭水体治理达到“初见成效”效果，黑臭水体消除比例为78.17%，与目标80%相比，相差1.8个百分点；广东发展经济对环境欠账太多，包括江苏也相似，浙江省委省政府抓了五水共治才能有今天；广东在水环境治理方面投入不够，问题多，效果不好，要重锤敲打，引起省委省政府下大决心治水，兴起全面推行河湖长制新高潮。

1. 主要数据

从评估系统里统计出全国主要数据：省级河长375人，省河长办专职工作人员517人，省河长办经费60632万元，2018年全国河湖治理保护资金2947亿元，省党政领导担任河湖长488人，省级一河一策方案印发524本，国家宣传报道2530次，省级开展河湖长制培训142期，河湖生态综合治理修复试点1831个，生态修复示范区成效明显1194个，农村畜禽养殖污染治理取得明显成效135322个。

2. 总体赋分情况（100分）

31个省份自评估赋分在87.64~100分之间，其中福建、江苏、浙江、安徽、江西、湖北、广西、重庆、贵州、宁夏等10个省份为100分；北京、天津、河北、山西、内蒙古、辽宁、吉林、黑龙江、上海、山东、河南、湖南、广东、海南、四川、云南、西藏、陕西、甘肃、青海、新疆等21个省份87.64分以上。

经核查并评估，31个省份得分在89.89~99.60分之间，其中福建、浙江、山东、安徽、重庆、湖北、江苏、贵州、湖南、宁夏、上海、江西、黑龙江、北京、河北、青海、广西、四川18个省份得分95分以上，天津、广东、新疆、西藏、河南、云南、海南、山西、吉林、甘肃、陕西、辽宁12个省份得分90分以上，详见表2。

表2　31个省份5项一级指标评价表

省份序号	总结评估内容					总核查分
	一、河湖长组织体系建设（25分）	二、河长制湖长制制度及机制建设情况（15分）	三、河湖长履职情况（18分）	四、工作组织推进情况（16分）	五、河湖治理保护及成效（32分）	
1	24.33	14.78	11.58	15.5	29.72	95.91
2	24.3	14.56	11.99	15.96	27.07	93.88
3	24.6	14.13	10.69	15.95	30.46	95.83
4	24.73	14.94	11.94	14.9	24.98	91.49
5	24.42	14.54	10.46	15.4	25.07	89.89
6	24.59	15	11.68	15.08	24.13	90.48
7	23.93	14.98	11.73	15.98	24.86	91.48
8	25	15	12	16	28.04	96.04
9	25	15	11.67	15.33	29.4	96.4
10	25	15	11.99	16	29	96.99
11	25	15	11.99	15.49	31.62	99.1
12	25	15	12	15.95	29.8	97.75

续表

省份序号	总结评估内容					总核查分
	一、河湖长组织体系建设（25分）	二、河长制湖长制制度及机制建设情况（15分）	三、河湖长履职情况（18分）	四、工作组织推进情况（16分）	五、河湖治理保护及成效（32分）	
13	25	15	12	16	31.6	99.6
14	24.9	14.89	11.21	15.62	29.7	96.32
15	24.99	14.91	11.89	15.93	30.9	98.62
16	24.77	15	10.19	15.52	27.32	92.8
17	25	15	11.5	16	29.88	97.38
18	25	14.95	12	16	28.57	96.52
19	25	15	12	16	25.54	93.54
20	25	15	11.88	16	27.91	95.79
21	24.55	14.05	9.7	14.86	29.16	92.32
22	25	15	12	16	29.67	97.67
23	24.79	15	10.85	15.31	29.6	95.55
24	24.82	14.97	11.75	15.62	29.77	96.93
25	24.8	14.99	11.98	14.19	26.63	92.59
26	25	14.89	11.37	13.5	28.46	93.22
27	24.87	15	10.1	13.45	27.07	90.49
28	25	14	9.96	14.97	27.5	91.43
29	24.99	15	10.92	15.95	28.95	95.81
30	24.61	14.64	11.66	15.75	29.81	96.47
31	24.67	13.81	10.76	15.94	28.26	93.44

3. 河长制湖长制推进的问题

对照全面建立河长制湖长制的总体要求，还存在部分河湖日常管护措施落实不到位，受经费、土地政策以及历史因素等条件制约，河湖管理保护范围划定工作推进难度大，河长办运转不畅，责任传导不够，基层工作主动性不高，基础工作和技术力量薄弱等问题，各地要进一步提高思想认识，加强组织领导，强化保障措施，着力补齐短板。

内蒙古、黑龙江、安徽、江西、新疆、云南、宁夏、湖北等省份少数基层河长责任意识不强，缺乏主动性；甘肃、辽宁、海南、安徽、江西、广东、山西、江苏等省份重点河湖建立了跨省协调机制，但跨省河湖协调机制有待健全；陕西、吉林、西藏、湖南、青海、河南6个地区河长制湖长制信息化水平低弱，有的乡村基层单位组织机构和人员力量薄弱，技术支撑不够，人员流动频繁等；天津、山西、青海、内蒙古水资源短缺，制约水环境治理效果；内蒙古、河北、上海、北京、四川、福建、浙江、广西继续将“清四乱”专项行动作为今后一段时期全面推行河湖长制的重点工作，还需做好打持久战的准备。

4. 总结评估创新点

总结评估责任重大，要经得起各地检验，要经得起各级审查，每一分都必须有理有据。河海大学评估核查人员已根据《河长制总结评估工作手册》开展核查及评估工作，提交了《核查评估报告》及《总结评估报告》，期望向水利部、生态环境部交出满意答卷，争取让31个省份认可，让各级审查满意，为全面推行河湖长制贡献河海智慧。本次评估有如下创新：

（1）创新思路开展全国河（湖）长制推行情况复杂大系统总结评估综合研究。全面推行河长制湖长制总结评估，其内容之多（既有党中央国务院六大任务完成情况及成效评估，又有河湖长组织体系建设、制度及机制建设、履职情况及工作组织推进情况的总结评估）、范围之广（空间上包括全国31个省、自治区、直辖市）、难度之大（既要考虑水利部及生态环境部的统一性，又要考虑各省份的特殊性，技术大纲要科学公平合理，核查细则要合理、实用、可操作，各分值因素相互关系复杂），国内外尚未见到如此复杂庞大的大系统总结评估研究成果。本研究在研究思路、理论、方法、手段、措施诸方面进行创新，将省份划分为省、市、县、乡四级，分别从河湖长组织体系建设、制度及机制建设、履职情况、工作组织推进、河湖治理保护及成效五个部分的17个方面进行总结评估，分析计算省、市、县分值，得出各省份总结评估结论，并针对存在问题提出推进河湖长制健康发展的建议。

（2）创新构建IAHP（改进的层次分析法）—SA（成功度评价法）—FCA（模糊综合分析法）综合筛选模型确定省、市、县、乡关键数据。总结评估技术大纲包含的指标数量及层次很多，有些模糊型指标很难定量分析，有些数据难以收集，有些指标很难操作，研究组创新构建上述综合筛选模型，邀请180位河长办专家召开全国推行河湖长制总结评估研讨会，该模型发挥三种方法的特长，取长补短，科学、系统、客观地找出了省份128个、直辖市93个关键数据。

（3）创建公众满意度调查系统：将传统的满意度调查方式改进为网络模式

的公众满意度调查，开发手机满意度调查应用系统，利用微信二维码扫码方式，同时开发微信应用程序，保证不同手机操作系统兼容，增强了应用的广泛性。通过拍摄河长制公示牌、官方网站、地方媒体以及招募志愿者等方式广泛推广应用，使得公众通过自己的手机即可参与到河长评估的满意度调查中来，全程实行无纸化操作，并可通过系统实时查看公众调查情况；直接统计调查成果，导出调查成果，节约大量统计工作时间。

（4）创建河（湖）长制现场核查APP系统：开发河（湖）长制现场核查APP，利用其高效、稳定、安全的优势，采用与个人计算机（PC）端统一的认证登录模式，实现APP与PC端的实时互动、即查即传，开发GPS定位、现场拍照、文件上传等主要功能。河（湖）长制现场核查APP系统，真实反映现场核查情况，为监督评估和评估河长制推行效果提供精准化依据。增加综合显示功能，通过APP查询评估进展情况，进一步提高了评估小组工作开展的把控。该核查APP系统为调研员现场暗访核查提供技术支撑和操作方法，APP系统可根据评估报告模式，一键化导出调查成果，大大降低了后期评估的工作量，提高了工作效率。

（5）创建河（湖）长制核查系统：采用先进的B/S网络结构模式，开发PC端版核查系统，通过全球广域网（web）浏览器利用统一认证登录，增强系统便捷性与安全性。将公众满意度调查系统、河（湖）长制现场核查APP系统及省、市、县三张核查数据表作为核查系统的输入子系统，实现河（湖）长制现场核查APP、公众满意度调查系统与三张核查表的联动使用，通过即时上报，远程查看暗访、核查的现场情况，实现异地办公，为远程评估核查提供技术支撑与依据。采用层级评估与第三方独立评估模式，严格控制评估权限，做到评估对象清晰、指标明确、互不干预，使评估更加公正、透明与即时；科学、客观、公正地核查省市县及各子系统河长制推行情况。

（6）创建河湖长制推行情况评估系统：采用系统工程理论构建复杂与便捷的河长制推行情况评估系统，在电脑上核查系统成果，实现全程无纸化办公、信息化办公，实现与当地河长制系统的数据对接，减少了自评过程中纸质繁多冗杂情况，创建层级指标配置模型与计算模型，实现省、市、县、乡指标单独配置与分值计算独立运行。以便捷、高效为原则，采用可视化窗口，即时出分，实现现场提交现场查询得分情况的全透明化评估。采用层级评估与第三方独立评估相结合模式，使评估更加公正、透明与即时。

第四章

典型经验及做法总结

一、落实党政同责，推进河湖长制

把全面推进河长制湖长制作为贯彻落实习近平生态文明思想的重要内容，作为全面落实习近平总书记生态优先讲话精神的关键举措之一，提升政治站位，增强“四个意识”，湖北省将“深入实施河长制湖长制”写入省委《关于学习贯彻习近平总书记视察湖北重要讲话精神奋力谱写新时代湖北高质量发展新篇章的决定》、政府工作报告等重要文件，列为党政“一把手”工程，纳入对市州党委和政府年度目标责任考核体系。省政府先后印发《湖北省全面推行河长制湖长制实施方案（2018—2020年）》《湖北省河湖和水利工程划界确权实施方案》等指导性文件，加快推进河长制湖长制提档升级。重庆市委书记在市委常委会上亲自指示，要求全市各级领导干部将河长履职情况在民主生活会上深刻剖析、自我检视、不断改进，强化河湖长制党政领导负责制，做到党政同责、一岗双责。李希书记、马兴瑞省长共同签发省第1号总河长令和省第1号污染防治攻坚战指挥部令，在全省江河湖库全面开展“五清”专项行动和全面攻坚劣Ⅴ类国考断面行动，并分别牵头督办茅洲河、练江这两条全省污染最严重河流的治理工作；林少春、叶贞琴、许瑞生、陈良贤、张光军等省领导分别担任西江、北江、韩江、鉴江、东江流域的省级河长和领导小组副组长；叶贞琴常委还亲自兼任省河长制办公室主任，多次组织召开专题会议，协调部署河长制湖长制工作。江苏省设立双总河长，由省委书记、省长担任，12位省委、省政府领导分别担任20条流域性重要河道、14个重点湖泊的河（湖）长；全省共落实省、市、县、乡、村五级河（湖）长5.7万余人，各地还设立了“民间河长”“企业河长”“巾帼河长”“党员河长”等担任河湖保护者，盐城市建立了“警长+河长”管理模式，实现全省水体全覆盖。浙江省11个设区市、89个县（市、区）及各开发区、所有乡镇（街道）的总河长及分级分段河长均已设立，在健全省、市、县、乡、村五级河长体系基础上，进一步延伸到沟、渠、塘等小微水体。

河长制湖长制推进落实过程中，大部分省份上下高度统一思想，坚决落实党政同责，各级党政主要领导共同担任总河湖长，并亲自负责主要河湖的治理保护，加强河长制湖长制的推进和监督工作。如重庆市委书记陈敏尔、市长唐良智共同担任总河长，并分别负责长江、嘉陵江两条主要河流的治理保护。吉林省巴音朝鲁书记、景俊海省长共同担任总河长，推进各相关地区和部门恪尽职守，坚决完成河湖水污染治理任务。山东省刘家义书记、龚正省长亲自部署开展“清河行动回头看”等专项行动，安排部署河长制湖长制工作。

二、加强立法立规，规范河湖管理

以立法的形式采取严格的河湖保护制度，用法治思维和法治方式管理河湖，用法律手段解决河湖乱占、乱采、乱堆、乱建问题，敢于动真碰硬，以“零容忍”态度，严厉打击涉河湖违法现象，携手清理整治，还河湖本真面貌。

如贵州省将全面推行河长制写入《贵州省水资源保护条例》，并相继出台《贵州省水污染防治条例》和《贵州省河道管理条例》。浙江省颁布实施《浙江省河长制规定》，科学设置河长责、权、利，规范河长制运行体系。云南省针对九大高原湖泊出台了一湖一条例。山东省坚持“三化”引领，夯实河长制湖长制工作基础。一是创新标准化带动。以地方标准形式实施《山东省生态河道评价标准》，配套出台《山东省生态河道评价认定暂行办法》，引领地方创建生态河道。2018 年 12 月，出台《山东省河湖违法问题认定及清理整治标准》，对“河湖四乱”问题的认定和清理整治标准作了细化，增加了“乱排”问题整治要求，并明确了问题销号和考核标准。二是注重规范化引领。全省 16 条省级重要河流、12 个省级重要湖泊（水库）、南水北调和胶东调水输水干线“一河（湖）一策”全部编制完成，为河流、湖泊、水库找准病根，开出管护药方。14 个省级河湖（段）的岸线利用管理规划经省人民政府批复实施，与土地利用管理、城乡规划蓝线、生态保护红线充分结合，通过联合监管提升管护水平。三是坚持制度化推动。省水利厅联合原国土资源厅等 10 部门部署开展河湖管理范围和保护范围划定工作，并印发《山东省河湖管理范围和水利工程管理与保护范围划界确权工作技术指南》，督促各地严格落实，流域面积 50 平方公里以上河流划界 76%，空间管控成为河湖管护的“红绿灯”“高压线”。

三、推行水岸共治，促进乡村振兴

污染在水里，问题在岸上，加快水岸共治，山水林田湖草系统治理，发展

“生态农业”“循环经济”是防治水污染的治本之策。在河长制湖长制推行工作中，充分调动和发挥村级组织在河、湖、库、渠日常管理、巡查中的积极作用，建立村级河长，把老百姓通俗认为的农村河道、各类分散饮用水源纳入管理，有利于加强广大农村水环境整治和饮用水水源保护，发展生态农业、绿色农业，完善农业循环链，以水为媒，发展循环经济，促进生态富民。农牧部门按照“无害化处理、资源化利用”的原则，推行“种养结合，入地利用”，使畜牧业与种植业、农村生态建设互动协调发展，走种植业养殖业相结合的资源化利用道路，解决规模养殖场粪污无害化处理的问题。促进美丽乡村建设，提升城乡人居环境。广东省梅州市平远县石正镇将中小河流治理与景观建设、经济发展相融合，利用石正河的改善水质，探索“鱼稻共生”生态种养植模式，既改善了村居环境，又带活了地方经济。黑龙江绥化市委提出“发展田园养生第一朝阳经济，打造千亿级潜力空间”要求，深入挖掘青山绿水、田园风光、农事体验和冰天雪地资源优势，大力发展新经济、新业态，向农业多功能开发要效益，打造特色突出、产业多元、带动强劲的现代农业发展新模式。2018 年开始，按照“产村一体、农旅双链、休闲康养、生态宜居”方向，重点打造兴和保田合作社、西南村正大稻田公园、金龟山庄、太平川西太平村、永安大成福合作社等 5 个田园综合体建设，打造区域性生态公园和产业联合体，大力发展循环农业、创意农业、旅游+农业，在加快实现农村美、农业强、农民富上蹚出新路子。

四、推动省际协同，加强综合治理

建立省际合作协调机制，多省联合推动区域合作，加强边界河湖管护，确保边界河流水生态安全。建立流域联席会议机制，按流域对河流进行综合性的治理。

如辽宁省、黑龙江省签订水利战略合作协议，协调解决跨省界河流管理保护、河长制湖长制工作培训资源共享等问题，形成上下游、左右岸协调推进局面。江苏南京与安徽马鞍山签订《石臼湖共治联管协议》；江苏徐州与山东济宁建立苏鲁边界“五联机制”。河北省与北京、天津市先后签订了《关于引滦入津上下游横向生态补偿的协议》《密云水库上游潮白河流域水源涵养区横向生态保护补偿协议》，推进京津冀生态保护协调发展。重庆与四川省、贵州省签订河长制合作框架协议，推动建立跨省界流域横向生态补偿、区域河长定期联席会商等 9 项联合机制，搭建“信息互通、联合监测、数据共享、联防联治”工作平台，召开省际河长制工作联席会议并开展省、市、县三级河长联合巡河等工作。

五、水利扫黑除恶，根除河湖隐患

“四乱”问题是河湖管理与保护的重点、难点，长期存在，很难根治，多省份结合水利领域扫黑除恶专项斗争，摸排涉水问题黑恶线索，挖掘涉黑涉恶势力“保护伞”“关系网”，形成严厉打击高压态势，取得明显成效。

如甘肃结合水利领域扫黑除恶专项斗争，摸排“清四乱”涉水问题黑恶线索，挖掘涉黑涉恶势力“保护伞”“关系网”，形成震慑，维护河湖生命健康。黑龙江公安机关将“扫黑除恶”行动与河长制湖长制密切结合，严厉打击破坏生态环境等违法犯罪行为，重点打击非法采砂、非法侵占水域岸线等涉黑涉恶违法行为。针对四乱、水污染的情况，陕西省汉中市以“砂战、水战、渔战”三大战役为手段，对突出问题顶格处罚，工作成效和震慑作用显著。山西省针对黄河采砂问题展开河道采砂整治“回头看”专项行动，采砂问题得到明显遏制。吉林针对沿河市、县、农村垃圾河湖倾倒问题，实行“村收集、公司转运、集中处理”的方式，取得明显效果。贵州省水利厅、省公安厅、省检察院印发了《贵州省水行政执法与刑事司法衔接工作机制》，严厉打击涉河（湖）违法犯罪行为，切实加强河湖管理执法监督，维护河湖生命健康。

六、充分发动群众，形成社会共识

河湖治理工作的落实与推进离不开群众的支持和参与，各省积极开展各种形式的宣传和志愿活动，积极发动群众参与，扭转公众对河湖功能的认识，增强公众参与河湖管护意识，营造全社会关爱河湖的良好氛围。

如甘肃省开展了河长制湖长制宣传周活动，向社会公众发起“维护河湖生命健康、建设幸福美丽甘肃”倡议。贵州省聘请了11220名河湖民间义务监督员，负责对全省河湖保护进行义务监督。重庆市各级机关开展社会义务监督员集体巡河、党员巡河护河主题党日、群众志愿服务、拍摄制作宣传片微电影，“河小青”等活动。浙江省11个设区市、89个县（市、区）及各开发区、所有乡镇（街道）的总河长及分级分段河长均已设立，在健全省、市、县、乡、村五级河长体系基础上，进一步延伸到沟、渠、塘等小微水体。为充分发挥公安职能优势强化对水环境污染犯罪的打击与监管，各地根据需要设置河道警长，协助各级河长开展工作。为充分发挥人民在治水中的主体作用，各地依托工青妇和民间组织，大力推行“企业河长”“骑行河长”“河小二”等管理方式，吸引全省公众关注治水、用实际行动参与治水。创新家庭河长概念，放置小小河长公示牌，提高全民对河湖长制度的参与度，从每个家庭开始提升群众保护河湖的重视程度。湖北省、市、县级河湖长制会同同级宣传部门联合发文开展河湖长制宣传“六进”活动，强力推动河湖长制宣传进党校、进机关、进企业、进农村、进社区、进学校“六进”常态化，营造保护河湖的强大声势。江苏省淮安市推进“河长制+生态脱贫”的探索实践，将河长制工作与扶贫脱贫相结合，通过聘用“建档立卡”贫困户担任河道保洁员、设立公益性岗位等措施，既保护了河湖生态环境，又助推精准扶贫精准脱贫工作更好地开展，让众多贫困户在家门口收获了“生态红利”；淮安市河长办、市水利局联合团市委，组织学生开展淮安“河小青”护河行动；淮安市河长办、市水利局、市妇联启动“巾帼河（湖）长”护河行动，市、县、区妇联组织及各类杰出女性代表获颁河（湖）长聘书；聘请民间河长，引导群众参与管护。山西省大同市阳高县从建档立卡贫困户中聘请河道专职巡河员，既实现了河道巡河的常规化，又帮助贫困户增加了收入，使河长制工作与脱贫攻坚工作相结合。贵州积极聚焦脱贫攻坚，在全省范围内聘请的16117名河湖巡查保洁员中包含8755名建档立卡贫困人员，至少可带动2.5万人脱贫。黑龙江通过实行“河长制湖长制+精准扶贫”模式，切实推动河湖日常保洁常态化，拓宽了贫困户就业增收渠道，实现了相互帮扶、共治共享。北京建立健全“发现-移交-督导-落实-反馈”的河长闭环工作机制，各级河长通过巡河发现问题，移交到相关部门整改，并跟踪督导执法和整改过程，确保问题得到有效解决。安徽调动社会各界广泛参与河湖保护，采取城管热线“随手拍”有奖举报等方式，鼓励群众投诉河湖管护问题。

七、深入基层村组，河湖长全覆盖

基层工作是河湖环境管理与保护工作的重要支撑，自河长制湖长制实施以来，各省各级高度重视，多个省份河长制湖长制工作积极延伸，建立了省、市、县、乡、村五级河长，并直至覆盖到居民小组和村民小组一级，实现“最后一公里”的全覆盖。

安徽省积极发挥基层和群众的创造性作用，鼓励先行先试，打通河湖日常管护“最后一公里”。全省共聘用河湖管护员21470名，强化日常河湖和水工程管护。广东省茂名市组建村级护水队488支共1.2万多人，并建立护水队工作制度，实行制度上墙，将河道管护“最后一公里”落到实处。甘肃省深度融合全省全域无垃圾专项治理行动和农村人居环境整治三年行动，将河长制湖长制体系延伸到村级，基础条件较好的七里河等区（县），河湖长覆盖到居民小组和村民小组一级。

八、依靠科技手段，强化管水模式

利用无人机、物联网、大数据、云计算等新技术，加强河湖管理，实现河湖的动态监测，消除管理盲区，使河湖管理工作系统更加高效便捷。

如吉林省部分河流利用“天眼工程”及高清摄像头，建立河道动态监控系统，广泛使用无人机巡河、检查，制定问题清单，实施量化管理，新建水质自动站，实现对重点湖泊、地级以上城市集中式饮用水水源地以及重点流域跨省界、市界、县界断面水质自动监测。浙江省台州市依托互联网、大数据，在全国首创“河小二”全民治水新模式。安徽省结合监督和评估分析，在长江淮河新安江干流和部分大型水库开展无人机巡航和遥感监测。广东省河源市源城区实行“无人机+管护员”的“双管”模式，有效消除管理盲区。黑龙江省依托卫星遥感技术，利用无人机和大数据等科技手段，为河湖精细化巡查管理提供技术保障；全省各级河湖长手机巡河 APP 全面启用，实现在线巡河。

九、强化督察考核，落实河长责任

福建强化督察考核机制，推行清单管理，按区域、流域分解下达任务清单和问题清单，明确时间节点和责任部门。定期跟踪调度，实行“一月一抽查、一季一督导、一事一通报、一年一考核”，并纳入省市专项督查和绩效管理内容。强化激励和问责，将河（湖）长制工作成效与以奖代补、以奖促治、生态补偿等专项资金挂钩。2017 年以来，全省共效能问责 18 名县级河湖长，通报批评 40 名县级河湖长、142 名乡级河湖长、235 名河道专管员。沙县创新实行“河长吹哨、部门报到”的各部门共同治河格局，得到了肯定并在全省推广。该做法被中国水利网评为 2018 年基层治水十大经验。按照“市主导、区负责、部门统筹、国企挑重担”的工作模式，将水系治理任务以项目清单形式落实到每一个责任单位，明确责任人和完成时限，推进“责任清单”“问题清单”和“成绩单”三单合一，市委将水系治理列入专项考察，组织部部长亲任考察组组长，市效能办和市委、市政府督查室等部门对水系治理进行跟踪督查督办；落实“清单化”责任制。上海市各区参照环保督查方式，按照“查全、查严、查实、查清、查深”的标准，定期有目的、有安排地组织开展专项督查，全面检查水环境治理情况。如甘肃省兰州市将河长制湖长制工作纳入了领导班子和领导干部、全面从严治党、目标管理工作“三合一”考核，签订责任书，实行目标管理。

江西省政府办公厅先后出台并修订完善河长制湖长制会议制度、信息工作制度、工作督办制度、工作考核办法、工作督察制度、验收评估办法、表彰奖励办法等 7 项制度，形成了一套比较完备的工作制度体系。2017 年，河长制湖长制省级表彰项目获国家批准设立，成为全国首个也是目前唯一一个建立表彰制度的省份。政协江西省委员会连续两年开展“河长监督行”活动，对省政府考核河长制工作靠后的 3 个市、10 个县开展监督。省政府将河长制湖长制工作纳入对市县科学发展综合考评（高质量发展）体系、国家生态文明试验区建设和生态补偿机制，由省河长办组织省环保厅等 13 家省级责任单位，对全省 11 个设区市及 100 个建制县（市、区）进行河湖长制工作年度考核，考核结果以江西省政府办公厅名义通报；同时，各级河（湖）长履职情况也作为领导干部年度考核述职的重要内容；强化了各级河长的责任担当意识。山东实现“自动考核”，系统自动记录各级河长履职巡查、问题处置、任务完成等数据信息，自动形成考核排名，从过去的“人考”变成现在的“机考”，有效规避人为干预和人情因素，准确反映工作真实情况。湖北完善河湖长制考核评价体系，河湖长制项目连续两年被纳入省委、省政府对市州党委、政府的年度目标考核清单。陕西省将河长制湖长制工作纳入党委政府考核评价体系的同时，各级引入社会监督机制，利用主流媒体多次对河湖管理保护问题进行曝光和追踪报道，引起社会各界关注，倒逼问题整改落实，助推河长制湖长制工作。

第五章

主要问题及对策总结

第一节　主要问题

1. 综合治理有待加强

发展循环农业，有效减少面源污染，充分发挥河长制生态保护与经济发展协同推进、相互促进作用，引进社会资本建田园综合体、国家湿地公园、休闲度假区等生态主题景点，切实推进水旅融合，河库生态效益、周边土地价值同步提升，河库产业发展、群众致富脱贫同步推进。进一步强化协同统筹，深入推进水生态文明建设协调发展。强化综合施策、源头治理，进一步加强重点流域综合整治、工业企业废水治理、饮用水保障工程建设，加快推进水土流失综合治理，加大黑臭水体治理力度，提高全省污水处理和城乡垃圾治理能力，确保水环境质量持续改善，坚决打赢“碧水保卫战”。结合实施乡村振兴战略和幸福美丽新村建设，开展河湖管护示范县建设，发挥典型示范和引领带动作用，推动全省河湖长制工作取得新成效。加强以山水林田湖草系统治理为核心的健康河湖治理管护研究，推动河湖治理管护标准化建设。发展“生态农业”“循环经济”是防治水污染的治本之策，有待大力推进。

2. 法制建设有待加强

目前，除浙江、海南、江西等少部分省份外，大部分省份尚未将河长制湖长制纳入地方性法规，特别是河长制湖长制工作刚刚起步的省份，需要在河长制湖长制实践过程中逐步纳入立法计划。建议国家层面加强河长制湖长制立法建设，出台相关法规制度，便于各地遵循，借助法治力量推动河长制湖长制落地见效。

新修订的《中华人民共和国水污染防治法》有河长制内容表述，但太笼统、宽泛。全国少数省份出台了河长制湖长制地方法规，但内容各异，参照力不足，亟待国家出台相关的河长制湖长制法规加以统筹规范。加强立法工作，通过立法或出台政府性规章保障河湖环境管理保护有法可依。推动河湖环境管理保护法制化，建立河湖保护管理长效机制增加了河长制相关内容，并将河长制湖长制作为条例重要内容。江西在全面推行河长制湖长制过程中，始终重视制度建设和法制建设，在建立健全河长制湖长制相关制度体系的基础上，大力推进法制建设；2016 年 6 月 1 日正式修订实施的《江西省水资源条例》第五条明确规定："全省应当建立河湖管理体系，实行河湖水资源、水环境和水生态保护河湖长负责制。"这是全国第一部写入"河湖长负责制"的地方性法规。2018 年 6 月 1 日正式实施的《江西省湖泊保护条例》第七条明确规定："湖泊实行湖长制。湖长负责对湖泊保护工作进行督导和协调，督促或者建议政府及有关部门履行法定职责，协调解决湖泊水资源保护、水域岸线管理、水污染防治、水环境改善、水生态修复等工作中的重大问题。"这也是全国第一部明确湖长制的地方性法规。2018 年 11 月 29 日，江西省第十三届人大常委会第九次会议审议通过了《江西省实施河长制湖长制条例》，并于 2019 年 1 月 1 日起正式施行，标志着江西全面推行河长制、深入实施湖长制正式步入法制化轨道，真正实现从"有章可循"到"有法可依"。

3. 经费保障有待加强

河湖治污、保护、监测、管养、保洁等工作需要大量人力、物力和经费投入，而河湖长制工作缺乏稳定资金来源，也没有明确的支撑项目，影响河长制工作推进。江西水系生态综合治理工程促进一、二、三产融合联动，高安巴夫洛生态谷是一个典型，项目园区占地 22800 亩，是我国首批国家级田园综合体试点项目，国家 AAAA 级旅游景区，江西省省级特色小镇，江西省现代农业示范园区、江西省生态文明示范基地、江西省新农村建设示范区等。主要由"一镇、一基地、四区"组成，一镇为巴夫洛风情小镇，是一处具备田园特征、村落文化的便利生活社区；一基地为特色农产品加工基地，以中央厨房为核心，配套仓储、物流、质检、交易、商贸、会展、创业孵化等辅助功能，一站式的农产品流通销售平台；四个区域分别为智慧循环农业示范区、田园风光观光区、生态动感乐活区、乡情文化体验区。高安巴夫洛生态谷以江西特色农产品加工与配送为支撑的产业体系和以原有 12 个赣派老村庄及耕读文化为依托的生态休闲文旅体系，真正实现一、二、三产融合联动。高安巴夫洛生态谷景区积极响应市政府县级生态文明建设规划，着力打造河长制升级版，开展水系生态综合治理，重点打造月鹭湖和五爪湖水系工程，开展河湖水生态综合治理。江西河长制促进绿色生态农业不断发展，结合乡村振兴发展战略，将流域内山、水、林、田、湖、路、村等要素作为载体，整合流域内水利、环保、农业、林业、交通、旅游、文化等项目，打捆形成流域生态保护与综合治理工程，促进绿色生态农业不断发展。如：抚州市东乡区的润邦农业改变粗放耕作农业方式，初步建成以生态、绿色、循环农业为核心，集水稻种植、白花蛇舌种植、水产与畜牧养殖、花草苗木栽培、新能源综合开发利用、休闲生态旅游业为一体的绿色生态农业综合体。农田地力平均提高0.7个等级，粮食生产能力亩均提高约70千克，灌溉水有效利用系数提高约10%，每年可节约灌溉用水10万立方米以上；肥料利用率提高10%，每年可节肥6吨以上。

4. 划界确权有待完成

北方省份由于缺水严重，河道长期干涸，人多地少，河道沿线各类建筑、耕地、树障数量较多，严重挤占河道断面，影响河道行洪安全。河道管理范围不清制约了河道执法工作的正常开展。近几年，水利部门积极推动河道管理范围划定工作。目前完成了流域面积200平方公里以上河道管理范围的划定工作，并将河道界桩的管理纳入河道日常管理范围，加强巡查维护。但由于河道垃圾、违建问题是多年累积形成的遗留问题，垃圾处理能力有限，垃圾处理厂不能满足垃圾处理需求，导致河道垃圾缺少处理渠道，以填埋方式处理手续复杂且占地问题难以解决。

河道违建问题是河道划界确权前就形成的历史遗留问题，部分具备合法手续，且大多是县级人民政府颁发的土地使用权证，清理难度极大。由于河北大部分河道宽阔，河中深漕相对较窄，河滩地平整且适于农作物生长，河中的很多河滩地现作为耕地地类，已进行了土地承包经营权的确权登记，形成事实上的河道管理范围（水域及水利设施用地）与已垦滩涂中的耕地、园地、林地、城镇、村庄、道路等地类的重叠，给管理工作带来非常大的困难。

建议：河道管理范围和确权范围的不一致、界限不清，以及国土、农业、城建、水利等部门的信息不一致等原因，导致了长期以来在同一条河道范围内各行其是的局面，使问题长期积累，难以一下子解决。为此，解决河道占用问题要从根子上去解决。

（1）统一空间规划，理清管护关系。借第三次全国土地调查的契机，和《中共中央 国务院关于建立国土空间规划体系并监督实施的若干意见》的出台，针对过去规划类型过多、内容重叠冲突，“规划打架”导致的空间资源配置无序、低效，割裂了“山水林田湖草”生命共同体的有机联系，不利于科学布局生产、生活、生态空间的弊端，水利管理部门主动联系自然资源、城建、农业等部门，重新梳理河道的管理和保护范围。

（2）实事求是，有序清理。在北方的大部分河道中，由于河道滩地宽阔、平坦，土壤肥沃，易于耕种，是丰产的粮田，许多滩地有近 20 年没有上水，河道的滩地大部分区域是适于耕种的。所以，为了最大地发挥土地的效益，河滩地是适于耕种的。但为了保持河道行洪的基本功能，同时在行洪时又不产生严重的农业的面源污染，可以对河滩地的作物品种、施肥方式、农药使用等作出诸多规定与引导，建议推广辽河滩地种草药的经验。

（3）理清管理范围划界和确权登记的关系。水利部门作为河道管理的行政部门，可以依据《中华人民共和国河道管理条例》对河道进行管理，包括滩地的可耕地。河道的具体管理范围，由县级以上地方人民政府负责划定。由于历史原因，对河道的已确权作他用的区域，重新依据《中华人民共和国河道管理条例》进行选别，对村庄、阻水建筑等需要拆迁的坚决实施。对于耕地等影响不大的确权区域，可以找一种恰当的方式进行处置。不要被划界和确权捆住了手脚。

5. 河湖管理仍需加强

中央要求制定的“一河一策”，能作为治河良策的较少，很难有效推进河长制湖长制的健康发展。有些河湖的管理资料存档较为混乱，没有形成电子版存档；建议加强“一河一策”“一河（湖）一档”的规范管理。基础工作还不够扎实。河湖名录电子标绘进度有待加快，河长制湖长制信息管理平台的基础数据有待完善。江西省加强巡河督导检查，开展人大、政协监督，强化考核约谈。江西省政府将河长制湖长制工作、消灭劣 V 类水等工作开展专项督查。政协江西省委员会连续两年开展“河长监督行”活动，对省政府考核河长制工作靠后的 3 个市、10 个县开展监督。省政府将河长制湖长制工作纳入对市县科学发展综合考评（高质量发展）体系、国家生态文明试验区建设和生态补偿机制，由省河长办组织省环保厅等 13 家省级责任单位，对全省 11 个设区市及 100 个建制县（市、区）进行河长制工作年度考核，考核结果以江西省政府办公厅名义通报；同时，各级河（湖）长履职情况也作为领导干部年度考核述职的重要内容。

6. 督察考核加强研究

重庆已连续三年将河长制工作纳入市委、市政府对区县及市级部门最重要的年度考核内容，其中河长履职情况为重要考核指标之一，但尚未出台专门针对河（湖）长的考核指导意见，需进一步完善河（湖）长考核机制。贵州建议从国家层面加大对河长制的重视，注重多部门协作，并将河长制工作纳入国家生态文明建设有关的工作和考核。广西认为制定考核方案难度大，权责不够清晰、考核不够具体、奖惩不够精确，很难协调各部门的考核办法，要加强考核方案研究；要强化督察考核，增加问责力度；确保河（湖）长制工作落到实处。浙江建议上级出台针对河（湖）长本人的考核指导意见，便于基层进一步完善河（湖）长考核机制。湖北建议完善河湖长制考核评价体系。吉林认为下属市县河长制考核细则较为笼统，未具体量化细化；要加强考核细则研究；根据31个省份的特点，采取差异化考核评估；强化各级河长的责任担当。

督察考核是压实河长责任的关键一招。要针对不同考核对象研究制定差异化考核办法，明确考核主体，量化考核指标，规范考核方式，强化考核结果应用，将考核结果作为地方领导干部综合考核评价和自然资源资产离任审计的重要依据。要建立健全责任追究制度，对于责任单位和责任人履职不力，存在不作为、慢作为、乱作为的，要发现一起、查处一起，严肃问责。

7. 北方水环境问题

（1）局部污染源、废水直排河道

推行河长制，河流水质总体有提升，但北方水系不畅，导致局部水质问题依然严重，尤其城市河流由于坡降比较小，为了蓄水往往有人工拦水设施存在，导致河流不畅，加上历史遗留下的污染底泥，产生上下游污染加剧等问题。局部污染源依然可见，河湖岸线垃圾明显减少，但是农业种植面积依然随处可见，而且河岸线种植的蔬菜等采用大量的农家肥，在雨季存在非点源污染风险。企业排污得到有效遏制，但是小企业，如洗车业，废水直排到河道依然可见。

（2）大量的河道干涸断流

河道水资源量分布不均，水资源管理亟待加强，大量干涸的河道在雨季产生的瞬时污染不容忽视。北方春季为旱季，农业、工业和生活用水粗放式的水资源开发利用，导致河道水资源量逐年减少，大量的河道存在干涸的情况，而且污水直排到河道，短时间内水分蒸发，污染物留在河道内。同时，部分有水的河道由于水流不畅导致污染严重，部分区域形成“无水留污、有水变黑臭”的情况，到雨季，尤其降水暴涨的季节，河道地留下的干污染物与洪水混合，可能瞬间产生大量的污染水体。

北方河长制工作落到实处面临的主要困难是从“无水”到“有水”，和南方河网水系错综复杂带来的“水多”问题不同，北方河长制工作的主要难点是解决没有水的问题，80%以上河湖在旱季甚至常年干涸断流，势必加剧了临河居民在河道内的乱占、乱堆、乱采、乱建等一系列问题。解决没有水的问题，非一日之功，需要投入大量的财力、人力，同时应该强化对四乱现象的监督治理。有些重污染河流水质仍然较差，地表水水质达标、黑臭水体整治和“清四乱”工作任重道远。

（3）部门协调协同作用有待发挥

河长办统筹、部门联动的工作机制虽然已经建立，但仍需进一步完善和抓落实。个别地方和单位还存在河长制工作是水利一家之事的思想，在业务协同、信息共享等方面尚未形成合力。

8. 南方水环境问题

（1）加强水污染防治、黑臭河道治理刻不容缓

进一步加大水污染防治工作力度，全力推进河湖"两违三乱"整治，保护河道空间的完整，维护河道的健康生命；加强农业面源污染治理手段和技术的研究；对黑臭水体、水污染源治理以及历史原因形成的河道管理范围内非法建设项目整治等方面，加大财政配套支持；加强长江干流岸线清理整治工作；进一步加大督查指导力度，杜绝"两违三乱"反弹，确保整治彻底到位；对河道污水直排、垃圾倾倒入河、破坏河道护岸等问题展开联合执法整治，对违规违法的企业及个人加大处罚教育；定期开展河长、河长办人员专题培训。黑臭水体整治工作存在整治不到位、水质情况不稳定的现象，江苏、广东地级及以上城市建成区黑臭水体整治情况刻不容缓（全国倒数）。

（2）整治"两违三乱"，加强河湖水域岸线保护

自"两违三乱"专项整治以来，各市县"两违三乱"专项整治效果明显，但基层单位承担的工作压力、资金压力依然很大，特别是"两违三乱"治理过程中涉及投资者、农民补偿等问题；"两违三乱"存量多，整治难度大，河道问题历史成因复杂。长江干流沿岸江苏省境内存在未完成的岸线清理整治工作；连云港市灌云县及赣榆区、盐城市阜宁县及大丰区依然存在污水直排、垃圾倾倒入河、破坏河道护岸等问题；"三乱"治理在砂石码头建设、采砂管理、住家船整治等方面缺少与社会发展、经济建设统一的规划，淮安市目前对砂石码头的集中治理忽略了大部分县区不存在大的合法的货运码头的现状，导致砂石价格上涨，从而增加了城市基本建设的成本。

（3）农村河道治理保护问题

有的农村河湖水面有漂浮物，水质情况较差，有行水障碍物和阻水高秆植物；部分水域围网肥水养殖、畜禽养殖情况仍然存在；农业面源污染较为严重；有的农村河道岸坡存在乱种乱垦的现象。江苏依然存在占用河湖进行畜禽养殖等问题；连云港市赣榆区农业面源污染治理手段较为落后；盐城市大丰区存在垃圾侵占岸坡、破坏绿化等行为。

（4）保障措施落实问题

①资金保障问题

河长制工作涉及面广量大，存在历史欠账，工程投入巨大，但上级资金支持较少；镇、村级河长由于人员总体偏少、经费不足等因素，影响了管河、护河工作的深入开展。资金不足的问题，成为河湖治理、保护的最大瓶颈。

②人员保障问题

河（湖）长制虽已全面施行，但各级河长办力量配备还不到位，河湖长效管护人员还缺乏，影响了实施效果。各市县河长制办公室人员对河长制专业化、系统化的认识水平不足。

③基础保障问题

江苏省盐城市阜宁县部分镇村污水主管网和污水处理厂建设工作正在全面推开，然而后续支管建设和污水处理厂运行管理仍需一定周期，目前还存在污水处理厂处理能力不足的问题。

④宣传力度问题

河长制宣传力度还需加大，开展群众满意度调查时发现，大部分市民感受到河湖水环境的显著改善，但对河长制的理念及其全面推行还不够了解。

第二节　主要对策

1. 强化组织领导，推进顶层设计

中办、国办印发的《关于全面推行河长制的意见》中明确要求：建立健全以党政领导负责制为核心的责任体系，县级以上河长设置相应的河长制办公室。当前，全国各地基本建成省、市、县、乡、村五级河长制湖长制责任体系，但国家级河长湖长、中央河长制湖长制办公室还空缺，河长制湖长制工作体系尚不完备，影响河长制工作顺利开展。建议设立国家层面河湖长制工作委员及其办公室，推动法律法规、体制机制、资源共享、保障措施、考核奖惩等顶层设计，加强国家部委之间和省际协调联动，为基层河湖长制工作开展做好顶层设计和矛盾协调。具体比如：推动国家层面的河湖长制法律法规；对于一些河湖保护综合性工作采取部门联合发文部署；统筹跨省河湖治理保护；落实中央河湖长制资金项目；落实河湖划界工作资金；协调多部门之间实现河湖数据共享、工作联合督导、重难点工作联合发文推动；对河湖长制工作开展表彰奖励。

黑龙江省五级河长湖长履职成效显著，建议国家层面设立国家河长湖长，负责统领全国七大流域河长制湖长制工作，承担总督导、总调度职责。国家河长湖长负责指导、协调其流域范围内河湖管理和保护工作，督导其流域内省级河长湖长和国家有关责任部门履行职责。河长制湖长制尚处于刚建立阶段，水利部门“单打独斗”的传统习惯仍然存在，需要拆除部门之间的“隔离墙”。建议国家层面建立完善的部门联动工作机制，加强水利、生态环境、住建、交通、农业农村、自然资源、公安、财政、发改等相关部委联动机制建设，有利于省级对应建立部门联动工作机制，发挥部门协同推进河长制湖长制工作合力。

2. 推行水岸共治，促进乡村振兴

污染在水里，问题在岸上，加快水岸共治，山水林田湖草系统治理，发展“生态农业”“循环经济”是防治水污染的治本之策。加强广大农村水环境整治和饮用水水源保护，发展生态农业绿色农业，完善农业循环链，以水为媒，发展循环经济，促进生态富民。农牧部门按照“无害化处理、资源化利用”的原则，推行“种养结合，入地利用”，使畜牧业与种植业、农村生态建设互动协调发展，走种植业养殖业相结合的资源化利用道路，解决规模养殖场粪污无害化处理的问题。促进美丽乡村建设，提升城乡人居环境。探索“鱼稻共生”生态种养植模式，既改善了村居环境，又带活了地方经济。“发展田园养生第一朝阳经济，打造千亿级潜力空间”要求，深入挖掘青山绿水、田园风光、农事体验和冰天雪地资源优势，大力发展新经济、新业态，向农业多功能开发要效益，打造特色突出、产业多元、带动强劲的现代农业发展新模式。打造区域性生态公园和产业联合体，大力发展循环农业、创意农业、旅游+农业，在加快实现农村美、农业强、农民富上蹚出新路子。

3. 加强立法立规，规范河湖管理

以立法的形式采取严格的河湖保护制度，用法治思维和法治方式管理河湖，用法律手段解决河湖乱占、乱采、乱堆、乱建问题，敢于动真碰硬，以“零容忍”态度，严厉打击涉河湖违法现象，携手清理整治，还河湖本真面貌。

如贵州省将全面推行河长制写入《贵州省水资源保护条例》，并相继出台《贵州省水污染防治条例》和《贵州省河道管理条例》。浙江颁布实施《浙江省河长制规定》，科学设置河长责、权、利，规范河长制运行体系。云南省针对九大高原湖泊出台了一湖一条例。山东坚持“三化”引领，夯实河长制湖长制工作基础。一是创新标准化带动。以地方标准形式实施《山东省生态河道评价标准》，配套出台《山东省生态河道评价认定暂行办法》，引领地方创建生态河道。2018 年 12 月，出台《山东省河湖违法问题认定及清理整治标准》，对“河湖四乱”问题的认定和清理整治标准作了细化，增加了“乱排”问题整治要求，并明确了问题销号和考核标准。二是注重规范化引领。全省16条省级重要河流、12个省级重要湖泊（水库）、南水北调和胶东调水输水干线“一河（湖）一策”全部编制完成，为河流、湖泊、水库找准病根，开出管护药方。14个省级河湖（段）的岸线利用管理规划经省人民政府批复实施，与土地利用管理、城乡规划蓝线、生态保护红线充分结合，通过联合监管提升管护水平。三是坚持制度化推动。省水利厅联合原国土资源厅等10部门部署开展河湖管理范围和保护范围划定工作，并印发《山东省河湖管理范围和水利工程管理与保护范围划界确权工作技术指南》，督促各地严格落实，流域面积50平方公里以上河流划界76%，空间管控成为河湖管护的“红绿灯”“高压线”。

4. 加大资金支持，吸引民间资本

水环境治理、水生态修复、智慧河长建设等工作面临较大资金缺口，加大中央财政对地方河长制湖长制及河湖管理保护工作的支持力度。建议在长江经济带发展资金项目库中，落实河长制湖长制工作专项经费和专门项目，着力解决长江流域河湖最突出的问题；以长江大保护带动黄河海河等七大流域大保护。落实河长制湖长制奖补政策及资金，充分考虑地方财力、河湖数量、工作表现落实奖补措施，撬动地方分级落实投入，吸引民间资本投入，强化河长制工作资金保障。发挥好财政资金的激励导向作用，创新投融资体制机制，充分激发市场活力，建立健全长效、稳定的河湖治理管护投入机制，保证河湖管护需要；考虑设立省级“两违三乱”专项整治资金，对整治较好的地区给予一定的资金补偿；加大省级资金投入力度，确保全面推行河长制目标实现。河湖常态化管护与监管需要稳定可持续的工作经费投入，建议国家将河湖资金投入重点从开发建设转向保护监管，设立常态化投入科目，增加河湖保护和监管工作经费投入比例，出台相关资金投入政策，保障河湖生态环境保护与监管工作成为今后一段时期的河湖重点工作。提升河道管护效率，创新管护机制，鼓励河道管护外包，鼓励河道维护与地区特色相结合，可以形成新形式的旅游景点也可以增加额外收入（比如河道保洁船可以做得有民族特色，并增加一些服务项目，具体形式有待开发）。加大资金支持，多元融资途径比如与社会资本方合作；鼓励民众自筹等方式。内蒙古自治区乌海市采用政府和社会资本合作（PPP）模式，通过签署合同来明确双方的权利和义务，以确保合作的顺利完成，实施了海勃湾区凤凰河综合治理（城市水系项目）、乌达区巴音赛沟综合整治、黄河乌达段防洪护岸等工程，硬化、美化河道13.4公里，新增绿地面积212亩、水域面积110亩；建成了乌海湖水利风景区、龙游湾湿地公园、海勃湾北部生态涵养区绿色屏障和农业节水灌溉工程等四大示范项目，已治理河段重要节点，基本实现

“河畅、水清、岸绿、景美”的河湖管理保护目标，成为市民休闲、娱乐、旅游、度假的好去处，市民的获得感和幸福感持续提升。2017 年 11 月 23 日，乌海市顺利通过水利部专家技术评估和自治区政府验收，成为首批全国水生态文明城市。

5. 加快污染防治，消除黑臭水体

进一步加大水污染防治工作力度，全面排查河道“两违三乱”问题，发现新的问题即知即改、立行立改，保护河道空间的完整性，维护河道的健康生命；建议加强河长、河长办人员专题培训和“两违三乱”、农业面源污染治理手段和技术的研究；政府对在黑臭水体、水污染源治理以及历史原因形成的河道管理范围非法建设整治等方面的投入给予配套支持；进一步加大巡查督查力度，对“两违三乱”整治工作进行“回头看”，杜绝反弹，不留隐患，发现苗头性问题立即采取措施，确保整治彻底到位；建议水利部门会同其他执法部门对河道污水直排、垃圾倾倒入河、破坏河道护岸等问题展开联合执法整治，对违规违法的企业及个人进行处罚教育，对县级河长、河长办人员每年至少开展一次专题培训。黑臭水体整治工作存在整治不到位、水质情况不稳定的现象，地级及以上城市建成区黑臭水体整治情况刻不容缓。

要突出抓好城区黑臭河道治理后的长效管护，坚持河长牵头，加大巡查频次，强化沟通协调，确保年底前基本消除城市建成区黑臭水体；将治水工作推向纵深，加大骨干河道重要支河的水质监测力度，对劣Ⅴ类水体的相关地区和河长进行通报曝光处理，相应河长不得被评为年度优秀河长；对各级河长进行电话随访，问询内容突出河长职责、存在问题、治河成效等，结果要及时通报并纳入年终河长制考核；要针对水质监测数据，深入剖析突出问题，制定切实可行的措施，保证水质提升工作落地见效。

6. 强化协同统筹，加强河湖管护

深入推进水生态文明建设协调发展。强化综合施策、源头治理，进一步加强重点流域综合整治、工业企业废水治理、饮用水保障工程建设，加快推进水土流失综合治理，加大黑臭水体治理力度，提高全省污水处理和城乡垃圾治理能力，确保水环境质量持续改善，坚决打赢“碧水保卫战”。设立管护责任牌，明确管护范围、管护标准和管护人员等内容；要切实抓好河道绿化缺失补植工作，坚决杜绝农作物秸秆垃圾、畜禽养殖、农药等有害物质私抛入河现象发生；严禁在河道岸线保护范围内种植、擅自取土、采砂、盖房、修建码头、堆放物料、埋设管道缆线、兴建其他建筑物和构筑物。全面禁止高毒、高残留农药的使用，扩大沿河流域的测土配方施肥的应用范围，利用高效节水灌溉设施，大力推进水肥一体化建设，建立绿色栽培、绿色防控示范区，发展生态农业。

7. 科学考核评估，强化责任担当

考核问责是压实责任的关键一招。要针对不同考核对象研究制定差异化考核办法，明确考核主体，量化考核指标，规范考核方式，强化考核结果应用，将考核结果作为地方领导干部综合考核评价和自然资源资产离任审计的重要依据。要建立健全责任追究制度，对于责任单位和责任人履职不力，存在不作为、慢作为、乱作为的，要发现一起、查处一起，严肃问责。

建立由各级总河长牵头、河长办公室具体组织、相关部门共同参加、第三方监测评估的绩效考核体系，实施财政补助与考核结果挂钩，根据河湖实际情况，采取各段差异化绩效评价考核。区级河长每年对设区各村级河长进行考核，考核结果报送县委，并向社会公布，作为地方党政领导干部综合考核评价的重要依据。修订完善河长制湖长制工作考核办法、工作督察制度、验收评估办法、表彰奖励办法，建立健全的河（湖）长制考核评价体系，量化指标考核，完善河湖长制考核评价体系。出台针对河（湖）长本人的考核指导意见，形成了一套比较完备的考核评估体系。加强考核评估标准研究；根据31个省份的特点，采取差异化考核评估。

结合各地河湖情况，将全国31个省份划分为6个评估区研究考核评估标准：①东北地区（4个）：辽宁、吉林、黑龙江、内蒙古；②黄淮海地区（6个）：北京、天津、河北、山西、山东、河南；③长江中下游地区（5个）：江苏、安徽、江西、湖北、湖南；④东南沿海地区（6个）：上海、浙江、福建、广东、广西、海南；⑤西南地区（5个）：四川、贵州、云南、重庆、西藏；⑥西北地区（5个）：陕西、甘肃、青海、宁夏、新疆。

对6个评估区分别制定考核评估标准（技术文件）（内容包括工作方案、技术大纲、赋分标准、考核技术要求）。经水利部批准后正式印发，作为开展全面推行河（湖）长制考核评估的技术依据，通过考核评估，强化河长的责任担当。

8. 落实保障措施，促进河湖保护

（1）中央层面建立“智慧河湖”信息化平台

实现涉河湖多部门间的数据共享融合，加强以山水林田河草系统治理为核心的健康河湖治理保护研究，推动河湖治理保护标准化建设，加大对河长制湖长制的宣传培训力度，采取多种形式，轮训各级河湖长及工作人员，提高其履职能力和工作水平。

（2）落实人员保障

加强河道长效管护队伍建设，对河面漂浮物、河坡垃圾等问题，要及时清理，做到河水清澈、河坡整洁；加强河长制办公室的人员配置，应建立以专职人员为主、兼职人员为辅的合理分工机制，杜绝各部门拼凑河长制办公室人员的现象发生；同时，加大各级市县河长制办公室人员及河长的培训力度，将河长治河的责任落到实处。

（3）落实基础工作保障

组织编制完成并印发跨省湖泊及新增省级湖泊“一河（湖）一策”方案，并建立省级河湖“一河（湖）一档”制度。

针对当前市县防洪减灾体系的薄弱环节、水资源供需矛盾等问题和难题，全面系统地提出阶段性工作方案；对基础设施建设的投入给予配套支持，加大建设工作力度，形成以水库为点、以中小河流为线、以灌区为面的水利基础设施网络，为推进河长制工作的实施打下坚实的基础。

（4）落实联动机制保障

明确各级河长的责任主体地位，河长是第一责任人，水利、环保、住建等部门要坚持部门协同，各司其职，形成治水合力的局面。考核河长制工作落实情况的同时，更应该注重对河长的考核。压实河长治河牵头责任，组织各级河长认真学习贯彻全省河长制湖长制工作暨河湖违法圈圩和违法建设专项整治推进会精神，各河长办河长要认真履职，坚决将河长牵头治河管河的主体责任落到实处。对履职不力、水质恶化的相关河长及时警示约谈，推动各项治河措施落到实处。要坚持河长常态化巡查制度，对新发现的问题要及时有效地处理，对已经取得的成果要加强监管，防止反弹。各地要及时发现和处理河道问题，协调责任单位落实整改。要充分发挥河道警长的治河优势，加大联合执法力度，遏制破坏河道秩序的违法行为。坚决做到上下联动、部门共治，确保全区水环境持续好转。

（5）落实宣传保障

通过电视、广播和网络等多种宣传方式，充分利用各类媒体，加强政策解读、典型案例宣传和工作动态报道。扩大公众参与，让河长制工作家喻户晓；增强广大干部群众依法管水、依法治水、依法合理利用水资源的法律意识。

附图：31个省份14项指标评分图

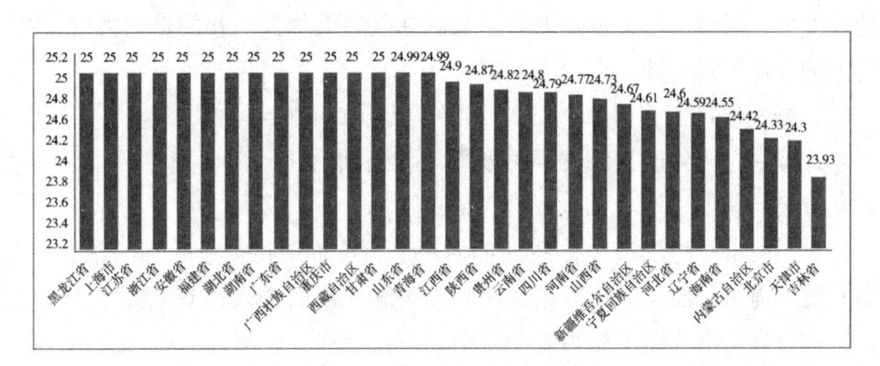

河湖长组织体系建设

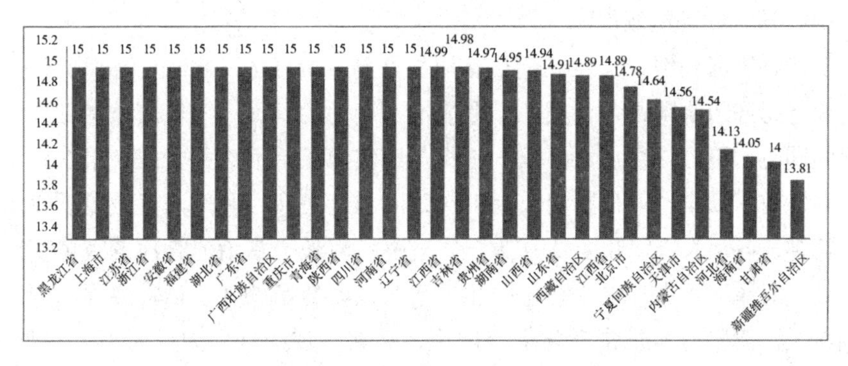

河长制湖长制制度及机制建设

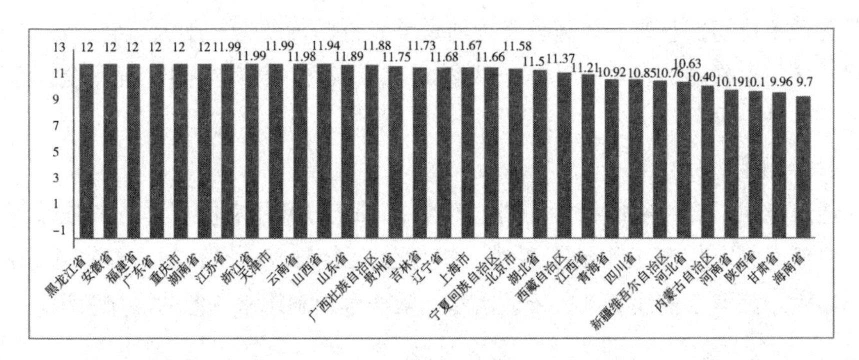

河湖长履职情况

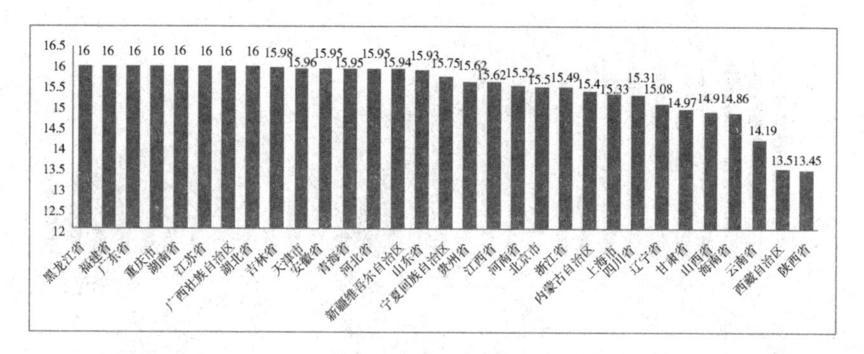

工作组织推进情况

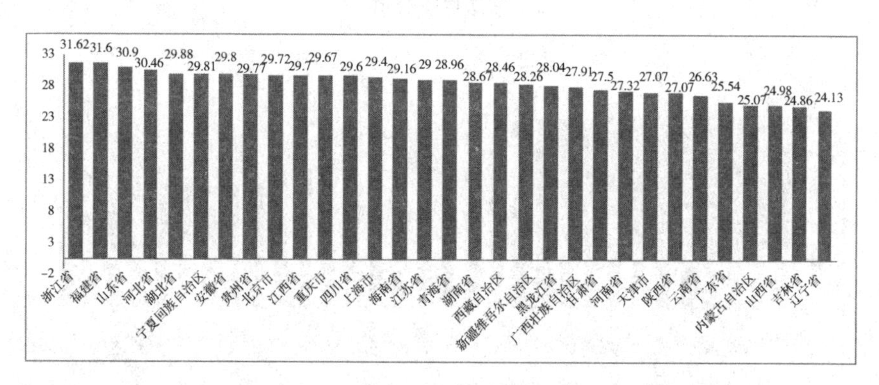

河湖治理保护及成效

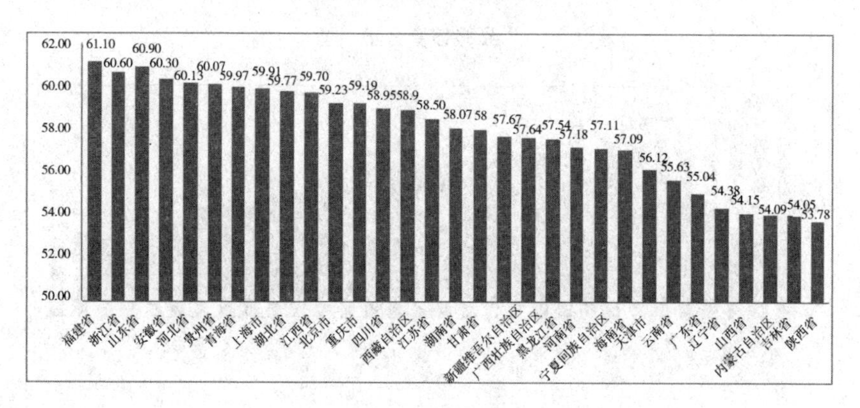

省级核查分值

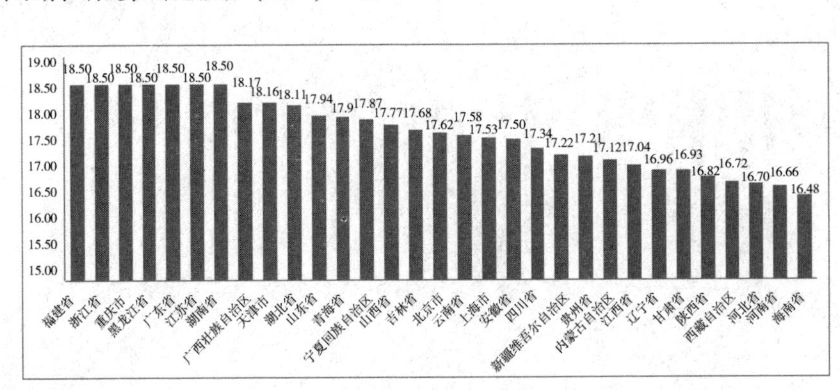

市级核查分值

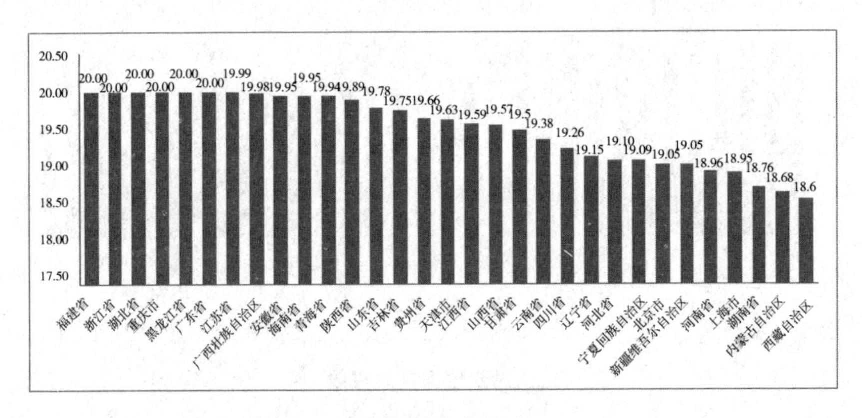

县级核查分值

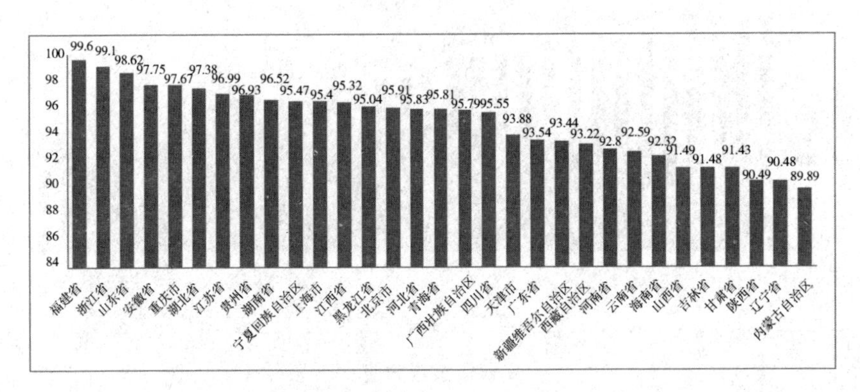

各省核查总分

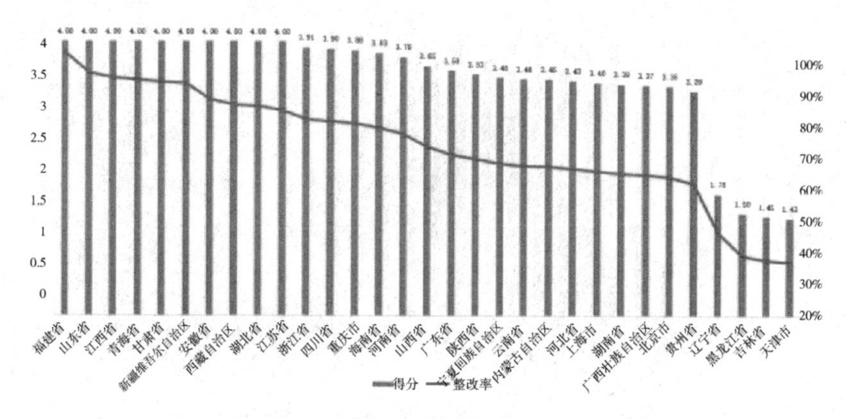

"清四乱"完成率

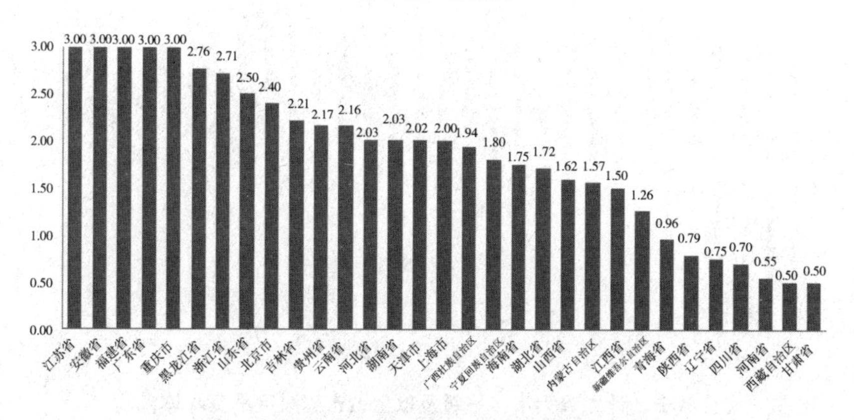

省、市级党政领导担任河湖长的河湖划界率

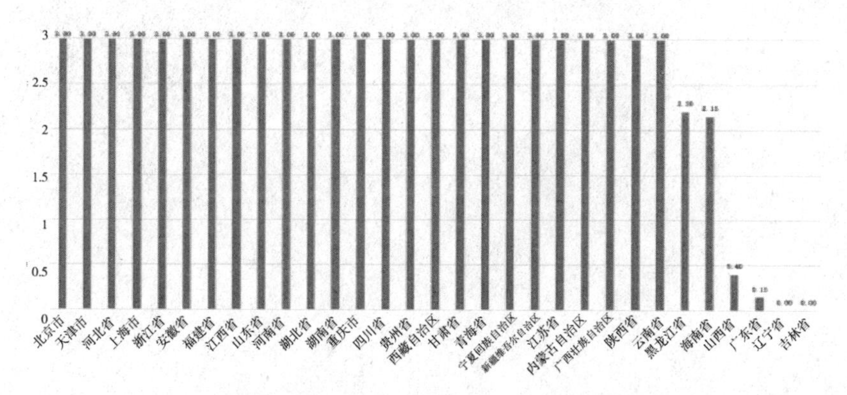

国控断面地表水水质劣Ⅴ类水体控制比例

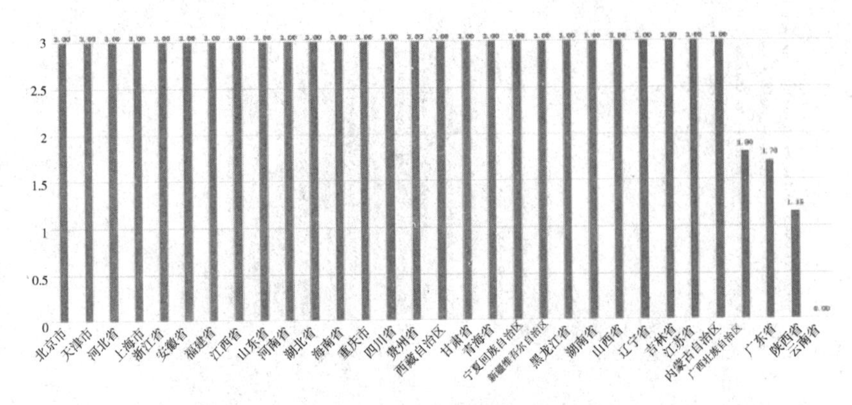

城市集中式饮用水水源水质达到或优于Ⅲ类的比例

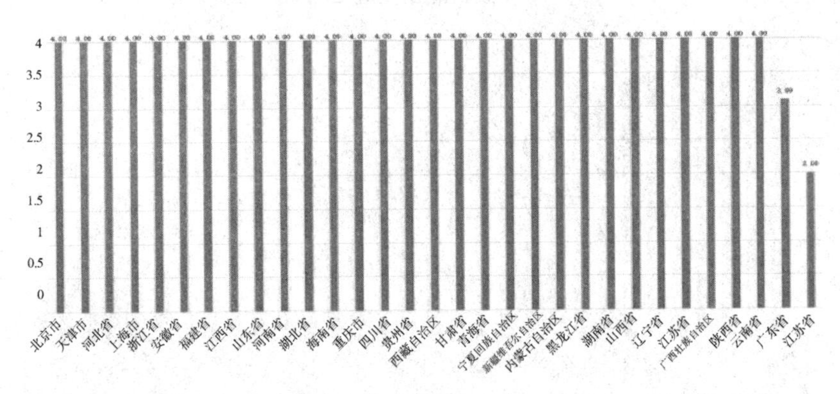

省会城市、计划单列市、地级及以上城市建成区黑臭水体整治

第三篇 03

成效篇

河长制实施是为了解决我国在河湖管理中产生的水资源短缺、水域岸线侵占、水体污染、水生态环境退化、水执法不力以及社会参与不足等一系列突出问题。河长制实施效果是为解决我国水安全问题，采取水生态修复、水污染治理等一系列措施所产生的客观结果。

2022年4月6日河海大学向31个省（自治区、直辖市）河长办发函征求“推行河湖长制的经验、问题、建议及效果”，得到了大多数省份河湖长制办公室的支持，这些省份反映了2019年以来省份推行河湖长制的经验、问题、建议及成效，编写组根据各省份文章送达时间，整理出成效篇。

第一章

华北地区

第一节　天津市经验、问题及建议

天津市河长制事务中心：钱煜哲、王亚超、张子涵、肖雪、张津川
河海大学：唐彦、范沧海、唐德善、王权、郭泽权、余晓彬

一、天津市典型经验

（一）河湖水域全面“挂长”，夯实责任体系

按照党中央、国务院关于全面推行河湖长制的工作部署，天津市委、市政府先后联合印发《天津市关于全面推行河长制的实施意见》《天津市关于全面落实湖长制的实施意见》，建立了以党政领导特别是主要领导负责制为主的河湖管理保护责任体系，市、区两级成立了河（湖）长制工作领导小组，市、区、乡镇（街道）严格落实三级“双总河湖长”，建立区域与水系相结合的市、区、乡镇（街道）、村四级河湖长组织体系。全市境内南水北调中线干线工程、19条一级河道、185条（段）二级河道、6972条（段）沟渠、1个天然湖泊、81个建成区开放景观湖、27个水库湿地、2万余个坑塘及景观水体全面“挂长”，建立河长、湖长、湿地长、坑塘长“四长”统管的组织管理形式。

（二）坚持“常”“长”二字，强化监督检查

天津市河湖长制工作坚持常考、常通报、常抓整改，加强监督检查，督促各级河湖长履职尽责，建立健全河湖管护长效机制。市委、市政府每年将河湖长制考核督查纳入计划，逐级实行月与年相结合的河湖长制考核，对考核排名靠后的河湖长进行约谈，对市级考核排名靠前的区给予资金奖补，并将河湖长制纳入市级绩效考评。市、区两级河（湖）长办出台暗查暗访制度，打破一级查一级的常规做法，每月采取“四不两直”、突击检查、随机抽查方式，对基层

河湖长履职情况开展“跨级”暗查暗访、督导检查，对发现问题的河湖长点名道姓全市通报，对重点问题整改情况“点穴式”复查、延伸范围复查，对突出问题进行督办，建立问题台账，实施销号管理。

（三）河湖长“向群众汇报”，鼓励社会监督

坚持以人民为中心的发展思想，天津市鼓励公众积极参与河湖长制工作，充分发挥社会舆论和群众监督作用，将群众对河湖水生态环境的满意度作为评价河湖长履职成效的重要标准。建立了河湖长“向群众汇报”工作机制，各级河湖长每年通过媒体或直面群众等多种方式，主动向社会公开履职情况。推出《与河长湖长面对面》等系列节目，请群众评判、让群众监督，回应群众关切的热点问题。出台河湖长制有奖举报、社会义务监督员制度，通过12345政务服务便民热线、“津沽河长”微信公众号等方式24小时受理群众涉河湖举报，对及时发现和制止河湖违法行为，提供有效属实线索的举报人给予一次性奖励；全市共聘请555名河湖长制义务监督员、设立381名“民间河湖长”，发挥社会力量治水管水。市河（湖）长办每季度开展民意调查并将结果纳入考核成绩，为提升改进河湖长制工作提供决策参考。

（四）河湖治理保护联防联控，凝聚工作合力

借鉴全国抗击新冠肺炎疫情中采取的联防联控成功经验，天津市以河湖长制为平台，运用系统思维着力解决跨区域、跨部门河湖管护突出难点问题，切实变“分段治水”为“全域治水”。2021年，由市级双总河湖长共同签发总河湖长令《关于加强河湖治理保护联防联控的决定》，在全市建立“河湖长吹哨、部门报到”机制，赋予区级及以下河湖长对上级职能部门的逐级“吹哨”调度权，由各级河湖长牵头，联合属地、部门共同处置河湖问题；同时，在一、二级河道重点区域的行政区间设立区、乡镇（街道）级“跨界河湖长”202名，建立健全联合防控、联合巡河、联席会议、联合水质监测、信息共享等机制，深化行政区域间联合治水管水，在全市有效构建起上下联动、有机衔接的责任体系，形成密切配合、协同推动的工作合力。

（五）创建“榜样河长示范河湖”，强化示范引领

天津市持续改善河湖水生态环境质量，努力建设人民群众满意的健康美丽幸福河湖。2020年开展“优秀河长最美河湖”评选表彰活动，在全市树立了42名基层河湖长榜样、16条（座）河湖治理保护示范。在此基础上，为进一步发挥榜样作用、强化示范引领，2021年在全市部署开展“榜样河长示范河湖”三年行动，通过系统治理、综合整治、提升改造等措施，大力改善河湖水生态环境面貌，健全河湖治理保护长效机制，在生态治理、水文化展示、智慧监管、

社会影响等方面打造一批能复制、可推广的河湖治理保护示范案例；同时，加强河湖长制考核和培训，不断提高基层河湖长履职意识和能力，培养选树基层河湖长先进典型，挖掘有效工作招法、经验，在基层河湖长中营造“比、学、赶、超”的履职新风尚，在三年内形成“百名河长当榜样，千处河湖作示范”的河湖长制管理新格局。

（六）出台河湖长制地方标准，实现“有标可依”

为指导各级河湖长、相关责任部门履职尽责，更加便捷、有效了解河湖长制各项工作机制及明确自身的职责定位，天津市出台首个关于河湖长制的地方标准《河湖长制工作规范》，实现河湖长制工作从“有章可循”到“有标可依”。《河湖长制工作规范》以科学性、系统性、统一性和可操作性为原则，规范了我市河湖长制工作的组织体系、主要任务、基础工作、河湖长履职、管理机制、考核等内容。在河湖长履职方面，细化了总河湖长、各级河湖长的履职内容和履职方式；在建立河湖管护长效机制方面，提出了全市河湖均应明确河湖管理保护单位，鼓励实施水陆一体化保洁；在健全工作机制方面，明确了监督检查、组织会议、信息管理、公众参与、事件处置、宣传引导的内容及方式，并明确了河湖长制协调联动、暗查暗访、社会监督举报、重点事项督办的工作流程。

二、天津市主要问题

（一）水资源短缺制约河湖生态环境复苏

天津是资源型缺水城市，人均本地水资源占有量仅 100 立方米，约为全国平均水平的 1/20。全面推行河湖长制以来，通过“散乱污”治理、黑臭水体治理、污水处理厂提标改造等措施，有效地削减了入河污染负荷，建成区黑臭水体全面消除，农村黑臭水体实现“长制久清”，全市河湖水质稳中向好。但是部分河湖缺乏必要的生态流量，主要靠引江、引滦进行生态补水，河湖自净能力较差，依然存在水动则清、水滞则绿的现象，河湖生态环境全面复苏仍存在一定难度。

（二）基层河湖长能力不足、存在本领恐慌

全市各级河湖长通过巡河调研、召开会议、批示指示等多种形式履行河湖管护责任，分级推动、逐级落实，切实发挥了党政领导关键作用。但有的基层河湖长受限于专业背景和从业经历，缺少辨识河湖问题的敏感性，对责任河湖的调研不够深入，问题整改就事论事，未做到举一反三；有的基层河湖长统筹协调各相关部门能力不强，未能有效组织起相关部门发挥作用，对问题产生的根源分析不透，破解河湖顽瘴痼疾的招法不实、不硬，造成问题反复出现、整而未改。

（三）河湖监管仍然靠人工巡查为主

天津市所有水体不管大小均纳入河湖长制管理，实现全面“挂长”，市、区河（湖）长办通过每月暗查暗访、考核对全市河湖进行监督检查，河湖管理单位通过巡查对辖管河湖进行日常监管，但目前仍多靠人巡、靠眼看，以人工方式为主。然而河湖水域涉及范围广、空间跨度大，甚至有的河湖无路可达，对于一些河湖问题无法做到及时发现、及时整治，在掌握相关线索前，无法针对重点区域进行重点检查，造成人力、物力浪费，难以对河湖进行全面快速监管，无法实现河湖问题防患于未然，限制了河湖长制监督检查和河湖长履职效率的提高。

三、天津市主要建议

（一）强化各级河湖长履职尽责

各级河湖长应进一步提高政治站位，切实把落实河湖长制作为一项重大政治任务来认识和对待，牢固树立生态文明思想和绿色发展理念，按照水利部印发的《河长湖长履职规范（试行）》，切实担负起河湖水环境治理保护的主体责任，增强履职尽责的政治自觉和行动自觉。河湖长应注重巡河实效，河（湖）长办应将协调解决问题作为河湖长巡河效果的考核依据，坚决杜绝遛弯式、打卡式巡河。基层河湖长要充分发挥基层治理作用，切实把河湖水环境的“最后一公里”和“边边角角”管起来、管出成效。

（二）推进水资源集约节约利用

坚持以水定城、以水定地、以水定人、以水定产，把水资源作为最大的刚性约束，精打细算用好水资源，从严从细管好水资源。将引江、引滦外调水重点用于城乡生活和工业生产，合理开发地表水用于农业生产和生态环境，积极利用海水淡化水用于滨海新区高耗水产业。分区域、分用途制定用水计划指标，编制重点河流水量分配实施方案，根据不同来水频率下的来水量合理分配到各区。实施水系循环系统、水系连通工程，合理利用外调水、充分利用再生水、科学利用雨洪水，推动河湖生态补水常态化。

（三）推动河湖长制培训常态化、全覆盖

组织各级河湖长、河（湖）长办主任和河湖长制工作人员积极参加河湖长制培训，重点培训河湖长制工作的新形势新任务新要求、河湖长职责要求和履职方式、河湖管护专业知识和工作要领，讲清、讲明、讲透河湖长制的重要意义和工作内容，使各级领导干部充分认识河湖长制工作的重大意义，深刻认识河湖治理、管理和保护的艰巨性、复杂性和紧迫性，切实增强履职尽责的自觉性、主动性，做到守河有责、守河负责、守河尽责。积极推行“下沉式”河湖长制培训，发挥各职能部门和行业专家的专业优势，为基层河湖长上门服务，现场讲解相关要求和知识。

（四）强化数据资源共享建设智慧河湖

以全面推行河湖长制为契机，将河湖长制作为河湖监督、管理和保护的平台，汇聚水务、生态环境、规划资源、城市管理、农业农村等部门已有的涉河湖基本和实时数据资源，补充建设卫星遥感、视频监控、自动在线监测、无人机等前端感知体系，通过河湖 GIS“一张图”进行展示，同时应用大数据挖掘技术和人工智能分析技术，实现对河湖问题的预警、发现、处置闭环管理，为河湖长履职尽责、河（湖）长办监督检查提供技术支撑，推动河湖监管向精细化、动态化转变，提高河湖长制管理决策能力。

（五）加强舆论宣传营造河湖保护氛围

开展多种形式的河湖治理保护宣传教育以及实践活动，利用“世界水日”“中国水周”“世界环境日”等时间节点，开展河湖长制集中宣传。充分利用新闻媒体资源，对先进典型河湖长予以表扬，对履职不力、失责失职的进行曝光。组织开展河湖长制宣传进企业、进社区、进农村、进校园等活动，推动农村将河湖长制写入“村规民约”、融入村民自治，培养和引导基层群众形成良好的生产方式和生活习惯，让河湖长制家喻户晓，让河湖管理保护意识深入人心，营造全社会关爱河湖、保护河湖的良好氛围。

详见附图华北地区成效图（天津）

第二节 河北省经验、问题及建议

河北省河湖长制办公室：李娜、齐婕、牛继坤

河海大学：王山东、唐彦、唐德善

河湖长制实施五年来，河北省委、省政府深入贯彻习近平生态文明思想，全面落实习近平总书记关于全面推行河湖长制的重要指示精神和党中央、国务院决策部署，以落实河湖长制为抓手，统筹推进水资源保护、水域岸线空间管控、水污染防治、水环境治理、水生态修复等各项任务，推进河湖保护治理取得重要阶段性成效，河北河湖环境面貌发生历史性转变，人民群众获得感、幸福感、认同感明显增强。

一、河湖长制全面落实

以推动河湖长履职为关键，以督查考核为抓手，不断强化责任明确、协调有序、监管严格、保护有力的工作机制，构建起了河湖长牵头组织、部门协同推动、全民广泛参与的河湖管理保护新格局。

（1）坚持政治站位，形成担当尽责主动作为的“内驱力”。河北省地处京畿要地，担负着建设首都水源涵养功能区和京津冀生态环境支撑区的重要任务。河北省委、省政府时刻牢记习近平总书记关于“保护江河湖泊，事关人民群众福祉，事关中华民族长远发展”的重要指示精神，认真践行绿水青山就是金山银山的理念，把加强河湖保护治理、推进首都“两区”建设作为坚决拥护“两个确立”、做到“两个维护”的实际行动和现实检验，多次召开省委常委会、书记专题会、省政府常务会，研究推动河湖长制落实重大举措，出台一系列制度和政策。省委、省政府主要领导带头落实总河湖长责任，深入河湖一线实地踏查、调研指导和指挥调度，担任省级河湖长的省领导全部深入责任河湖抓工作落实。市、县、乡、村各级河（湖）长认真履行职能职责，累计巡河调研 1031 万余次，发现解决问题 6.5 万余个，全省上下形成党政同责、守河担责、守河尽责的工作态势。

（2）严格考核评估，形成紧盯目标不懈用劲的“引导力”。省委、省政府研究出台《河北省落实河湖长制考核问责制度》，构建了“事权责任明晰，工作重点突出，措施成效兼顾，激励约束并举”的考核工作模式，考核成效明显，被中央深改组《改革情况交流》推广。在考核内容上，对党委政府重点考核河湖治理保护成效，对河湖长重点考核责任河湖突出问题整改及治理情况，河湖问题查实确认即扣分，整改不到位累计扣分。同时兼顾各地实际，设置差异化考核指标，将白洋淀生态综合治理成效作为对雄安新区的考核重点，引导新区全力推动白洋淀治理措施落实到位。建立督考结合、第三方评估和考评结果定期通报提醒机制，形成日常管理、动态监控、推进落实的全链条考核推进模式，促使“行动跟不上”的加快步伐，“落实不到位”的加快整改。将河湖长制落实情况纳入全省绩效考核和党政领导班子领导干部考核指标体系，作为领导班子年终评比及干部任免的重要内容，通过干部考核体系的约束，促使地方党政主要负责同志切实增强河湖管理保护意识和履职意识。

（3）强化督察监管，形成倒逼责任狠抓落实的“推动力”。将河湖长制落实情况纳入省委巡视、省人大执法检查、省委省政府督察，形成大督查工作格局。5 年来，省、市、县三级开展实地明察暗访 6400 余轮次，督办解决重点问题1.08万个。打造“天、地、空、人”立体督查体系，建设河湖全覆盖视频监控系统，接入1.18万个视频监控点位，实现全省河湖实时全覆盖监控。利用卫星高分影像，在重点河湖采集疑似问题图斑，建立省市县三级联动复核整改工作机制，确认整改问题2300多个。坚持既查河湖问题又查河长履职，深入剖析河湖长制落实和河长履职存在的深层次问题，通过定期通报、致函提醒、挂牌督办、公开约谈等多种措施，压实各方责任，累计问责履职不到位、推动工作不力的河（湖）长1100余人次。

（4）广泛宣传引导，形成全民参与爱河护河的“向心力”。公众既是良好河湖生态环境的直接受益者，也是维护良好河湖生态环境的重要参与者。河北省着眼强化全社会爱河惜河意识，以省情水情、秀美河湖治理经验、优秀河湖长典型事迹为主要内容，开展多层次、多形式的宣传引导活动，广泛凝聚同护河湖水、共享河湖美的共识，累计在省部级以上主要媒体及各类融媒体刊发相关信息2000余篇（次）。在“冀河湖长办”微信服务号开设河湖问题“随手拍”，支持群众在线举报河湖问题，畅通群众监督途径。省级出台指导意见规范引导公众参与工作，持续开展省级民间河长、企业河长招募年审，带动各地不断规范、强化公益巡河护河队伍建设。目前，全省共有571个公益组织、近5万名志愿者常态化参与公益巡河护河，组织开展“大手拉小手”“巡河体验营”“保护母亲河”等集中巡护河活动2300余次，带动群众参与1000余万人次，发放宣传册、倡议书等宣传品1500余万份，人人护河、净河、爱河的氛围日益浓厚。

（5）夯实工作基础，形成服务河长精准施策的“保障力”。制定出台《河北省河湖保护和治理条例》《白洋淀生态环境治理和保护条例》《河北省节约用水条例》等地方法规，河湖管理保护步入法制化轨道。建立落实河长会议、河湖巡查、督查督办、考核问责、部门协同、区域联动等省级工作制度13项，构建了落实河湖长制“四梁八柱”制度体系。按照“省级开发建设、省市县乡村五级应用”的原则，开发建设河北省河长制信息管理平台，全省4.6万余名河（湖）长全部注册使用，可实时记录河（湖）长巡查情况、支持河（湖）长在线交办督办问题，跟踪处理情况，责任河湖相关信息即查即得实时更新，获全国河湖长制信息管理系统软件测评第一名。依托平台打造“互联网+河长制”管理模式，入选水利部全面推行河湖长制典型案例，获评省委“网上践行群众路线”十大优秀案例。以省级提升河（湖）长履职能力专题培训为引领，实现全省河湖长培训年度全覆盖，累计培训河湖长15万人次。完成211个试点河湖健康评价，编制出台河北省河湖健康评价大纲，制定河湖健康评价技术导则，推进评价工作深入开展。

二、河湖治理保护成效斐然

坚持集中整治和长效管控相结合、重点突破与整体推进相结合，统筹加强河湖水体和岸线空间管理，持续改善河湖面貌，筑牢首都生态安全屏障，夯实京津冀协同发展的生态根基。

（1）重拳治理河湖乱象，岸线管控全面加强。坚持多措并举，综合施策，全力打造通畅、整洁、安全的河湖空间。在河道整治上，以引江引黄沿线和大中型水库下游河道为重点，实施集中清理，清淤疏浚河槽7000多公里，为实施生态补水、复苏河湖生态奠定了基础。在河湖“清四乱”上，自2018年以来，持续排查整治“四乱”问题，特别是对非法采砂和乱倒垃圾问题，始终保持高压打击态势，共整治“四乱”问题4.5万多个，列入台账的“四乱”问题全部清零。建立河湖“清四乱”常态化工作机制，动态排查清零，遏制新增“四乱”问题。严格执行治河采砂清单管理，对纳入清单的196条有砂河道依据规划开展采砂许可审批，坚决遏制非法采砂问题发生。在河湖水域岸线管控上，坚持夯实管控基础，完成流域面积50平方公里以上河流和水面面积1平方公里以上湖泊的划界工作。编制完成滦河、滹沱河等12条设省级河长的河道岸线保护与利用规划，按水利部要求，科学划定岸线保护区、保留区。印发《河北省河湖保护名录》，开展名录内河流现状调查和整治方案编制，形成全省河湖现状信息数据库。

（2）大力实施生态补水，河湖生态明显改善。按照量水而行、先清后补、保障重点、补管结合的原则，以保障白洋淀生态需水和8条常态化补水河道为重点，分年度制定河湖生态补水实施方案，加强多水源联合调度，统筹引江、引黄和水库水，组织实施了时间最长、水量最大、效果最好的补水行动，五年来累计向重点河湖补水150多亿立方米，全省695条河流实现常年或季节性有水，有水河长达2.6万公里，北运河实现旅游通航，南运河、滹沱河、大清河等多年断流河道实现全线贯通，再现河畅、水清、鱼游、蛙鸣的勃勃生机。各地涌现出戴河、沁河、长河等一批“秀美河湖”，成为群众旅游休闲、颐养身心的好去处。白洋淀水面面积稳定在275平方公里左右，“华北明珠”异彩重现，衡水湖成为名副其实的“东亚蓝宝石”，南大港变成了丹顶鹤、东方白鹳等鸟类栖息的“候鸟天堂”。华北生态补水入选《中国生态修复典型案例集》。

（3）追根溯源防治污染，河湖水质显著提升。坚持水岸同治、标本兼治，大力实施控源截污、源头治理，水污染治理水平全面提升。全省累计建成127家工业园区污水处理厂，205座县级以上污水处理厂全部达到一级A或更高排放标准，县级及以上城市污水集中处理率达到98%以上。农村生活垃圾处置体系覆盖率达到99.2%，城市黑臭水体治理全部完成。“十三五”末，全省劣Ⅴ类断面全部消除，是“十三五”时期全国劣Ⅴ类断面消除个数最多的省份。2021年，全省国考地表水质断面优良比例为73%，优于年度目标任务9.9个百分点，劣Ⅴ类断面全消除。白洋淀水质实现从2017年的劣Ⅴ类到2021年Ⅲ类的跨越性突破，首次步入全国良好湖泊行列。

（4）坚持节水优先，构建水资源保障新格局。把节水作为优先任务，立足严重缺水省情实际，强化水资源刚性约束，以节水条例为支撑，以行动方案为抓手，持续推进全社会节水工作，严格用水总量和效率双控，2021年全省万元工业增加值用水量14.2立方米，农业灌溉水有效利用系数0.676，居全国领先水平。把开源作为重要途径，完善供水体系，优化供水结构，实施跨流域调水，2018年以来引调长江水、黄河水累计达到176亿立方米。大力实施城乡水源置换行动，延伸公共供水管网，截至2021年年底，南水北调受水区城镇生活生产水源全部实现江水置换，关停取水井8.56万眼。开工建设引黄济张工程，深入实施河渠连通，稳步扩大地表水灌溉面积，加快构建地表水高效利用格局。

三、存在问题

一是基层河长办机构能力建设不平衡。目前各市和部分县（市、区）已由政府分管负责同志担任河长办主任，但仍有大部分县级河长办领导设置及能力建设有待进一步加强。基层河长办人员紧张局面依然存在，教育培训力度有待加强，基础支撑能力需进一步强化。

二是部门协同有待进一步加强。部分地区市、县两级还存在部门之间协同配合不紧密、不到位的问题，在解决某些具体问题时，相关部门职责仍有交叉、模糊或空缺，职责边界不清，没有形成强有力的工作合力。

三是制度落实有待进一步加强。目前省市县三级工作制度体系建设基本都比较完善，但部分县（市、区）在督查检查、联合执法等工作机制落实上，存在着检查内容不清晰、督办盯办不足、整改销号不到位的情况。

四是长效管护机制不到位。经过几年的集中清理整治，历史遗留河湖突出问题（垃圾堆、垃圾山、违建等）已基本得到清理，当前阶段河湖问题集中体现为随意倾倒垃圾、非法排污等时有反弹。巩固清理整治成果、推动河湖面貌持续向好，需要常态长效管护机制的支撑和保障。而各地在垃圾收转运、农村生活污水收集处理、基层巡（护）河员队伍建设、河湖管护经费落实等制度机制落实上还存在不到位的问题。

五是河湖长制各项任务推进不平衡。近年各地通过组织开展河湖“清四乱”、采砂专项整治、碧水攻坚战等专项治理行动，河湖环境面貌改善取得显著成效，但以流域为单元的河湖综合治理、系统治理因所需资金量大，各地推进力度不一，整体进展缓慢，整治工作任重道远。

四、工作建议

（1）在河长办能力建设方面，指导各地进一步加强河长办机构能力建设，加强人员培训，强化河长办组织协调职能，促进部门间协同协作。进一步落实各级河湖长和责任部门工作责任，以问题为导向，对存在突出河湖问题的地区开展进驻式督查，重点检查工作部署、工作措施、工作制度是否落实到位，典型案例全省通报，查处一件，警示一片。

（2）持续深化河湖系统治理。按照新阶段全面强化、标本兼治的新要求，以幸福河湖建设为抓手，指导各地因河施策、因地制宜，统筹上下游、左右岸、干支流和水资源保护、水域岸线空间管控、水污染防治、水环境治理、水生态修复等各项任务，切实加强河湖系统治理，打造河湖生态廊道。

（3）全面加强河湖常态化管护。推动人防和技防两手发力、切实强化河湖日常监管与管护。结合实际，整合力量，组建河湖巡查队伍。加大资金支持，推进河湖保洁市场化。用好河湖视频监控系统和卫星遥感等技术，完善信息化监管体系，提高工作效率。健全落实河湖警长制、“河湖长+检察长”机制，联防联控，严厉打击涉河涉湖违法行为，进一步畅通群众监督举报渠道，引导公众广泛参与河湖保护治理。

详见附图华北地区成效图（河北）

第三节　山西省典型经验、问题及举措

山西省水利厅河湖长制工作处渠性英，晋中市水利发展中心
河湖长制事务服务部周书琛，山西省水利发展中心河湖（库）部
陈生义，山西省水利厅河湖长制工作处林冠宇
河海大学：唐彦、夏管军、唐德善

一、典型做法与经验

近年来，山西省围绕河湖保护治理，全面推行、深入实施河湖长制，通过

“六个坚持”，进一步完善河湖长制组织体系，压实五级河湖长“管盆”“护水”责任，创新河湖管护模式，夯实河湖管护基础工作，有效筑牢了水生态治理防线，确保了水生态环境持续改善，“河畅、水清、岸绿”美景呈现，全省河湖治理进入全面强化、标本兼治、打造幸福河湖的新阶段。

（一）坚持“河长领治”，强化履职尽责

建立了由省、市、县三级党委、政府主要负责人担任“双总河长”的组织体系，完善“河湖长+河湖长助理+巡河湖员”“河湖长+警长”“河湖长+检察长”等工作机制。截至目前，全省共设省、市、县、乡、村五级河湖长17675人，河湖长助理1058人，河湖警长2689名，巡河湖员9803人。自建立河湖长制以来，省总河长和其他省级河长积极履职，主动巡河调研，为全省河湖长作出有力示范。各级河长、巡河湖员及河湖警长、河湖检察长2021年一年累计巡河近90万人次，与2020年同期相比增长60%，有力推动解决一大批河湖保护治理重点难点问题。2022年4月，省委副书记、省长、省总河长蓝佛安主持召开了全省河湖长制工作会议，省委书记、省人大常委会主任、省总河长林武同志出席会议并就下一步河湖长制重点工作进行安排部署。2022年1月，双总河长共同签发了我省第01号总河长令，强有力地推动我省河湖长制工作往实里走、往深里走。副省长、省河长办主任多次召集有关部门协调解决涉河湖重大问题，推动建立山西省全面推行河湖长制工作厅际联席会议制度，强化各部门协调配合，全面提高河湖保护治理水平。

（二）坚持政策创设，构建制度保障

持续推动《山西省河湖长制条例》《山西省汾河保护条例》等立法工作，加快河湖保护治理法治化进程。自2020年，每年印发实施《山西省河湖长制工作要点》。2021年印发了《全省河湖建设管理专项行动（2021—2023年）三年提升方案》，进一步强化河湖长制，推动落实保护水资源、管理水域岸线、防治水污染、治理水环境、修复水生态等重点任务，突出抓好“七河”“五湖”生态保护与修复和中小河流治理，促进河湖保护治理提档升级。贯彻落实省委、省政府关于防汛救灾和灾后恢复重建的部署，制定出台《山西省河道堤防安全包保责任制管理办法（试行）》《关于深入开展妨碍河道行洪突出问题专项整治行动的决定》，尽快在全省形成以流域河流为单元、河道堤防为基础、重要水库为骨干、分洪缓洪蓄滞洪区为依托的较为系统的防灾减灾工程体系，全面提高汾河等重点河流洪灾防御能力。完成12条省级河长责任河流“一河一策”修订工作，积极推进对省领导担任河长的12条河流、5个湖泊河湖健康评价工作。

（三）坚持协同共治，提升监管效能

丰富完善数字化智慧化精细化监管手段，整合行政资源和执法力量，引导社会关心参与，形成统筹发力、协同监管的河湖管理保护新局面。实施“随机监管”，按照“查、认、改、罚”的程序，以“四不两直”为主要方式，适时开展联合督查和专项督查。优化“智慧监管”，升级改造河湖长制信息化系统，完善“卫星遥感+无人机巡查+信息平台+现场复核”的河湖立体监管体系，提升河湖监管水平。加强“联合监管”，依托“河湖长+检察长”工作机制，加强行政执法与司法有效衔接，推动“行政执法+刑事打击+检察监督+司法审判”协同共治，推动涉河湖生态环境问题解决。2021 年全年，公安机关共侦破涉河湖刑事案件 33 起，抓获犯罪嫌疑人 70 人，涉案价值 2300 余万元；检察机关办理防治水污染案件 156 件，督促治理恢复被污染水源地 32 处，督促治理恢复被污染水源地面积 10.5 亩，清理污染和非法占用的河道 134.9 公里，清理被污染水域面积 318.9 亩。推广“社会监督”，持续开展涉河湖违法问题有奖举报活动，对群众反映强烈、媒体曝光、上级通报、领导交办的涉河湖重点问题挂牌督办，政府“13710”督办系统按时催办。至 2022 年连续三年开展河湖管护百日监管，推动了一大批涉河湖问题的整改解决，各地河湖面貌明显改善。

（四）坚持差异化考核，激发基层活力

制定山西省河湖长制工作年终考核方案，成立由省生态环境厅、省住建厅、省自然资源厅、省水利厅和省农业农村厅等主要管理部门组成的考核工作小组，通过查阅材料、现场考核和第三方评估等方式，对各市人民政府开展河湖长制工作进行考核，形成年度河湖长制工作考核结果，并上报省考核办。强化考核结果应用，对评定为优秀的市县予以奖励。通过正向激励，有效调动各市县做好河湖长制工作的积极性、主动性。协调省考核办将河湖长制工作列为对各市年度目标任务考核专项内容，按河长制“六项任务”细化考核方案，根据年度工作要点和“一河一策”，确定当年度差异化考核细则。此外，每年组织县、市两级河湖长分别向上级河湖长述职，促进各级河湖长履职尽责，形成一级抓一级、一级对一级负责的良好工作格局。

（五）坚持重拳整治，严格保护河湖

持续开展“黄河岸线利用项目”专项整治、“清四乱”大起底大排查大整治等专项行动，重点加大对非法采砂、“四乱”难点等重点任务督办力度，全省河湖生态面貌焕然一新。2021 年，排查出问题 1155 处，整治完成 1054 处，整治完成率为 91.3%。自 2020 年以来，每年组织开展“河湖监管及联合督查百日行动”，通过交叉互检和联合督察等方式，对全省 11 个市开展河湖监管百日行动，并督促各市完成对全省117个县的联合督察。自2021年9月起，集中一年时间深入开展非法采砂专项整治，2021年年底，省市县三级水行政主管部门共出动人员5283人次，累计巡查河道共计31136公里，共查处非法采砂行为17起。此外，持续开展“关爱母亲河”活动，营造全社会关爱、珍惜、保护河湖的浓厚氛围。

（六）坚持重点整治，带动全面提高

为加快推进河湖长制综合管理平台建设，我省按照打造“智慧河湖长”工作要求，开发建设了全省河湖长制管理信息系统，通过“省建平台、三级应用”的运作方式，将日常巡河湖、问题督办、情况通报、责任落实、管理统计分析等纳入信息化平台管理，基本实现了河道管理信息静态展现、动态管理、常态跟踪，为落实河湖长制工作的目标管理、任务督办、绩效考核搭建了平台，初步构建了“大数据+河湖长制”管理新模式。2021年7月，我省选择9市10县通过设立河湖“清四乱”常态化规范化管理、黄河岸线利用项目规范化管理、黄河采砂规范化管理、河湖管护长效机制、美丽幸福河湖创建等5种不同类型试点县，每县安排中央水利发展资金85万元，开展了河湖管护标准化建设试点。目前，各县实施方案已全部编制完成，其中忻州市已完成批复，这将成为第一批打造美丽河湖的亮丽风景线。

二、主要问题

（一）思想认识需进一步提高

一是思想认识不到位。有的市县特别是基层的河湖长，绿色发展理念还没有树牢，政绩观有偏差，往往把河湖长职责当成软任务，在实际工作中不同程度存在消极应付现象，尤其是当治污清河与经济发展相冲突的时候表现得更为突出。二是政策理解不到位。有的同志对河湖长的职责认识不清楚，认为河湖长主要是做好防汛工作，河道的生态环境保护和污染防治是环保和水利部门的事，甚至一些村级河湖长不知道自己的主要职责，认为上级让干啥就干啥，对河湖长职责不求甚解。有的简单以水利业务工作取代河湖长工作。三是主体责任不到位。部分地方和河湖长责任落实严重缺位，或浮在表面，或工作走过场，导致目前各地仍一定程度存在侵占河道、损毁堤坝、倾倒垃圾等现象。

（二）履职能力需进一步提升

河湖长的责任主体是各级党政首长，受各级党政领导工作调整或是换届等原因的影响，河湖长队伍组成变动比较频繁，存在督促下级强化河湖长履职培训工作不到位、对河湖长动态体系监管还不完备等情况，导致基层河湖长河湖管理保护工作专业化水平不高，履职不规范，特别是具体到乡村两级河湖长，由于基层事多事杂，制度执行方面存在偏差，落实任务上还存在薄弱环节，需要大力加强能力培训。

（三）部门联动需进一步加深

治水护水是一项综合性和复杂性的工作，河长制工作涉及众多单位，虽然河长制的创立是为了破解“九龙治水”的困境，但从工作推进情况来看仍然存在认为河湖长制是水利部门一家之事或河长办是水利部门的内设机构。部门之间没有形成合力，存在各自为营、各司其职现象，导致职责不清，个案久拖不决。在跨行政区特别是市际之间的流域治理及管理方面尚存空白。

（四）宣传引导需进一步加强

在河湖长制工作开展以来，对于河湖长制的宣传引导工作还需进一步加强，特别是对农村生活水环境保护治理的宣传引导不足，群众参与度不够，上下整体联动的工作氛围尚未完全形成，未能及时组织和督促基层河湖长深入开展全民护水节水宣传教育行动，不断增强基层河湖长乡村河流保护的责任意识和参与意识。

三、工作建议

（一）扎实推进基础工作

一是加快河湖长制立法进程。针对河湖长履职法律依据不足问题，积极配合省人大、省司法厅完成河湖长制工作条例立法前期工作，推进河湖长制从制度化上升为法制化，实现从“有章可循”到“有法可依”。二是加强河湖长制规范化建设，力争2022年编制出台《山西省河湖长制工作管理规范》，通过规范河湖长制工作、强化河湖长制管理，努力提升河湖长制管理水平。三是做好河湖长体系动态管理，结合各级河长湖长工作岗位调整情况，按有关程序及时变更河长、湖长，并向社会公告，同时变更河长制湖长制综合管理平台和河长湖长公示牌信息。

（二）强化完善联勤联动

一是深化完善河湖长制联席会议制度，强化各部门协调配合，实现上下游、左右岸、相关部门共享信息、共商对策，统一调度、联勤联动。二是结合河湖长制成员单位职能，明确各单位在落实河湖长制工作方面的职责，加强协调联系与沟通合作，互通有无，互相支持，及时交流有关信息与工作构想，共同推动河湖长制工作深入开展。三是持续完善“河长+”机制。进一步健全完善“河湖长+河湖长助理+河湖管护员”“河湖长+警长”“河湖长+检察长”协作机制，实施区域流域、不同部门联勤联动，形成联防联控的工作合力。四是开展重难点问题联合执法。充分发挥相关部门职能作用，针对跨部门、跨区域的重难点问题，组织相关部门、有关市县共同研判、联合核查、合力整改，促进重难点问题及时解决。同时，开展案例收集、分析、研判，举一反三，促进类似问题及时排查整改，消除隐患。

（三）强化监督考核机制

一是实行定期通报制度。对辖区内河湖问题整治工作按时间段进行通报；对进度慢的地方进行通报批评；对措施有力、工作扎实且成效明显的地方给予通报表彰鼓励等，并作为资金安排的重要依据。二是要完善监督机制。完善全省河湖长制综合信息平台的功能，强化电子监控、过程留痕、风险预警、线上管控等。同时，要强化社会监督，发挥舆情力量，探索试行举报奖励与罚没金挂钩办法，调动群众监督的积极性。三是纳入年度考核项目清单。通过随机抽查、典型调查、现场核查以及群众满意度电话测评等形式，将全面推进河湖长制、水环境质量达标率以及河湖长制度提档升级纳入对各市县的年度考核项目清单。四是要完善考核机制。进一步细化考核内容，量化考核标准，坚持从严从实、客观公正，坚持以考促建、以考促用。通过考核，督促各地加强组织领导，完善工作机制，压实工作责任，促进河长制进一步改革发展，全面提升河湖管理保护水平。

（四）提升队伍素质能力

大力宣传实施河湖长制的重要意义，提升各级河湖管护人员对河湖长制重要性的认识，切实增强各级河湖管护人员做好河湖生态环境治理与保护工作的责任感、使命感、荣誉感，督促全省各级各有关部门坚持以习近平生态文明思想为指导，深入贯彻党中央、国务院关于河湖长制的决策部署，全面落实水利部及省委、省政府对河湖长制工作的安排要求，把河湖长制工作落细落实；加大河湖长、河长制工作人员、基层河湖管护员培训力度，特别是对新调整的河湖长要及时组织培训，到2025年年底完成对乡级及以上河湖长和河长制工作人员培训的全覆盖；加大宣传引导力度，把宣传与研讨交流、河湖巡查工作结合起来，丰富宣传内容和形式，拓宽基层河湖长、河湖管护员视野，通过宣传交流，提高自身能力和水平。

附图：华北地区成效图

天津市津南区海河

天津市宁河区河湖长“向群众汇报”

天津市北辰区圆梦湖治理前

天津市北辰区圆梦湖治理后

天津河西区、南开区卫津河“跨界河长”工作交流

河北省邯郸市清漳河治理前

河北省邯郸市清漳河治理后

河北省秦皇岛市石河治理前

河北省秦皇岛市石河治理后

河北省承德市伊逊河治理前

河北省承德市伊逊河治理后

河北省唐山市滦河治理前

河北省唐山市滦河治理后

第二章

东北地区

第一节　辽宁省经验、问题及建议

辽宁省水利厅：吴林风、李慧、陈颖
河海大学：唐德善、唐彦、毛春梅

一、典型经验

总结核查过程中发现辽宁省在河长制实施、组织建设或相关立法上有值得在全国范围推广的做法、示范或政策。主要典型做法和经验如下。

（一）实现江河湖库全覆盖

将全省流域面积10平方公里及以上的3565条主要河流和村屯房前屋后有治理保护任务的7295条微小河沟，常年水面面积1平方公里及以上的4个湖泊和村屯房前屋后有治理保护任务的393个微小湖塘、757座水库、191座水电站全部纳入了河长制湖长制范畴，实现了江河湖库、大小河湖河长制湖长制全覆盖。

（二）设立流域片区河湖（库）长

为统筹开展干支流、上下游、左右岸河湖管理保护工作，辽宁省按照“行政区域全覆盖”“流域与区域相结合”“管理权限与区域相结合”的原则设立省级总河长和河长，将全省面积划分为8个流域片区，由8位副省长担任流域片区河长，兼任本流域片区内跨省、跨市河流和市际以上界河的省级河长及重点大型水库省级库长。省委、省政府出台文件，要求各市、县、乡比照省模式设立本级河长体系，并把河长组织体系延伸到村级，全面建立省、市、县、乡、村五级河长体系，落实总河长、河湖（库）长近2万人。

（三）出台河长制“双方案”

为统筹安排河长制湖长制实施工作，实现河长制湖长制从“有名”到“有实”转变和“见河长、见行动、见成效”总体目标，在2017年省级及全省所有市、县、乡全部出台实施河长制工作方案基础上，2018年省、市、县三级又分别出台了河长制实施方案，确立了“五清、三达标”的河湖治理保护目标、主要任务和具体措施，实现了河长制全面推行与全面实施两个阶段有序衔接，为有力、有序、有效开展工作提供了依据和遵循。

（四）全域实行河湖警长制

2018年5月，省公安厅印发了《辽宁省公安机关实行河道警长制工作方案》和《辽宁省公安厅关于设立四级河道警长和设置三级河道警长制办公室有关事项的通知》，并于2018年6月底按照“与河长对位”的原则全面建立了省、市、县公安局和派出所四级河湖警长制，设立了省、市、县三级河湖警长制办公室，落实河湖警长6078人。2020年9月，建立“河长+河道警长”协作机制和省总河长、河长、河湖总警长、警长联系人和联络员制度，实行省级河长与省级河湖警长捆绑式巡河。2021年9月，省河长办与警长办联合印发《辽宁省公安机关河湖网格化管护工作管理办法》，解决河湖执法“最后一公里”问题。

（五）推进河长制湖长制立法

为落实河长制湖长制，加强河湖管理、保护和治理，辽宁省着力推进河长制湖长制立法工作。2019年，辽宁省第十三届人民代表大会常务委员会第十二次会议审议通过《辽宁省河长湖长制条例》，于10月1日正式实施，从法制层面将辽宁省河长制湖长制工作成果进行固化，为各级河长湖长持续推进河长制湖长制提供了法律依据，实现河长制湖长制工作从“有章可循”到“有法可依”。同步推动水行政执法与刑事司法衔接，与水利厅、省高法、省检察院联合印发《辽宁省水行政执法与刑事司法衔接工作实施办法（试行）》。2020年至2021年，与警长办、省检察院建立“河长+河湖警长”“河长湖长+检察长”工作机制，形成行政执法与刑事司法衔接工作新格局。

（六）高位推动河湖长履职

辽宁省坚持高位部署，压实责任，推动河湖长履职尽责。一是“有令可依”。2019年至2021年省总河长连续三年签发《辽宁省总河长令》，部署河湖长制重点工作，推动河湖长履职，落实五级河长巡河共计158万余人次，解决问题26万余个。二是“有书为证”。2019年以来，省总河长与各市总河长签订河长制湖长制工作任务书，坚持逐年度、分区域明确目标任务，压实工作责任，推动河湖长工作任务落地见效。经过不懈努力，全省切实治理城市建成区黑臭水体70条，实施河湖“清四乱”攻坚战，清理整治“四乱”等问题5300余个，解决了一大批历史遗留的“硬骨头、大块头”和焦点、难点问题。

（七）加强部门区域联防联治

统筹协调河湖治理和保护目标，加强部门协同协办，推动河湖跨界跨地区联合会商、协同治理、联合执法等联防联治机制，形成工作合力。在省河长办各成员单位联席会议等协同工作基础上，建立了与吉林省、内蒙古自治区2项跨省流域治理保护工作协调合作机制、“流域管理机构+省级河长制办公室”工作模式，与松辽流域“三省一区一委”共同建立了河长制办公室协作机制。

（八）实施主要江河生态封育

认真贯彻落实习近平总书记“绿水青山就是金山银山”的科学发展理念，针对北方地区河滩地宽阔、水土流失和农药化肥等面源污染比较严重的实际，统筹山水林田湖草沙系统治理，实施辽河、大凌河、小凌河、浑河、太子河等干流和主要支流河滩地退耕封育，全省共自然封育河滩地面积134万亩，治理水土流失87.7万亩、人造林187.29万亩，有力推动了多样性恢复、水环境水生态改善。

（九）实施重点流域综合治理

2019年5月，辽宁省委、省政府召开辽河流域综合治理动员大会，部署辽河流域综合治理工作，全面打响了辽河流域综合治理攻坚战。成立了辽河流域综合治理工作领导小组，印发了《辽河流域综合治理总体工作方案》《辽河流域综合治理与生态修复总体方案》及辽河干流防洪提升工程、水污染治理攻坚战、生态修复、监督执法、绿色发展等5个专项实施方案。目前，辽河干流防洪提升工程开工建设，总投资达70.37亿元，滩地居民迁建工程同步启动。实施辽河流域（浑太水系）山水林田湖草沙一体化保护和修复工程35项，2021年完成年度投资11.86亿元。组织编制《辽河水生态监测公报》，协同创建辽河国家公园，推动重点流域系统保护。健全“水质—排污口—污染源”响应联动机制，严控污染源入河湖。2021年，辽河水系水质考核断面水质优良比例为65.8%，考核断面Ⅳ类以上水质比例达到97.4%，其中辽河干流考核断面Ⅳ类及以上水质比例达到100%，辽河流域水质优良比例首次进入全国七大流域前三名。

二、主要问题

辽宁省全面建立了河长制湖长制，并探索实现了部分创新性做法，但也不同程度存在着一些不容忽视的问题。

（一）河湖水域岸线保护仍需加强

持续推进河湖“清四乱”及妨碍河道行洪突出问题排查整治。辽宁省河湖“清四乱”工作开展以来，河湖面貌明显改善，但部分地区河湖垃圾等前治后乱现象仍然存在，部分农田侵占河道、建构筑物阻碍行洪等历史遗留问题尚未根治，河道内妨碍行洪的突出问题仍然存在，需要进一步加大清理整治工作力度。

（二）河湖水质仍需提升

全省各流域水质总体优良，但河湖水质及城市集中式饮用水水源水质不稳定，超标风险和隐患未彻底消除，农村地区黑臭水体整治还需加大力度。

（三）河湖生态综合治理有待加强

污染在水里，问题在岸上，加快水岸共治，山水林田湖草系统治理，发展“生态农业”“循环经济”是防治水污染的治本之策。推广发展循环农业，有效减少面源污染，充分发挥河长制生态保护与经济发展协同推进、相互促进作用，引进社会资本建设国家湿地公园、休闲度假区等生态主题景点，切实推进水旅融合，河库生态效益、周边土地价值同步提升，河库产业发展、群众致富脱贫同步推进。

三、工作建议

（一）与时俱进推动幸福河湖建设

坚持以习近平新时代中国特色社会主义思想为指导，贯彻习近平生态文明思想，落实习近平总书记关于治水兴水的重要论述，以实施河湖长制为抓手，以重点流域综合治理为先导，加强生态环境保护和修复，提升防洪能力，协同创建国家湿地公园，推进水网工程建设，加强水系联通，让水灵动起来，在城市间流动起来，全力建设造福人民的幸福河湖。

（二）推进河湖管理保护法制化建设

深入贯彻落实习近平总书记“节水优先、空间均衡、系统治理、两手发力”的治水思路，梳理完善河道管理保护法律法规体系，加快推进河道采砂管理条例等法规规章颁布实施和河道管理条例修订等工作，实现依法治河、依法管河、依法护河新局面。

（三）进一步强化河湖长制工作顶层设计

围绕贯彻落实中办、国办印发的两个《意见》，水利部、生态环境部印发了相应的《实施方案》。为适应进入新发展阶段实施河湖长制工作需要，应进一步加大顶层设计力度，有机整合“十四五”水安全保障、生态环境保护等规划，加快明确新阶段完整的、系统的河湖长制目标和任务，强化统一规划、统一治理、统一调度、统一管理，推动新阶段水利高质量发展。

第二节　吉林省经验、问题及建议

吉林省水利厅厅长王相民，吉林省水利厅一级巡视员
孙永堂，吉林省水利厅河湖管理处处长杨义、副处长
杨光、四级调研员赵孝会
吉林省河务局局长李国吉、二级主任科员刘金宇
河海大学：沈振中、唐德善、唐彦

吉林省全面推行河湖长制工作组织机构健全、管理体系完善、各项法规制度完备、责任分工明确，巡河湖履职到位、成员单位合力治河湖，各项治理保护工作稳步推进，全面完成了阶段性的工作任务，取得了较好的工作成效，河湖面貌明显有改观，河湖治理保护的社会效益、生态效益逐步显现。

一、典型做法与经验

通过现场暗访有代表性的河流，发现河湖治理保护工作积极推进，“清四乱”整治任务效果显著，岸边设有生态护坡和绿化带，巡查员、保洁员认真履职，未发现河道内有垃圾等现象，水质较以往有明显改善，水污染得到了一定治理，水生态得到了进一步的修复，部分中小河流已初步实现河畅、水清、岸绿、景美目标。在具体核查过程中发现吉林省河湖长制工作亮点较多，具体有以下十点。

（一）建立强有力的河湖长制组织体系

吉林省在2017年年底全面建立了河长制，与中央要求相比提前了一年，2018年又完善了湖长制，在全省设立了省、市、县、乡、村五级河湖长18118名。全省各级党委、政府主要领导担任“双总河长”，党委、政府分管领导担任“双副总河长”。松花江、嫩江、鸭绿江、图们江、东辽河、拉林河、辉发河、浑江、饮马河、伊通河、查干湖等“十河一湖”河湖长分别由省委、省政府领导担任。省委组织部、宣传部、政法委，省发改委、教育厅等23个省委、省政府部门列为省级河长制成员单位，省河长办主任由省政府分管领导担任，省水利厅厅长任常务副主任，省政府有关副秘书长、主要成员单位分管领导担任河长办副主任，省河长办工作机构由厅机关处（室）和厅直参公单位共同承担，

增加正处级职数 1 名、副处级职数 2 名、参公编制 9 名，为河长办较好履行职责奠定了坚实基础。各地参照省里模式组建了相应河湖长制组织体系，所有河（湖）长均在各级政府门户网站公告。

为做好辽河流域水污染防治工作，省政府成立由分管生态环境工作副省长、东辽河省级河长任组长的辽河污染专项整治工作推进组，协调解决流域治理工作中的困难和问题。有的市县还将检察院、法院等纳入河长制成员单位，不断加强河湖治理保护的执法保障，持续推进河湖长制“有名”“有实”，不断在强化河湖监管上再发力，在水岸同治上再作为，河湖面貌和水环境质量明显好转，河湖长制作用更加凸显，河湖面貌明显改观，河湖清理整治的社会效益、生态效益逐步显现。省级总河长景俊海书记约谈水环境质量达标滞后政府主要负责人，省直有关部门多次约谈地方政府及部门负责人，进一步压实环境保护责任。省政协、省委督查室、省政府督查室、省河长办多次开展河湖长制专项督查，督促相关河湖长和成员单位切实履行好职责。

（二）建立完善法规制度

2017 年，吉林省委办公厅省政府办公厅联合印发《吉林省河长制工作考核问责办法》，科学评价河湖长工作实绩，精准核定河湖长制实施效果，推动各级河湖长履行职责。2019 年 3 月 28 日，颁布实施《吉林省河湖长制条例》，进一步落实了属地责任，健全了河湖管理保护长效机制。2021 年 5 月 27 日，省第十三届人民代表大会常务委员会第二十八次会议审议通过了新修订的《吉林省河道管理条例》，为河湖管理提供了更切合吉林河湖实际的法律依据。2021 年，吉林省河长办印发实施《吉林省河湖长动态管理办法》《吉林省河湖日常监管巡查制度》，解决了岗位空缺造成的职责缺位问题，科学修订了巡查内容和频次，推行精细化、信息化巡河，强化问题导向。全省构建三级河湖警长体系，设立河湖警长 3906 名，严厉打击涉河涉湖违法行为。围绕河湖水污染、水环境质量恶化等突出问题，各省级河长制成员单位按照职责分工确定年度工作要点和考核细则，并积极推进河湖治理保护工作，如推动节水型社会建设，组织实施生态补水，划定河道管理范围，开展今冬明春水环境整治专项行动，全面开展污水处理厂提标改造，建设重点镇污水处理设施，黑臭水体整治，全省规模化养殖场（小区）搬迁和关停，配套污水处理和粪污资源化利用设施，“清四乱”，乡村生活垃圾非正规点整治，农药化肥减量增效和测土配方施肥等。建立双月调度机制，每双月调度全省河湖长制推进情况和省级河湖长河湖治理保护情况，并通过专报形式报送省级河湖长。对“清四乱”、万里绿水长廊建设等重点难点工作任务，省级总河长以“河长令”形式进行部署，并定期调度工作进展情况。

建立省、市、县三级河长联席会议机制，辉发河、鸭绿江、浑江等河流河长定期召开联席会议，共同研究解决问题，协调一致推进河湖管护。建立河长制湖长制工作省级正向激励机制，每3年对河长制湖长制有突出贡献的集体和个人进行省政府通报表扬。2020年对河长制湖长制工作贡献突出的49个集体、20名河长湖长和149名先进个人进行了通报表扬。建立“暗访专班+厅局长直通车”制度，采取“四不两直”方式，组织开展河湖暗访督查。建立省际合作协调机制，分别与辽宁省、黑龙江省签订水利战略合作协议，协调解决跨省界河流管理保护问题、共享河湖长制工作培训资源等，形成上下游、左右岸协调推进局面；并与辽宁省、黑龙江省建立了跨省河长制协作机制，与内蒙古达成合作共识，着力推进松花江、辽河、嫩江等跨省河流联防共治。省级层面建立行政执法与刑事司法衔接机制，吉林省高级人民法院、吉林省人民检察院等11个部门联合印发《关于建立吉林省环境治理司法协同中心联席会议机制的意见》，加大新闻宣传和舆论引导力度，完善公众参与和社会监督机制。印发了《吉林省公安机关河湖警长制工作细则（试行）》，完善了“河长+警长”机制，为公安机关保护河湖生态环境安全提供了基本遵循。已会同省公安厅、省检察院、省高法就建立“河长+警长+检察长+法院院长”协作机制达成共识，用新理念打造新成果。

（三）加强培训力度

以吉林水利电力职业学院为基础，由省编办批准成立了吉林省河湖长学院，是北方地区首家河湖长学院。几年来，分别与浙江河湖长学院、河海大学等签订合作协议，依托河湖长学院举办培训班26期，培训各级河湖长及河长办工作人员4273人。333名基层河湖长及河湖长制工作人员被录取到吉林河湖长学院，接受全日制免费学历教育，还开发网上培训系统，实现各级河湖长网上培训。2021年，省委组织部采取多种方式开展河湖长制专题培训，委托省水利厅举办河长制工作培训班，在江西水利职业学院对89名市县两级水利部门主要负责同志进行专题培训，选调市县两级227名学员参加由水利部举办的“全面推行河长制湖长制网上专题班”，提升履职能力。

同时为提升各级河湖长履职能力和加强业务水平教育，更好地为河湖管理从业者、参与者、志愿者搭建工作探讨和经验交流的平台，在全省建立河长制教育实践基地49处，开展各类宣传、培训活动78场，参加人数超过1000人。松原市、吉林市、蛟河市、东辽县等成功举办了教育实践基地挂牌仪式。仪式上，有的地区向招募的“民间河长”颁发了聘书，有的地区向获得水利部和省委省政府表彰的河湖长制先进集体、先进个人颁发了荣誉证书；有的地区向小学生授予“小河长”称号；四平市在教育实践基地组织铁东区河长办工作人员及部分乡村级河长观看《同心促长治，绿水筑长廊》纪实宣传片。河长制教育实践基地的建立，标志着吉林省河湖长制工作向多元化转型迈出了可喜一步，也是政府与社会团体合作共建的一次大胆尝试。

（四）积极营造全员参与氛围

吉林省河长办会同吉林省委宣传部联合印发《关于加强河长制湖长制宣传工作的意见》。每年6月作为河长制宣传月，连续2年组织开展“我和母亲河”“同护江河水，共筑吉林美”河长制主题宣传月活动，努力营造全社会关爱河湖、保护河湖的良好氛围。举办了“碧水清波　美丽吉林”河湖主题摄影大赛、“河长在行动”演讲大赛、“向新中国成立七十周年献礼”等活动。通过微视频、“吉林河湖”微信公众号等新媒介，不断强化各类活动的宣传，积极推进河长制各类活动进机关、进学校、进社区，努力实现全方位、多元化、多角度宣传。吉林省3人获评水利部“巾帼河湖卫士”和“民间河湖卫士”称号，5部短视频分获水利部短视频大赛三等奖、优秀奖。每年部署在中小学校开展“八个一”活动，推进河湖长制进社区、进乡村，将保护河湖纳入村规民约，在企事业单位电子屏幕、吉林卫视、各地电视台、网络、社会屏幕等播放河湖长制宣传片，引导全社会关心、关注、支持河湖治理保护工作，展现吉林省全面推行河湖长制以来取得的成效，展现吉林人治水、管水、护水、爱水风貌，展现美丽吉林河畅、水清、岸绿、景美风光。辽源市东丰县电视台开辟了《河长在行动》专栏，发放了11.7万份《致农民朋友一封信》。舒兰市、延吉市、集安市、长春市九台区等在交通指挥信号灯、轨道交通、出租车等电子屏播放宣传标语，榆树市、磐石市、桦甸市、镇赉县、白山市等制作了宣传栏、悬挂宣传横幅，东丰县助力贫困学生，为孩子们送去河长制宣传单、书包、笔袋、学习用本，公主岭市、农安县等印发宣传品发放给广大人民群众，梅河口市、柳河县、珲春市、龙井市等开展了爱河护河志愿者活动，大安市结合宣传月活动开展增殖放流，桦甸市等地聘请政协委员、人大代表、退休老党员为河湖长制义务监督员，长春市成立了全省首批“河小青护水驿站”，建立了全省规模最大的护河团队——“长春市高校护水联盟”，全省累计发展民间河长、企业河长、志愿者、“河小青”2.8万余人，河湖长制工作进一步得到了群众的赞赏和支持。

（五）打造“以河养河，循环发展”新模式

长春市结合城区总体规划，提出长春版的“五水共治”，即治污水、防洪水、抓节水、保供水、留雨水，确定了“四无四有”阶段性目标，在长春市母亲河——伊通河建设了南溪湿地公园、南湖汇水区动植物园等，重识长春城市生态位、盘点长春城市生态家底、描绘长春城市生态蓝图、推进长春城市生态实践，建设高品质生态环境空间倒逼经济转型、引导人们生活理念生态化，为当代人和未来发展留下海晏河清的绿色空间。辽源市东丰县等积极打造新范例，通过对小河、沟渠河滩地清收后，在堤防背水侧高密度栽植苗木，待幼苗长成后选取部分出售，回收成本，实现盈利，并用于后续治河护河，为资金短缺寻找到新的突破口，建立了新的模式，最终“以河养河，循环发展”。伊通县开发利用伊通河滩地自然资源建设伊溪湿地，将 11 个自然泡塘连成“串湖”，通过逐层过滤，生态净化污水处理厂尾水，提升伊通河水质，改善区域生态环境，年净化处理尾水 630 万立方米。伊溪湿地被吉林省评为“美丽河湖”，已成网红打卡地，拉动了当地经济的发展。梨树县通过东青河、张谷河河道清淤疏浚，把河道整治中的 12.37 万立方米砂石公开拍卖后的部分收益 199.66 万元，用于东青河治理保护，不但实现了东青河“水清、河畅、景美”的河道治理目标，也为全省打造“以河养河，循环发展”提供了新思路。

（六）打造“后花园”综合治理新典范

查干湖渔园湿地、水稻退耕还湿等环湖植被修复工程全面启动，荷叶做茶，莲子入药，莲藕可食，从赏荷花、收莲子，到荷叶、莲芯深加工，形成了一条清晰的食品全产业链，800 公顷红莲绽放，一池荷花、万种风情，也成为查干湖又一“生态净水器”。辽河流域全面开展退耕还河还水，在划定流域内 28 条河流河道管理范围后，对辽河源头 6.4 万亩耕地进行集中连片流转，建设东辽河干流河堤外 50 米土地退耕生态保护带，持续推动畜禽粪污资源化利用体系有效运转，流域内粪污处理设施装备配套率 100%、综合利用率 95%，比全省平均水平高 4 个百分点和 3 个百分点。通化市辉南县为了杜绝河岸边垃圾乱堆放乱扔，从打造河畅、水清、岸绿、景美的美丽辉南县，联合多部门在河岸边种植景观花草，打造生态花海，在杜绝乱扔的同时，也为市民创造了休闲美景。辽源市东丰县依堤建设 4 个 600 平方米既具有固岸护砂防洪除险又兼备休闲功能的健身广场。为方便群众休闲健身和各级河长及巡河护河人员，修筑河堤路 4 公里，新挖路边沟 4 公里，安装路灯 80 盏，并在道路两侧栽种花草，达到“五化”标准。通过项目的实施真正将堤路相连对接、绿化美化整体贯通，形成了一条健身休闲、干净整洁、花草辉映、景色宜人的景观五色带、城镇“后花园”、治理新典范。

（七）强化“天眼工程”等科技管水新模式

吉林省建立全省河长制湖长制专业信息系统，融合河湖水系、水质监测断面、河湖监控点位、河湖长名录、河湖治理保护问题点等制作河湖长制“一张图”，为全省五级河湖长“看图作战”、河长制成员单位和河长办协调联动和信息共享等提供信息技术支撑。梅河口市、辉南县、磐石市、桦甸市、榆树市和抚松县等县市利用“天眼工程”及高清摄像头，建立河道动态监控系统，并广泛使用无人机巡河、检查，制定问题清单，实施量化管理，并跟踪督办。同时，结合吉林省河道采砂管理实际，构建了吉林省河道采砂可视化监控系统，创新性地融入了数字化人工智能（AI）识别技术，已在10个县（市、区）采砂现场进出口设置了AI识别摄像头及探控雷达，实现了既能监控越界开采、又能计算外运载量，为基层管理部门提供了先进监管手段，并有效解决了基层管理人员不足的问题。

通化市辉南县在辉发河设立16个监控点实施辉发河辉南段监控，实现全线24小时无死角高清监控和储存。该智能监控平台主要优势：①远程巡河。河长通过手机及平台随时巡查，了解责任河流现状，发现并及时处理问题。②远程护河。河长办工作人员不用到达现场，利用监测平台巡查，能够及时发现乱倒垃圾、非法采砂、违法捕鱼及破坏设施等问题，通知当地河长、河道警长进行问题整治及责任追究。

（八）创新“全流域航拍”新模式

吉林省河长办按照省委书记景俊海同志提出的“要顺着河流走、沿着河岸拍，把河流问题直观反映出来”指示精神，对设省级河湖长的河湖进行全河段现状航空拍摄，2019年航拍中发现疑似河湖“四乱”问题233个，确认75个，完成省级“十河一湖”视频制作及成果画册制作。2020年针对管理薄弱重点河段、航拍通报问题河段、“雷霆护水”治理河段、“四乱”问题突出河段开展了“十河一湖”年度补拍，并对河道管理范围内河湖长制涉及的地物进行了特写定点拍摄，完成44处外业拍摄，松花江简介视频拍摄，26个视频制作及成果画册制作。2021年拍摄18处“四乱”问题突出河段，制作东辽河、伊通河、查干湖短片（VCR）。吉林省开展的动态影像、静态照片及同期配音的十河一湖全程、全景拍摄，并在每年开展针对问题的补充拍摄，形成逐年对比展示和问题直观体现，对于河湖保护发现问题、解决问题、分析问题、科学决策具有重要意义。此外，辽源市东丰县针对河流分布特点，采取无人机航拍的方式，对全县31条县级以上河流进行了全域航拍，包括对主河道进行原始状态航拍，每年进行再次航拍以及对建立河长制河流流经的乡镇进行全景式航拍。

（九）结合当地文化生动实现“人水和谐”

吉林省紧紧抓住水作为旅游的关键要素，深入研究做好“水文章”。把水利旅游纳入全域旅游范畴，贯彻冰天雪地也是金山银山理念，推动河湖冰雪旅游。

2020年省总河长会议上审议通过创建“美丽河湖”方案，积极打造安澜河湖、生态河湖、景美河湖、智慧河湖，推动“美丽河湖”成为造福人民的幸福河湖，出台了创建美丽河湖方案和评定细则，每年开展创建美丽河湖活动。2020年、2021年分别评出省级美丽河湖5个、8个，为河湖治理保护和吉林万里绿水长廊建设树立了标杆。指导各地国家级和省级水利风景区提档升级。吉林省国家级水利风景区31个，省级水利风景区45个，建设与管理工作得到水利部景区办的认可。2021年吉林省委、省政府作出了高质量建设万里绿水长廊重大决策部署，以江河湖库为纽带，以水域岸线为载体，统筹水环境、水生态、水资源、水安全、水文化和水岸线，构建融绿色生态场景、空间美学场景、人文生活场景、滨水经济场景为一体的人与自然和谐共生的复合型廊道。聚焦保护水资源、强化水安全、改善水环境、守护水岸线、修复水生态、弘扬水文化以及做强水经济“6+1”项重点任务。2021年确定四平市条子河一期绿水长廊项目等36个绿水长廊项目为第一批省级试点，截至年底，吉林省完成投资32亿元，建成绿水长廊128公里。

辽源市东丰县结合当地有名的农民画文化，并将其融于河水中，推出了一套以“河流记乡愁”为主题的邮票，并充分发挥当地诗词底蕴，征集了数篇河流的诗词并汇编为一本《绿水青山就是金山银山》的诗歌作品选集，为实现人水和谐发展，注入了当地群众喜闻乐见的地域文化符号。

（十）生态环境持续向好

吉林省深入落实“水十条”和“清洁水体行动计划”，着力扭转水污染严重的被动局面。抓专项行动开展，结合扫黑除恶专项斗争，持续开展集中整治“砂霸”“雷霆护水”“中国渔政亮剑”等专项行动，查处非法采砂935起；两次签发总河长令，就河湖“清四乱”工作作出重要部署，吉林省全面清理河湖“四乱”问题8805个。抓水环境质量改善，省内重点流域111个国考断面（点位）中，达到或优于Ⅲ类水质的断面85个，优良水体比例76.6%，高于国家考核目标2.3个百分点，劣Ⅴ类水体比例2.7%，低于国家考核目标4.6个百分点，两项指标均超额完成国家考核任务。抓入河湖排污口整治，排查出需整治的1665个入河排污口，全部完成整治。抓污水处理设施建设改造，吉林省共建成投运68座城市生活污水处理厂，全部达到一级A或以上排放标准；吉林省426个建制镇有198个生活污水处理设施建设完成，重点镇及重点流域周边常住人口1万人以上建制镇和辽河流域3000人口以上建制镇生活污水得到有效治理。抓工业企业污水防控，吉林省107个工业集聚区，全部建成了污水集中处理设施。抓畜禽养殖污染防控，规模养殖场畜禽粪污处理设施装备配套率达到

96%，畜禽粪污综合利用率达到92%。总之，经过各部门的共同努力，吉林省河湖长制工作从“十三五”时期的建机立制、责任到人、搭建四梁八柱的1.0版本，重拳治乱、清存量遏增量、改善河湖面貌的2.0版本，到“十四五”开局进入全面强化、标本兼治、打造幸福河湖的3.0版本，河湖水生态环境持续向好。

二、推行河长制存在的问题

虽然吉林省河湖长制工作取得明显成效，但也存在一些问题，需要认真研究解决。

（一）各级河长履职尽责还不够到位

个别市级河长传导工作压力弱化；部分县级河长落实上级工作部署，协调解决问题整改措施不够到位；部分乡村两级河长对责任河流进行日常巡查流于形式，上报问题、解决问题不够及时。

（二）全社会关爱河湖的浓厚氛围尚未完全形成

发挥社会公益组织作用、发动全社会关爱河湖、鼓励部分单位和个人参与河湖管护、推动青少年关注河湖等方面工作还不够，全社会关爱河湖的氛围还没有有效形成，公众参与配合、监督热情不高，缺乏对巡（护）河志愿服务组织、公益组织的支持引导，全省河长+民间河长的长效机制还需要进一步健全完善。

（三）河长办能力建设需要进一步加强

省市县三级河长办力量都有待加强，特别是县一级，部分县级河长办人员队伍不稳定，激励措施有限，工作经费匮乏，个别县级河长办频繁更换人员，很难保持工作的连续性。面对繁重的河长制工作，力量极度匮乏。省市层面也由于人员力量不足，缺乏必要的工作装备，开展专项督查、进驻式督查次数较少，发现问题改进工作做得还不够。

（四）河湖管理信息化建设薄弱

吉林省起步较早，2019年建设了河湖长制专业信息系统，2020年正式上线运行。经过两年的运行发现，最初打算建立的“一张图+遥感影像+巡查APP+无人机+问题整改督办”的河湖综合管理体系，距离河湖管理信息化的目标还有一定差距。对照今年水利部提出的建设数字孪生流域的要求，数字孪生河湖在资金、技术等方面还有大量工作需要完成。

三、工作建议

全面推行河湖长制，是完整准确全面贯彻新发展理念、推动高质量发展、满足人民群众对美好生活需要的必然要求。建议吉林省进一步深入贯彻落实习近平生态文明思想，坚持强化河湖管理，坚持推动河湖保护，坚持激励问责，努力在推进河湖生态环境治理中发挥更大、更重要的作用。

（一）全力推动河长制湖长制“有能”“有效”

一是进一步完善制度机制建设。大力推进法规制度建设，构建河湖管护长效机制。探索建立河湖长+律师、河湖长+民间河长等模式，落实河道保洁机制试行办法。二是进一步强化河湖长履职尽责。要加大暗访、督查和考核力度，切实压实各级河湖长的责任，严格落实水利部《河湖长履职规范》和《吉林省河湖日常监管巡查制度》等要求，强化各级河湖长尽职尽责。三是进一步加强河长办能力建设。丰富培训方式，指导各地加大对基层河湖长、河长制办公室工作人员、河湖管护人员的培训力度。引导各地河长办加大资金投入力度，配备巡检车辆、无人机、无人船等装备，切实提升工作保障水平。四是进一步加强河湖长制宣传工作。加强与宣传媒体沟通协调，加大宣传力度，拓宽宣传渠道，积极推广“吉林河湖”微信公众号。通过宣传引导，扩大民间河长、志愿者范围，形成全社会关爱河湖、保护河湖的良好氛围。

（二）深入推进河湖管理重点工作

一是做好河湖管理基础工作。完成河湖特征值修订成果，动态更新规模以上河湖“一河（湖）一档”信息，鼓励、指导有岸线管理任务的重点河湖开展岸线保护与利用规划编制工作。二是进一步推进河湖“清四乱”规范化常态化。压实各级河长湖长责任，把解决河湖“四乱”问题作为巡河巡湖的重要内容。坚持问题导向，强化追责问责，完善河湖管护长效机制。继续组织河湖“清四乱”暗访，开展专项监督检查，指导县（市、区）全面开展巡查工作，建立上下联动的河湖督查体系。三是进一步规范河湖管理。强化涉水建设项目许可管理，严格规范涉河建设项目许可，加强事中和事后监管，杜绝未批先建、批建不符等问题。规范河道采砂管理，严厉打击非法采砂，保障防洪安全，维护河道生态环境。

（三）高标引领“美丽河湖”提档升级

一是持续开展“美丽河湖”创建工作。努力将“美丽河湖”打造为吉林河湖管护新标杆，配合推进吉林万里绿水长廊工作，改变河湖面貌。二是进一步规范水利风景区建设管理。持续把水利风景区纳入河长制考核，推动各地水利风景区创建。继续开展水利风景区复核，对部分省级水利风景区进行复核，提出复核意见，推动整改提升。三是积极探索推进河湖健康评价。组织开展河湖健康评价体系研究，在部分县市开展试点，总结经验，指导各市州有序对河湖进行健康评价。

（四）强力推进万里绿水长廊建设

要高位部署，加强部门协作，加大投资力度，强化政策保障，与山水林田湖草沙一体化治理、水美乡村建设、流域水环境综合治理与可持续发展试点项目、林草湿生态连通示范项目等融合推进，从而推动《吉林万里绿水长廊建设规划（2021—2035年）》得到全面贯彻实施，得到全面落地落实，得到全面落地见效。

第三节 黑龙江省经验、问题及建议

黑龙江省河湖长制保障中心：李吉元，杨光，陶紫荆，郭微微
河海大学：唐德善、唐彦、戴张磊、褚洪国

一、黑龙江省推行河湖长制经验

黑龙江省始终坚持以习近平生态文明思想为指导，牢固树立“绿水青山就是金山银山、冰天雪地也是金山银山”的理念，积极践行“节水优先、空间均衡、系统治理、两手发力”的治水思路，深入贯彻落实党中央、国务院全面推行河湖长制决策部署，加强河湖管理保护，狠抓河湖问题整治，全省河湖面貌持续改善。2019年至2021年连续3年获得国务院督查激励，累计获得中央水利发展奖励资金8000万元。

1. 坚定目标方向，切实增强使命担当

坚决贯彻落实习近平总书记关于治水兴水系列重要讲话精神，切实提高政治站位，增强使命担当，站在树牢“四个意识”、坚定“四个自信”、坚决做到“两个维护”的高度推进落实河湖长制，促进河湖管理保护工作高质量发展。在完成组织体系、责任体系和制度体系建立的阶段性目标基础上，进一步完善河湖长制体制机制，统筹推进河湖综合治理，持续发力、久久为功，实现河湖生态持续改善，河湖功能永续利用。

2. 坚持党政领导，充分发挥头雁作用

河湖长制建立之初，黑龙江省强化顶层设计，省委书记、省长共同担任省

总河湖长，并落实省委、省政府两套领导班子成员全部担任省级河湖长，市县乡三级参照省级模式逐级落实同级河湖长，并将责任链延伸至村级。各级党委、政府主要领导挂帅，整合行政资源，协调组织，高位推动，靠前指挥，督办落实，其挂帅效应、权威效应和垂范效应得到充分体现和释放，从上至下形成了强大的号召力和执行力，从而使河湖长制得以迅速建立，河湖管理保护中的一些“老大难”问题有效解决，发挥了不同寻常的积极作用。市、县落实总河湖长“包河”责任，26名市级和258名县级总河湖长均“包抓一条河”，既牵头抓总，又担任一条规模最大、问题最多、治理最难的河流的河长，既当指挥官，又当战斗员，进一步压实党政“一把手”责任，发挥头雁作用。

3. 坚持高位推动，强力落实河湖长制

自党中央、国务院推行河湖长制以来，省委、省政府多次召开省委常委会会议、省政府常务会议、省总河湖长会议，研究落实河湖治理保护和水污染防治工作。省人大对省政府落实河湖长制工作情况开展监督检查；省纪委、监委严格监督河湖“四乱”等漠视侵害群众利益的突出问题整改，深挖彻查背后不作为、慢作为和失职渎职及利益输送等问题；各地落实河湖长制情况纳入省委巡视检查内容；省总河湖长、各位省级河湖长每年带头开展巡河履职，召开专题会议听取市级河湖长述职汇报，协调解决重点难点问题。

4. 加强指挥调度，凝聚部门工作合力

依托河湖长制平台，组建了省级河湖长制作战指挥部，主管副省长担任总指挥，相关厅局主要负责同志担任副指挥，市、县两级同步组建指挥部，层层压实责任，实行挂图作战、专班推进。2019年至2022年共执行挂图作战任务12132项（其中，2019年2858项、2020年5432项、2021年1515个、2022年2327项）。省、市、县三级143名河湖长制办公室主任全部升格调整为同级党政副职领导担任，河湖长制办公室主任层级升格调整后，更加有利于凝聚工作合力，河湖长制办公室的组织协调、调度督导、检查考核等各项工作推动力度明显提升，尤其是在调动职能部门工作上取得很好效果。同时，河湖长制办公室规模进一步扩大，省河湖长制办公室成员单位由9个扩大至15个，责任单位由25个扩大至30个。市县同级部门积极对应入列，把主体责任明确分解落实到部门，河湖长制办公室进一步做实做强。

5. 聚焦专项行动，集中解决河湖问题

在全面建立河湖长制的基础上，针对河湖存在的突出问题，主攻专项行动，先后以省总河湖长令、明传电报等形式，部署开展了河湖“清四乱”、水污染防治、河湖划界、“亮剑护河”联合执法、取用水管理、河湖“清四乱”和河道采砂整治及背后腐败问题深挖彻查、水库除险加固、妨碍河道行洪突出问题排查整治等一系列专项行动，在全省掀起了治理河湖、保护河湖的热潮，发动各级党委、政府，特别是市、县级河湖长靠前指挥、挂帅出征，集中精力打问题歼灭战，着力解决影响河湖管理保护的重点问题。2018 年以来，全省共清理乱占、乱堆、乱采、乱建等河湖“四乱”问题 2 万余个，彻底解决了一大批“老大难”问题和陈年积弊。特别是，哈尔滨市对投资约 23 亿元的呼兰河口湿地公园内 238 处、总建筑面积 10 万平方米阻碍行洪的建筑物实施清除，齐齐哈尔市对嫩江浏园景区内历史遗留的 935 处约 17 万平方米违建予以拆除，鸡西市对穆棱河行洪区内具有百年历史遗留的村屯 369 户 693 人实施整体搬迁。通过河湖“清四乱”，松花江、穆棱河、呼兰河、乌裕尔河、通肯河等江河在发生与历年同量级洪水情况下，水位明显降低，流速明显加快，为夺取防汛胜利和实现防洪保安全目标起到了至关重要作用。全面完成 2881 条流域面积 50 平方公里以上河流和 253 个水面面积 1 平方公里以上湖泊的划界任务，河湖边界更加明晰，为河湖水域空间管控能力提升奠定了基础。

6. 统筹系统治理，提升生态修复能力

加强主要支流、中小河流治理，推进水美乡村和水系连通试点建设，统筹山水林田湖草沙系统治理，2021 年省级财政在支持河湖长制基础工作和“六大任务”相关项目上落实资金 42.9 亿元。完成人工造林、封山育林、退化林修复 79.2 万亩，退耕还湿 4.8 万亩。增殖放流各种鱼类 9482 万余尾。出台《黑龙江省黑土地保护利用条例》《黑龙江省小流域综合治理建设方案》，加强黑土区侵蚀沟水土流失治理，落实资金 6.05 亿元，治理小流域 88 平方公里、侵蚀沟 1706 条，一年投资和治理规模分别为“十三五”期间总量的 91.9%和 123%，创历史新高。齐齐哈尔市探索建设河湖绿色生态廊道，构建“一纵十横、四道一带一地”总体格局，佳木斯市实施城市水系综合治理与水生态修复建设，逐步实现“引江入城、碧水互通”。

7. 建立健全机制，增强区域部门协同

省河湖长办、水利厅、公安厅、司法厅、检察院联合出台《关于加强河湖管理领域执法协同联动的意见》，健全“河湖长+警长+检察长”常态化工作机制，重点查处水资源管理、河湖岸线管理、河湖采砂管理、水土保持管理、行政执法监管、河湖违法犯罪、河湖生态环境公益保护等 7 方面内容。全省 13 个市（地）和 67 个县（市、区）全部完成水行政执法队伍挂牌，另有 14 个区完成水行政执法队伍挂牌，水行政执法人员、车辆和装备全部落实。近两年，累计出动执法人员 5.8 万人次，查处各类涉河湖违法违规案件 734 件，查处违法人员810人，对涉河湖违法犯罪形成有效震慑。与吉林省、内蒙古自治区建立联合执法、合作会商、信息共享等工作机制，加强松花江、嫩江、绥芬河等流域生态治理保护；在挠力河、呼兰河、穆棱河、倭肯河、乌裕尔河等5条河流建立跨区域河湖联防联控机制，有效应对处理跨区域涉水事件和管理保护存在的突出问题。

8. 建设示范河湖，树立先行先试样板

全力推动松花江佳木斯段国家级示范河湖创建工作，立足于打造“防汛安澜河、生态安全河、农业命脉河、冰雪旅游河、文化传承河”的总体目标，建成东北地区唯一一段国家级示范河段，成为佳木斯市的新名片。同时，以国家级示范河湖建设为契机，在全省13个市（地）遴选20个重点河段和湖泊，开展省级示范河湖建设，推进河湖系统治理和综合治理，为建设造福人民的幸福河湖打下良好基础。

9. 强化监督考核，确保责任落实到位

充分发挥监督考核作用，连续五年将河湖长制专项督查任务列入省委、省政府年度督查计划，由省委、省政府两办牵头，联合10多个省直相关部门开展河湖长制全覆盖专项督查，并以“一市一单”的形式向各地反馈意见。加强河湖监管，严格落实常态化暗访机制，开展“全时段、全覆盖、全过程”暗访检查，对媒体曝光和群众举报问题进行重点抽查。2021年，在以往只对市（地）考核的基础上，增加对省直部门和市（地）级河湖长履职考核，进一步压实工作责任，充分发挥考核指挥棒作用。

10. 强化科技支撑，提高河湖监管能力

加强与省测绘地理信息局战略合作，运用遥感测绘技术为河湖问题明察暗访排查和监管督查考核提供支持保障。依托全国“水利一张图”，深度开发河湖长制信息管理系统，推进各类信息共享和联动更新，巡河APP成为河湖长履职的“掌中宝”。研发“河湖监管服务系统”，利用地理信息技术支撑河湖监管，采用卫星遥感、无人机航拍等手段，连续3年开展暗访，首次实现呼兰河等6条河流的全河段暗访，河湖监管逐渐从静态向动态转变。大庆市“云瞰水务”、佳木斯市“河湖智能监测监控系统”陆续登台，打造“天、空、地、人”立体化监管网络，实现数字化智能化转型升级。

11. 深化改革创新，不断释放发展潜力

在全国率先实施库长制，进一步完善水库管理体制机制，压实库长水库环境治理、水污染防治、“四乱”问题整治、除险加固和运行管护等方面的责任。全面建立了市、县、乡三级库长体系，全省注册登记水库全部落实库长，高位推动水库管理保护，切实保障水库安全运行。河湖长办、财政、生态环境、住建、农业农村、林草等部门联合印发《关于加强黑龙江省河湖长效保洁工作的指导意见》《关于助推黑龙江省大水面渔业高质量发展的指导意见》，积极推动河湖常态化保洁措施落地和河湖、水库、湿地等水生态修复保护与渔业发展相得益彰，全省组建保洁队伍2548个，落实保洁人员1.6万人。河湖长办、生态环境、农业农村、文旅、林草等部门联合印发《关于推动黑龙江省水利风景区高质量发展的指导意见》，构建水利风景区发展新格局，着力打造水库型、湿地型、自然河湖型、城市河湖型、灌区型和水土保持型等6类景区，提升景区文化内涵、丰富优质水生态产品供给，促进旅游产业绿色发展，践行“绿水青山就是金山银山”。

12. 注重宣传引导，形成浓厚舆论氛围

省委宣传部为河湖长制搭建良好的宣传平台，对各地在工作中总结出的好经验、好做法以及涌现出的先进典型事迹进行宣传推广。以“守护美丽河湖，共享碧水清流”为主题，组织全省开展河湖长制短视频公益大赛。聘请冬奥冠军武大靖和2名省电视台十佳主播为全省河湖保护形象大使，并制作宣传片在全省主流媒体播放。团省委组织省直相关部门开展“保护家乡河湖、争当护河志愿者”行动，全省10万余名志愿者参与志愿行动。打造齐齐哈尔市、铁力市2个河湖长制主题公园，省河湖长办联合教育厅开展河湖长制“八个一”进校园活动。联合省科协、黑龙江大学、省水利学会等单位，举办龙江水利科技工作者暨河湖长制论坛，围绕河湖长制工作典型和成功经验进行研讨，为我省河湖长制工作建言献策。鼓励公众参与河湖管理保护，各地已设立民间河湖长、企业河湖长、志愿河湖长等6000余人，形成了全社会参与的浓厚氛围，成为推进落实河湖长制的有效动力。

13. 打造东北特色国家级示范河湖，引领生态经济双发展（佳木斯市）

松花江是佳木斯人民的母亲河、绿色农业的命脉河，流经佳木斯市境内长度305公里。2019年11月，水利部将黑龙江省松花江佳木斯段列入全国第一批17个示范河湖建设名单，为东北地区唯一国家级示范河湖。

（1）佳木斯市秉持“大三江一体化”的治水观念，多方统筹资金2.5亿元，深入实施了18项重点工程，将松花江佳木斯段建设成为防汛安澜河、生态安全河、农业命脉河、冰雪旅游河、文化传承河。2020年11月，以优异成绩顺利通过国家级验收，建设成为全国首批国家级示范河湖。

①安全的松花江——“防汛安澜河”。以江河安澜为前提，实施英格吐河左回水堤达标建设工程、堤防防浪林新建及更新抚育工程等，使松花江段有完善

的防洪排涝体系，能够御洪水、排涝水、挡潮水，保一域平安。

②健康的松花江——“生态安全河”。以生态完整为基础，山水林田湖草协同保护，实施松花江南岸滩地生态修复工程、废弃砂场生态修复、退耕还湿、黑臭水体治理工程等，做到水域不萎缩、功能不衰减、生态不退化，护一江清水。

③润泽的松花江——“农业命脉河”。以农业支撑为基础，实施汤原县振兴灌区抽水站引渠疏浚工程、星火灌区续建配套与节水改造工程等，打造“百里绿色稻米长廊”，为黑龙江省粮食压舱石的战略地位提供水利保障，润万亩良田。见2. 东北地区成效图。

（4）富饶的松花江——“冰雪旅游河”。以冰雪旅游为牵引，发挥地域优势，结合三江湿地生态长廊、沿江景观带等建设项目，打造冰雪园区、冰雪景观，举办冰雪旅游、冰雪娱乐等活动，将“绿生态”和“冷冰雪”变成经济发展优势，富一方百姓。

（5）历史的松花江——“文化传承河”。以传承发展为要义，结合垦地融合、大三江一体化，弘扬知青精神、抗联精神、北大荒精神，打造滨水滨岸地带系列文化广场，接续重塑流域水文化，彰显多元文化活力，传一脉精魂。见附图东北地区成效图。

（2）松花江佳木斯段国家级示范河湖建设，为佳木斯市的经济发展和生态改善带来了新机遇。

①生态效益。通过示范河湖建设，河流水环境质量有效提升，污染物排放有效控制，城乡水环境质量不断提高，河湖面貌持续改善，提升了人民群众生活质量，展现舒朗大气、宜居宜业、活力时尚、文明健康的佳木斯市新形象。

②社会效益。河道综合治理有效降低了洪水灾害对人民生命财产造成的损失。流域水文化宣传培育赋予了松花江灵魂和生命，社会文明程度得到提高，人们更加注重尊重自然、顺应自然、保护自然，逐步实现人与自然和谐共处。

③经济效益。通过打造“百里绿色稻米长廊”，发展绿色农业和水产养殖业，增加农民收入。通过冰雪、文化、农业旅游，促进第三产业发展，打造佳木斯特色水生态品牌，增加旅游效益。

14. 突出科技助力、数字赋能，建设信息化、数字化的河湖监管“天眼”（大庆市）

大庆襟两江而拥百湖，大小河流80余条，湖泊200余个。生态价值、经济价值、人居环境价值巨大。2019年结合机构改革，大庆市成立5个市级河湖巡查管护机构，同年开展“亮剑护河”联合执法专项行动，在原有公安、检察、河长“三把利剑”的基础上又亮一剑，将法院纳入专项行动中，完善联合执法工作从事前监督到事后执行的组织体系。2020 年 3 月，大庆市水务局与大庆铁塔集团联合打造“云瞰水务”平台，将河湖监控从陆地提升至“云端”，俯瞰之下 297 个河湖水库一览无余，让河湖监管踏入了新时代。

（1）整合资源创新建。利用现代化技术手段，打造立体化、综合化的河湖监管平台，主要实现河湖远程实施监控、河湖数据矢量地图、无人机高空监控、远程会商系统，全面监管河湖问题。通过高清摄像头实时监控河湖岸线、水位、水资源等情况的变化，对非法采砂的监督、河湖岸线的保护、防汛抗旱的预警等方面工作提供了有效支撑。利用“云瞰水务”智慧平台，采用“云巡河”方式解决汛期雨水较大、河湖现场无法进入的问题。市河湖长办在杜尔伯特蒙古自治县太和闸附近发现有挖掘机进行施工作业，立即联系相关人员，得知为相关部门维修堤坝。虽是乌龙事件，但同时也是一次实战演练，为解决发现盗采沙土问题提供了经验。

（2）打破壁垒广泛联。在地理数据的基础上，整合了各类水利管理信息，还接入城管、环保局等基础数据、排污口等业务数据，形成水利一张图管控的信息系统，有效支撑水利数据综合分析和河湖库管理应用服务。基于水利一张图，可以对河湖进行动态监测，及时准确掌握各地河湖治理保护的真实情况，推动河湖治理保护由被动响应向主动作为转变，为河湖治理保护和河湖监管提供了重要支撑。

（3）多措并举科学用。融合无人机高空巡河，对目前尚未实现高空监控，以及人员无法进入的河湖实行监控，加强了河湖执法、暗访、监督等工作的力度。2020 年暗访时发现大庆市杜蒙县他拉哈镇临河私建的两栋房屋及 45 个大棚需要拆除，当事人上诉至省高院，后败诉依法进行拆除。市河湖长办实地督导检查时，因车辆、人员都无法进入问题现场，就利用无人机进行航拍核实，发现还有 12 个大棚没有拆除，市河湖长办当即责令其限期完成整改，并利用无人机随时跟拍完成情况，督导清理进度。

15. 集中力量打攻坚战，全力以赴啃硬骨头（哈尔滨市道外区）

阿什河是松花江右岸一级支流，道外区段长度约为 16.4 公里。共有河湖“四乱”点位 110 个，违建总面积 338 万平方米，具有总体点位多、规模企业多、承载就业人口多、历史成因复杂等特点。为此，道外区委、区政府按照国家和省市相关要求，坚持“分类施策、分步推进、疏堵结合、综合整治”的原则，制定《河湖“清四乱”三年行动方案》，在工作推进中紧盯目标、挂图作战，咬紧牙关、迎难而上，最终于 2021 年 12 月 20 日，全面完成阿什河道外段

“清四乱”整改任务，取得决定性胜利。

（1）提高政治站位，层层压实落靠责任。按照国家和省市要求，把阿什河“清四乱”作为重大政治任务，“不讲条件、不计代价、不打折扣、不搞变通”坚持推进落实。

①持续加强组织领导。区委、区政府始终把河湖“清四乱”牢牢抓在手上，党政主要领导坚持每周至少深入1次现场，亲自督办重点任务，亲自指挥重大战役，亲自协调资金保障。同时，扎实组建工作专班，由分管副区长统筹人员组织、违建拆除、督促协调等相关工作，确保现场第一时间发现和解决难题。

②持续强化合力攻坚。抽调50余名精兵强将，组建证照认定、违建拆迁、信访维稳等6个攻坚小组，形成合力攻坚的格局。特别是整合水务、公安、执法等部门力量，开展集中行动、联合执法，确保强制拆除战役每战必胜，决胜阶段保证以每周5万平方米的速度强势推进。

③持续保持高压态势。严格执行“清四乱”三年计划不动摇，始终不为困难所惧，不被人情所扰，不怕辛苦所累，到达规定拆除时限的坚决拆除。坚持扫黑除恶当先锋，持续加大对“清四乱”中涉黑涉恶的线索摸排和宣传力度，形成有效震慑，破除拆除阻碍。

（2）勇于担当作为，奋力打赢“三大”战役。面对“清四乱”面临的巨大困难，道外区集中优势兵力，保持强力态势，先后打响“三大”攻坚战役，确保清理整治取得重大胜利。

①坚决打赢宣传动员“主动战”。组织1000余人次，顶严寒、冒酷暑，逐家逐户深入企业，面对不理解和谩骂，用法理和人情动员84家企业配合进行自拆，面积达98万平方米。利用各大媒体和网络平台持续加大宣传力度，特别是对集中整治行动的宣传报道，对违建主体形成强大的心理攻势，为河湖“清四乱”顺利推进提供正向舆论引导。

②坚决打赢强制拆除“攻坚战”。对于拒绝限期自拆的，组织人员力量进行集中清理，先后出动重型车辆1万余台次、大型机械1000余台次、执法人员6000余人次，开展专项行动100余次，以最坚决的态度、最有力的举措，保证所有“四乱”违建依法拆除。

③坚决打赢疏堵结合“立体战”。将27家重点税源企业、民生企业，划分为仓储物流类、商贸类、生产经营类，挖掘传化智能物流港、华南城商贸综合体等项目资源，谋划建设寒地产业园区、民主工业园区等承接平台，确保在常态化疫情防控条件下让企业生存下来、发展下去。

（3）注重风险防范，积极做好矛盾化解。坚持“预防为先、依法处理、防止激化”的原则，最大程度减少矛盾纠纷、减轻拆违阻力、降低执法风险。

①全力减少矛盾发生。最大限度考虑企业利益，合理制定拆除方案，努力保护企业，争取理解支持。积极助力企业解决现实困难，协调符合存放条件场地，组织城管等运输队伍，帮助企业转运库存商品及机械设备。

②全力促进矛盾化解。设立维稳专班，专人专职负责，主动与企业沟通、听取诉求、耐心解决，基层政策解答、接待信访案件100件次500人次，化解到市、上省和进京信访案件10件次20人次，妥善处置群体访50次350人次，成功稳控涉及上千人的重大群体访，确保“清四乱”过程中始终无重大影响的信访案件发生。积极引导上访人通过法律途径依法维权，38件信访案件导入法律程序，公平公正地维护各方合法利益，赢得信访人的信任与支持，有效减轻了信访压力。

16. 推进“网格化管理+小微水体治理”打通河湖管护最后一公里（佳木斯市同江市）

同江市坚持以习近平生态文明思想引领河湖长制工作实践，深入贯彻落实国家和省各项决策部署，抢前抓早，创新探索“河湖长制+网格化管理”工作机制，并将小微水体纳入河湖长制管理体系，实现河湖管护责任体系、管护范围、工作力量精准化精细化，补齐了河湖管护责任体系和管护范围的短板，提升了河湖常态化管理能力，打通了河湖管护最后一公里。

（1）推行“河湖长制+网格化管理”，实现责任体系再延伸。为切实改变河湖管护力量薄弱问题，加快河湖管护从“粗放式”管理向“精细化”管理转变，同江市创新探索“河湖长制+网格化管理”工作机制，将纳入河湖长制管理的38条河湖按定量标准划分成单元网格，形成“发现—上报—核实—交办—整改—反馈—考核”的闭环工作机制，确保分段到户、责任到人，管好河湖治理的“微细胞”，有效补齐了河湖管护工作短板。

①纲举目张，推动网格化建设科学化。印发《同江市河湖长制“网格化”管理实施方案》，将境内38条河湖逐级、逐河、逐段设立三级网格管理体系，书记和市长担任总网格长，市级领导担任一级网格长，乡镇党委书记、镇长担任二级网格长，新增420名包村领导和包村干部担任三级网格长，织密织牢三级联动的河湖监管体系，形成一级抓一级、层层抓落实的良好局面，有力有效推动工作落实。

②数字赋能，推动巡河履职规范化。在深化党建引领作用的基础上，吸纳更多社会力量参与到“河湖长制+网格化”工作中，将各行政村行政区域内河湖管护范围进一步细化成1056个网格，设置村级网格员1056名，同时，结合边境

管理工作，边防部队、护边员积极开展边境管理与河湖管护工作，壮大了河湖管护队伍。根据各行政村河流实际情况，明确每名村级网格员巡查管护范围为500~1000米，在网格长的带领下，网格员统一利用“黑龙江省河（湖）长制”移动工作平台APP系统，每周2次对所负责河段进行巡河检查，开展河道保洁。统一佩戴“河道网格员”红袖标，对巡查发现的向河湖内排污、倾倒垃圾侵占河道、采砂、电炸毒鱼、在河道管理范围内私搭乱建、开垦等违法行为及时制止，不能处理的逐级上报。在传统管护的基础上升级科技手段，利用“天眼工程”和“雪亮工程”监控点位，融合黑龙江省河湖长制移动工作平台和网格通2个APP，持续扩大远程监控高位指挥的监管范围，网格员观察所负责区域范围内的河流湖泊情况，针对可能发生的河流污染、破坏环境等情况，能够做到及时发现，把问题消灭在萌芽状态，实现河湖管理信息化、数字化。

③发挥效能，重拳打击“四乱”行为。通过无死角“天上看+地上巡”以及利用村级网格员熟悉村情乡情和特殊地理位置的资源优势，同江市已累计清理销号河湖“四乱”问题400多个，真正把河湖长制的触角延伸到村、到人、到段，切实打通河湖管护最后一公里，确保不留死角、不留盲区。

（2）实施“河湖长制+小微水体治理”，实现管护范围再覆盖。为强化河湖长制，推进乡村振兴战略实施，打赢污染防治攻坚战，改善农村人居环境工作，进一步打通河湖管护“最后一公里”，同江市在黑龙江省率先探索将小微水体纳入河湖长制管理体系，出台《同江市关于在小微水体实施河湖长制工作方案》，将全市未纳入河湖长制管理且长时间存在的无名溪流、泡沼、沟塘、路边沟、市政设施水体等小微水体纳入河湖长制管理，解决了水环境治理中的小微水体无人问津、疏于管理的困局。

①建立符合小微水体特性的河湖长制体系。结合小微水体特性，河湖长制设置遵循“党政领导+社会担责”。小微水体实施河湖长制在充分发挥河湖长制“党政同责、部门联动、乡镇主体、村级负责、全面推进、全域治理”的基础上，以更高要求、更严标准、更实举措完善乡村级河湖长制工作体系和河湖沟渠监督职责及整改目标。最大限度调动社会共建共享的积极性，压实“官方（党政领导）”河湖长统领、“民间”（使用和受益方）积极参与、河道网格员覆盖的责任体系，使社会力量成为小微水体推行河湖长制的主力军。已排查小微水体89个，其中：市政设施小微水体5个，设立“一长+两员”（河长+监督员+保洁员），依托园林养护中心管护体系，保洁员定期打捞水面漂浮物，清理周边垃圾，保持了良好的生态环境；农村小微水体84个，建立小微水体名录和乡、村两级河湖长组织体系，设立乡、村河湖长186名，在重点区域显著位置

竖立小微水体河长公示牌37块，设置监督举报电话，方便群众监督举报。见2.东北地区成效图。

②突出示范带动，助力乡村振兴。同江市坚持以点带面、示范引领，将城区平安泡作为试点，通过在水面种植芦苇、放养鱼苗，在岸边栽种云杉、柳树、丁香等绿色植被的方式，大大改善了水生态环境，生态好了，环境美了，吸引数十只野鸭子戏水栖息，引得游客拍手称赞，打造了“人水和谐”的城市小微水体样板。各乡镇选取1~2个村屯附近的小微水体作为试点，如：永胜村依托人文环境优势，打造形成“江城第一壁画村”，新发村、新光村围绕小微水体形成健康徒步圈。结合人居环境整治，通过开展打捞漂浮物、清理垃圾、清除网障、清理疏通排水渠、拆除路边旱厕等行动，让农村小微水体的水动起来、清起来、美起来。

③擦亮赫哲文化名片，传播水利声音。紧紧围绕实现中华民族伟大复兴的中国梦，坚持以社会主义核心价值观为引领，深挖同江市2013年特大洪水抗洪精神，建造了同江抗洪纪念馆，使之成为传播水文化的重要平台；深挖生态旅游、民族文化旅游资源，在街津口赫哲族乡渔业村实施了壁画小镇项目和4A级景区建设，打造了街津口赫哲族乡渔业村八岔赫哲族乡八岔村两个“中国少数民族特色村寨”。通过举办“赫哲族渔猎文化节”“八岔赫哲族冬捕文化节”以及“游街津圣山、赏赫哲美景”等丰富多彩的民俗活动，弘扬水文化精神、传播水文化价值，不断增强其传承与发展的动力，使更多的人了解了赫哲族传统的渔猎文化和古老的伊玛堪说唱艺术，为河湖长制工作赋予文化之魂。

二、黑龙江省推行河湖长制的主要问题

1. 河湖长履职能力不足

县、乡、村三级河湖长履职能力不强，不敢较真碰硬，推动河湖管理保护工作成效有待提高。

2. 部门间沟通联系不紧密

河湖长制工作涉及部门多，沟通协调任务量和难度大，存在力度不够、配合不紧密的问题。

3. 河湖管理保护法规不完善

我省河道管理条例是1984年颁布实施的，虽然经过几次修订，但仍不满足国家新理念、新要求和河湖管理保护新形势，亟须修订完善。

4. 河湖综合整治力度还需加强

河湖治理保护尚处于攻坚阶段，政策、资金等要素支撑有待同步跟进，加大河湖综合整治资金投入，提升河湖治理保护成效。

5. 河湖长制机制有待健全

与国家和先进省份河湖长制工作相比，我省尚未建立奖励激励机制，未能激发出市、县、乡、村河湖长制工作积极性，存在“重问责、轻激励”的现象。

三、黑龙江省推行河湖长制工作的建议

1. 设立国家级河湖长

我省五级河湖长履职成效显著，建议国家层面设立国家级河湖长，负责统领全国七大流域河湖长制工作，承担总督导、总调度职责。国家级河湖长负责指导、协调其流域范围内河湖管理和保护工作，督导其流域内省级河湖长和国家有关责任部门履行职责。

2. 国家加强河湖保护工作经费投入

河湖常态化管护与监管需要稳定可持续的工作经费投入，建议国家将河湖资金投入重点从开发建设转向保护监管，设立常态化投入科目，增加河湖保护和监管工作经费投入比例，出台相关资金投入政策，把保障河湖生态环境保护与监管工作作为今后一段时期的河湖重点工作。

3. 多维管护模式，多元融资途径

提升河道管护效率，创新管护机制，鼓励河道管护外包，鼓励河道维护与地区特色相结合，既可以形成新形式的旅游景点，也可以增加额外收入。加大资金支持，多元融资途径，比如与社会资本方合作，鼓励群众自筹等方式。

附图：东北地区成效

辽宁省河湖治理成效图

沈阳辽中区蒲河跑马场照片（清理前）

沈阳辽中区蒲河跑马场照片（清理后）

沈阳铁西区浑河“蚂蚁王国”（清理前）

沈阳铁西区浑河“蚂蚁王国”（清理后）

辽宁省苏家屯浑河违建房屋（清理前）

辽宁省苏家屯浑河违建房屋（清理后）

辽宁喀左凌河第一湾治理前

辽宁喀左凌河第一湾治理后

辽宁喀左龙源湖治理前

辽宁喀左龙源湖治理后

辽宁盘锦秀水河综合治理前

辽宁盘锦秀水河综合治理后

沈阳市浑河闸段防洪治理工程治理前

沈阳市浑河闸段防洪治理工程治理后

江河生态封育效果展示

辽河昌图段生态封育

辽河入海口生态封育

辽宁省大凌河中游生态封育

辽宁省大凌河南哨湿地生态封育

辽宁省丹东草河生态封育

辽宁省北票市凉水河生态封育

吉林省河湖治理前后比对图

吉林市松花江长白岛段湿地水生态修复工程治理前

吉林市松花江长白岛段湿地水生态修复工程治理后

吉林桦甸市辉发河故河道护岸、清淤、绿化前

吉林桦甸市辉发河故河道护岸、清淤、绿化后

吉林四平市西湖湿地建设前

吉林四平市西湖湿地建设后

黑龙江省河湖治理成效图

黑龙江百里绿色稻米长廊

黑龙江外滩公园冰雪旅游

黑龙江小微水体河长公示牌

第三章

华东地区

第一节 江西省经验、问题及建议

江西省水利厅党委委员、省河长办公室专职副主任姚毅臣，
江西省水利厅省河湖长制工作处处长邹崴、江西省鄱阳湖
水利枢纽建设办公室河湖处副处长黄瑚
河海大学：唐彦、许卓明、张雪洁、符莎

一、典型做法与经验

在全面推行河长制湖长制工作实践中，江西省形成了一些富有特色、值得在全国范围推广的做法与经验。

（一）坚持依法治河，综合整治创新化

江西省将河长制湖长制纳入法治轨道，从法制层面进一步明确组织体系构架、各级河长湖长职责等，实现了“有章可循”向“有法可依”的转变。2018年先后颁布施行了《江西省水资源条例》《江西省湖泊保护条例》《江西省实施河长制湖长制条例》。江西省各地积极探索河湖管理保护综合执法模式，健全河湖管理法规制度，完善行政执法与刑事司法衔接机制，依法强化河湖管理保护监管，提高执法效率。例如，鹰潭市、九江市以水利、公安部门为主组建河湖综合执法支队，安远、寻乌、会昌、宜黄等县组建生态环境综合执法局，开展河湖和生态环境综合执法。积极探索“河长制+精准扶贫”，全省1.7万多名建档立卡贫困户被聘为河道保洁员，占全省河道保洁员总数的35%，助推脱贫攻坚。九江市、南昌县、玉山县设立企业河长、民间河长、河长理事会；靖安县实行河（库）长认领制。德兴、峡江等30个县设立了342家“垃圾兑换银行”，倡导生活方式转变。

（二）坚持以上率下，体系建设全面化

为实现每条河流都“有人管、管得住、管得好”的目标，江西省委书记、省长分别担任总河（湖）长、副总河（湖）长，省委副书记、省人大常委会副主任、副省长、省政协副主席等省级领导分包主要河湖河长湖长。市、县、乡各级党委政府的主要领导分别担任总河（湖）长、副总河（湖）长，党政一把手率先垂范，树立标尺。确定了省级责任单位，在全国率先建立了党政同责、区域和流域相结合的“4+5+4+3+3”全覆盖规范化组织体系，成为全国河长制组织体系最高规格的省份之一。“4”是按区域，设立了省、市、县（市、区）、乡（镇、街道）行政区域内设立总河（湖）长、副总河（湖）长，由行政区域党委、政府主要领导分别担任；“5”是按流域，设立省、市、县、乡（镇、街道）、村（居）5 级河（湖）长；“4”是由共青团江西省委、江西省水利厅、江西省河长办公室共同设立了省、市、县、乡 4 级“河小青”志愿者组织体系；“3”是省、市、县 3 级河长办专职副主任基本配备到位；“3”是各级检察机关分别在省、市、县 3 级水行政主管部门设立了生态检察室。

（三）坚持建章立制，规范管理先行化

江西省先后出台并修订完善河长制湖长制会议制度、信息工作制度、工作督办制度、工作考核办法、工作督察制度、验收评估办法、表彰奖励办法等 7 项制度，制定发布全国首个河长制湖长制地方工作标准《河长制湖长制工作规范》，形成了一套比较完备的工作制度体系。河长制湖长制省级表彰项目于 2017 年获国家批准设立，是全国首个也是目前唯一一个河长制湖长制省级表彰项目。2019 年在全国率先组织开展了 2016—2018 年度河长制湖长制工作省级表彰评选活动，省政府对 60 名优秀河长和 15 个先进单位进行了表彰。江西省在进行各项制度设计时，注重制度之间的关联性，使之环环相扣。如河长制表彰结合河长制工作年度考核进行，河长制工作督察结果纳入全省河长制工作年度考核，作为河长制工作年度考核和奖励的依据；河长制工作督察过程中发现的新经验、好做法，通过《河长制工作简报》《河长制工作通报》《河长制工作专报》等平台总结推广。

（四）坚持多管齐下，河湖管护长效化

江西省加强巡河督导检查，开展人大、政协监督，强化考核约谈。江西省政府对河长制湖长制工作、消灭劣 V 类水等工作开展专项督查。政协江西省委员会连续多年开展“河长监督行”活动，对省政府考核河长制工作靠后的 3 个市、10 个县开展监督。省政府将河长制湖长制工作纳入对市县高质量发展考核评价体系、生态补偿机制及省直单位绩效考核体系，由省河长办组织 10 多家省级责任单位，对全省11个设区市及100个建制县（市、区）进行河长制湖长制工作年度考核，考核结果以江西省政府办公厅名义通报；同时，各级河长湖长履职情况也作为领导干部年度考核述职的重要内容。

（五）坚持问题导向，标本兼治聚焦化

在省级总河（湖）长统筹推动下，江西省河长办坚持问题导向和水陆共治，持续开展以“清洁河湖水质、清除河湖违建、清理违法行为”为重点的清河行动。在河湖“清四乱”工作中，江西省坚持标本兼治，聚焦治理四乱抓整治。全省各级河长湖长组织领导专项行动，各级河长办协调有关部门分工协作、共同推进，各地在做实调查摸底工作的基础上，进一步加大问题排查力度，依法依规开展集中整治，依法严格处置。建立起规划引领、分级负责、河长湖长督促协调、部门协同的河湖管护长效机制。一是以空间规划为引领；二是建立清晰明确的责任体系；三是建立务实高效的河湖监管体系。

二、十大亮点

2016年年初，习近平总书记在江西视察时指出：绿色生态是江西最大财富、最大优势、最大品牌，一定要保护好，做好治山理水、显山露水的文章，走出一条经济发展和生态文明水平提高相辅相成、相得益彰的路子，打造美丽中国“江西样板”。江西始终以习近平的重要指示精神为统领，秉承山水林田湖草生命共同体理念，坚持以流域为单元综合治理，在全国率先实施流域生态综合治理，统筹推进流域水资源保护、水污染防治、水环境改善、水生态修复，协同推进流域新型工业化、城镇化、农业现代化和绿色化，同时立足新发展阶段，在流域生态综合治理基础上启动幸福河湖建设，2022年以总河长令形式发布《江西省关于强化河湖长制建设幸福河湖的指导意见》，进一步打通绿水青山就是金山银山双向转换通道，系统治理成效显著。评估组从江西省的工作实践中发现了一些“亮点”，简介如下。

（一）从流域生态综合治理到幸福河湖建设，产业转型升级不断提速

2017年，深化河长制湖长制工作思路，全面开展流域生态综合治理，2017—2020年全省规划流域生态综合治理投资880多亿元，以生态增值为导向、转型升级为路径、项目整合为抓手，促进流域内的生态效益、经济效益、社会效益全面提升。例如：抚河流域通过启动流域生态综合治理，产业布局正向大数据、新能源汽车、电子信息化、中医药、休闲旅游转型升级。2022年全面启动幸福河湖建设，全省确定100余条幸福河湖建设名录，从强化水安全保障、强化水岸线管控、强化水环境治理、强化水生态修复、强化水文化传承、强化

可持续利用，努力建设“河湖安澜、生态健康、环境优美、文明彰显、人水和谐”的幸福河湖。靖安县北潦河作为全国首批示范河湖，以“有一种幸福在北潦河”为主题，以全域保护提升全域生态，以全域生态助推全域旅游，大力发展康疗养生、文化创意等产业，依托北潦河良好的水生态环境点“绿”成“金”。

（二）水系生态综合治理工程促进一、二、三产融合联动

高安巴夫洛生态谷是一个典型，它位于江西省高安市祥符镇湘赣东路，项目园区占地22800亩，是我国首批国家级田园综合体试点项目，国家AAAA级旅游景区，江西省省级特色小镇，江西省现代农业示范园区、江西省生态文明示范基地、江西省新农村建设示范区等。主要由“一镇、一基地、四区”组成，一镇为巴夫洛风情小镇，是一处具备田园特征、村落文化的便利生活社区；一基地为特色农产品加工基地，以中央厨房为核心，配套仓储、物流、质检、交易、商贸、会展、创业孵化等辅助功能，一站式的农产品流通销售平台；四个区域分别为智慧循环农业示范区、田园风光观光区、生态动感乐活区、乡情文化体验区。高安巴夫洛生态谷以江西特色农产品加工与配送为支撑的产业体系和以原有12个赣派老村庄及耕读文化为依托的生态休闲文旅体系，真正实现一、二、三产融合联动。高安巴夫洛生态谷景区积极响应市政府县级生态文明建设规划，着力打造河长制升级版，开展水系生态综合治理，重点打造月鹭湖和五爪湖水系工程，开展河湖水生态综合治理。

（三）河长制促进绿色生态农业不断发展

结合乡村振兴发展战略，将流域内山、水、林、田、湖、路、村等要素作为载体，整合流域内水利、环保、农业、林业、交通、旅游、文化等项目，打捆形成流域生态保护与综合治理工程，促进绿色生态农业不断发展。如：抚州市东乡区的润邦农业改变粗放耕作农业方式，初步建成以生态、绿色、循环农业为核心，集水稻种植、白花蛇舌种植、水产与畜牧养殖、花草苗木栽培、新能源综合开发利用、休闲生态旅游业为一体的绿色生态农业综合体。农田地力平均提高0.7个等级，粮食生产能力亩均提高约70千克，灌溉水有效利用系数提高约10%，每年可节约灌溉用水10万立方米以上；肥料利用率提高10%，每年可节肥6吨以上。绿色生态农业不断发展——抚州市绿色生态润邦农业治理效果显著。

（四）河长制促进乡村生态文明建设

这方面的例子不少。贵溪市塘湾镇唐甸夏家村属于塘湾水流域，塘湾水过村2公里左右。自2017年开始，塘湾镇以推进流域生态综合治理为抓手，将塘

湾水列入流域生态综合治理示范河流，投资达2000多万元，着力打造“河畅、水清、岸绿、景美”的河长制升级版，成为全市最具特色的新农村精品点。流域生态综合治理突出水文化主题，全面提高村庄内涵；延伸产业布局，全面振兴村庄经济。全省累计完成711个省级水生态文明村试点和自主创建，打造了一批生态宜居的美丽乡村，农村人居环境得到明显改善，群众的环境获得感不断增强。

（五）群众环境获得感和经济获得感不断增强

流域综合治理后的百里昌江、南昌赣江风光带和乌沙河治理、萍水河、孔目江等一批显山露水、治水理山的示范流域或河段，为市民旅游休闲提供了良好的生态产品，群众环境满意度不断提升。例如，通过生态治水为百姓创造生态红利，赣县区长村河流域建设五云镇千亩蔬菜采摘园、樟树坪星星现代农业示范基地和夏潭村甜叶菊育苗基地，发展休闲、观光和体验农业，带动了400多户贫困户脱贫致富。南昌市国家级南矶湿地保护区地理位置独特、生态环境美丽，每年大量候鸟来此，岛上的渔民在家门口经营渔家乐，吃上了“绿色饭”“生态饭”，从守住鄱阳湖一湖清水、护住湖滩湿地、保护候鸟生灵中收获生态红利。2018年，江西全面启动生态鄱阳湖流域建设行动，围绕空间规划引领、绿色产业发展、国家节水行动、入河排污防控、最美岸线建设、河湖水域保护、流域生态修复、水工程生态建设、流域管理创新、生态文化建设等十大方面，打造鄱阳湖流域山水林田湖草生命共同体，促进流域内的生态效益、经济效益、社会效益全面提升，实现河湖健康、人水和谐、环境保护与经济发展共赢，为打造美丽中国“江西样板”增添助力。

（六）持续每年开展“清河行动”，河湖水质不断提升

江西自推行河长制湖长制以来，始终坚持问题导向和目标导向，突出水陆共治和系统治理，持续开展以“清洁河湖水质、清除河道违建、清理违法行为”为重点的“清河行动”。先后将水质不达标河湖治理、侵占河湖水域岸线、非法采砂、非法设置入河湖排污口、畜禽养殖污染、农业化肥农药减量化、渔业资源保护、农村生活垃圾和生活污水、工矿企业及工业聚集区水污染、船舶港口污染、水库水环境综合治理、饮用水源保护、城市黑臭水体治理、非法侵占林地破坏湿地和野生动物资源、消灭劣V类水及V类水、鄱阳湖生态环境专项整治等列为“清河行动”的重点内容，累计排查整治各类损害河湖水域环境的突出问题万余个。通过系统综合治理，真正实现了河长制湖长制从“有名”到“有实”的转变，全省河湖水环境持续向好，地表水断面水质优良比例持续上升，由2015年的81%提升至2020年的94.7%，远高于全国平均水平和国家下

达的考核指标。

（七）全力推进法制建设，河长制湖长制走上法制化轨道

江西在全面推行河长制湖长制过程中，始终重视制度建设和法制建设。在建立健全河长制湖长制相关制度体系的基础上，大力推进法制建设。2016 年 6 月 1 日正式修订实施的《江西省水资源条例》第五条明确规定："全省应当建立河湖管理体系，实行河湖水资源、水环境和水生态保护河湖长负责制。"这是全国第一部写入"河湖长负责制"的地方性法规。2018 年 6 月 1 日正式实施的《江西省湖泊保护条例》第七条明确规定："湖泊实行湖长制。湖长负责对湖泊保护工作进行督导和协调，督促或者建议政府及有关部门履行法定职责，协调解决湖泊水资源保护、水域岸线管理、水污染防治、水环境改善、水生态修复等工作中的重大问题。"这也是全国第一部明确湖长制的地方性法规。2018 年 11 月 29 日，江西省第十三届人大常委会第九次会议审议通过了《江西省实施河长制湖长制条例》，并于 2019 年 1 月 1 日起正式施行，标志着江西全面推行河长制、深入实施湖长制正式步入法制化轨道，真正实现从"有章可循"到"有法可依"。抚州市宜黄县建立人民法院生态法庭。

（八）率先建立最高规格的河长制组织体系，不断提升协调督促能力

2015 年江西制定出台《江西省全面实施"河长制"工作方案》，在全国率先实施河长制。明确建立了由省委书记任总河长，省长任副总河长，7 位省级领导担任省级河长湖长，在全国率先构建了"党政同责、部门协同、上下联动"的河长制湖长制组织体系。市、县、乡、村四级均按此规格配备河长湖长，形成了全省流域加区域、所有水域全覆盖的组织体系（见图 3-1）。2017 年，为使河长制工作有专人分管负责，省级在全国第一个经省编办批准，设立了省河长办专职副主任。随后，市县两级也均设立河长办专职副主任。2018 年，省级调整由分管副省长担任省河长办主任，省政府分管副秘书长和省水利厅厅长分别担任省河长办常务副主任，有效提升了省河长办的组织协调能力。在省河长办带动下，市、县、乡三级河长办全部升格，河长办主任均由政府分管领导担任。

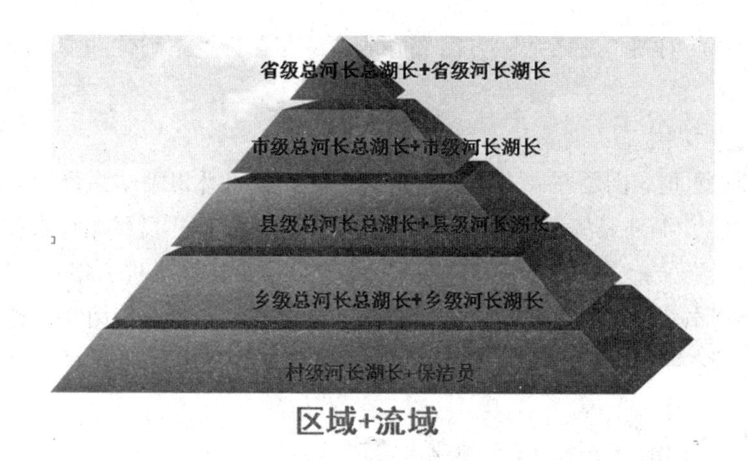

图 3-1 江西省五级河（湖）长制组织体系

（九）河长制湖长制宣传深入人心，全民呵护河湖生态的氛围初步形成

江西河长制湖长制工作持续受到国内外主流媒体的关注并被多次采访报道。2017—2019 年，中央电视台《焦点访谈》连续 3 年对江西省河长制工作进行正面报道。2018 年，联合共青团省委，启动了全省性“我是河小青，生态江西行”护河、爱河志愿者行动，组建“河小青”队伍人数上万人，江西“河小青”志愿者活动获全国志愿者行动金奖。率先通过地方性法规方式设立“河湖保护活动周”，广泛宣传河长制湖长制。

（十）编写全国首本中小学生河湖保护教育读本，普及河湖保护知识

江西省河长办精心组织编写了全国首本中小学生河湖保护教育读本《我家门前流淌的河》，并向全省中小学校免费发放 40 万册。该读本分为水 · 生命之源、家乡的河湖、受伤的家园、关爱河湖　人人有责、珍爱生命　预防溺水共五个章节以及附录河长制湖长制相关知识，旨在普及河湖保护知识，教育学生从小珍惜水、节约水、保护江河湖泊，自觉从我做起，从小事做起，争做河湖的保护者、文明生态的宣传者和美好家园的建设者。江西省还率先推进河长制湖长制进党校，将河长制湖长制纳入党校培训课程，倡导各级河长湖长在党校带头宣讲河长制工作。

三、推行河长制存在的问题

（一）加强河湖水域岸线保护

大力推进河湖“清四乱”及划界工作。河道“四乱”问题整治推进有力，但工作压力传导、宣传引导力度不够，部分区县乡镇流域面积较小，河流河道内仍存在乱占、乱采、乱堆、乱建等“四乱”现象；市、县河湖管理保护方面

有短板。目前河湖“清四乱”方面部分地区还存在排查不到位和清理整治进度慢等情况。

（二）河湖生态综合治理有待加强

污染在水里，问题在岸上，加快水岸共治，山水林田湖草系统治理，发展“生态农业”“循环经济”是防治水污染的治本之策。推广发展循环农业，有效减少面源污染，充分发挥河长制生态保护与经济发展协同推进、相互促进作用，引进社会资本建国家湿地公园、休闲度假区等生态主题景点，切实推进水旅融合，河库生态效益、周边土地价值同步提升，河库产业发展、群众致富同步推进。

（三）部门配合协作的工作机制有待加强

尤其是部分设区市、县（市、区）还存在部门之间不协调、配合不紧密，部门职责仍有交叉、模糊或空缺，在解决某些具体问题时相关部门职责边际不清，没有形成更强的治水合力。市、县在督察与考核结果运用方面还不够有效。乡、村两级在河（湖）长制责任落实上尚存薄弱环节，管理上还有推诿、扯皮现象，小河道、小水库、小山塘、小水面等水域保洁有“死角”。

（四）基层河长办能力建设有待提升

基层河长办人员编制紧张，教育培训力度有待加强，基础支撑能力还需强化。工作开展不平衡，基层责任落实有待加强。

（五）水污染防治、水环境提升、水生态修复任重道远

这些都需要系统治理、水陆共治，所需资金量大，整治工作任重道远。

四、工作建议

（一）坚持综合治理和系统治理

全面推行河长制工作已经进入新阶段，下一步重点不能就水治水，而要盯住“盆”和“水”，从“清四乱”扩大到水陆共治、系统治理，着力解决好水资源短缺、水生态损害、水环境污染等问题。牢固树立绿水青山就是金山银山的理念，切实推进生态综合治理，统筹流域上下游、左右岸、干支流，实施系统治理、全域治理。

（二）坚持问题导向和效果导向

坚持水岸同治，梳理细化问题清单，持续推进15项清河行动，协调推进鄱阳湖流域生态环境专项整治，以问题整改倒逼绿色发展和生产方式、生活方式的转变，最大限度地维护河湖健康，最大限度地提升河湖水环境质量，逐步实现河畅、水清、岸绿、景美，还给老百姓“清水绿岸、鱼翔浅底”的景象。

（三）发挥平台作用，提升工作能力

进一步落实各级河（湖）长及责任单位的工作责任，推进河长制湖长制法制化、标准化、信息化建设，特别是加强河湖突出问题的督察督办，抓好“收集-归类-分办-督办-调度-跟踪-核实-销号”各个环节，实行“闭环销号”。充分用好“督办函”特别是“河长令”抓好问题督办。对整改工作不力的地方和部门，实行通报和提请河长开展约谈，推动问题有效解决。

（四）健全机制制度，确保长效管护

推进立法进程，督促各级河（湖）长履职和各级责任单位履行法定职责，形成河湖保护管理工作合力。进一步完善省、市、县、乡四级“河长+警长”体系，加强河湖保护联合执法和生态环境综合执法，进一步加大对乱占乱建、乱围乱堵、乱采乱挖、乱倒乱排、乱捕滥捞行为查处打击力度。进一步落实河湖管护主体、责任和经费，发挥社会参与、民间监督的作用。

江西省河湖治理成效前后对比见：3. 华东地区成效图

第二节　浙江省经验、问题及建议

浙江省河长办：何斐、王巨峰、梁彬、汪馥宇
河海大学：唐彦、唐德善、夏管军、高玉琴

一、典型经验

在全面推行河湖长制工作实践中，浙江省形成了一些富有特色、值得在全国范围推广的做法与经验。

（一）河长制体系覆盖省、市、县、乡、村

浙江省 11 个设区市、90 个县（市、区）及各开发区、所有乡镇（街道）的总河长及分级分段河长均已设立，在健全省、市、县、乡、村五级河长体系基础上，进一步延伸到沟、渠、塘等小微水体。省、市、县（市、区）均设立相应的“河长制”办公室，乡镇（街道）根据工作需要设立“河长制”办公室，部分村内自发设置“河长站”或“河长社”，全省实现河长制办公室集中办公，定期召开成员单位联席会议，研究解决重大问题。

（二）强化制度建设，规范管理有保障

在制度建设方面，2017 年 10 月 1 日，浙江省正式颁布实施《浙江省河长制规定》，成为全国第一部河长制地方立法。同时，在制定出台《浙江省河长会议

制度》《浙江省河长制信息化管理及信息共享制度》等6项国家要求的制度建设任务基础上，出台了《浙江省河（湖）长设置规则（试行）》《河长公示牌规范设置指导意见》《浙江省河长制管理信息化建设导则》《浙江省河长制“一河（湖）一策”方案编制指南》《浙江省河湖健康及水生态健康评价指南》等制度和规范性文件。针对各级河湖长职责不清、履职标准模糊的实际，2021年9月出台省级地方标准——《河湖长制工作规范》。

（三）全民参与，全民护水

为充分发挥公安职能优势，强化对水环境污染犯罪的打击与监管，各地根据需要设置河道警长，协助各级河长开展工作。为充分发挥人民在治水护水中的监督作用，各地依托工青妇和民间组织，大力推行“企业河长”“骑行河长”“河小二”等管理方式，吸引全省公众关注治水护水、用实际行动参与治水护水。创新家庭河长概念，放置小小河长公示牌，提高全民对河长制的参与度，从每个家庭开始提升群众保护河湖的重视程度。

（四）“五水共治”，治污、防洪、排涝、保供、节水齐发展

浙江省推出“五水共治”（河长制）的河湖治理策略，即以河长制为制度保障，以“五水共治”为主要抓手，把“五个水”的治理，比喻为五个手指，五指张开则各有分工，既重统筹又抓重点；五指紧握就是一个拳头，以治水为突破口，打好转型升级组合拳。治污水，老百姓感观最直接，是“大拇指”，以提升水质为核心，最能带动全局、最能见效。

（五）大禹鼎，点燃河湖治理激情

“大禹鼎”作为浙江省全省“五水共治”（河长制）的最高荣誉，是检验治水成效的重要标准，同时点燃了各市县河湖治理的激情。“大禹鼎”的评选有一套科学完整的考核标准，考核分值由年底考核分、平时考核分和领导小组评价得分等构成，按照一定比例权重计算得出，综合年终和平时、贯穿全年累计得出最终结果。

二、十大亮点

浙江省以习近平新时代中国特色社会主义思想为指导，积极践行绿水青山就是金山银山的工作理念，围绕“美丽浙江”“共同富裕”建设，高标准推进“五水共治”，高水平落实“河长制”工作要求，以“污水零直排区”和“美丽河湖”创建为载体，全面推动治水工作向纵深挺进、向更高水平提升。本次调研走访中发现浙江省河湖长工作中有以下亮点。

（一）全面落实河湖长日常履职结合河湖状况积分制度

为深化落实河湖长制，强化各级河湖长履职、考核管理，提升河湖长履职自觉性、积极性和实效性，2021 年浙江省部署实施了河湖长履职积分考评制度。旨在通过河湖长履职事项表单化、责任河湖状况指标化和考评信息公开化“三化”措施，全面覆盖全省乡级及以上河湖长。一是河湖长履职表单化。根据《浙江省河长制规定》，对各级河湖长履职事项进行表单化，并按照事项的重要性进行差异化赋分。二是河湖长责任河湖状况指标化。对“盛水的盆”和“盆里的水”进行状况评价，重点评价水质、生态流量（水位）和岸线“四乱”问题，对河湖长履职成效好差进行不同的赋分。三是考评信息公开化。按照“一级管一级”的原则，实行在线考核、实时排名、月度通报，并将考评结果报送同级总河长和组织部门，真正实行河湖长履职成为各级领导的综合考核评价的重要依据。

（二）全面推行公众护水“绿水币”机制

全民参与是河湖长制的重要组成部分，是新时期河湖长制群众路线的生动实践。浙江省按照“政府搭台、企业赞助、全民参与、数字运行”的全民护水模式和问题有发现、发现有积分、积分有奖励、奖励有保障的“绿水币”机制，通过公众巡河发现问题、任务抢单等多种绿水币获取方式，将“绿水币”通过从线上线下商城兑换各种小礼品，部分地区与当地银行签订长期协议，推出“绿水币”信用贷款，极大地激发了公众参与热情。截至 2021 年 12 月底，全省有 296 万公众已注册护水平台，问题解决率 86%以上，形成了良好的全民治水氛围。

（三）“美丽河湖”向“幸福河湖”迭代升级

积极响应习近平总书记“建设幸福河湖”的号召，率先开展指标体系与建设方案研究，2021 年推进首批 11 个幸福河湖试点县建设，在全省形成一批山区、丘陵、平原、海岛等各美其美的县域典范，打造具有县域特色的美丽河湖风景线、滨水产业发展带、安居乐业幸福网，打造江河流域治理现代化的先行示范区，引领构建全域高品质幸福河湖网。持续推进大江大河大湖系统治理，美丽河湖建设连续三年入选省政府十大民生实事，已累计建成省级美丽河湖 443 条，815 万人口乐享美丽河湖建设成果，成为助力美丽乡村和产业发展的新引擎，有效推动管好“盛水的盆”、护好“盆里的水”。

（四）“智慧河长”，实现大数据治水

浙江省台州市借力水质监测新技术，开创水质监测社会化服务新模式，由社会资本提供投资、设计、建设、运行及维护的一站式有偿服务，构建水质监测天网工程，为政府精准治污提供环境大数据。通过信息化操作，创建公开“云平台”，逐步完善监测数据应用平台，优化人机交互模式，深入开发手机APP、微信公众号和电脑应用软件。互联互通水质信息平台与河长平台，打通水质数据APP和“河长制”APP壁垒，形成门户网站、手机APP、微信、电脑软件等多种数据收集“云平台”，并逐步开放水质管理查询平台，群众可随时了解当前水质，可通过相关平台举报和投诉违规排污的企业。

（五）中水回用工程

采用双膜处理工艺对污水处理厂中水进行提标改造，用于河道补给水、工业冷却水和景观用水以及各类特种用水，实现水资源循环利用。园区外侧设有生态净化系统，进一步保障出水安全。

（六）“治水法官”助力依法治水

浙江省丽水市莲都区践行依法治水之路，选派十余名法官担任治水法律指导员，下沉一线，协同乡镇开展“五水共治”“河长制”工作，利用治水机会将法治理念深植人心，并推进依法治水进程，有效减少涉水违法案件发生。

（七）人工湿地强化生态保护修复

江边设有人工强化湿地，进行生态保护修复措施。使用风车风力每时提取60吨江水至内河中，采取模拟湿地生态环境进行河水过滤净化，再回流至江中，起到进一步净化水体的生态作用。河岸两侧均设有垃圾拦截网，预防垃圾进入河道造成污染。

（八）工业园生态湿地建设

除工业园区内的污水处理过程以外，作为上游段，建设生态湿地，以“构建非饱和滤床”为基础，面层种植低密度水生植物和沙生植物，实现植物“自我繁衍”，不仅解决枯水期绿化裸露的河滩的问题，也对污水处理厂尾水水质再提升，保障排出水体对河道和下游河流安全。

（九）维护河道自然状态，人与自然和谐共存

河道水质良好，定时进行人工清理河道，采用原生态治理方式保持河道自然状态，沿河结合地形，因地制宜进行岸线细节柔化，护岸与现状滩地、岸坡自然衔接，形成了自然生物、多物种和谐共存的治理方案。

（十）垃圾分类，践行现代化文明理念

自2013年启动农村生活垃圾分类处理试点，目前已在全省乡村地区推行垃圾分类处理，形成分类收集、定点投放、分拣清运处理、回收利用的工作流程，在乡间践行现代文明理念和绿色生活方式，实现垃圾分类责任到人。

三、主要问题

浙江省河长制建设工作整体较为完善，且取得了巨大的成效，但仍存在一些不足之处。

（一）加强河湖水域岸线保护

大力推进河湖“清四乱”。河道“四乱”问题整治推进有力，但部分区县乡镇流域面积较小的河道内仍存在乱占、乱采、乱堆、乱建等“四乱”现象，部分乡镇河流存在农田非法侵占河道等现象，个别河（湖）长对突出问题还缺乏明确的解决思路和工作举措，河湖“清四乱”有待进一步加强。

（二）治水宣传有待进一步加强

个别群众，特别是农村群众爱水、护水、参与治水意识有待进一步提高，虽然村居已经实现截污纳管和垃圾集中处理，但个别农村群众受惯性思维影响，仍然存在在河道洗衣洗菜等现象，极个别群众仍存在向河道丢弃生活垃圾的行为，需要通过进一步加强治水宣传，逐步扭转农村群众的粗放型生活方式。

（三）河（湖）长制培训工作的针对性仍需进一步加强

河（湖）长制工作政策性、系统性强，相关业务知识需要及时更新，各层级河长制工作重点不同，需加强针对性的培训。

四、主要建议

（一）进一步完善河（湖）长考核机制

建议从省级层面完善对河（湖）长本人考核的指导意见，便于基层进一步完善河（湖）长考核机制。

（二）加大河（湖）保护资金保障

建议加大河（湖）长制专项资金补助力度，有效减轻地方财政压力。

浙江省河湖治理前后对比见：3. 华东地区成效图

第三节 安徽省经验、问题及建议

安徽省水利厅河长制工作处：胡剑波、严东、方兵、王晓敏
安徽省（水利部淮河水利委员会）水利科学研究院：陈宏伟、顾雯、黄祚继、徐国敏、黄梦婷、宋昊明、汪振宁
河海大学：唐彦、夏管军、唐德善

一、典型做法与经验

在全面推行河湖长制的工作实践中，安徽省在河湖长制与河湖保护等方面，取得一系列富有特色和示范引领的做法与经验。

（一）坚持依法治水，强化河湖法治保障

自全面推行河湖长制以来，安徽省坚持以习近平生态文明思想为指导，深入践行“绿水青山就是金山银山”的发展理念，认真落实党中央、国务院关于河湖长制的部署要求，在全国率先将河湖长制写入地方性法规。省级层面上，制定了《安徽省湖泊管理保护条例》，明确在湖泊实施河长制。在河湖管理保护的重点领域，制定了《安徽省淠史杭灌区管理条例》《安徽省引江济淮工程管理和保护条例》，修订了《安徽省淮河流域水污染防治条例》《巢湖流域水污染防治条例》等法规，进一步明确了特定流域和区域的河湖长制工作体系和管理任务。市级层面上，黄山市出台了全国地级市首个《河湖长制规定》，马鞍山市发布了《河长制湖长制建设指南》，合肥、宣城等市先后颁布了河道管理、饮用水水源保护、灌区管理等方面的地方性法规。

安徽省湖泊管理保护条例

施，并将污染物转移至其他场所进行无害化处理。

第五章　监督管理

第三十七条　县级以上人民政府应当加强对本行政区域内湖泊管理和保护工作的领导，明确湖泊管理单位，落实管理责任，监督检查湖泊保护规划实施情况。

第三十八条　湖泊实行河长制管理。河长负责组织领导相应湖泊的管理和保护工作，建立湖泊管理和保护工作协调机制，协调解决管理和保护中的重大问题，落实湖泊管理和保护的目标、任务和责任。

第三十九条　沿湖乡镇人民政府以及街道办事处、开发区管理机构等人民政府派出机关应当按照各自职责，加强对本行政区域内湖泊保护的监督管理，协助有关部门做好湖泊保护的监督管理工作。

沿湖村(居)民委员会应当协助当地人民政府及有关部门开展湖泊保护工作，督促、引导村(居)民参与湖泊保护活动。

第四十条　县级以上人民政府确定的湖泊管理单位应当建立湖泊管理制度，加强湖泊巡查，定期向有管辖权的部门报告湖泊管理情况；对违反湖泊保护法律、法规的行为，及时制止和报告。

12

图 3-2　安徽省湖泊管理保护条例

（二）坚持高位推动，建立健全体制机制

省委书记、省长不仅担任省级总河长，还分别担任长江、淮河干流安徽段省级河长，省委常委、常务副省长、省政府分管副省长担任省级副总河长，长江、淮河、新安江干流、巢湖及 8 个跨省跨市重要湖泊均由省领导担任省级河长湖长。高规格配置河长办主任，由副省长担任河长办主任，生态环境、水利厅主要负责同志担任副主任。省级总河长、副总河长及担任省级河长湖长的省领导，带头履行河湖管理保护第一责任，深入长江、淮河、巢湖、新安江等 12 个省级河湖，加强巡查调研，督促各级河长湖长“见行动”，每年开展巡河调研约 60 次，带动全省五级河长湖长巡河巡湖超百万人次，推动解决了一大批长期想解决而没有解决的河湖保护治理难题。全省上下按照“横向到边、纵向到底”的要求，共设立河长 5.3 万名、湖长 2779 名，建立省、市、县、乡、村五级河长湖长组织体系，全省河湖面貌显著改善，“河畅、水清、岸绿、景美、人和”的河湖画卷正徐徐展开。全省 16 个市、105 个县（市、区）和有关开发区、1522 个乡镇（街道）全面出台工作方案，省、市、县建立河长会议、督察、考核验收、通报、信息共享等五项制度，乡级也制定了相关制度。结合实际，省级还出台了投诉举报办理制度，制定了河长湖长巡河指导意见、暗访工作制度和激励办法。各地每年发布总河长令，明确重点任务，强化工作举措，压实工作责任，推动工作落实。

（三）坚持系统思维，推动河湖治理保护

安徽地跨淮河、长江、新安江三大流域，拥有长江流域五大淡水湖之一的巢湖。安徽省全面贯彻落实党中央关于强化河湖长制、推进大江大河和重要湖泊湿地生态保护和系统治理的决策部署，在治水大战略中，优先打好大江大河的“治水之战”，抓好长江、淮河、巢湖等重点河湖治理。持续实施长江大保护，先后出台《关于全面打造水清岸绿产业优美丽长江（安徽）经济带的实施意见》等关于长江大保护的系列文件，形成以加快建设新阶段现代化美丽长江（安徽）经济带为统领，水清岸绿产业优、新一轮“三大一强”、生态环境污染治理工程、禁捕执法长效管理等4个升级版文件为配套的“1+4”政策体系。部署开展“三大一强”攻坚行动，完成5批次1091个涉河湖问题整治；扎实开展非法矮围整治行动，共清理整治20处，退还水面320万平方米。淮河是新中国第一条全面治理的大河，特殊的自然地理条件、流域生态保护和经济社会高质量发展的要求，决定了治淮仍然是长期复杂的过程。抓好流域内控污、截污、治污，协调干支流、上下游、左右岸联动，推动构建完整的水污染防治体系，严厉打击非法占用、养殖、采砂等违法行为。开展淮河问题整治专项行动，整治问题311处，淮河干流山丘区水源涵养、水土保持和生态修复功能明显提升。巢湖是国家重点防治的“三河三湖”之一，2020年，习近平总书记在安徽考察时强调“让巢湖成为合肥最好的名片”，省级巢湖湖长牵头制定《关于深入学习贯彻习近平总书记考察安徽重要讲话指示精神　着力把巢湖打造成为合肥最好名片的意见》，统筹流域5市，聚焦“四源同治”，坚持点线面结合、内外源统筹、科技赋能治理，构建全流域、全方位、全过程的水污染防治体系，巢湖湖区水质稳步提升，水环境质量持续改善。

（四）坚持问题导向，聚力整治河湖顽疾

全面推行河湖长制以来，安徽省因地制宜、对症下药，重拳整治河湖乱象，依法管控水空间、严格保护水资源、精准治理水污染、加快修复水生态，有效解决了河湖保护治理突出问题。一是全面深入排查。定期开展河湖暗访，省市县全面建立暗访机制，安徽省河长办每年联合成员单位开展联合暗访，通过“河长通”手机APP实时上传问题，省河长办通过平台下发问题，形成问题发现、整改、销号、台账的闭环管理，合肥、池州等市还委托第三方开展常态化暗访，确保问题排查无死角、全覆盖。二是开展专项行动。深入推进河湖“清四乱”常态化，开展专项清理整治行动，1593个问题得到解决；部署开展“清江清河清湖”专项行动，共排查整治问题1046个，河湖突出生态环境问题得到有效整治。三是推进问题整改。建立“点对点、长对长”整改责任网络，上级河长督办下级河长，本级河长督办责任部门，实行包保制、清单制，确保各项任务落到实处。

二、工作亮点

全面推行河湖长制以来，安徽省深入贯彻习近平总书记“节水优先、空间均衡、系统治理、两手发力”治水思路和习近平总书记考察安徽重要讲话指示精神，认真践行习近平生态文明思想，锚定河长制六大任务，统筹山水林田湖系统治理，坚定不移打造具有重要影响力的经济社会发展全面绿色转型区，河湖长制在实践中焕发出强大生机活力，推动“河湖长制”迈向“河湖长治”。

（一）坚持典型引领，发挥示范带动作用

新安江地跨皖浙两省，是安徽省仅次于长江、淮河的第三大水系，流域地处国家皖南国际文化旅游示范区，是长三角地区重要战略水源地。2019 年 11 月，新安江干流屯溪段被列入第一批国家级示范河湖，安徽省高度重视新安江屯溪示范段建设，邀请国家知名学者专家，多次现场调研、会议研究，立足“防洪保安全、优质水资源、健康水生态、宜居水环境、先进水文化”，五水统筹，协同发力，高标准、严要求打造幸福河湖示范建设，高分通过水利部验收。高标准打造新安江生态文明实践中心，全方位记录并集中展示新安江保护工作的历程、经验和成效；精心复苏古村落“照壁怀古”，展现波光粼粼、鱼翔浅底、人游河畔、勃勃生机的“新安山水长卷”，成为新安江山水画廊中的一道美丽风景线。新安江屯溪段已成为践行习近平生态文明思想的“示范样板”、世界文化的“交流平台”、独具特色的生态化“河湖典范”、徽派文化的“浓缩地”、中外游客“打卡地”，展现幸福河湖安徽标杆。见成效图。

（二）坚持打造名片，探索生态文明实践

2020 年 8 月 19 日上午，习近平总书记深入安徽省马鞍山市薛家洼生态园，实地察看长江水势水情、岸线综合整治和生态环境保护修复等情况，肯定了生态文明“薛家洼实践”。“薛家洼实践”是深入贯彻落实习近平总书记“共抓大保护、不搞大开发”的重要指示精神的经典案例。安徽省委、省政府把修复长江生态环境摆在压倒性位置，按照环境整治、生态修复、水源地保护、防洪治理、景观提升“五合一”思路，以薛家洼为突破口，实施长江岸线综合整治，统筹推进河湖长制“六大任务”落实，关闭搬迁了沿江 1 公里内的 70 家企业，新增了 1800 亩绿地，清理出 10 公里岸线资源、1000 亩滩涂土地，变“生产岸线”为“生活岸线、生态岸线”，创造了岸线环境整治工作中的“薛家洼速度”。皖江东畔，采石之北，被誉为马鞍山“城市生态客厅”的薛家洼如今已是树木成行、草木芳香，许多当地市民和游客前来休闲健身、观景漫步，畅享江岸环境整治后的“生态福利”，构成了一幅“人在林中走”的美丽图景。见薛家洼生态园成效图。

（三）坚持示范带动，大力建设幸福河湖

安徽省深入贯彻落实习近平总书记在黄河流域生态保护和高质量发展座谈会上发出的“让黄河成为造福人民的幸福河”的伟大号召，实施幸福河湖行动计划，印发《安徽省示范河湖建设评分标准（试行）》，按照“河畅、水清、岸绿、景美、人和”的目标，打造造福人民的安澜之河、富民之河、宜居之河、生态之河、文化之河，已建成130条幸福河湖，其中1条为国家级，5条为与淮委共建的淮河流域幸福河湖，为全省打造幸福河湖提供样板。通过实施河湖系统治理、生态复苏、水文化建设等，持续改善河湖空间面貌，高质量完成幸福河湖建设任务，建成一批人民群众满意的幸福河湖，形成治水效果明显、管护机制完善、可复制可推广的一批典型案例。在合肥，以前的滨湖新区塘西河，河水发黑发臭，为人诟病，如今摇身一变，呈现在人们眼前的，是满眼青翠、鸟语花香的塘西河公园，成为重要的滨水开放空间和景观廊道。见合肥市塘西河公园图。

（四）坚持综合施策，实现共建共治共享

按照“污染在河里，问题在岸上”的思路，水陆统筹推进，流域系统共治，干支流协调治理，因地因河因湖施策，水资源得到全面保护、水域岸线空间管控有力有序、水污染得到有效控制、水环境质量稳步提升、水生态系统显著改善，全省地表水国考断面水质优良比例为87.7%，较2017年提高16个百分点，劣V类断面全部清零；2020年用水总量222.48亿立方米，低于国家规定的用水总量控制指标，万元GDP用水量和万元工业增加值用水量分别较“十三五”末期下降39.4%和35.7%。全省231条城市黑臭水体全面完成治理，全面排查农村黑臭水体820个，并同步开展治理。1180个乡镇政府驻地、971个省级美丽乡村中心村实现污水处理设施全覆盖。治理水土流失面积811平方公里，建设生态清洁小流域28条。

（五）坚持专项行动，推动河湖问题整治

以总河长令高位推动“清江清河清湖”专项行动，清理整治河湖乱占、乱建、乱堆、乱采、乱排、乱捕等危害河湖健康生命的突出问题。协调落实长江流域“三大一强”攻坚行动，清理非法捕鱼矮围，落实长江“十年禁捕”。按照淮河（安徽段）省级河长部署，排查整治淮河重点河段堤段突出问题，淮南、蚌埠等城市河段堤段和涡河、颍河等支流管护进一步强化，长期不能解决的淮北大堤违建等问题得到妥善处置。省级湖长督办重点湖泊管护，实施巢湖、石臼湖、菜子湖、龙感湖等省级湖泊问题专项整治行动。各地实施各类专项整治行动，向河湖顽疾问题宣战，在阜阳，曾经的阜太河，河面上杂草成堆、垃圾漂浮，如今在河湖长的网格化管理下，河流清澈、岸线优美。在亳州，陵西湖周边曾是因长年累月乱搭乱建、废污排放的一片臭水沟，如今变成了生态公园。河湖长制的纵深推进，随着各项专项整治行动的推进，许多地方的水生态环境发生“蝶变”。

（六）坚持督查促动，强化各方履职尽责

安徽省印发《安徽省河湖长制暗访工作方案》和《安徽省河湖长制专项（进驻式）督查工作方案》，每年联合生态环境等14个成员单位开展两轮暗访，通过现场暗访、进驻督查、形成督查报告、督促整改四个步骤，以“访、听、查、谈”四个手段，精准发现问题，剖析问题原因，提炼经验做法。根据省委、省政府强化河湖长制要求，省河长办对全省16个市进行了明察暗访，并制作河湖长制警示片，在总河长会议上播放，形成警示震慑作用。安徽省河长制决策支持系统和“河长通”APP正式投入运行后，省市县三级联动，实现巡河督查信息化，利用5G、北斗等现代通信技术、卫星技术，核查多处侵占水域岸线等问题。针对水利部暗访少数整治难度大的问题，发送督办单跟踪督查，确保按时完成整改。水利部2019、2020、2021年暗访交办问题分别为359个、82个、17个，问题数量逐年减少。

（七）坚持考核驱动，激发河湖长制动力

安徽省把河湖长制纳入政府年度目标管理绩效考核，对全面推行河湖长制真抓实干成效明显的地方加大激励支持力度，先后对8市9县（市、区）予以激励。按照水利部统一部署，对全省1.25万名市、县、乡级河湖长履职、河湖长制六大任务落实、年度目标任务完成等情况开展年度考核，进一步调动各级河湖长履职尽责的主动性、积极性和创造性。滁州市凤阳县出台《凤阳县河湖长制考核奖惩办法》，把县、乡（镇）级河湖长和河湖长制有关成员单位主要负责人作为考核对象，从以往针对单位的考核，转变成针对个人的考核。每位县级河湖长缴纳6000元保证金，乡（镇）级河湖长及河湖长制有关成员单位主要负责人缴纳5000元保证金，干好奖励，干差罚款，从经济上给各级河湖长和成员单位负责人头上悬起“达摩克利斯之剑”，以充分调动河湖长的积极性和能动性。

（八）坚持协调联动，完善联防联控机制

安徽省出台《关于全面推行跨界河湖联合河湖长制的指导意见》，设立县级以上河长湖长的377条（个）跨界河湖，全部建立联合河湖长制。滁州、马鞍山、宣城市分别与江苏省南京市建立联合河湖长制，在滁河、石臼湖等跨省河湖设立联合河湖长。黄山、阜阳等市分别与江西省景德镇、河南省周口等市建立联合河湖长制。省际边界相邻县跟进建立联防联控机制。省河长办会同省人民检察院印发《关于协同推进“河（湖）长+检察长”工作机制的意见》，省公安厅印发《全省公安机关施行河湖警长制的指导意见》，各市及所有县区全面建立“河湖长+检察长”“河湖警长制”工作机制，全省共聘请“河湖检察官”150名，设立“河湖警长”1100名。

（九）坚持互利共赢，构建生态补偿机制

安徽省以“谁超标、谁赔付，谁受益、谁补偿”为原则，在全省建立以市级横向补偿为主、省级纵向补偿为辅的地表水断面生态补偿机制。出台《安徽省地表水断面生态补偿暂行办法》，将跨市界断面、出省境断面和国家考核断面列入补偿范围，实行“双向补偿”，即断面水质超标时，责任市支付污染赔付金，断面水质优于目标水质一个类别以上时，责任市获得生态补偿金。新安江流域作为生态补偿机制建设的先行探索地，安徽省委、省政府始终高度重视试点工作，省生态环境保护委员会加挂新安江流域生态补偿机制领导小组牌子，省委、省政府主要负责同志担任双组长，定期召开会议研究部署工作，新安江水质连年达到补偿条件，每年向千岛湖输送近70亿立方米干净水，一直是全国水质最好的河流之一。目前，全省16市均建立辖区内跨界水生态补偿机制。

（十）坚持互联互通，全面强化数字赋能

安徽省基于“互联网+”、遥感遥测、卫星定位和地理信息等技术开发了安徽省河长制决策支持系统和“河长制”APP。创新了一种卫星、无人机、自动化监测等河湖长制多源异构数据的协同感知和融合模式，研发了一套河湖信息的智能识别方法，建立了面向河湖长制的“空–天–地–网”立体化监控体系。建立了一套面向河湖长制的数据建库、共享、应用、加工、更新的标准，设计了一套支撑河湖多源异构数据的时空数据模型，构建了一套面向河湖长制“一数一源”的标准化数据管理与应用体系。设计了一套“一级部署、三级贯通、五级应用”的平台架构，研发了融合互联网+、3S、移动直播、即时通信等技术的省市县三级河湖长制平台，实现了“5+N”平台拓展及多源海量数据高效交互。开发了面向河湖管理业务的一站式工作流，构建了监督服务与舆情监控平台，研发了一套智慧化、业务化及常态化河湖长制应用管理模式，实现了全省河湖事件“一网通办”。

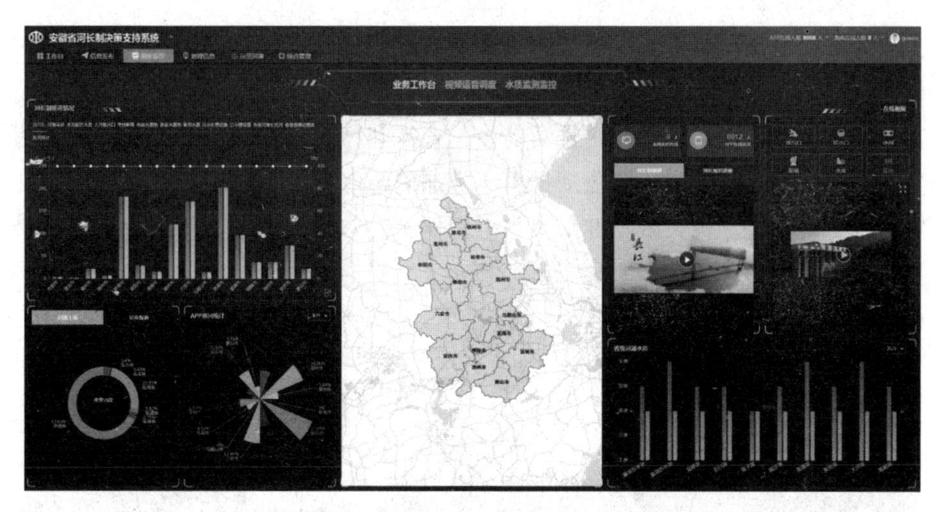

图 3-3 安徽省河长制决策支持系统

（十一）坚持全民互动，织密河湖管护网络

安徽省 5 万余块河长湖长公示牌上公布 24 小时举报电话和水利部 12314 电话及微信公众号，合肥、蚌埠、阜阳、六安、宣城等地还加设网站曝光台，开展电视问政和媒体曝光等。积极推进河长制助力乡村振兴，54 个县（市、区）在建档贫困户中聘用管护员 1.2 万名。发动群团组织、志愿者及公众参与护河行动，全省共聘请社会监督员 3300 名、“民间河长” 5800 人。2021 年 10 月，省河长办印发《关于进一步完善农村小微水体河湖长制组织体系的通知》，要求扎实推进河湖长制体系向农村水系及小微水体延伸，消除河湖长制组织体系的盲区和空白。亳州市在乡镇设立生态环境及河长制工作站，增加人员编制 800 人。六安市提出“定责定人定钱定规”，以“四定四到位”畅通河湖管护“最后一公里”。池州市全面推行村级护河员制度，推行河湖网格化管护。

（十二）坚持宣传发动，营造护水爱水氛围

安徽省河长制微信公众号上线运行，累计推送信息 700 多篇，开展了“徽水皖韵·幸福河湖”“全面推行河长制五周年成就展”“春日水韵·幸福河湖”等系列报道，举办了全面推行河长制五周年专题宣传网络知识竞赛。与中国水利报社合作，依托《河长湖长故事》栏目报道全国优秀河湖长先进事迹，连续 2 年与安徽经视《第一时间》栏目联合制作 10 集系列报道《跟着河长去巡河》《优秀河湖长谈护河》，进一步激励各级河（湖）长锐意进取、履职尽责。在第三届“守护美丽河湖——共建共享幸福河湖”全国短视频公益大赛中，全省 8 个单位获奖，其中，蚌埠市河长办选送的作品《水生》在 68 万部抖音作品、1138 部网站作品中脱颖而出，荣获大赛一等奖；合肥市选送的作品《泡茶》荣获三等奖；宿州市灵璧县、芜湖市南陵县、芜湖市河长办，黄山市、阜阳市颍州区水利局选送的作品荣获优秀奖；省河长办荣获优秀组织奖。在省直机关精神文明建设“五个一成果”评选活动中，省水利厅《河畅水清润江淮》被评为“一部好的专题片”。黄山市创新推出“生态美超市”“生态红包”“最美新安江守护者”等举措，极大激发群众参与生态保护的热情，生态文明理念成为社会主流价值观，形成“政府引导、市场补充、全民参与、生态共享”的全民保护创新机制。

图 3-4　黄山市“生态美超市”

三、存在问题

（一）河长办职能作用有待进一步发挥

不同于党委办、政府办，河长办虽然名义上是总河长的办公室，但由于设置在水利部门，与总河长、河长存在一定的“距离”。因此，部分河长办在开展组织、协调、分办、督办工作时，还是相当于水利部门去协调其他部门，对于水污染防治、水环境治理、水生态修复等任务涉及的生态环境、住建、交通、农业农村、自然资源等外部责任部门，组织协调职能发挥力度不足，主动协调意识有待加强。

（二）河长制工作机构设置有待进一步完善

全省1个省级、16个市级、132个县级河长办中，由编办批复设置专职副主任的河长办的有46个，占31%；增设河长制工作机构的有60个，占40%，同时，一些地方机构改革后由于多数水利部门设立河长制工作机构的同时兼有河湖管理职责，或者河湖管理机构和单位同时兼职河长办日常工作，导致河长办日常工作任务繁重，疲于应付。

（三）河湖长履职意识有待进一步加强

少数地方在处理保护和发展的关系上态度还不够坚决，在推进河长制六大任务落实、突出问题整治、日常管护政策投入上存在差距。一些地方把河湖长履职简单理解为巡河查河，以其他有效方式推动工作不足。有的河湖长对河长制工作的重要性认识还不够深刻，尚未完全在思想深处重视河湖长制工作。个别河湖长履职不到位，对责任河湖还未真正做到底数清、问题明、措施实，定期巡河形式化，巡查不彻底不全面，巡河质量难以保证，协调解决具体问题不够。

（四）河湖管护“最后一公里”有待进一步打通

全省河网密布、小微水体众多、固废垃圾和污水容易在小微水体存积，河湖管护任务主要在基层一线，而基层河湖巡查管护缺少稳定的人员、设备和经费，巡河员、护河员、河道保洁员队伍力量不足，管护能力和水平还不能满足需要。河湖管护机制尚不健全，生活垃圾、建筑垃圾直接倒入河湖，污水直排等情况时有发生。

四、工作建议

（一）坚持法治保障，强化规划约束

持续推进河湖长制法治化进程，以强化河长湖长履职、落实部门职责为主线，健全制度体系，强化考核问责和表彰激励，推进制度升级、体系升级、行动升级、监管升级。结合河湖实际情况，因河施策、因湖施策，加快新一轮“一河（湖）一策”修编，推动“一河（湖）一策”落实。

（二）坚持科学治理，开展整治行动

把设立省级河长湖长的12个河湖作为主战场，强化大江大河大湖治理保护，协调推进综合治理、系统治理、源头治理。推进河湖问题专项整治行动常态化、全覆盖，落实“点对点、长对长”的问题整改责任制和“查、认、改、罚”机制，持续改善水生态环境面貌。

（三）坚持强基固本，筑牢管护基础

完善河湖监测监控体系，用好河长制决策支持系统，动态更新河湖健康档案、“一河（湖）一档”等相关基础信息，建立河长湖长公示牌统一标准，及时更新河长湖长公示牌信息，开展河湖健康评估和群众满意度调查等工作。

（四）坚持常态长效，完善制度体系

大力加强河长办平台建设，建立完善“河湖长+河长办+责任部门+巡护河员”运行机制，深化跨界河湖联合河湖长制，完善联席会议制度建立，加强社会监督和各方参与，完善日常管护保洁机制，切实解决河湖管护“最后一公里”问题。

（五）坚持人民至上，建设幸福河湖

围绕防洪保安全、优质水资源、健康水生态、宜居水环境、先进水文化的目标，加快制定《安徽省幸福河湖建设评价标准》，打造更多人民满意的省级幸福河湖示范河段（湖区）。探索启动我省河湖长制“能效提级县”建设，着力打造安徽河湖长制升级版。见附图华东地区成效图。

附图：华东地区成效图

江西省乌沙河整治成效显著。（见整治前后对比图）

整治前 整治后

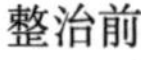

整治前

整治后

江西省典型河湖治理前后对比图：

抚州市东乡区北港河东景小区段治理前

抚州市东乡区北港河东景小区段治理后

江西省抚州市广昌县盱江河治理前

江西省抚州市广昌县盱江河治理后

九江市十里河水木清华公园示范段治理前

九江市十里河水木清华公园示范段治理后

江西省新余市分宜县龙须沟治理前

江西省新余市分宜县龙须沟治理后

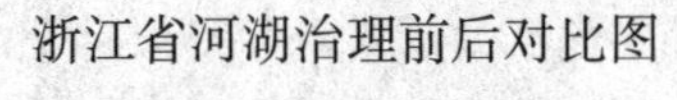

浙江省河湖治理前后对比图

浙江省金华浦阳江三江口治理前

浙江省金华浦阳江三江口治理后

浙江省金华浦江翠湖治理前

浙江省金华浦江翠湖治理后

浙江省衢州柯城石梁溪司马堰治理前

衢州柯城石梁溪司马堰治理后

浙江省衢州柯城石梁溪海龙堰治理前

衢州柯城石梁溪海龙堰治理后

衢州柯城区石梁溪金庸广场段治理前

衢州柯城区石梁溪金庸广场段治理后

安徽省成效图

首批国家级示范河湖——新安江屯溪段

安徽薛家洼生态园

安徽合肥市塘西河公园

安徽省部分幸福河湖实景

合肥双桥河：中小河流幸福河湖创建典型示范，水质从劣V跃升到Ⅲ类，昔日的“龙须沟”蜕变成今天的“清水渠”。

淮南市安丰塘：历史灌区提升幸福河湖典型示范，建于春秋时期的“芍陂”，现为全国“最美水工程”之一。

宣城广德汭河：皖南山区幸福河湖创建的典范，复苏的汭河由以前污水横流、臭不可闻，变为碧波荡漾、鸟语花香、人水和谐。

安庆市方洲水库：中型水库幸福河湖创建的典范，绘就绿水青山新画卷，获得国家级水管单位、水利风景区多项荣誉。

马鞍山市半月湖：旅游景区幸福河湖创建的典范，以“一山三湖”为核心，创建了山水一体化幸福河湖新格局，周边乡村获得了精品村、美丽乡村等多项荣誉。

芜湖市峨溪河：城乡一体化幸福河湖创建的典范，现已建成杨柳依依、绿荫排排、鱼呷鳞波、草木争翠，有“峨溪烟柳”之称。

阜阳市八里河：自然保护区幸福河湖创建的典范，现已建成为著名的八里河风景区，被称为“天下第一农民公园”。

淮北市乾隆湖：采煤沉陷区幸福河湖创建的典范，乾隆湖由昔日的采煤塌陷区和城市伤疤蜕变成湖廓生态景观带。

淠河总干渠：优质水资源幸福河湖创建的典范，淠史杭是国家三个特大型灌区之一，淠河总干渠现山清水秀、景色宜人、如诗似画，有种“舟行碧波上，人在画中游”的世外桃源意境。

第四章

华中华南地区

第一节 湖北省经验、问题及建议

湖北省河湖长制办公室：焦泰文、潘颖、周发超、
李亮、刘超、华平、高明亚、罗楠
河海大学：唐彦、徐佳、邓劲柏、夏管军

一、经验

湖北地处长江中游，河流纵横、湖泊棋布，素称“千湖之省”“洪水走廊”，境内长江干流超过一千公里，拥有三峡水利枢纽、南水北调中线水源地丹江口水库，还有近七千座人工水库和洪湖、梁子湖、东湖等一大批知名湖泊，河湖资源十分丰富，在全国水资源保护、水生态修复、水环境治理战略格局中地位十分重要，不仅肩负着“一江清水东流、一库净水北送”的重大使命，而且是长江经济带“共抓大保护、不搞大开发”的主战场。近年来，湖北省委、省政府深入贯彻落实习近平生态文明思想和“十六字治水方针”，高位推进河湖长制工作，致力于制定严密的制度设计，采取有力的督导手段，促动各级河（湖）长积极履职尽责、责任单位密切配合、社会全体积极参与，致力于建立实体机构、夯实工作基础、压实各方责任，以长江大保护、碧水保卫战为主题，以长江大保护“十大标志性战役”、跨界河湖水质水量达标、河湖“清四乱”、划界确权为重点，全力推进河湖长制提档升级，加快实现河湖长制从“有名”向“有实”转变。湖北河湖管护成效显著，南水北调中线水源丹江口水库水质持续稳定在Ⅰ－Ⅱ类，长江及其他河湖岸线整治一新，国考断面水质优良比例提升到93.7%，通顺河、东湖等一大批重要河湖水质达近40年来最好水平，河湖长制工作经验多次向全国推广，入选“湖北改革开放40周年优秀改革案例”，

荣获省委、省政府第二届“改革奖项目奖”（全省共10个），三次获得国务院和水利部的督查激励，形成了一批可复制、可推广的经验做法。

（一）提高政治站位，高位部署推进

坚持把全面推行河湖长制作为贯彻落实习近平生态文明思想的重要内容，作为全面落实习近平总书记考察长江、视察湖北重要讲话精神的关键举措，提升政治站位，增强行动自觉。省委召开专题会议研究部署，将“深入实施河湖长制”写入《中共湖北省委关于学习贯彻习近平总书记视察湖北重要讲话精神奋力谱写新时代湖北高质量发展新篇章的决定》、省党代会工作报告、省委常委会工作要点、省政府工作报告，列为党政“一把手”工程，连续四年纳入省委对市州党委和政府年度目标责任考核体系。

（二）落细履职要求，彰显制度优势

在全国率先全面推行“河湖警长制”“河湖检察长制”、河湖长巡查河湖情况纪实通报、河湖水质水量月报、河湖长制宣传“六进”（进党校、进机关、进企业、进社区、进农村、进校园）、全省小微水体河湖长制等机制，被全国政协调研组在报中办、国办的调研报告中点赞推介。科学设置省、市、县、乡、村五级河湖长，延伸设置相应联系部门、联席单位、河湖警长、河湖检察长、河湖长助理、企业河湖长、民间河湖长等，构建完备的河湖长履职担当服务支撑体系。大力推进河湖长巡查履职定期通报、提醒、约谈等机制创新，以河湖长制为平台，统合各层级、各部门、各方面力量的新型水治理体系基本形成，加快实现水治理由部门主导向党政主导转变、由区域治理向流域治理转变、由单一水域治理向水域陆上系统治理转变、由行政责任向社会共同责任转变。武汉市建成“三长三员”组织体系，武汉市长江段生态补偿和宜昌市黄柏河流域综合治理经验全省推广。黄冈市“6+10”工作机制运行顺利，以各级河湖长为统领的河湖管护主体带头履职领责，挺身在河湖生态保护第一线，很多河湖实现了从“没人管”到“有人管”、从“管不住”到“管得好”的转变。

（三）完善运行体系，激发机制活力

一是完善河湖长制工作规范体系。《湖北省河湖长制工作规定》列入省委党内法规立法计划，汉江、黄柏河、长湖等重要河湖完成立法，编制完成《湖北省全面推行河湖长制实施方案》，省政府先后印发《湖北省河湖和水利工程划界确权实施方案》《湖北省在小微水体实施河湖长制的指导意见》等指导性文件。二是完善河湖长制组织领导体系。抢抓机构改革契机，在市、县水利部门统一加挂“河湖长制办公室”牌子，配备专职队伍、人员，河湖长办作为常设议事协调机构实体运行，全省市县两级工作机构全部设立，配备专兼职人员925人。

完善“总河湖长办+分河湖长办”的平台架构，实现市县两级专门机构全设立、河湖和小微水体河湖长全设立，全省搭建河湖长制工作平台3000余个，明确小微水体河湖长20余万名。三是完善河湖长制考核评价体系。河湖长制项目连续被纳入省委、省政府对市州党委、政府的年度目标考核清单。四是完善河湖长制技术支撑体系。18个省级重点河湖“一河（湖）一策”实施方案全部编制完成，《湖北省河湖健康评估导则》作为地方标准已经正式颁布，河湖管护、河湖长巡河等系列规范标准正在推进，健康河湖体系研究取得重大进展。

（四）强化压力传导，织密履职网络

一是落实党政全员全责。紧扣“党政责任制”，省委、省政府领导班子全员上阵，领责河湖长制工作。省委书记、省长担任省总河湖长，既总体谋划布局，又一线指挥，巡查河湖、现场办公。包括省长和其他省委常委、副省长各领衔一至两条省级河湖，统筹治理管护事宜和责任。二是督促河湖长履职尽责。制发了《湖北省河湖长巡查河湖暂行办法》，分级确定巡查频次、巡查内容、问题交办、督办整改、定期通报，在全国率先对全线巡查提出了明确要求，从制度层面杜绝了巡查履职的“以偏概全”“走马观花”；建立了河湖长巡查履职情况季通报制度、河湖水质水量月报制度、水质异常提醒制度，省委书记2019年签批10次，点对点对责任段的河湖长提出整改要求，力促河湖长守土有责、守土尽责。每年全省省、市、县、乡、村五级河湖长巡河履职100余万次，解决河湖突出问题近3万个。三是压实部门工作担责。省公安厅组建了生态环保执法支队，省自然资源厅、省交通厅、省农业农村厅、省住建厅等部门分别成立了对应省级河湖长办公室，主动靠前服务省级河湖长，承担落实河湖长制任务。

（五）深化主题行动，攻克重点难题

一是碧水保卫战常态化制度化推进。按照一年1个主题行动的安排，已连续多年部署开展全省碧水保卫战，基本形成完善的系列行动体系。仅以“清流行动”为例，共清理整治长江岸线1555公里，后靠腾退化工企业255家，岸线复绿10.4万亩，取缔、整治非法码头1245个，收缴非法采运砂船1589艘，清理水葫芦、水花生64.6万余亩；取缔、整治排污口1834个，整治城市黑臭水体348处，整改集中饮用水源的问题423个，全省新增生态流量2095立方米每秒。一批过去想解决而未解决的、人民群众反映强烈的河湖水生态、水污染、水环境突出问题得到有效解决。二是“清四乱”专项整治行动深入开展。共投入整治经费21.73亿元、人力52.87万人次，督查河湖8000余个（段），行政（刑事）立案321起；清理非法占用河道岸线9531.88公里，占全国统计总量的38%；清除围堤1796.37公里，占全国统计总量的18.3%。清除非法网箱养殖

2.46 万亩，占全国统计总量的 19%；退垸（渔、田）还湖恢复水面面积 15.3 万亩，清理建筑和生活垃圾 1156 万吨，拆除违规建筑物、构筑物 161 万平方米，赢得社会广泛赞誉。三是河湖和水利工程划界确权一体化推进。全省上下集中投入资金 22 亿元，全面完成河湖划界和大中型水利工程划界任务，啃下这块阻碍河湖和水利工程管理三十多年的"硬骨头"，做法被水利部相关司局向全国推介。

（六）鼓励全民参与，强化公众互动

省、市、县级河湖长制办公室会同同级宣传部门在全国率先联合发文开展河湖长制宣传"六进"活动，强力推动河湖长制宣传进党校、进机关、进企业、进农村、进社区、进学校"六进"常态化，营造保护河湖的强大声势。人民日报、新华社、中央电视台等中央媒体多次聚焦湖北河湖长制工作。全力办好河湖长制融媒体平台——"湖北河湖长"微信公众号，长期稳定在 10 万人以上关注量，吸引外省河湖长制同仁超过 4 万人关注，成为全国河湖长制专业媒体中的"头部"平台。积极培育民间河湖长，引导社会公益组织、河湖管护志愿者以及各类爱水人士发挥作用，畅通公众参与和监督渠道，明确各类民间河湖长 247548 人，明确河湖志愿者队伍 1300 余支；选聘企业河湖长 800 多名，示范和监督了数百个重点工业园区、数千家重点排污企业。全省"党政主导、河湖长领责、部门联动、公众参与、社会共治"的河湖长制社会治理结构基本建立。

二、主要问题

（一）思想认识和推进力有待进一步提高

极少数河长湖长没有准确把握河湖长制政策，导致行动自觉不够，巡查履职停留在表面；少数地方仍然受先污染后治理、先破坏后修复的旧观念影响，没有正确把握绿水青山和金山银山的关系，导致政绩观出现偏差，在经济增长和污染防治之间兼顾失当，重城市形象工程、轻环境基础设施建设，影响河湖生态健康。通过开展"碧水保卫战"主题行动和"清四乱"专项行动，湖北省河湖环境显著改善，但目前部分河湖监测断面水质仍然不达标，特别是河湖沿线还有一部分乡镇污水处理厂没有按期运行、部分入河湖排污口整治不彻底，影响水质达标。此外，群众习惯一时难以改变，尚未形成绿色的生产生活方式，爱水护水责任意识不足，造成非法电鱼、采砂、乱倒垃圾、倾倒渣土等现象仍有发生，威胁河湖生态健康，损害河湖生态环境。

（二）制度支撑和督查考核有待进一步强化

河湖管护的相关规范性文件还比较欠缺，《河湖长制工作条例》几易其稿，已基本成熟，但一直未能列入省人大立法计划，在一定程度上制约全省河湖长制的工作推进。河湖规划统筹不够、约束不足，尚未实现“多规合一”和刚性约束。目前，对河湖长如何深入履职、联系单位如何做好服务支撑还缺乏制度性规范，比较依赖于个体的主动性和创造性；高效率、高质量、高水平的水环境监测信息服务体系尚未建成，不利于为各级政府与部门提供及时有效的信息服务与决策支持。

三、建议

（一）进一步强化组织领导和顶层设计

建议成立国家层面河湖长制工作领导小组或委员会，并成立其办公室，推动法律法规、体制机制、资源共享、保障措施、考核奖惩等顶层设计，加强国家部委之间和省际协调联动，为基层河湖长制工作开展做好顶层设计和矛盾协调。具体比如：推动国家层面的河湖长制法律法规；对于一些河湖保护综合性工作采取部门联合发文部署；统筹跨省河湖治理保护；落实中央河湖长制资金项目；落实“清四乱”、河湖划界工作资金；协调多部门之间实现河湖数据共享、工作联合督导、重难点工作联合发文推动；对河湖长制工作开展国家层面的目标考核和表彰奖励。

（二）进一步强化资金项目支持

建议在长江经济带发展资金项目库中，落实河湖长制工作专项经费和专门项目，着力解决长江流域河湖最突出的问题；落实河湖长制奖补政策及资金，充分考虑地方财力、河湖数量、工作表现落实奖补措施，撬动地方分级落实投入，吸引民间资本投入，强化河湖长制工作资金保障。

（三）进一步强化基础工作及能力建设

建议中央层面建立“智慧河湖”信息化平台，实现涉河湖多部门间的数据共享融合，减少基层部门间数据共享中花费巨大的沟通协调精力；建议调动国家级的涉水生态环境科研力量，深入落实习近平总书记反复强调的“山水林田湖草系统治理”理念的实现路径，从顶层上加强以山水林田湖草系统治理为核心的健康河湖治理管护研究，推动河湖治理管护标准化建设；加大对河湖长制的宣传培训力度，采取多种形式，尤其是利用网络信息平台等途径，最大范围、更高效率地轮训各级河湖长及工作人员，提高其履职能力和工作水平。

第二节　广东省经验、问题及建议

广东省水利厅河长办：凌刚、段彦
河海大学：唐彦、唐德善

近年来，广东深入学习贯彻习近平生态文明思想，认真贯彻落实党中央、国务院决策部署，全面推进河湖长制从“有名”“有实”到“有能”“有效”，河湖管理保护成效明显，水生态环境明显改善，2018—2021 年河湖长制工作连续 4 年获得国务院督查激励。

一、主要做法与经验

（一）抓河长领治、社会共治，着力构建南粤治水兴水大格局

广东省高位推动河湖长制落实，省委书记、省长以省双总河长身份，牵头督导茅洲河、练江治理，推动全省污染最严重的两条河流在面貌上发生了根本性改观。6 位省领导担任省副总河长，其中 5 位兼任省五大流域省级河长。省级河长每年至少两次到责任流域开展巡河督导，每个季度研究责任流域的河湖长制落实情况。同时，省委、省政府成立省河长制工作领导小组，省委书记、省长分别担任组长、常务副组长，成员单位共 24 个（包含了部际联席会议全部 18 个成员单位）。目前，全省镇级以上全面实行“双总河长制”，全面设立河长办，常态化运作。广东省比中央要求提前一年建立河长制，提前半年建立湖长制，实现江河湖库乃至小微水体管护全覆盖。截至 2021 年年底，省领导对河湖长制工作批示 433 次，召开有关会议 103 次，巡查河湖 138 次。省、市、县、镇、村五级河长 80430 名（含兼任湖长 432 名）累计巡查河湖近 1400 万人次，有效解决了大批影响河湖健康的重点难点问题。

在“河长领治”推动下，全省广泛设立“人大河长”“政协河长”，强化工作监督，省人大常委会主任、政协主席带头开展河长制工作咨询调研，强力推动涉河湖问题解决。全面建立省、市、县、镇四级河湖警长体系，分管公安的省领导担任省河湖总警长，各级公安部门建立联席协作机制，凝聚打击合力。广泛推行河湖检察长制，通过提起公益诉讼等形式，着力破解久拖未决的河湖问题。多地建立“河湖长+警长+检察长”协作机制，其中湛江市“三长”2021 年联合巡河 48 次，立案 143 件，发出检察建议书 120 份。全省广泛设立护河员、保洁员、专管员，2021 年达 46148 人。省河长办、团省委等 7 个部门共同发起

"争当护河志愿者，助力广东河更美"护河志愿行动，2021年全省注册护河志愿者增至74万人，队伍达3300支，累计服务时数200万小时。

（二）抓部门联动、流域统筹，充分发挥河湖长制平台作用

一是强化部门联动。坚持系统思维，主动运用河湖长制平台，推动解决涉水领域的重点难点问题。针对近年来省内部分流域发生的死亡畜禽乱弃入河、水库蓝藻水华等突发敏感事件，省河长办主动牵头成员单位联合行动，推动事件得到有效处置。2021年，针对省内珠三角水域存在非法泡洗海砂、山砂的问题，省河长办主动担当作为，组织公安、司法、自然资源、生态环境、交通运输、住房城乡建设、水利、海洋综合执法、海事、中国船级社等10个部门联合开展打击非法泡洗海砂、山砂"828"专项执法行动，共查获涉嫌非法洗砂船12艘，控制船上人员134名。在此基础上，省河长办牵头制定《广东省出海水道内非法洗砂洗泥问题整改工作方案》，推动建立健全打击非法洗砂洗泥长效监管机制，并报请省政府同意发布全省通告，全面禁止在出海水道与河道水域洗砂洗泥等污染环境活动。此外，针对水上交通运输污染，省河长办会同水利、公安、住房城乡建设、生态环境、交通运输、能源、市场监管、海洋综合执法、海事等9个部门先后2次开展船用燃油质量和船舶污染物处置联合检查执法专项行动，共查获涉嫌违法船18艘，成功探索了涉水多部门联合执法新模式。组织开展了为期4个月的打击"蚂蚁搬家"式河道非法采砂专项行动。部署开展了为期1年的全省河道非法采砂专项整治行动，计划2022年9月底完成。发挥河湖警长制作用，先后组织开展"飓风""净水"等涉水专项打击整治行动，成功破获一大批涉水大案要案。2021年全省新增办理水事违法案件1064宗，摸排水利涉黑涉恶线索1653条，打掉涉黑恶团伙43个，涉案人员431人。

二是强化流域统筹。近年来，广东省充分发挥东江、西江、北江、韩江、鉴江五大流域管理机构作用，成立五大流域河长办，通过配管家（明确部分成员单位为河长助理单位）、架桥梁（每季度向省级河长专报流域工作情况）、建档案（建立跨界河湖问题清单，实施"一河一策""一河一档"）、搭平台（建立流域联席会议制度），推动全省五大流域定期召开联席会议，相关地市签订跨界合作协议，与相邻省份建立联动机制，协调推进跨界河湖治理。2021年，为进一步贯彻落实习近平总书记视察韩江重要指示批示精神，省政府办公厅印发《广东省韩江流域水利综合治理工作方案》，按下高质量推进韩江流域水利综合治理"快进键"。韩江潮州段水质持续保持在Ⅱ类标准以上，消失30多年的国家一级野生保护动物韩江鼋重现韩江。韩江跨省水生态补偿机制进一步落实，自2016年以来累计向福建省拨付水生态补偿资金4. 98亿元，有力支持上游水

生态环境保护，推动闽粤跨界河流水环境质量明显提升。加强流域水量统一调度，有效应对东江、韩江流域及粤东地区 60 年来最严重旱情，成功处置北江流域蓝藻水华异常事件，保障了粤港澳三地以及北江干流沿线供水安全。梅州市与江西赣州市、福建龙岩市召开三省市十县交界地区河长制工作协作会议并签订合作协议，联动推进跨界河流水环境改善。全省流域治理管理体制机制日趋成熟。

（三）抓专项整治、常态监管，推动河湖生态稳定复苏

一是抓好河湖“清四乱”。2018 年 7 月至 2019 年年底，按照水利部的要求，广东省全面开展河湖“清四乱”（清理乱占、乱采、乱堆、乱建）专项行动，全省共排查整治“四乱”问题 15998 宗，拆除非法侵占河湖建筑物 14853 栋（其中别墅 98 栋）、建筑面积 866 万平方米，清理退还河道范围 3779 万平方米（相当于 5293 个标准足球场的面积）。全省“清四乱”力度大、效果明显，被省委“不忘初心、牢记使命”主题教育领导小组办公室作为攻坚克难典型案例编录出版，被安排在全国河湖“清四乱”专项行动视频总结会进行典型发言。通过“清四乱”，一大批河湖顽疾得到有效解决。为持续深入推进河湖“清四乱”常态化规范化，坚决遏制新增河湖“四乱”问题，2021 年省水利厅投入 1400 多万元委托第三方对 2600 多公里省主要河道岸线进行卫星遥感监测，每月 1 期，每期分辨率最高达 0.5 米，从数据获取到出图时间控制在 10 天左右，做到早发现早制止，将问题遏制在萌芽状态，大大降低了违法处理成本，有力震慑了违法侵占河湖行为，新增问题递减趋势显著。2021 年，广东省列入水利部“自查自纠”台账的“四乱”问题 2849 宗已经全部整治销号，累计清理非法占用河道岸线 378.64 公里，拆除违法建筑 93.91 万平方米。水利部 12314 监督举报反映的 12 个问题也全部完成整改。

二是抓好河湖“五清”。“清污、清漂、清淤、清障、清违”专项行动是广东省创新开展的一项河湖专项整治行动，省双总河长亲自签发省总河长第 1 号令部署开展。行动以来，累计清理水面漂浮物 1618 万吨、河长 8.14 万公里，规范整治入河排污口 11399 个，清淤疏浚城市黑臭水体 493 条，深圳于 2019 年在全国率先实现全市域消除黑臭水体，各地级以上市于 2020 年年底基本消除建成区黑臭水体。通过“五清”，全省河湖面貌明显改观，生态空间得到有效释放。目前，全省已建立一年两次集中“清漂”工作机制，结合各地建立完善的河湖日常保洁、清淤疏浚等长效机制，形成了“清漂保洁”常态化。2021 年全省共清理水面漂浮物 246 万吨，清理河道长度 6.3 万公里，全省主要江河湖库基本无成片垃圾漂浮物，各地努力实现“像管街道一样管河道”。

三是抓好“让广东河湖更美”。2018年9月，省领导小组印发工作方案，自2018年起至2020年，在全省开展“让广东河湖更美”大行动，重点实施防治水污染、改善水环境、修复水生态、保护水资源、保障水安全、管控水空间、提升水景观、弘扬水文化等8项任务。经过3年的努力，2020年，全省地表水国考断面水质优良率87.3%，为“十三五”最优水平，近岸海域水质优良率近四年持续改善，城市饮用水源水质保持高水平达标。“河畅、水清、堤固、岸绿、景美”初步显现。

四是抓好“水污染防治攻坚”。省级河长牵头督导9个劣Ⅴ类国考断面，推动全面开展攻坚劣Ⅴ类国考断面专项行动。“十四五”期间，广东省地表水国考断面由71个增加到149个，水污染防治工作任务更重。在巩固“十三五”工作成效的基础上，2021年全省继续保持攻坚态势，明确20个重点攻坚国考断面重点措施任务，“一市一方案、一断面一清单”强力推进。省河长办与省生态环境厅联合开展全省入河（海）排污口排查整治专项行动，排查出入河（海）排污口共计9.55万个，通过“查、测、溯、治”，推动全面整治规范。全年全省大江大河干流水质优良，1—12月国考断面年度水质优良比例为89.9%，顺利完成国家下达的88.5%年度目标任务。161个县级及以上集中式饮用水水源100%达标，其中城市饮用水水源水质以Ⅱ类以上为主。

（四）抓系统治理、水岸联动，高质量打造“万里碧道”广东靓丽生态名片

高质量规划建设万里碧道是广东省委十二届四次全会作出的一项重大决策，是在全力抓好水污染防治和水安全建设，特别是“清四乱”“五清”等河湖专项整治取得阶段性成效的基础上，进一步坚持以人民为中心，坚持以自然为美，大力开展生态保护修复，推动绿水青山向金山银山转化的创新举措，既是贯彻习近平生态文明思想的生动实践，也是践行新发展理念的具体行动，这一理念在全国属于首创。2020年7月28日，省委、省政府正式印发《中共广东省委　广东省人民政府关于高质量建设万里碧道的意见》，对全省万里碧道建设作出总动员、总部署；8月17日，省政府批复实施《广东万里碧道总体规划（2020—2035年）》；省里还出台了一系列的配套政策和技术标准体系。顶层设计全面完成，科学蓝图清晰绘就，全省正按照“三年见雏形、六年显成效、十年新跨越”的目标高质量打造“湾区引领、区域联动、十廊串珠”的万里碧道网络。

截至2021年年底，全省已累计建成2939公里碧道（其中2021年度建成碧道2075公里），建成的广州蕉门河、深圳茅洲河和大沙河、珠海天沐河、佛山东平水道、东莞华阳湖等都市型、城镇型碧道，水环境水生态明显改善，贯通

了水岸空间，形成生态活力滨水经济带；广州流溪河、深圳福田河等碧道展现了生态自然的河流风光，为大湾区都市圈贡献了难得的野趣；韶关环丹霞山、梅州石窟河和茂名信宜锦江画廊等碧道展现了农村美丽的原生生态景色，在改善农村人居环境的同时，助力了乡村振兴和全域旅游发展。

根据研究机构评估，已建成的2939公里碧道，河段水质明显改善，优良水质河段长度明显增加，优于Ⅲ类水（含Ⅲ类）的河段长度增加了232.3公里，增幅为13.4%；全面消除了碧道河段黑臭水体，Ⅴ类和劣Ⅴ类水的河段长度减少了302.5公里，降幅为48%，实现碧水畅流；碧道建成后堤防全部达到规划确定的防洪标准，新增防洪（潮）排涝达标和提升防洪标准河长642公里，增幅为28%；河湖水生态环境得到有效保护和修复，很多河段从原来的“三面光”硬化渠化形态恢复了自然河流状态，新增生态岸线长度1169公里（按河道单侧计算），生态岸线所占比例由建设前的35.7%增加至建成后的55.6%，两岸新增绿化面积12万亩，“水清岸绿、鱼翔浅底，水草丰美、白鹭成群”的美好景象重回南粤大地。实践证明，万里碧道显现了对水污染防治、水安全提升、水生态保护、人居环境提升、拉动经济的综合效应，特别是倒逼水污染防治和推动水生态修复的作用明显，有效释放了河湖生态空间，实现生态效益、社会效益和经济效益的有机统一。广州碧道获世界景观建筑大奖等3个国际奖项。肇庆封开贺江碧道画廊入选国家体育总局2021中国体育旅游精品景区。继韩江入选全国首批最美家乡河、首批示范河湖之后，东江入选第二批最美家乡河。

（五）抓固本强基、严督实考，切实强化河湖长制制度效能

一是夯实管理基础。2021年，广东省自主开展了省主要河流水质摸查分析工作，全省河湖健康底数更清、情况更明。全面建立了省对五大河流一级支流水质每月监测，地方对五大河流二、三级支流一年两次监测的长效机制，河湖定期“体检”形成制度保障。完成了全省130个河湖对象的健康评价工作，超额完成水利部任务，“全面体检”有力助推河湖治理提档升级。按时完成了水利部要求的流域面积50平方公里以上河流管理范围划定，主动开展了流域面积50平方公里以下河流管理范围划定工作（计划分3年完成），大批河湖长期以来边界不清的问题得到有效解决，生态空间管控基础更加扎实。公布了《广东省主要河道名录》，首次明确了省主要河道的起止点和范围，首次将三大河口及珠三角部分市属河道纳入省主要河道，更好地保障地区行洪安全，发挥河道综合功能。基本完成了省主要河道采砂规划、河道水域岸线保护与利用规划编制工作。修订了《河道管理范围内建设项目技术规程》，进一步规范涉河湖建设项目审批管理。在全国率先探索编制省级河湖公报，发布了《2020年广东省河湖公报》。

打造集PC端、微信公众号、企业微信、微信小程序、河长热线等于一身的“广东智慧河长”平台，被评为广东省电子政务优秀案例、水利部智慧水利优秀应用案例、水利部智慧水利先行先试最佳实践，2021年共收到涉河湖投诉问题3222件，办结率99.4%，群众满意度96.8%。同时，启动了三期项目建设，计划投资约5421万元，目前已初步实现全省河湖电子化标绘以及基础数据“一张图”展示。

二是健全制度体系。广东省是全国最早出台河道管理条例、河道采砂管理条例的省份之一，近年来结合河湖长制工作要求以及新的河道管理形势又再次修订，将河湖长制内容全面纳入，填补了河湖长制立法空白。及早出台了省领导小组及省河长办工作规则，全面建立中央要求的工作会议、信息共享、日常联络、巡查督导、报告通报、考核评价等各项制度，自行增设省级总河长专题会议、省河长办主任会议、省河长办专题会商会制度。2021年，全省又建立了河湖长信息定期公告制度及岗位调整自然递补机制，明确担任河湖长的领导干部因工作变动或职位空缺时，应即时递补明确代行河湖长职责的负责人，并在新的领导干部到任后30个工作日内完成河湖长调整，防止河湖管理保护责任出现“真空”。在现有省对市的纵向考核机制基础上，出台河湖长制成员单位考核办法，建立省对本级成员单位的横向考核机制。制定省河湖长制监督检查办法以及问题分类、责任追究标准2项配套文件，形成“查、认、改、责”闭环管理。通过制度建设，形成了一整套完善的制度保障体系，有力保障河湖长制发挥制度效能。广州市出台全国首个河湖长制地方性规范《河长履职评价指标体系及计算方法》，深圳市出台《河长湖长履职规范（试行）》《河湖长制提醒通报问责制度》，有效压实河长湖长责任，推动河长湖长履职规范化、制度化。

三是强化督查问责。实行“菜单式抽查+常态化暗访”。采用“四不两直”的方式对相关河长及治水责任部门开展菜单式随机抽查，通过明确以暗访为主发现真实问题“一个基调”，建立线索台账、整改台账“两个台账”，发挥专业工作组、第三方机构、社会公众“三种力量”，用好网络、报纸、电视、广播、政务信息等“多个曝光台”，建立河长制暗访工作常态化机制。截至2021年年底，省市县三级河长办开展督导督查18248次，发出督办函20011件。实行“工作述职+年度考核”。省河长办率先在省级层面建立了河长制工作述职机制，明确每年各地级以上市第一总河长、省领导小组成员单位主要领导向省双总河长述职，全省各地参照省的做法全面建立。省市各级全面实行河湖长制工作年度考核，考核结果作为党政领导干部综合考核评价，以及相关领域项目安排和资金分配优先考虑的重要参考依据，受到各级党委政府以及社会各界的高度关注。实行“分类奖补+严格问责”。省财政自2018年起每年安排1亿元河长制专项资金，其中5000万元用于对基层河湖管护奖补，3000万元作为省级河长巡河发现问题处理资金，2000万元作为省级河湖长制基础性工作经费。2021年，省财政明确分3年共安排3亿元激励资金用于奖励各地碧道建设。在加大奖补力度的同时，强化追责问责。对履职不到位的河长、有关部门及相关工作人员，视情进行谈话提醒、警示约谈、通报批评甚至启动问责。广州市实施最严河长责任制，明确在完成黑臭水体整治任务前原则上不调整河长，市管干部提拔使用须征求市河长办意见。东莞市出台河长制工作责任追究和基层河长考核实施意见，当年被评定为优秀的村级河长将获得5万元奖励，履职不到位的基层河长和相关责任人员都要被追责。2021年全省河长湖长因治水不力共被问责282人次，其中市级7人次，县级31人次，乡级244人次。

二、存在的主要问题

（1）河湖长制作用有待进一步发挥。个别地方和部门在解决复杂涉水问题时，还没有形成依靠河湖长制平台发挥治水合力的意识，在业务协同、信息共享等方面尚未形成合力，部门联动机制的作用还没有充分发挥出来；部分基层河长责任意识和履职能力欠缺，巡河流于形式；基层河长办人员配备、经费落实等问题比较突出，统筹协调能力有待提升。

（2）水污染防治任务依然任重道远。个别国考断面水质还不稳定，部分支流水质仍为劣V类；河涌污染、出海水道内非法洗砂洗泥等涉水典型案例仍时有发生。

（3）河湖常态化监管任务十分艰巨。省内河湖数量众多，河湖“四乱”问题存量大，个别问题成因复杂，加上基础工作欠账较多，整治工作及常态化监管、智慧化管理仍任重道远。

（4）碧道建设推进模式有待进一步探索。个别地区对碧道内涵理解不到位，没有很好统筹河流水污染治理、水安全提升、水生态修复等核心任务；受经济下行和疫情影响，各级财政比较困难，特别是粤东西北地区碧道建设资金筹措压力大。

三、工作建议

（1）进一步发挥河湖长制作用。发挥好流域河长办“管家”角色，强化流域治理管理，提升“流域+区域”协同治理水平；发挥好河长办“平台”作用，加强部门协调联动，推动形成治水合力；发挥好监督考核“指挥棒”作用，压紧压实河长湖长责任，加强培训指导，提高基层河长湖长及河长办工作人员履职能力。

（2）持续打好水污染防治攻坚战。充分发挥河湖长制作用，深入推进水污染防治攻坚，巩固提升国考断面整治成效，加强完成中央环保督察发现问题的整改，持续改善水生态环境质量。

（3）进一步加强河湖管理。深入推进河湖“清四乱”常态化规范化，系统开展妨碍河道行洪突出问题排查整改工作。加快推进河道管理范围划定、“一河一策”“一河一档”、河湖健康评价、智慧河湖建设等基础工作，完善河湖管护长效机制，促进长治久清。

（4）深入推进幸福河湖建设。全面准确贯彻落实习近平生态文明思想，坚持治污先行、安全为重、生态优先，高质量推进万里碧道建设，引领推动水环境改善、水安全提升和水生态修复，致力打造广东靓丽水生态名片和美丽幸福河湖。

广东省河湖治理成效前后对比图见 4. 华中华南地区成效

第三节　湖南省经验、问题及建议

湖南省水利厅二级巡视员、省河长办副主任　杨光鑫
湖南省水利厅河湖管理处：谢　石
河海大学：唐彦、夏管军、唐德善

一、典型做法与经验

河湖长制在湖南落地生根，不断探索实践，着力建体系、抓履职、求实效，形成了一批富有湖南特色的典型做法与经验。

（一）创新组织体系建设，高位构建河湖长制工作格局

完善河湖长体系。率先在全国建立省、市、县、乡、村五级河湖长体系，省委书记、省长共同担任省总河长，19 名省级党委政府领导任省级河湖长，省纪委书记任总督察长，实现对 14 个市州监管全覆盖。

健全工作机构。率先构建了省、市、县、乡政府分管领导任河长办主任的工作体系，省委常委、分管副省长担任省河长办主任，高位搭建组织架构。建立责任联系单位服务河湖长制度，全面完成乡镇河长办标准化建设，为打通

“最后一公里”提供了组织保障。

强化令行禁止。率先在全国创立“省总河长令”工作模式，聚力解决事关河湖管护的历史性、系统性、体制性难题。2017 年以来，省委书记、省长先后共同签发 8 道“总河长令”，直指“僵尸船”、洞庭湖与湘江突出问题、河湖“四乱”（乱占、乱采、乱堆、乱建）等河湖顽疾，全省 5.1 万名河湖长闻令而动，交办整改问题 8 万余个，重点治理河（段）湖 400 余条。

深化履职尽责。常态化开展“一季一督、一年一考”，连续 4 年将河湖长制工作列入省政府真抓实干督查激励事项和省对市考核内容。将河长制纳入领导干部自然资源资产离任审计，加强监督问责。率先在全国全面推行下级河湖长向上级河湖长述职制度，明确市、县、乡、村四级河湖长，聚焦《河长湖长履职规范（试行）》和贯彻落实上级决策部署，每年至少开展一次述职，省河长办每年对述职情况进行督查评估，倒逼守水有责、管水担责、护水尽责。

（二）创新治理机制，夯实河湖长治基础

强化顶层设计。制定《湖南省实施河长制行动方案（2017—2020 年）》《统筹推进“一湖四水”生态环境综合整治总体方案（2018—2020 年）》《洞庭湖生态环境专项整治“三年行动计划”（2018—2020 年）》等，建立流域生态治理机制、生态补偿机制、河湖环境损害责任赔偿追究机制等，织牢河湖生态环境“防护网”。

强化有法可依。在全国第一个出台江河流域保护综合性地方法规《湖南省湘江保护条例》，认真贯彻长江保护法，随后陆续出台洞庭湖保护条例、资江保护条例、东江湖水环境保护条例、河道采砂条例、饮用水水源保护条例，修订湖南省环境保护条例等法律，为河湖长制工作提供法治保障。

强化基础支撑。完成 1301 条河流和 156 个湖泊管理范围划定，编制 93 条省、市领导负责河湖岸线开发与保护利用规划和采砂规划，严格河湖水域空间管控。全面完成第一轮“一河一策”方案实施和评估，完成新一轮（2021—2025 年）“一河一策”方案编制。引导县乡政府通过购买服务、设置公益岗位等方式，落实河道保洁员、巡河员、护河员约 1.5 万人，实行网格化管理，解决河流巡查保洁“最后一公里”问题。

强化涉水执法。完善“河长+检察长+警长”“河长办+部门”等工作体系，协同开展“洞庭清波”“扫黑除恶打伞”涉河涉砂专项行动，强力整治长江流域非法采砂、非法捕捞水产品、非法倾倒处置危险废物等行为，严格涉水违法行为执法，推动长江流域“十年禁渔”落实落地。

（三）创新协同共治，加快建设美丽幸福河湖

突出系统联治。按年度制定工作要点，将河湖长制六大任务明确到流域、到县、到部门，聚力推进“一江一湖四水”系统联治、综合治理。完成长江岸线清理整治、化工围江整治、港口码头整治三大专项行动，动真碰硬推动河湖“清四乱”，完成457座立即退出类小水电退出和4284座电站整改，洞庭湖区非法矮围网围、沅水、酉水网箱养殖和水府庙、欧阳海水库围库等问题整治有力有效，完成问题整治7000余个。实施湘江保护与治理省“1号工程”和洞庭湖综合治理三年行动计划，五大有色金属基地完成关停退出，“一湖四水”沿岸实现畜禽退养和乡镇污水处理设施建设全覆盖，洞庭湖自然保护区实现全面禁采，禁养区全面退养。163公里的长江岸线正变成“最美长江岸线”，环洞庭湖的生态公园越来越多，长江干流湖南段和湘资沅澧“四水”干流全面达到或优于Ⅱ类水质。

突出联防联控。与周边省份签订《跨省流域上下游突发水污染事件联防联控协议》；与湖北省共同建设黄盖湖联合执法站，携手打造共治共护新模式；与江西、广西、贵州签订河长制合作协议；与重庆、江西签订酉水、渌水生态补偿协议，持续强化跨省河湖管护，推进长江、湘江、黄盖湖、渌水、酉水等跨省界河湖联防联控联治；全面推广“政府主导、部门监管、公司经营”的砂石开采管理模式，督促洞庭湖区三市签订涉水联合执法协议，严厉打击非法采砂行为。

突出示范引领。高标准完成浏阳河国家示范河流创建，拍摄首部河长制题材电影《浏阳河上》。高标准推进松雅湖、沱江、涟水等省级示范河湖建设。每年开展50个美丽河湖、50个优秀河湖长、50个最美河湖卫士评选，打造乡镇样板河段超过4000个，群众对美丽河湖生态获得感、满意度持续提升。

（四）创新河湖保护监督，织牢织密管护天网

建立常态化暗访督办机制。每年开展4次“四不两直”全覆盖督查，不定期对河湖问题、河长履职等进行暗访，发问题督办函、交办单800余件次。强化调度通报，采取播放暗访片、通报交办问题、召开季度例会、河长制简报等专题调度，强化工作落实。

创新河湖长制政治监督。省纪委监委部署开展“洞庭清波”专项行动，省河长办联合省纪检监察机关向市州交办涉水问题38个，督办涉水问题24个，基本做到当年交当年结。

建设智慧河湖体系。建设省级河长制信息系统，借助巡河APP，运用无人机、视频、铁塔资源等技术手段，打造“智慧河长”系统，实现“人防”“技

防”并重。对16条省级河湖实现季度卫星遥感监测全覆盖，问题处置无盲区，共交办整改问题253个。

引导社会参与监督。探索形成乡镇河长办，乡镇办事员、护河保洁员，官方河长、河道警长、检察长、民间河长“一办两员四长”基层河湖管护责任体系。出台监督举报管理制度，运用“12314”“96322”、新湖南河长制频道“随手拍”栏目、红网@河长等平台强化社会监督。组织开展河湖长“电视问政”，与人大、政协合作对基层河湖长进行评议监督。聘任民间河长、记者河长等1.57万人，招募“河小青”环保志愿者8000多人，“河长+”内涵不断深化，管护合力不断凝聚，爱河护河蔚然成风，一批典型荣获全国“十大最美河湖卫士”“巾帼河湖卫士”“青年河湖卫士”荣誉称号。

二、典型亮点

1. 高规格建立河湖长体系

率先建立省、市、县、乡、村五级河长体系，省委书记、省长分别任省总河长，省纪委书记任总督察长，19名省级党委政府领导任省级河湖长，省纪委书记任总督察长，实现对14个市州监管全覆盖。分管副省长任省河长办主任，率先在全国构建了省、市、县、乡政府分管领导任河长办主任的河长办工作体系。

2. 首创省总河长令

率先在全国创立“省总河长令”工作模式，聚力解决事关河湖管护的历史性、系统性、体制性难题。2017年以来，省委书记、省长先后共同签发8道“总河长令”，直指“僵尸船”、洞庭湖与湘江突出问题、河湖“四乱”（乱占、乱采、乱堆、乱建）等河湖顽疾。

3. 强化水域岸线管控

一是“四乱”清理成效显著。专门发布第5号“总河长令”，在全省河湖开展乱占、乱采、乱堆、乱建等突出问题专项整治行动（简称“清四乱”专项整治行动），全省4884个河湖“四乱”问题全面整改销号，洞庭湖矮围网围、湘潭水府庙非法围垦等“老大难”问题得以彻底解决，实现“清四乱”常态化规范化，全省河湖面貌明显改善。二是河道采砂规范有序。大力推进河道采砂规范化管理，在全省推广“政府主导、部门监管、公司经营”的统一开采管理模式，依托政府和市场两手发力，初步实现了河道砂石科学、规范、有序开采；部署开展无证采砂船舶等“僵尸船”专项清理整治行动，处置“僵尸船”3193艘，落实采砂船只集中停靠点，清理整治砂石码头（砂场）1631处；重拳打击涉砂违法行为，出台《湖南省河道采砂管理条例》，强化采砂监管法律保障；建立“河长+警长”“河长+检察长”协作机制，先后侦破全国扫黑办、公安部挂牌督办的“7·24”长江流域涉砂类涉黑恶势力犯罪专案等重特大案件。

4. 铁腕治水

一是实施省“一号重点工程”——湘江保护与治理。2013年起，以“堵源头”“治调并举”“巩固提高”为阶段目标，滚动实施3个“三年行动计划”，9年来，湖南持之以恒推进湘江保护与治理，湘潭竹埠港、株洲清水塘、衡阳水口山等五大重化工业基地，1100多家涉重金属污染企业关停退出，基本堵住湘江干流污染源头；湘江长株潭河段实现全面禁采，自然保护区、饮用水水源保护区采砂一律叫停；湘江沿岸规模畜禽养殖场退养，有色、造纸等十大重点行业实现清洁化改造，流域内83个省级工业园区配套建成污水集中处理设施，退耕还林还湿……经过综合治理，湘江流域生态系统逐步恢复，实现“江水清、两岸绿、城乡美”的美好愿景。二是打造最美长江岸线。聚焦长江水域空间管控，开展岸线清理整治、化工围江整治、港口码头整治三大专项行动，取缔砂石码头39个、拆除码头泊位42个、关停渡口13道，清理利用项目27个，关闭或迁建化工企业34家，退出岸线17.3公里。聚焦系统治理，完成长江沿线8个排污口和43个排渍口整治；聚焦美丽风景线建设，规范整理沿线建筑物、标识牌，大力推进裸露滩头植树种草，完成造林2.35万亩，建成10公里示范防护林带，打造临湘市、君山区示范河段，形成生态功能和景观效应兼具的“绿色长廊”。聚焦涉水环境执法，强力整治长江流域非法采砂、非法捕捞水产品、非法倾倒处置危险废物等行为，严格涉水违法行为执法，推动长江流域“十年禁渔”落实落地。

5. 浏阳河成功创建全国示范河湖

紧抓河长制这个“牛鼻子”，围绕“截污、提标、调水、监管”八字治水方针，探索形成了“河长领治、部门联治、上下齐治、大小统治、三口同治、全民共治”的流域治理和管理模式。2020年浏阳河成功创建全国首批示范河湖，是唯一一条全流域参与示范创建的河流。省河长办组织摄制我国首部反映河湖长制工作的现实题材电影《浏阳河上》，被水利部列为河湖长制全面推行5周年献礼片。强化示范引领，打造了松雅湖、沱江、涟水等示范河，持续建设乡镇样板河段4000余个，群众生态获得感、满意度持续提升。

6. 总结推广创新小微水体管护治理“长沙模式”

长沙市在治理大江大河的同时，从系统治理着手，坚持“大小共抓”，将小微水体治理与管护放在全市推行河湖长制和乡村振兴大局中来谋划，以“抓好顶层设计、实施科学治理、落实日常管护、打造示范片区、强化督查考核”为主攻方向，打出小微水体整治“组合拳”，2019 年来共打造小微水体管护示范片区 70 个，解决了河湖“最后一公里”管护难题，全面改善了农村水生态环境。目前，小微水体管护治理“长沙模式”在全省深入推广。

7. 水生态与水产业实现共赢

水府庙水库全面取缔网箱、围库后，生态环境明显改善，库区渔民向旅游业、果业、农副加工业转型，核心景区农家乐户年均收入超 20 万元；常德市推行“政府主导、部门监管、公司经营”的河道砂石统一经营管理模式，既根除非法采砂，又反哺岸线复绿；郴州市依托东江湖发展生态旅游和大数据产业，入选全国首批“绿水青山就是金山银山”典型案例。

三、推行河湖长制存在的问题

一是河长办都是以临时协调机构运作，受机构、编制、人员影响，小马拉大车问题严重，难以适应河湖管理保护任务日趋繁重、要求越来越高的新形势；按照中共中央办公厅、国务院办公厅《关于全面推行河长制的意见》，要求县级及以上河长设置相应的河长制办公室，乡、村两级河长办缺位，河湖管护最后一公里不畅。

二是重经济轻生态、先污染后治理等传统思维还没有完全消除，挤占生态空间、侵占河湖水域、妨碍行洪、养殖污染等问题还不同程度存在。

三是地方环境治理投入普遍不足，部门资金资源不聚焦，保护治理投入机制有待进一步完善。

四是基层监测监管手段落后，缺人、缺经费现象普遍，难以实施有效管理。

四、工作建议

一是强化制度体系建设。立足全省河湖长制工作实际，要不断完善河湖长组织体系，要强化科学设置河长办，充分发挥河长办的组织、协调、分办、督办职责；建立健全工作机制，持续推进河湖长制责任落实，实现河湖长制“有名”“有实”“有力”“有效”“有序”。

二是提升河湖管护能力。坚持智慧高效，夯实河湖管护基础，提升监管能力，提高河湖管护司法效能，多措并举提升河湖管护能力。

三是推进幸福河湖建设。坚持系统治理，增强示范引领，发挥科技支撑优势，全力打好河湖管护持久战，切实提升人民群众生态河湖幸福感，将每条河湖建设成为造福人民的幸福河。

四是加快河湖长制立法进程。要尽快出台河湖长制规定或条例，将河湖长制纳入法制化轨道，确保河湖长制从“有章可循”到“有法可依”。

五是充分发挥好各方职能作用。要正确处理好部际联席会议办公室与各流域管理机构、各级水行政部门、各级河长办之间的关系，充分发挥好各方的职能作用。

附图：华中华南地区成效图

广东省河湖治理前后对比图

广东省东莞市中堂镇伯德水泥厂清拆前

广东省东莞市中堂镇伯德水泥厂清拆后

广州市南沙区潭州滘涌拆违前

广州市南沙区潭州滘涌拆违后

广东省韩江（潮州段）示范河湖建设前后对比图

北堤迎水坡整治前

北堤迎水坡整治后

意东堤整治前

意东堤整治后

广东省万里碧道建设前后对比图

深圳市茅洲河碧道建设前

深圳市茅洲河碧道建设后

汕头市莲阳河碧道建设前

汕头市莲阳河碧道建设后

第五章

西南地区

第一节　四川省经验、问题及建议

四川省河长制办公室：王华副主任（副厅级）、刘锐副主任（副厅级）、宋超二级巡视员、李亚昕、周辉、崔西岭
河海大学：邢鸿飞、唐德善、唐彦、夏管军

河长制工作启动以来，四川全省上下认真贯彻落实中央决策部署，党委政府认真履行河长制责任主体职责，广大人民群众积极参与，扎实推进河长制，全面建立湖长制，有力有序开展河湖管理保护治理各项工作，圆满完成各项目标任务，全省水环境持续向好，河湖治理保护初见成效。经过现场调研、各地河湖长制成效综合分析，并征求相关地方、责任单位意见，四川省推行河湖长制经验、问题与建议总结如下。

一、典型做法和经验

总结核查过程中发现四川河（湖）长制工作亮点，具体有以下六点。

（一）注重高位统筹

按照水利部和四川省委省政府的统一部署，四川省河长制办公室积极行动，扎实有序推进各项工作，构建“五大体系”，形成职责明晰、支撑强劲的工作格局，引领河湖长制在各级各地落地生根，河湖环境持续改善、河湖功能逐步提升，使全省上下的河长湖长主体责任更明确、职责范围更清楚、机制运转更顺畅、工作措施更有力。一是建立完备的河湖名录体系。坚持全流域、全水体梳理，将全省天然湿地、水库、渠道全部纳入河湖长制管理范围。二是建立明晰的河长责任体系。由省委、省政府主要领导担任总河长，设立黄河省级河长两

名，州、县、乡、村四级河长192名，严格执行河长湖长履职规范，一级抓一级、层层抓落实。三是建立系统的政策制度体系。围绕《四川省河湖长制条例》，持续优化完善《四川省河湖长制工作省级考核办法》等30项工作制度，形成了“1+30”的河湖长制政策体系。四是建立科学的河湖治理体系。分批开展河湖健康评价，动态调整、滚动编制“一河一策”管理保护方案，实现精准施策、靶向施治。五是建立现代的技术支撑体系。建设遥感影像“河湖四乱排查”系统，迭代优化巡河记录移动端应用，建成河长制基础信息平台和“一张图”数据库，实现省市两级河湖长制信息互联、互通、互融。同时实现了“7个率先”，即：率先建立下游协调上游、左岸协调右岸工作机制；率先提出河长制三个不代替（不能代替部门行政执法、不能代替部门“三定”职能、不能代替河湖保护地方主体责任）、一清（情况要清）二明（任务明确、责任明确）三实（主体实、措施实、考核实）的工作机制；率先完成一河一策管理保护方案编制大纲；率先制定实施省14条主要河流一河一策管理保护方案；率先制定河长制“一张图”标准体系，河湖数据标识码编码指南基础数据表结构与标识符、河湖管理范围划定数字线划专用图生产指南，以及河长制“一张图”符号设计等多项规范；率先制定岸线管理保护范围划定技术标准；率先与重庆市建立跨省联防联控联治合作机制。

（二）实行全域共治

一是注重省际协同，深入贯彻长江保护法，制定《四川省贯彻实施长江保护法工作方案》，与云南、重庆、甘肃、陕西、青海、贵州、西藏等相邻7省市加强沟通协调，签署跨界河流联防联控联治协议，对接跨省河湖基础信息情况，联合召开联席会议及巡河、暗访等联防联控活动12次，共同推进长江大保护；与云南省共同研究制定《川滇两省共同保护治理泸沽湖“1+3”方案》，签署跨界河流联防联控合作协议，两省湖长共同开展巡湖活动，两省长江（金沙江）省级河长签署联防联控协议，定期开展联合巡河。2017年与重庆市签署跨界河流联防联控合作协议，两省市河长联合开展涪江支流琼江巡河，联合开展琼江示范河流建设，共同组建川渝河长制联合推进办公室，连续2年互派6名工作人员到对方省级河长办工作，召开2次河湖长制工作联合培训。川甘两省建立黄河流域横向生态保护补偿机制，共同出资1亿元用于黄河流域保护治理。川陕甘建立嘉陵江上游支流白龙江联防联控机制，防止上游垃圾入库。地方各级积极协调联动，四川与云南地方建立南广河沿线五地（四川省高县、筠连县、珙县、宜宾市翠屏区，云南省威信县）河长联盟；与贵州相关地方建立赤水河协同治理机制，两省县级河长分别任对方县级副河长；与重庆地方签订大清流河管理保护合作框架协议（涉及四川省安岳县、内江市东兴区，重庆市荣昌区）。二是注重流域统筹，省政府与沱江流域7市签订《沱江流域水环境质量目标责任书》，2021年年底，组织沱江流域10市（州）修订并签署第二轮《沱江流域横向生态保护补偿协议》与《沱江流域横向生态保护补偿实施方案》；建立岷江流域审计监督和河长制工作协同机制，实施河湖长制以来，流域5市纪检监察机关针对涉水问题问责192人；建立嘉陵江流域河道警长机制，对破坏河流生态、污染水体的环境违法犯罪案件，快侦快破、依法严惩。三是注重区域联动，省内市县推动建立上下游、左右岸、干支流等跨界河湖联防联控协议772个，形成有效的上下游、左右岸联动机制。

（三）强化部门协同

省直相关部门联合开展7轮省级综合督导和暗访抽查，协同开展中央和省级环保督察涉水问题整改，共同实现省级环保督察“回头看”全覆盖；联合开展长江岸线保护和利用、长江经济带固体废物排查等专项行动，全面掌握相关工作情况，推动发现问题的整改落实，坚定不移实施好长江十年禁渔，开展“渔政亮剑”“护渔百日”等执法监督行动，出动执法人员10万余人次，查办违法案件3646件；联合开展重点流域水污染治理，深入推动沱江、岷江、赤水河等重点流域水污染治理，编制完成14条主要河流水污染防治规划，启动“绿水绿航绿色发展五年行动”，完成长江流域入河排污口溯源5994个、整治612个，清理垃圾废物192万余吨，新开工污水垃圾处理项目1025个，纳入“全国城市黑臭水体整治监管平台”的105个黑臭水体已全部治理竣工；联合开展水域岸线空间管控，组织开展规模以上河湖岸线规划编制明确管控边线，完成14条省级河湖管理范围划定和划界成果复核、入库及应用，2816条河流和29个湖泊的划界成果复核和数据提交；联合开展黄河“携手清四乱、保护母亲河”行动，召开现场工作会议，强力督促黄河四乱问题的清理和整改；联合举办“河小青”活动，积极营造关心河湖、珍惜河湖、保护河湖、美化河湖的良好氛围；开展河湖健康评价，选取青衣江、安宁河作为省级河湖健康评价试点河流，21个市州183个县区共选取222条河流（湖库）开展健康评价工作。

（四）落实法治保障

一是强化河（湖）长制工作监督检查，制定《四川省河长制湖长制暗访工作制度（试行）》，持续深入河湖一线开展暗查暗访；制定《四川省河长制湖长制工作提示约谈通报制度》向各市（州）发出提示单122份，启动约谈10次，全省各级约谈432余人次，通报934人，有力推进了河湖长制工作落实和河湖突出问题整改。二是持续保持环境执法高压态势，严厉打击水环境违法行为，办理涉水环境行政处罚案件1026件，处罚金额1.37亿元；开展河道采砂领域乱采、乱挖、乱堆、乱弃问题排查整治，收集整理、分类处置涉黑涉恶相关线索127条，破获河道非法采砂刑事案件75件，移送审查起诉160人。三是全面强化制度保障，2021年11月25日《四川省河湖长制条例》经省第十三届人大常委会第三十一次会议表决颁布实施，于2022年3月1日起实施，标志着四川省河湖长制从有章可循迈进有法可依。四是通过法治推动河湖治理，指导地方推进立法创新，先后修订完善配套《四川省水利工程管理条例》《雅安市青衣江流域水环境保护条例》《四川省老鹰水库饮用水水源保护条例》等地方性河湖管理法规制度10余部；四川省雅安市出台首部村级河长条例，明确村级河长的法律地位，健全基层农村自治管水制度，为构建河湖管理保护长效机制、强化河湖长制提供了坚实的法制保障；探索检察机关与地方河长办协同推进河湖管理保护模式，利用立案、检察建议督促部门履职；与公安、检察等部门联合开展采砂综合整治行动和打击“砂霸”专项行动，严厉打击涉水违法行为；推动联合立法，云贵川三省联动，开展全国首个地方流域共同立法，以“决定”加“条例”的方式，共同立法保护赤水河流域，相关决定和条例于2021年7月1日起同步实施，同时积极推动川滇泸沽湖保护治理协同立法，实现区域立法从“联动”到“共立”的跃升。见戎州港湾（宜宾市翠屏区）整改前后对比照片。

（五）突出信息支撑

一是部门联通。河长制工作之初，四川省就把河长制“一张图”作为河长制工作的基础，按照“先标准后建设，先基础后应用，先接口后互联”的原则，基于河长制工作平台，创新“河长制+测绘”的工作模式，将省测绘局列入总河长办公室成员单位，把省测绘二院作为四川省河长制技术支撑单位。依托海量、多源多尺度、多时相、高精度的地理信息数据，以四川省水利普查、四川省1∶10000基础地理信息数据和四川省第一次全国地理国情普查成果为数据源，结合水文、农水、水利院等水利专业部门专题数据共同打造“河湖长制”一张图。充分利用地理信息技术，通过数字线划图、数字正射影像、数字高程模型等技术手段，形成河湖矢量数据，发动省、市、县、乡四级6000余人对河湖数据进行复核、对比、修订，再结合测绘GIS技术，最终形成河长制“一张图”。截至目前四川省河长制的“一张图”已涵盖：流域面积50平方公里以上的河流2816条、水利普查水域面积1平方公里以上的天然湖泊29个、重要天然湿地（国际、国家和省级重要湿地）4个、已成库容10万立方米及以上具有供水任务的水库7986个、设计输水流量1立方米每秒及以上具有供水任务的渠道等2480条，初步形成省河长制基础信息平台底图；并与实际工作业务和远期规划相结合，在底图上进一步录入了水电站614座、排污口10605个、水闸2179个、水文站646个、338个全国一二级水功能区、204个全省一二级水功能区、监测断面123636个、里程桩119394个等水利信息，为四川省河长制及水利行业的建设起到重要的支撑作用。

二是标准先行。开展河湖长制数据标准规范工作，是推动水利信息化建设的重要基础，四川省把标准化建设作为河湖长制“一张图”的基础和前提。四川省先后到水利部、长江委进行调研，遵循水利部和长江委相关标准的基础上，充分考虑四川实际情况，主体对象和字段结构跟水利部标准保持一致，局部保留了地方特色。2018年10月四川省率先出台了《四川省河湖管理范围划定数字线划专用图生产指南》《四川省河长制湖长制基础数据表结构与标识符》《四川省河长制湖长制信息化平台河湖数据标识码编码指南》等三个标准，目前已建设完成七项数据标准规范。拟对三项数据类标准规范：《四川省河长制湖长制基础对象表结构与标识符》《四川省河湖管理范围划定数字线划专用图生产指南》（试行稿）及传输交换类标准《四川省河长制湖长制业务数据交换规约》进行修订，并积极申报成为地方标准，也为全国相关行业标准的制定提供了重要参考。

三是多级共享。按照统一的“一张图”、一个数据库的基础分级建设，按照“一数一源、共建共享”的模式，四川省出台了《基础信息平台共享交换服务接口标准》，通过接口四川省已经向各市、县开放“一张图”接口45个，各市县在“一张图”的基础上，已经搭建市县河长制信息平台31个。同时“一张图”对省、市、县、乡四级用户进行了开放，也对省河长制成员单位、联络员单位、水利厅各处局、水利厅各水管单位等进行开放，形成多部门、多级共建、共享的模式，现“一张图”已经吸纳了环保、林业、农业、住建等部门数据，进一步丰富了“一张图”的内容。

四是充实应用。在不断夯实基础信息的前提下，进一步建设完成了河湖长制基础信息平台。平台涵盖了基础信息、水利信息、综合信息等三大板块，建立了河长制考核、采砂、暗访督查、公示牌采集、巡河管理等功能模块，开发了四川河湖长制督查APP、巡河小程序、公示牌采集小程序等手机端应用，其中已收集整理河长制公示牌超过2.7万个，在线处理暗访督查问题点位2.3万个，汇总各市（州）巡河记录超过288万条，首创信息化手段开展河湖长制考核工作，为省市两级河湖长制责任单位超过2000名工作人员提供了一站式线上考核管理方案。平台上线以来，已累计注册和创建6000多个实名账号，日均活跃用户数1000余人，日均请求访问150万次以上。

（六）加强宣传引领

一是拓展新平台。在省政府门户网站推出河湖长制工作宣传专栏，积极对接中央电视台、人民日报等知名媒体开展“川”流不息——行走长江黄河四川段主流媒体采访，改版升级“四川河湖”微信公众号，“四川河湖”关注量达14万，阅读量达3400万余次，河湖长制工作影响力不断提升。二是强化新示范。扎实开展“我为群众办实事”实践活动，指导雅安市名山区百丈镇解放村完善村级河湖管护体系，切实推动河湖管护“最后一公里”问题解决。持续开展“优秀河湖卫士”等评选活动，选树14名省级优秀河湖卫士，以先进典型为引领，推动形成了争做河湖管理保护践行者、组织者和示范者的新局面。三是开辟新专题。推出“回眸河长制五周年——美丽河湖巡礼”“全面推行河湖长制 建设人民幸福河湖”等专题栏目6个，创新开展河湖长制“七进”宣传活动，深入10多个省级单位和国有大型企业宣传河湖长制工作，覆盖400余万人，极大调动了全社会爱河护河的积极性。

二、主要问题

河湖长制作为一项重要的管理制度，在河湖管理保护方面发挥了重要作用，但纵深推进河湖长制工作也存在一些薄弱环节和突出问题。

（一）工作措施有待进一步实化

一是在工作推进中，各级河长都按规定开展了巡河督导，但有的地方仍存在“形式大于内容”“重表象、轻实效”的现象，发现和解决问题时避重就轻，解决“皮毛”问题多，“铁腕”治理情况少。二是由于河长制工作由水行政主管部门牵头，在河湖问题查找中，往往发现的是自身熟悉或行业内的问题，存在管理保护措施片面不平衡倾向。三是考核中真追责、敢追责、严追责、动真碰硬的工作力度还不够大，考核结果的运用手段还不够多、不够严、不够细。

（二）治污能力有待进一步提升

一是城镇污水处理设施仍存短板。我省污水处理设施基础薄弱，历史欠账较多，市政排水管网密度不足、污水管网不配套、部分老旧城区污水管网错接混接、老旧管网破损等现象仍然存在。二是生活垃圾分类处理系统不健全。突出表现在大件垃圾、可回收物等处理设施紧缺，产业链不完善。三是建制镇污水处理设施建设困难，难度大，建设资金短缺。建设运营成本高，投资回报率低，建设运营资金短缺。四是农村点多面广，污染源较多。专业化统防统治整体覆盖率较低，农业废弃物收、储、运体系不健全，农业废弃物收储运设备落后。农村改厕任务总量巨大，所需资金投入的缺口很大。

（三）联防联治有待进一步加强

一是部门联动与河湖长制的要求相比还存在一定的差距。有的地方河长制办公室在实际工作中协调其他部门的难度较大，部门协作的力度不强；有的地方虽然明确了部门职责，进行了任务分工，但在具体实施中往往相关部门各自为政，缺少在河长制湖长制的框架体系内形成相互联系、共同推进的工作格局。二是涉及上下游、左右岸、干支流在联防联控联治方面协调不够深入；跨省界河湖的行业管理标准不统一，信息沟通机制、联合执法机制、问题处置等闭环管理机制尚未发挥实效；总体上签署协议多、落地落实少，工作协调多、解决问题少。

（四）社会参与有待进一步深化

四川河湖众多，空间分布广的自然属性，也决定了河湖管理保护必须发动全社会的力量，形成共识、实现共振。公众参与决策、参与治理、参与管护、参与监督、参与宣传的力度还远远不够，参与平台单一、程序不规范、问题信息传递途径不顺畅，造成社会公众对河湖长制关心少，参与度低，积极性不高。

（五）科技手段有待进一步强化

河湖长制信息管理系统在实际工作中应用不足，缺少数据分析模块，无法对收集信息进行数据分析、横向和纵向比较，分析河湖问题和变化趋势。“一河一档”“一湖一档”等河湖基础信息数据库尚未全面建立，河湖信息的动态性、实时性、全面性有所欠缺。水质、水量监测体系不完备，部分河湖跨界断面缺少水质监测设施，多部门监测数据实时共享体系尚未建立。河湖动态监控体系落后，大部分地区仍采用人工巡查的方式发现河湖存在的问题，无人机巡查、遥感影像监测等现代化的技术手段应用还不广泛，依靠大数据分析和处理问题的能力还不强。

（六）保障力度有待进一步加大

一是人员保障不充分，从全省情况来看，各级各地河长制办公室都设置在水利部门，受市、县级编制数限制，专职人员保障相当困难，部分地区甚至未配备专职岗位，同时兼职人员流动性大，工作连续性和稳定性不强。二是经费保障不充分，当前国家、省级层面对河湖长制工作的激励资金和基层巡河员补贴资金均无相关政策支持，导致河长制工作的主动性和积极性不高；“一河（湖）一策”编制、河湖划界、信息化建设等技术工作资金缺口大，各地执行不平衡。

三、工作建议

（一）推动各级河长高效履职尽责

要常态化开展工作督查暗访，运用提示、约谈、通报等督促手段，强化对河湖管理保护和治理工作的推动。要用好“考核指挥棒”，对市、县、乡不同层级河长制定差异化考核指标，根据区域不同、工作重点难点不同，选择合理的考核指标，使各地可以获得相应的认可和激励；要强化考核结果应用，将考核结果作为地方党政领导干部综合考核评价的重要依据。要加强工作激励，对主动担当作为、河湖管理保护成绩突出的优秀河长湖长、相关部门和工作人员，予以表扬和奖励。要强化责任追究，对严重失职渎职问题要及时移交同级纪委监委依纪依规做出处理。

（二）强化合作共治成效

加强区域协调联动，不断健全以党政领导负责制为核心的责任体系，压紧压实各级河长职责，强化工作措施，协调各方力量，全面形成强大工作合力。全面深化跨省跨区域河湖的系统管护，开展联合巡河巡湖活动，健全并运行跨界河湖联防联控联治机制，持续深化与重庆、云南、甘肃、青海、贵州、西藏、陕西等省市自治区合作共治，全面与省检察院建立协同推进全省水环境治理工作机制。落实《四川省流域横向生态保护补偿奖励政策实施方案》，开展沱江、岷江、嘉陵江、赤水河等流域横向生态保护补偿工作，探索开展岷江流域生态综合补偿，同时逐步探索拓展省内外流域横向生态保护补偿范围，全力打造省际周边联防联治新典范。深化行业合作，以纪检监察、法院、检察院等部门协作为抓手，用“两法”手段严厉打击涉河违法违规行为，完善信息共享、联合执法机制，不断深化问题督办、查处、案件移送等方面的联动。

（三）稳步提升信息化水平

全面提升河湖信息化管理水平，建立互联网+河长制的管理模式，为各级河长湖长履职尽责，全面科学推行河长制湖长制提供管理决策支撑。加快引入动态监控模块，实时监测河流状况，大力推进云计算、大数据和人工智能等技术与河长制信息平台深度融合，通过技术分析查找河湖问题，提供解决思路。强化平台共建共享，统一数据标准，统一底图使用，在信息安全前提下充分共享，要避免信息化建设“各自为战”、重复建设、数据打架等问题。充分发挥数据库在全省河湖管理保护工作推进、一河一策管理保护方案编制、各级河长巡河等方面的关键作用。

（四）激发群众内生动力

一是加强宣传引导。精心策划组织，充分利用广播、电视、微信、微博、客户端等现代化信息媒体和传播手段，以开展农民夜校、拍摄公益片、举行知识竞赛等群众喜闻乐见的方式，大力宣传河湖长制工作及相关法律法规，不断增强公众河湖保护责任意识，宣传群众身边的先进典型，营造良好的必须赶超氛围。二是拓宽参与方式。通过调查问卷、座谈会、听证会等形式充分听取公众的意见和建议，同时减少后期实施过程中的阻力；聘请“民间河长”协助各级河长开展管水治水各项工作，鼓励社会团体、撬动社会资本参与河湖生态治理。畅通监督渠道，公开信箱、电话、网络等监督举报方式，接受涉水违规违法行为举报，同时鼓励公众利用新闻媒体、舆论监督曝光违法违规行为。三是强化河长培训。结合每年工作重点，制定省市县乡各级河长培训计划，邀请河长办及相关行业专家，围绕思想认识、政策法规、工作任务、案例分析等方面扎实开展培训，进一步提高各级河长责任心和业务能力水平。

（五）强化资金保障

强化重大项目资金保障，省财政要加大对河湖保护治理的支持力度，切实保障污染治理和河湖保护重大项目的顺利实施，建立稳定的资金保障机制，充分发挥财政资金的撬动作用。强化激励保障，参照国家对河湖长制工作激励的办法，建立河长制考核等专项激励资金机制，充分发挥先进的示范和引领作用。强化工作经费保障，加强对基层河湖长、巡河员、护河员的工作保障，将相关费用纳入财政预算，有效调动积极性和主动性，切实解决河湖管护“最后一公里”问题。

第二节　贵州省经验、问题及建议

贵州省水利厅河湖长制工作处：邓卿处长、
蔡国宇、吴学超
河海大学：张松贺、唐彦、夏管军

自中央推行河长制湖长制工作以来，在水利部的关心支持下，贵州省各级各有关部门切实提高政治站位，攻坚克难、苦干实干，实现河、湖、水库一体化管理，构建起责任明确、协调有序、监管严格、保护有力的河湖管理保护体制和良性运行机制。经过现场调研、各地河长制湖长制成效综合分析，并征求相关地方、责任单位意见，贵州省推行河湖长制经验、问题与建议总结如下。

一、典型经验

（一）在全国率先将全面推行河长制写入地方法规，确保工作开展有法可依

将全面推行河长制写入《贵州省水资源保护条例》（2017 年 1 月 1 日起施行），为全国首家在地方法规中明确推行河长制的省份；2018 年 2 月 1 日起施行的《贵州省水污染防治条例》也作了相关规定；2019 年 5 月 1 日起施行的《贵州省河道管理条例》，设河（湖）长制专章，共四条内容，从法制层面为全面推行河长制提供有力支撑和保障。

（二）首创省、市、县、乡四级双总河长，独创省级四大班子人人当河长，高规格构建河长组织体系

按照中央要求设立省、市、县、乡四级河长体系和党政同责的要求，结合贵州实际，我省在全省范围内全面推行省、市、县、乡、村五级河长制。省、市、县、乡四级设立“双总河长”，由各级党委和政府主要领导担任；省委、省人大、省政府、省政协的省级领导各担任一条重点河流的省级河长，并明确一家省级责任单位协助开展工作，34 位省级领导及 32 家省级责任单位参与河长制工作，范围较广、程度较深、效果较好，在省级河长设置和履职方面作出了探索，全省各级参照省级做法，由各级党委、人大、政府、政协领导担任河（湖）长，全省 4697 条河流（湖）、2407 座小（2）型及以上水库、17150 座山塘落实五级河（湖）长 22755 名，实现河流、湖泊、水库等各类水域河湖长制全覆盖。

（三）万名河湖民间义务监督员和河湖巡查保洁员齐上阵，助力河湖水清岸绿

全省聘请了 1 万余名河湖民间义务监督员，负责对全省河湖保护进行义务监督。我省河长制工作积极聚焦脱贫攻坚，在全省范围内聘请的 18000 余名河湖巡查保洁员中包含 1 万余名建档立卡贫困人员。加强与志愿服务工作联动。省河湖长办与团省委、省文明办等单位联合开展“青清河”保护河湖志愿服务行动，组织志愿者巡河达 10 万余人次。

（四）探索建立跨区域跨流域河流协作机制，共同保护跨界河流

对于跨区域跨流域的河流，我省还积极与周边省市签订了《重庆市河长制办公室贵州省河长制办公室渝黔跨省界河流联防联控合作协议》《四川省河长制办公室贵州省河长制办公室联动机制协议》《云南省河长制办公室贵州省河长制办公室跨界河流联防联控联治合作协议》《贵州省河长制办公室广西壮族自治区河长制办公室黔桂跨界河湖联防联控联治合作协议》《湘黔跨界河湖联防联控联

治合作协议》《云贵川三省政协助推赤水河流域生态经济发展协作协议书》《云南省曲靖市　贵州省六盘水市　贵州省黔西南州关于黄泥河环境保护协同监督工作机制》《打击破坏黄泥河生态环境违法犯罪行为工作五项联动机制》《关于建立赤水河乌江流域跨区域生态环境保护检察协作机制的意见》，特别是《关于建立赤水河乌江流域跨区域生态环境保护检察协作机制的意见》开启了沿江省市检察机关对“两河”流域齐抓共管的先河。

（五）开展大巡河活动，践行河长制，久久为功，推动生态环境持续改善

连续三年在“贵州生态日”成功举办了声势浩大的“保护母亲河　河长大巡河”活动，省委书记、省长带头巡河，其他各级河长分别到责任河段开展巡河，切实做到“政治站位有高度、工作部署有力度、巡查整治有深度”，进一步推动“生态优先、绿色发展”“关爱河湖健康生命”等理念深入人心，营造了全社会共同爱河护河的良好氛围。2019 年以来，贵州省将“保护母亲河　河长大巡河”活动与中央环保督察反馈问题和长江经济带曝光贵州省突出问题有机结合，书记、省长率先垂范，各位省领导牵头开展全面督查，每年全省五级河湖长以及相关干部群众累计 7 万余人参与巡河，在全省形成上下同心、履职尽责的良好氛围。各级河湖长现场巡查和解决水生态环境管理保护存在的突出问题，用实际行动充分彰显了贵州省坚决打赢生态环境保护战役的决心和信心。省委书记、省人大常委会主任、省总河长孙志刚对大巡河活动作出肯定性批示，要求深入学习贯彻习近平生态文明思想，久久为功推进河长制工作，集中精力管好水、护好水、治好水、用好水，推动生态环境持续改善，不断满足人民群众对美好生活的需要。按照渝川滇黔跨区域生态环境保护检察协作机制要求，2019 年 1 月，渝川滇黔四省市同步开展“三级两长护河大巡察”活动，我省 178 名检察长、497 名河长、662 家单位、2246 名群众参加，针对活动发现的河湖存在的问题，全省各级检察院共发出 19 件检察建议，“两长护河”有效形成刑事检察、民事检察、行政检察合力参与河湖生态治理和保护的工作新格局。活动结束后，省水利厅、省公安厅、省检察院印发了《贵州省水行政执法与刑事司法衔接工作机制》，严厉打击涉河（湖）违法犯罪行为，切实加强河湖管理执法监督，维护河湖生命健康。

（六）鼓励创新落实全面推行河长制工作

积极鼓励各地在做好“规定动作”的基础上，结合工作实际，创新“自选动作”。贵阳市增设执行河长，明确各市级责任单位主要负责人担任市级执行河长，市级执行河长作为所辖河（湖、库）的第二责任人，直接对所辖河（湖、库）对应的市级河长负责；遵义市务川县丰乐镇新场村造纸塘组成立了民间河

道管理护卫队，27 名老人自愿签名管护当地河流；六盘水市开展水城河综合治理，既注重治水又改善景观，挖掘“三线”文化资源，着力提升老百姓生产生活水平；安顺市采取不打招呼、自定路线、直击现场、照相取证的形式，对辖区县、乡级河长制工作开展情况、河湖管理保护专项行动工作开展情况进行暗访，并以“一县一单”方式将暗访发现的问题发相关县进行整改；毕节市黔西县建立“一长四员”流域生态环境保护机制，加速实现水清、岸绿、河畅、景美；铜仁市推行民心党建+河长制和互道管理村规民约，着力破解河长制工作“最后一公里”问题；黔东南州锦屏县敦寨镇、新化乡，黎平县高屯镇等亮江河流域 12 个村寨共同签订锦、黎两县“亮江河流域护河公约”；黔南州根据河长巡河和督导检查发现的 132 个问题实行“派工单”，累计派出“派工单”16 件 89 个问题，完成整改 37 个，正在整改 52 个；黔西南州建立了“河长+警长”“河长+校长”“河长+林长”“河长+护水员”联动机制，多方联动开展河湖保护工作；贵安新区加大对各区级责任单位和乡（镇）、村级河长培训，有效提高基层河长履职能力，加快对巡查管理中的问题进行解决，共同推进河湖管理保护工作。总结核查过程中发现，贵州省在六项制度的建立及实施上具有有效的执行，逐渐成熟，并将河长制考核工作落实，将考核结果作为地方党政领导干部综合考核评价重要依据情况。

（七）聚焦目标任务，确保工作落细落小落实

每年年底，省河湖长办督促河省级责任单位按照印发的对应设省级河（湖）长河流（湖泊）“一河一策”方案，牵头组织对次年年度任务目标进行细化分解，确保工作落到实处，并纳入河长制工作考核中。扎实开展河湖“清四乱”、河湖采砂专项整治、长江经济带固体废物整治等专项行动。以 1 号、2 号、3 号总河长令部署“清四乱”工作，“四乱”清理整治工作取得明显成效。结合河湖违法陈年积案“清零”行动及违建别墅问题清理整治专项行动，重点查处“四乱”违法行为，加大督导检查，实行联动查办。加强明察暗访，督导“四乱”问题整改，省级派出 5 个暗访组采取“四不两直”方式，对市、县河湖“清四乱”工作开展情况进行暗访，问题台账以“一市一单”方式下发所涉市州，督促限期整改，实行办结销号制，对整改难度大的河湖问题，会同相关职能部门，协调解决。制定印发《贵州省实施乡村振兴战略加强农村河湖管理工作推进方案》，着力解决农村河湖“脏乱差”等突出问题。制定印发《贵州省河湖管理范围划定三年行动方案》《关于加快推进河湖管理范围划定及岸线保护与利用规划编制工作的通知》，按照水利部安排部署深入推进我省河湖划界工作，连续两年将河湖划界工作纳入省政府与市（州）政府签订的目标责任书。

以壮士断腕的决心还开展了有地方特色的两项行动，在2018年5月15日前，全部拆除境内3.38万亩网箱，实现了全域“零网箱”。为减少乌江、清水江等河流中总磷污染，采取“以渣定产”方式，按照“增量为零、存量减少”的要求，倒逼磷化工企业转型升级，磷石膏资源综合利用规模和水平大幅度提升，正是通过这些行动扎实推进，全省河湖水质进一步变好，全省出境断面水质100%达标。

（八）精心开展培训宣传

一是全省各级充分采取以会代训、专题培训、河湖长制进党校等方式组织开展河湖长制培训。2018年，特邀副省长、省副总河长吴强在省委党校“生态文明建设和大生态战略行动专题研讨班”专门就深入实施河长制讲课；2019年、2020年，省河长制办公室连续两年联合省委组织部分别在河海大学、浙江大学举办了提升河湖长履职能力专题培训班，进一步统一思想、深化认识、拓宽思路、推动实践，提升个人政策素养与业务能力。二是连续三年将河湖长制作为“世界水日　中国水周”重要宣传内容，通过举办知识竞赛、演讲大赛等方式，均吸引了来自各行各业的广大干部职工、学生、普通群众参加，有效带动更多的人参与到节约水资源、保护家乡河的实际行动中来。三是充分利用各种媒体、采取各种方式向社会宣传。人民网、新华网、央视、《中国水利报》《人民长江报》《贵州新闻联播》《贵州日报》等主流媒体刊发新闻报道上千篇（条），发出了贵州全面推行河湖长制工作的好声音。组织了“五级河长谈治水”在线访谈、“贵州河长这一年”集中采访报道，特邀吴强副省长在北京参加了新华网、人民网总网的访谈，向广大网友宣传了我省的河长制工作，从中央媒体的角度审视我省河长制工作取得的成效。组织开展河湖长制进学校、进企业、进社区等活动，积极引导社会各方关心和参与河湖保护。

二、主要问题

受地方财力薄弱影响，市、县以下河（湖）管理范围划定、岸线利用规划编制、“一河一策”方案实施等缺乏必要资金；少数地方和单位对河湖长制的重要性、紧迫性和长期性的认识不够，一些河长推动问题解决的作用发挥不好；河湖治理保护涉及跨区域、跨行业，协调难度大，治理时效长、见效慢。

三、主要建议

（1）建议从国家层面加大对河长制的重视，注重多部门协作，并将河长制工作纳入国家生态文明建设有关的工作和考核。

（2）积极组织河长学习培训、提高河长的执行水平，促进各成员单位间的协作效率。

（3）在河长制补助项目安排上给予倾斜，助推河长制工作再上一个新台阶。

第三节 云南省经验、问题及建议

云南省河长（湖长）制工作处：王法仁、李玥葶、孙玲梅

河海大学：王山东、魏海、芦园园、唐彦

河长制工作启动以来，云南全省上下认真贯彻落实中央决策部署，党委政府认真履行河长制责任主体职责，广大人民群众积极参与，扎实推进河长制，全面建立湖长制，有力有序开展河湖管理保护治理各项工作，圆满完成各项目标任务，全省水环境持续向好，河湖治理保护初见成效。经过现场调研、各地河长制湖长制成效综合分析，并征求相关地方、责任单位意见，云南省推行河湖长制经验、问题与建议总结如下。

一、典型做法与经验

总结核查过程中云南河长制湖长制工作经验，主要有以下九点。

（一）坚持高位推动，深入研究部署

省委、省政府对标对表中央改革决策部署，先后印发了《云南省全面推行河长制的实施意见》《云南省全面贯彻落实湖长制的实施方案》，及时召开全省动员视频会议和总河长暨河长制领导小组成员会议，创新调整九大高原湖泊保护管理体制，压实属地责任，强化上下联动机制。年度河湖长制工作要点均以省总河长令形式下发，明确任务，压实责任，推进河（湖）长制工作落地见效。2015 年以来，省委、省政府先后召开 100 多次会议研究部署高原湖泊保护治理工作。王沪宁书记、王予波省长除分别担任云南省总河长、副总河长外，还分别担任治理保护任务艰巨的洱海和抚仙湖的湖长，带头亲自巡河巡湖，采取实地调研、明察暗访、召开会议、派出督查组实地督查等多种形式，以上率下、以身作则、率先垂范，推动全省河（湖）长制全面落实。

（二）增设村级河长，构建五级格局

充分调动和发挥村级组织在管理河、湖、库工作中的积极作用，将基层巡河员纳入河湖长制组织体系，健全农村河湖长制组织责任体系。不仅将农村河道、各类分散饮用水源纳入管理，而且对农村水环境治理工作产生了积极影响，

促进美丽乡村建设，构造舒适美丽的人居环境。2017年年底，云南省比中央要求提前1年全面建立了省、州（市）、县（市、区）、乡（镇）、村五级河（湖）长制组织体系。

（三）全面压实责任，夯实责任体系

云南省明确提出河、湖、库、渠全面覆盖到位，保证每一条河都有河长，湖长、库长、渠长、塘长、坝长，统称河长，体现河长管护河、湖、库、渠水系流域的完整性、系统性和科学性。六大水系、牛栏江、赤水河及九大高原湖泊设省级河长、湖长。《云南省水功能区划》确定的162条河流、22个湖泊和71座水库，《云南省水污染防治目标责任书》确定考核的18个不达标水体，大型水库（含水电站）设立州（市）级河长。其他河、湖、库、渠，纳入州（市）、县（市、区）、乡（镇）、村各级河长管理。全省共6573条河流、71个湖泊、5914座水库、4793个塘坝、2549条渠道纳入河（湖）长制保护治理范围，实现河、湖、库、渠全覆盖。在实施湖长制中，把大中型水库（含水电站）、地级及以上城市集中式饮用水水源地水库纳入湖长制管理，大型水电站水库（库容1亿立方米以上）及重要的中型水电站水库设置副湖长，副湖长由水电站水库管理单位主要负责人担任。

（四）坚持问题导向，落实督察机制

建立了省、州（市）、县（市、区）党委副书记担任总督察，同级人大、政协主要负责同志担任副总督察的三级督察体系。开展实地督察，形成整改报告，指出突出问题，列出整改清单，并印发到有关州（市）及有关单位，督办整改。为了明确各级河、湖长职责，细化工作措施，云南省建立了述职和问责制度，形成一级抓一级、层层抓落实的工作格局。

（五）全面推行“河长湖长+”工作机制

云南省河长办、省水利厅联合省检察院、省公安厅积极创新工作机制，全面推行“河长湖长+检察长”“河湖警长制”工作机制，全省设立各级河湖警长1683名，打造河湖长+河湖警长“多轮驱动”、网格+警格+水格“三格合一”的水域保护新模式，强化部门联合执法力度和河湖保护管理的制度刚性。各地积极响应省委、省政府的号召，不仅引入“企业河长”“民间河长”“学生河长”“乡贤河长”“巾帼河长”等方式鼓励民众积极主动参与管理河湖，推动落实河长制的全面建设，还积极探索出适合自身实际情况的创新管理措施，如在阳宗海示范实施“党建+河长制”双推进机制，昭通市采取无人机监控河湖，一个“U”盘下达河长令，普洱市将河长制列入村规民约。

（六）坚持多措并举，治理高原湖泊

云南省常年水面面积 30 平方千米以上的湖泊有 9 个，称为“九大高原湖泊”，生态均很脆弱，其中滇池、洱海等曾经的污染引起中央和全国的关注。云南省委书记王宁、省长王予波分别担任治理保护任务艰巨的洱海和抚仙湖两个湖泊的湖长，带头亲自巡河巡湖，以上率下、以身作则、率先垂范，推动全省河长制湖长制全面落实。近年来，九大高原湖泊均制定了保护管理条例，创新调整九大高原湖泊保护管理体制，压实属地责任，强化上下联动机制。

2018 年起，云南省财政每年安排 36 亿元资金支持九大高原湖泊保护治理工作，2021 年起省级财政投入增加至 42 亿元。各地攻坚克难，因湖施策，多措并举，全面落实湖长制六大任务，推进了一批关键性综合整治工程，成效显著。为稳定保持抚仙湖 I 类水质的目标，着力实施关停拆退、环湖生态建设、镇村两污治理、面源污染防治、入湖河道综合整治、城镇规划建设、产业结构调整、新时代“仙湖卫士”八大行动，扎实开展突出问题整治的“百日雷霆行动”，以最严格的组织领导、最严格的保护措施、最严格的执法监督、最严格的责任追究，全力打好新时代抚仙湖保卫战，为抚仙湖稳定保持 I 类水质起到了关键作用。大理州把“洱海清、大理兴”作为根本发展理念，集中人力、物力、财力开展洱海保护性抢救工作，全面实施洱海流域“两违”整治、村镇“两污”治理、面源污染减量、节水治水生态修复、截污治污工程提速、流域综合执法监管和全民保护洱海的“七大行动”，实现了入湖河流岸上、水面、流域网格化管理全覆盖。滇池流域通过牛栏江向滇池生态补水，与滇池环湖截污、入湖河道整治等治理措施联动，开展三年攻坚行动，实行流域生态补偿机制。异龙湖加快了生态湿地和补水工程建设，实施生态补水。“十三五”期间，九大高原湖泊水质持续改善，2020 年，按全年全湖均值评价，抚仙湖、泸沽湖保持 I 类水质；洱海水质 7 个月保持Ⅱ类，5 个月个别指标超过Ⅱ类水质限值；阳宗海为Ⅲ类；程海为Ⅳ类（pH 值、氟化物除外），滇池草海Ⅳ类；滇池外海、星云湖、异龙湖Ⅴ类；杞麓湖虽为劣Ⅴ类，但国考断面达标。实现了水质保护稳中向好的目标。

2021 年 9 月 28 日，中共云南省委、云南省人民政府印发《关于“湖泊革命”攻坚战的实施意见》，明确在治湖理念、治湖措施、治湖体制机制上分别来一场革命，提出 60 条具体措施。为加强对九大高原周边空间管控，遏制围湖造城、贴线开发乱象，组建了由 3 名院士领衔的专家团队、深入一线开展现场调研、组织召开专家审查会、赴巢湖和太湖学习湖泊空间管控经验做法，统筹涉湖各州（市）科学开展九大高原湖泊“两线”（湖滨生态红线、湖泊生态黄线）

和“三区”（生态保护核心区、生态保护缓冲区、绿色发展区）划定工作，并编制印发《九大高原湖泊“三区”管控的指导意见》，有力促进九大高原湖泊全流域经济社会发展全面绿色转型。

（七）结合民族特色，倡导公众参与

云南省是典型的多民族地区，结合民族特色，开展河长制的宣传，使河长制的实施深入民心，落地生根。本次核查时，在傣族村寨看到基层的村级河长公示牌旁清水淌过，农村环境整洁，水渠和河道干净、整洁，河水清澈，村民的环境保护意识很强，且对河长制的实施非常拥护。

普洱市、德宏州芒市将河长制列入村规民约，对河道的保护结合乡村民俗的特点，宣传到村口、河边和田间地头；德宏州河长公示牌展示民族特色。昆明、丽江、保山、普洱等州市，引入“企业河长”“民间河长”“学生河长”等方式参与落实河长制。全省乡村开展“七改三清”行动，即改路、改房、改水、改电、改圈、改厕、改灶和清洁水源、清洁田园、清洁家园。

近年来，《新闻联播》《人民日报》《中国水利报》《云南日报》等中央和省级主流媒体相继报道云南省河湖长制和河湖保护治理成效。2021 年云南省 11 个单位、25 名同志获水利部表彰全面推行河长制湖长制先进集体、先进工作者和全国优秀河（湖）长称号；2 个案例入选《全面推行河长制湖长制典型案例汇编》。在自然资源部和世界自然保护联盟发布的 10 个中国特色的生态修复典型案例中，抚仙湖流域治理上榜。泸沽湖（云南部分）入选生态环境部美丽河湖优秀案例。

（八）严控采砂管理，重视过程监管

由于云南省高速公路和铁路正在大建设时期，砂石的需求量大。同时山区河道砂石资源丰富，易于开采，之前非法采砂、乱采乱挖现象严重。为此，云南各地采取疏、堵结合的方式，出台河道采砂联合执法实施方案，联合公安等部门查处和打击非法采砂活动，对乱采区域进行整治。

另外制订砂石资源保护开发和整治规范管理方案，对砂石资源进行多种形式的拍卖，对采砂过程进行全时段的在线视频监控，并采用雷达测体积、电表用电检测等方式进行实时监控，有效减少河床下沉和水土流失，保障河岸安全和行洪畅通。部分区域还将采砂许可到村委会，充实村集体经济收入，通过“四议两公开”投入河长制工作。

（九）加强联防联控，跨国跨省联动

云南省有多条河流是国际河流，双方边民“鸡犬之声相闻”，经济、生活往来密切。之前由于双方政府缺乏沟通，未形成长期有效的环境问题合作管理机制，国境线中方一侧长期受到缅甸的“进口垃圾、污水、噪声、烟雾”困扰，居民长年投诉不断。为切实提升人居环境、全面落实河长制工作，经外事办的努力对接，根据《中华人民共和国政府和缅甸联邦政府关于中缅边境管理与合作协定》的规定，“双方应采取措施保持界河不受污染”，促成了双方政府领导的边境线环保及环境水污染专题会商机制。

如2018年3月6日，在瑞丽市与缅甸木姐县的友好协商下，为协助缅方解决好垃圾问题，中方愿意向缅方捐赠环卫运输设备、污水处理设施和垃圾热解炉等。通过深入的沟通交流，增加了互相之间的了解，增进了双方友谊，对存在的问题达成了共识，增强了双方整治边境线环境的信心和决心。多年来困扰姐告居民和影响国家形象的环境污染问题得到缅方表态支持配合。

2019年6月5日中缅联合开展世界环境日系列活动，我们核查组刚好路过，看到了边境口岸祥和、安宁的气氛。中缅瑞丽—木姐六五世界环境日系列活动在姐告边境贸易区举行。中缅联合开展世界环境日系列活动，共商双边绿色发展。希望在双方共同努力下，瑞丽与木姐建立起高效的生态环境保护交流合作机制，切实维护好中缅边境生态环境质量。木姐和瑞丽是缅中两国互信合作、友好发展的典范。缅方高度重视边境地区的环保教育和环境改善工作。此次中、缅学生代表团进行了以环保为主题的演讲交流和有奖问答活动，实地参观了姐告小河治理项目和瑞丽市第一污水处理厂，活动有助于提高边境人民共同保护环境的意识，有助于促进木姐、瑞丽两城之间的生态合作，从而缔造绿色美好的家园。瑞丽与木姐还将深化交流，共同构建中缅边境生态保护、协商合作的一个常态工作机制。

印发《关于全面建立河湖长制协调联动机制的通知》，与周边省区全面建立了跨界河湖联防联控机制。为把泸沽湖保护治理工作打造成为长江上游跨省共抓共管共治的绿色发展范本，全面加强协调合作，从根本上解决川滇泸沽湖流域共同保护治理突出问题，确保全湖水质永久保持地表水Ⅰ类标准。云南省和四川省人民政府共同印发了关于川滇两省共同保护治理泸沽湖“1+3”方案（《川滇两省共同保护治理泸沽湖工作方案》《川滇两省共同保护治理泸沽湖联席会议制度》《川滇两省共同保护治理泸沽湖联合巡查督察制度》《川滇两省共同保护治理泸沽湖实施方案》）。联合四川、西藏分别召开长江（金沙江）河长湖长联席会议；联合四川省印发《2021年川滇共同推进长江（金沙江）管理保护工作清单的通知》，与贵州省、四川省联合开展赤水河流域跨界河湖巡查。

二、推行河湖长制存在问题

目前，云南省河流、湖泊水质总体提升明显，但由于省内水资源分布严重不均衡，局部区域（尤其是滇中区域，包括昆明、曲靖、玉溪、楚雄等地方）缺水严重，水系循环不畅、湖泊水循环极其缓慢，导致局部水质问题依然严重，尤其是一些污染水体的治理任重道远。

全面推行“河长制”以来，河湖保护治理能力有了一定的提升，河流湖泊环境得到了明显的改善，但仍然存在一些问题，具体表现如下。

（一）河湖保护治理压力大

云南省河湖众多，处于国家大江大河上游、西南重要生态屏障区域，这使得部分河湖划界不够明确，河湖保护治理工作任务艰巨，形势严峻。虽然云南省对九大高原湖进行大力治理，但杞麓湖、异龙湖、星云湖、滇池等湖泊的现状水质仍未达标。抚仙湖、泸沽湖两湖的水质为Ⅰ类，达到水环境功能类别要求（Ⅰ类），但两湖为国家一类水源地，优质水资源是极其宝贵的，维持水质以及生态保护任务还极其艰巨。

（二）信息共享机制有待进一步完善

行业行政审批、项目规划实施、综合整治等信息在部门之间还未完全形成互联互通，河湖长制信息沟通共享机制不够顺畅，信息共享共治共管局面尚未完全形成。

（三）统筹保护与发展仍有差距

云南高原湖泊流域地区经济社会发展相对较快，污染源点多、面广，污染负荷量大。开发建设挤占生态空间的风险仍然存在，发展需求与环境保护之间的矛盾、产业结构与减排控制之间的矛盾依然突出，绿色高质量发展基础差。

（四）河湖生态综合治理有待进一步加强

污染在水里，问题在岸上，加快水岸共治，山水林田湖草系统治理，发展“生态农业”“循环经济”是防治水污染的治本之策。推广发展循环农业，有效减少面源污染，充分发挥河长制生态保护与经济发展协同推进、相互促进作用，引进社会资本建国家湿地公园、休闲度假区等生态主题景点，切实推进水旅融合，河库生态效益、周边土地价值同步提升，河库产业发展、群众致富脱贫同步推进。

（五）贫困县多，经费困难

河（湖）长制工作的开展和河湖保护治理需要大量的资金投入。云南省各地通过积极筹措，加大投入，整合各部门河库渠治理保护项目资金，加大对水资源保护、水污染防治、水环境保护、水生态修复、水域岸线管理、河库渠管理保护监管等工作的支持力度，切实保障河库渠巡查、堤防维修、保洁管养等工作经费和建设项目资金等方面做了大量的有效的工作。但云南省是全国贫困县最多的省份之一，各地市财政困难，为巩固完善贫困地区河长制湖长制，推进河湖长制六大任务落实需要大量的经费。需要加大资金的支持与投入力度。

（六）云南高原湖泊，生态脆弱

由于历史上几十年的污染，云南省对九大高原湖泊保护治理取得了非常好的成效。但是现在多个湖泊的生态功能区还没达标。杞麓湖、异龙湖、星云湖3个湖现在的水质是Ⅴ类标准或劣Ⅴ类标准，水质中度或重度污染，均未达到水环境功能类别要求（Ⅲ类）。

滇池水质为Ⅳ类Ⅴ类之间波动，水质中度污染，未达到水环境功能类别要求（滇池草海Ⅳ类、滇池外海Ⅲ类）。

程海水质（氟化物、pH除外）符合Ⅳ类标准，水质轻度污染，未达到水环境功能类别要求（Ⅲ类）。

洱海、阳宗海2个湖泊的水质符合Ⅲ类标准，水质良好，未达到水环境功能类别要求（Ⅱ类）。

抚仙湖、泸沽湖两湖的水质符合Ⅰ类标准，水质为优，达到水环境功能类别要求（Ⅰ类）。但抚仙湖湖面面积216.6平方千米，湖容积206.2亿立方米，平均水深95.2米，但集水面积只有675平方千米。泸沽湖集水面积247.6平方千米，湖容积22.52亿立方米。所以这两湖的优质水资源是极其宝贵的，但其生态自我修复能力极其脆弱。

三、工作建议

针对云南省在河湖治理和保护方面存在的问题以及现场调研发现的情况，提出以下建议。

（一）加强部门协同上下联动

各级各部门将严格按照省委、省政府明确的任务、分工，强化部门配合联动，推进各级河（湖）长制领导小组成员单位各司其职、各负其责、密切配合、通力协作。省级有关成员单位，要根据行业职能，制定年度工作计划、推进专项行动、开展对口督导指导，加强协调联动，实现信息共享，全面落实部门责任；推进上下游、左右岸的沟通和联系，落实水陆共治，统筹推进山水林田湖草的系统保护治理。推进省级部门对各地区各部门履职情况进行暗访、跟踪、督导，推进考核问责，经常性“拉警报”，加大问题曝光力度，扛实全省河湖保护治理的政治责任，促进河湖水环境改善。

（二）强化工作落实

全面开展水环境调查，列出调查问题清单和责任清单，制定整改措施，落实到各级河长和成员单位，切实解决好河长制工作中的突出问题；协调好五级河长的工作，明确各自职责，细化工作任务，主动履职尽责；畅通上级河长对下级河长的检查督导，下级向上级汇报工作、反馈意见和问题的工作机制；主动承担保护河湖、保护环境的责任，让每位村主任、队长、家长都融入河长制中来，让河长制落实到每一位市民和村民；对照“一河一策”列出的“问题清单、任务清单、责任清单”逐项抓好落实，对涉河违法违规行为做到早发现早制止早处理；加大对河流库渠乱占乱建、乱采乱挖、乱排乱倒、水土流失、黑臭水体等突出问题的整治，确保河长制工作取得长远成效。

（三）强化农村水环境综合治理

开展农村生活污水处理和农村清洁。充分发挥城镇污水处理厂的辐射效用，将区位条件允许的村庄污水接入污水处理厂，避免污水直排河道。鼓励人口集聚和有条件的区域建设有动力或微动力农村生活污水治理设施。加强规划引领、统筹推进，实现农村生活垃圾“户集、村收、镇运、县处理”体系全覆盖，特别注意垃圾填埋场科学选址，坚决避免二次污染。

（四）加大宣传培训和监督力度

加大对河长制工作的宣传力度，提高群众对河长制工作重要性的认识；组织开展有针对性的宣传教育活动，把群众、媒体和社会各界动员起来，不断增强对水资源保护的责任意识和参与意识，形成全民爱水、护水、治水的浓厚氛围；加大各级河长的培训力度，进一步提高履职成效。加强河湖水体的监督，让全民参与环境保护，建立环境保护 APP，广大市民、村民可以通过手机 APP 监督环境，及时上报“四乱”现象。

（五）做好人力、财力保障，建立乡、村生态补偿机制

加大水环境整治、水污染治理、生态保护修复等方面的资金投入，拓宽投融资渠道，积极引导社会资金参与水环境治理和保护。加强乡、村生态补偿机制的建立。拓宽投融资渠道，形成公共财政投入、社会融资、贴息贷款等多元化投资格局，整合发改、农业农村、林业草原、水利、自然资源、住房和城乡建设、生态环境等部门相关的项目资金，加大沿河湖居民污水处理和生活垃圾处理设施建设，合力推进水环境治理和保护工作；多渠道解决县、乡（镇）两级河长办工作人员不足问题；将河流巡查管护和水环境整治等经费纳入预算，保障河长制日常工作正常运转。

（六）加大科研投入和产出

河湖的治理，尤其是污染水体的治理离不开科技，要依靠高科技、新工艺、新方法，从物理、化学、生物等角度提出污染水体、黑臭水体的治理方法，让广大高校、科研院所的专家、学生参与到河长制的工作中来，切实推进河长制。

（七）抓紧条例的落实

九大高原湖泊均已完成了管理保护条例修订，每个条例均以法律的形式确定了湖泊的一级保护区和二级保护区的范围。但是对条例的落实、执行不到位。所以建议首先要把条例落实到位，保证法律的严肃性。同时要根据习近平生态文明思想，根据“两线”划定成果及“三区”管控细则，适时修订完善湖泊管理保护条例，使其更符合客观实际和新形势的需要。

（八）加快规划推进和科学保护，落实管护主体责任

对九大高原湖泊“十四五”规划、一湖一策保护治理行动方案项目要加快推进，要以科学的、可持续的方式，来实现高原湖泊的保护治理。九大高原湖泊均有管理机构，要对管理机构优化设置，切实增强能力建设，认真落实流域水环境保护责任，全面落实生态环境保护任务。

第四节　西藏自治区经验、问题及建议

西藏自治区总河长办公室：杨元月、武强、格桑德庆

河海大学：唐彦、唐德善、夏管军

一、典型经验

（一）创新“河（湖）长制”模式

“6+X”模式：国家实行4级河长，分别为省、市、县、乡，而西藏比国家多两级，实行6级河长。即“6”是指省、市、县、乡、村、村民小组。而“X”则是因地制宜，夯实基础。在重点水利水电区域，设立企业河湖长（昌都、那曲市等），弥补工作盲区；在技术缺乏区域，设立技术河长，当基础工作无法满足河湖管理时，及时提供技术支撑；在重点监控区域，设立警务河湖长（拉萨、昌都等），采取片区管理，河道警长积极配合各级河长开展水环境执法行为；在资金相对充足区域，设立学术河湖长（林芝等），筹建河长制湖长制专家库，为河湖管护技能培训、决策咨询、学术研究等工作提供智力支撑；阿里

地区设立地区级河湖长参谋33名，实现了河长制工作保障组织领导、人员、经费、办公条件“四到位”。

（二）探索高原特色河湖管护路径

针对地广人稀、河湖管护力量薄弱等难题，西藏阿里地区创新工作举措，鼓励牧民、游客参与到护河队伍中来。噶尔县完善规章制度，变单一治水、突击治水为综合治水、制度化治水，还聘请22名队员组成护卫队，开展河湖管护工作；普兰县巴嘎乡建立了“垃圾银行”，鼓励过往群众收集垃圾兑换日常生活用品和旅游纪念品；措勤县磁石乡牧民群众在湖边捡到一个垃圾，可到辖区村委会领取一元钱奖励。札达县持续落实河湖长制工作媒体通报制度，对每季度各级河湖长巡河湖情况通过本地电视台向社会通报，提高河湖监管力度和社会参与度。札达县和噶尔县通过开通移动（云MAS）平台，对县级河湖长发布巡河湖工作提示及巡河湖情况，提高各级河湖长巡河湖频次，增加巡河湖检查力度。朗县完善县乡两级主抓、村居为单元、农牧民为主体的管理责任体系，在充分发挥驻村工作队、生态岗位等作用基础上，创新启动河湖长制“五员”治水队伍，从发改委、住建局等行业部门聘请专家“指导员”出谋划策，分点负责、定点指导，全程参与治水；从生态环境部门聘请环保“关口员”强化监管，定期督查、掌握实情；从教育领域聘请校园“先锋员”先锋示范，助推河湖长制进校园；从企业基层经验丰富工作人员中聘请企业“治水员”严把源头，日常巡查、排除隐患；从本地离退休老干部中聘请社会“监督员”全面监督，保持高压态势，切实压实监督责任。

（三）将河湖长制工作与河湖情感表达结合

西藏人民保护河湖的信念根深蒂固。自河长制开展以来，各组群众积极参与到河湖保护中，深刻表达河湖情感，自发约束自己行为的同时主动监督，为河湖生态保护贡献力量。

（四）河长制工作与脱贫攻坚等工作有机结合

西藏自治区在全区各地（市）推行“河长制湖长制+精准扶贫”工作模式，截至目前，全区将7.4万名建档立卡贫困人口聘为水生态保护和村级水管员，按照每人每年3500元的标准发放补助；昌都市将“清四乱”专项行动、“七城同创”工作有效结合，切实做到同部署、同安排、同落实。

（五）创新考核监督制度

西藏自治区率先出台《关于在干部选拔任用中落实河长制湖长制工作相关要求的实施办法（试行）》，将履行河长制湖长制工作职责作为干部考核考察的重要内容。林芝市结合工作实际，创新出台了社会监督员聘用制度、先进单位和先进个人评选办法等5项制度。阿里地区建立了以扶贫生态岗位人员及村民小组长等为主体的“基层河湖监督员”体系，共吸纳3500多人。创新组建了“河长制湖长制工作监督检查委员会”，履行监督检查、考核验收、追责问责等职责，以每年不少于3次的频率赴7县对全面推行河湖长制工作进行“拉网式”督导检查，采取“一县一单”的方式下达《督导检查报告》，对重要问题专项督办，有效推动了河湖长制工作责任的落实。

（六）创新采用片区河湖长制，实现全区河湖全覆盖

西藏自治区地域辽阔，河湖众多，许多河湖分布在无人区中。针对这个特殊区情，自治区创新采用了片区河湖长制度，有效克服了人少地多、人少河湖多的困难，实现了西藏自治区河湖全覆盖。

（七）驻村工作人员与村级河长联动

自治区发挥驻村工作人员的帮扶作用，与当地村级河长联合起来带动当地村民参与到河（湖）长制的工作中，带领村民清扫河岸边的垃圾、对河长和湖长的工作进行监督、对村民进行河（湖）长制工作的宣传等，极大地推进了基层河（湖）长制工作，对河湖的管理保护也起到了积极的作用。

（八）建设信息联动机制

完善自治区河湖长制管理信息系统平台建设，实现河湖基础数据、巡查监管情况、突发事件处理、河湖岸线管护、“四乱”问题、灾防预警等信息的互联互通和共享共用，不断提高河湖管理监测信息化、智能化水平。昌都市河长办采取定期向各级市级河湖长致信、建立微信工作群等多种方式增强信息共享和信息实时性。在那曲市比如县，河长办建立了河湖长工作微信群，微信群覆盖了全县各级所有的河湖长。在工作中，村级河湖长将巡查过程中发现的问题以视频、图片、音频的方式上传至微信群，以利于上级河湖长及河长办及时了解相关河段的情况。昌都市将河长制湖长制纳入“智慧昌都”工作平台，推动生态环境、水文、住建、农业农村等多部门信息共享，为全市的河湖管护工作、河长制制度落地提供基础。

（九）强化跨界河湖联防联控联治机制

为落实水利部强化流域治理管理的相关要求，强化跨界河湖联动机制建设。与青海、四川、云南三省分别签订跨界河湖联防联控联治合作协议，建立青藏川三省（区）六市（州）河湖联防联控机制，在拉萨召开滇藏两省（区）长江（金沙江）河湖长制联席会议，共开展5次跨省（区）和5次跨地（市）巡河巡查活动。阿里地区与日喀则市、那曲市签订《日喀则市、那曲市和阿里地区建立跨界河湖联防联控联治工作机制合作协议》，制定印发了《日喀则市总河长

办公室　那曲市总河长办公室　阿里地区总河湖长办公室关于建立跨界河湖联防联控联治工作机制的实施方案》，构建责任明确、协调有序、监管严格、保护有力的跨界河湖联防联控联治机制，有力促进上下游信息互通、河湖共管。

（十）河长制推动生态环境保护空间格局建设

西藏自治区以河湖长制为龙头，充分发挥河湖长制制度优势，进一步推动生态环境保护，强调尊重自然生态系统的整体性、系统性及其内在规律，将山水林田湖草沙冰等各类自然生态资源统筹为一个整体，打破了过去以单一生态系统要素进行划分的条块分割的思维模式。阿里地区筹资 100 万元，完成朗钦藏布、赤左藏布河流源头保护与利用规划编制，划定源区水源涵养保护区、治安告示牌和界牌，为维护区域生态安全和促进湿地的可持续利用提供保障。那曲市以此实施了次曲河水系连通综合整治项目、色尼河水系连通综合整治项目。

（十一）全覆盖编制河道采砂规划，狠抓河湖采砂管理（全区）

自治区安排部署河道采砂规划修编，要求有采砂任务的河湖采砂规划全覆盖，并进一步做好规划评估，确保规划质量。阿里地区完成有采砂任务的 40 余条河道上百个采砂点的河道采砂规划编制、审批，全覆盖阿里地区 7 县，对有采砂管理任务的河道落实采砂管理“四个责任人”并向社会公告。持续加大河湖水域岸线管理督查，加快推进我区河道采砂规范审批和监管，整治河道采砂乱象。朗县编制完成《雅鲁藏布江林芝市朗县段河道采砂规划（2020—2025年）》，印发《朗县砂石整治实施方案》《朗县河道非法采砂专项整治行动方案》，县域河道禁采区和保留区占比 94.2%，禁采区、可采区、保留区在朗县人民政府网站及时公布，接受人民群众监督，确保河道采砂有规可循。

（十二）开展江河源保护，落实江河源保护行动方案

深入实施江河源保护“三大行动九项工程”，重点对我区八大水系 33 条主要河流的源区开展系统保护，切实加强全区江河源生态环境保护，守护地球第三级生态，奋力打造国家生态文明高地。阿里地区积极开展雅鲁藏布江、狮泉河、象泉河、孔雀河等四大河流的溯源工作；那曲市积极推动金沙江、怒江、澜沧江等江河源范围划定工作。

（十三）持续强化水源地保护，强化安全饮水工程

持续开展水源地保护攻坚专项行动，建立健全饮用水水源地“一源一档”信息和“321”巡查制度，积极开展地下水“双源”现场调查；加强入河排污口管理，取缔关闭违法入河排污口，完成入河排污口评审批复工作；全地区主要江河湖泊水质扣除本底值影响均达到或优于Ⅲ类标准，地下水环境质量满足相应水域功能区要求，城镇（乡）无黑臭水体，城镇集中式饮用水水源地水质

达标率达到100%；阿里地区筹资180余万元，开展了23条河湖水文水质水生态日常调查监测，全力推进河湖水资源保护。阿里地区持续强化安全饮水工程，积极围绕巩固脱贫攻坚成果和推进乡村振兴战略，7县农村饮水巩固提升项目累计落实投资4.94亿元，共计完成建设工程点1367处，受益86394人，包含建档立卡人数17008人。

（十四）创新方法开展河湖健康评价和“一河（湖）一策”

在对河湖本底健康状况情况调查清楚的基础上，创新方法，将河湖健康评价与“一河（湖）一策”方案修编、完善“一河（湖）一档”相结合，将河湖健康评价工作开展时发现的河湖问题列入“一河（湖）一策”中“五个清单”，并录入河长制信息系统，作为河湖长巡河整改问题清单。大大减少了前期资料收集和调研次数，有效节约了时间和人力物力，也提高了成果的实用性。

二、主要问题

（一）河湖水域岸线保护管理任务艰巨

西藏是全国重要的江河源和生态源，是“亚洲水塔”，国内1/3湖泊、1/6水资源以及1/7以上河流分布在西藏，河流条数多，湖泊分布广。加上地理条件特殊、地域差异性强，管护任务繁重。

（二）基层人员配置困难

推行河长制湖长制绝大多数工作任务由地（市）、县（区）、乡（镇）承担，基层单位组织机构和人员力量薄弱，人员流动频繁，且担负驻村、维稳等烦琐的日常工作，落实河长制湖长制各项工作时基层人员力量极度缺乏。

（三）技术人员力量薄弱

自治区由于气候条件相当艰苦，区内科研机构、高校相对较少，缺少技术力量支撑，拥有专业知识的人员较少，不足以支撑自治区内大量的河流治理、生态修复、河道整治等工程。

（四）生态环境脆弱

作为重要的生态功能区，其特殊的地理位置使自治区成为国家生态安全屏障的重要组成部分，在全国生态文明建设中具有重要的地位。西藏整体生态环境敏感脆弱、地域差异性显著，受全球气候变化影响，河湖的管护任务繁重，加之青藏高原的暖湿化趋势的影响，增加了自治区河湖生态管理与保护的难度。

（五）河长制湖长制信息化基础水平低

西藏自治区地广人稀，难以建立前端感知系统，无法对区域内河流、湖泊进行动态化、实时监测。在河湖监测监控体系中，无人机、大数据等现代化手段相对缺乏，河流湖泊管控过程中缺少准确的信息支撑。

（六）河长制办经费紧缺缺额较大

西藏自治区经济发展水平低，河湖长制的经费保障难度大；另外，自治区条件艰苦，人工和物质成本高，河长制工作的经费缺口较大。

（七）河湖基础资料严重欠缺

西藏河湖众多，流域面积大，水文、水质监测点少，站网密度远远低于全国水平，基础资料短缺，现状调查难度大，编制“一河（湖）一策”“一河（湖）一档”、河湖管理保护范围划定、水域岸线管理等工作中缺少基础数据支撑，开展难度大。

三、主要建议

（一）加大经费投入，提高财政支持力度

自治区财政面临着收入少、支出多的局面，落实河湖长制工作的资金财政缺口较大。需要对各级河长办的经费需求进行估算，提升各级河长办的财政经费，保证河长办工作能够更好地开展，将河湖长制制度落到实处。

（二）加强人才培训，拓宽交流渠道

加大与内地高校尤其是水利院校、水利机构的交流合作，建立长效的人才交流机制，人才互访交流，提供科研平台。加大援藏工作中专业人才援藏力度。

（三）从国家层面加强西藏河湖保护

西藏是亚洲水塔，是长江、澜沧江、金沙江、怒江等多条国内国际河流的发源地，自治区河湖保护关系着下游国家和省份的水资源安全。因此，需把西藏河湖保护管理工作提升到国家层面，由自治区水利厅层面具体实施。

（四）加强技术支撑

加大对河长制湖长制工作的支持力度和规模，通过干部交流、专家咨询、技术援助等多种形式，有效提升基层工作人员的技术能力。

（五）建立差异化考核指标体系

鉴于全国各地河湖自然条件不一、经济发展水平不同、各区域面临的困难和问题差异较大，建议建立差异化考核指标体系，分类开展考核。

（六）加大宣传推介力度

建议中央、水利部加强对西藏偏远、艰苦地区河湖长制工作的宣传推介，获得更多关注，为筑牢国家生态安全屏障作出更大贡献。

前后对比照片见5. 西南地区成效图

第五节 重庆市经验、问题及建议

重庆市水利局水生态建设与河长制工作处：吴大伦、冯琦、任镜洁
河海大学：唐德善、唐彦、夏管军

一、典型经验

2017年7月以来，在重庆市委、市政府的高位推动下，市级河长以上率下，各级河长履职尽责，责任单位协调联动，上中下游高效协同，全市上下以筑牢长江上游重要生态屏障、建设山清水秀美丽之地为总揽，按照"一河一长""一河一策""一河一档"总体部署和"聚焦'水里'抓改革，近期治'水脏'；聚焦'山里'抓改革，远期治'水浑'"总体要求，以清河行动和流域生态综合治理为抓手，奋力打造河长制升级版，实现了河长制工作从"有名"到"有实"，河湖管护成效显著，在工作实践中形成了一些经验做法。

（一）市级河长带头履职

市委书记在市委常委会会议上亲自指示，要求全市各级领导干部将河长履职情况在民主生活会上深刻剖析、自我检视、不断改进，强化河长制党政领导负责制，做到党政同责、一岗双责。市委书记、市长赴长江、嘉陵江、乌江等河流巡河调研，21位市级河长采取暗访随访、专题会议、督查督办等形式巡河，定期调度责任河流管理保护工作，研究制定"一河一策"方案并推动实施，组织开展整治"散乱污""管网排查无盲区"等专项行动，推动梁滩河、璧南河等24条市级河流生态环境持续改善。2017年7月以来，市级河长年均巡河63人次，带动全市1.75万名河长认真履行职责，巡河查河328万余人次，协调解决河流管理保护问题6.7万余个。

（二）建立落实市级河流河长制工作机制

形成党政领导、部门联动、上下共治的流域管理与区域治理协同格局。市委、市政府在全市设立"双总河长"制。市级由市委书记、市政府市长共同担任，市人大常委会、市政协主要领导和全部市委常委、市政府副市长均设为市级河长，分别担任长江、嘉陵江、乌江等24条市级河流河长。全市全面建立了市、区县、街镇三级"双总河长"架构和市、区县、街镇、村社四级河长体系，

设置各级河长1. 75万名，实现了全市5300余条河流、3000余座水库“一河一长”“一库一长”全覆盖。针对市级河流流经区县较多、流域面积较大、管护任务较重等因素，对每条市级河流设置1个河流流域河长制牵头单位，市发展改革委、市住房城乡建委等部门立足行业抓整治、立足流域抓统筹，协调推进市级河流河长制工作，承担对应河流市级河长巡河、编制实施“一河一策”“一河一档”、组织召开流域治理保护会议和跟踪督办市级河长交办事项等具体工作任务。

（三）创新设立“河长+”

念好河库管护“紧箍咒”，建立行政执法与刑事司法、外部监督与社会共治衔接机制。设立三级河（库）警长督“违法行为”：市公安局设立三级河库警长1000余名，实现河库警长全覆盖，重拳打击水域乱采、乱捕、乱排、乱倒等破坏河流生态环境的违法行为；设立长江生态检察官督“诉讼案件”：与市检察院签订《加强协作配合共同维护水生态安全合作协议》，探索建立“专业化法律监督+恢复性司法实践+社会化综合治理”生态检查模式，开展“保护长江母亲河”公益诉讼专项行动，震慑各类涉水犯罪行为；设立专责审计官督“工作落实”：在全国率先开展河长制执行情况审计，抽选河长制专责审计官近200名，对1. 75万余名河长、38个区县、22个市级责任单位河长制执行情况进行全面审计，同时将河长制纳入重大政策跟踪审计。招募“河小青”开展护河行动，建立四级“青年志愿河长”体系，开展“河小青——守卫青山渝水·助力河长制”青年志愿服务系列行动。成立“巾帼河长”投身河库管护工作，组建各级“巾帼志愿河长”队伍，组织开展“巾帼护河·共建生态家园”主题活动，鼓励妇女群众争当巾帼志愿河长、巾帼河道专管员。

（四）以市级总河长令为抓手，着力解决河库突出问题

为筑牢长江上游重要生态屏障，着力解决河库突出问题，2019年以来，市双总河长连续四年签发第1号、第2号、第3号、第4号市级总河长令，在全市开展“污水偷排、直排、乱排整治”“污水乱排、岸线乱占、河道乱建整治”“提升污水收集率、污水处理率和处理达标率”“查河要实、治河要实、管河要实”等专项行动。累计排查点位30万余个，污水偷排偷放全面遏制，“鑫缘至尊”“巴滨一号”等侵占岸线的“老大难”问题得到妥善处置，累计腾退收回、规范整改岸线147公里，长江干流重庆段规模性非法采砂基本绝迹。“十三五”末，重庆市42个国考断面水质优良比例首次达到100%，比2016年推行河长制之前提升了11. 9个百分点，长江干流重庆段水质保持为优。

（五）探索运用“智慧河长+”助力河长制工作，提升河库管理保护精细

化、智能化水平

重庆市高度重视河长制信息化建设，按照以近期信息化、远期智能化，紧扣一河一长、一河一策、一河一档的总体思路，坚持先试点、后推广，统一标准、分级负责，先建平台、后建前端的建设原则，分三个阶段探索智慧治河。

（1）0版本（重庆市河长制管理信息系统），2017年年底建成，包含河长巡河、问题处置、信息发布等基本功能。

（2）0版本（智慧河长一期，2022年年初建成并投用）：运用卫星遥感、大数据、物联网、水质污染溯源等大数据智慧化技术手段，在长江、嘉陵江、乌江等河流上布设水质水量自动监测设备、AI视频设备、采砂监控设备、无人机、无人船等，打造以物联网感知和智能化平台为一体的“智慧河长”系统，实现河库“天上看、云端管、地上查、智慧治”目标，竭力向全市1.75万余名河长管河治河提供大数据、立体式、全方位决策参考。系统成功在2021中国国际智能产业博览会上展示推广，并获评“十大‘智慧政务’精选案例”。

（3）0版本（智慧河长二期）：按照水利部相关技术标准和市里建设要求，以“水利大数据、基础大平台、应用大系统、网络大安全”为总体布局，运用智能感知、数据底座、资源管理、数字孪生、智慧应用“五大”智慧手段，以数字化场景、智慧化模拟、精准化决策为路径，打造水安全、水资源、水生态、水工程、水事务“五水”智慧应用，构建“单点登录、一网通办”的全要素感知、全业务覆盖、多场景模拟、智能化监管的重庆智慧水利网，实现感知更全面、功能更完善、监管更智能、决策更精准。项目拟于2022年全力推进前期工作，2023年启动项目建设，建设周期为三年，预计2025年年底基本建成。

（六）村规民约+废物回收机制，让河长制植根农村

村规民约的制定，一方面告知了村民哪些做法是错误的，另一方面也规定村民违反和破坏规章制度的处罚条款，通过村规民约，解决了法治和德治不能解决和处理的事项。此外，南川区大观镇探索建立了农业废弃物回收利用机制，镇农业部门牵头制定废旧农膜2换1、废弃农药化肥包装物换洗涤用品、农作物秸秆还田、畜禽粪便治理奖补等制度。各村（居）在大面积基本农田边上规划建设农业废弃物堆放小屋，在方便群众的地点设立专门回收点，安排专人建好台账，分类堆放。对开展农作物秸秆还田、畜禽粪便治理的通过沼气池建设项目、农业综合直补予以支持。对废旧农膜回收、废弃农药化肥包装物回收通过统一销售到废旧塑料制品企业、政府适当奖补的方式解决资金问题。

（七）创新公众参与机制，多种方式促进全民参与

市及各区县通过聘请民间河长、开展“河小青”护河行动等方式引导社会公众参与河长制工作，并开通全市河长制微信公众号，畅通群众投诉反映渠道。通过记者河长、民间河长、网络河长及学生河长等全方位、多层次地调动全社会的积极性，共同打赢河流治理的攻坚战，真正实现“河长制”到“河长治”的转变。记者河长努力讲好全民治水故事，让群众知晓、理解、参与河长制工作，营造良好社会舆论氛围；同时强化监督，以明察、暗访等形式，对在河长制推进过程中存在的各类不作为、乱作为、慢作为等行为进行公开曝光，督促责任单位落实整改。民间、网络及学生河长，不同梯度、线上线下相结合，河道企业认领制、巾帼护水岗等极大丰富了公众参与机制。尤其将全面推行河长制与脱贫攻坚工作有效结合，以政府购买服务形式，创建精准扶贫户“公益岗位+民间河长”模式，努力实现“就业一人，脱贫一户”目标。建立起“社会治水”新模式，既扫净了“水路”，又扫除了“贫路”。

（八）组织开展河库生态综合治理修复试点

龙溪河流域环境治理作为国务院第五次大督查典型经验受到通报表扬；永川区实行“治理一条河，提升一座城”推动临江河综合治理，编制的“一河一策”方案得到水利部和长江委充分肯定，《焦点访谈》予以宣传报道；璧山区以推动河长制工作为抓手成功创建全国生态文明建设示范区、国家生态文明城市，璧南河获评全国最美家乡河流，成为水污染治理典范，得到水利部和生态环境部的高度肯定；万盛经开区充分发挥河长制生态保护与经济发展协同推进、相互促进作用，引进社会资本建成青山湖国家湿地公园、鱼子岗休闲度假区、关坝镇凉风微企梦乡村等 6 个生态主题景点，切实推进水旅融合，河库生态效益、周边土地价值同步提升，河库产业发展、群众致富脱贫同步推进，煤炭资源型城市加快转型。龙河丰都段成功创建全国首批示范河湖。

（九）部署河道整治或污水处理

将城市污水处理设施及管网建设纳入河长制年度重点内容，启动城市管网精细化排查，着力补齐污水基础设施短板，全市城市生活污水集中处理率达到 94%，1000 人以上农村聚居点集中式污水处理设施基本实现全覆盖。杜绝采取一棍子打压政策，积极鼓励当地居民一同维护河流，原来河道渔民、采砂船在水利部工作人员引导下变为现在河道清漂人员、清漂船，由对河流有害的人群变为对河道有利的人群；着力拆除餐饮船，其相关事迹也曾被央视报道播出；河道污水处理厂自身设有检测系统，每两小时监测一次，待水质达标后排入河流。

（十）扎实推进专项行动，有效遏制河库乱象

全市各级持续深入开展河道“清四乱”专项行动，严查河道乱占、乱采、乱堆、乱建等河库管理保护“四乱”突出问题，清理整治流域面积1000平方公里以上河道乱占、乱建、乱堆、乱倒“四乱”问题578个以及长江干流岸线违法违规利用项目429个。开展河道采砂“统一清江”行动，建立健全采砂管理制度，综合运用现代化技术手段打造河道采砂监管信息体系，强化全天候监控报警，长江干流重庆段非法采砂已基本绝迹。会同市级相关部门开展入河排污口专项核查、不达标河流整治、黑臭水体整治、餐饮船舶整治、非法采砂打击等专项行动30余项，形成河长制责任闭环和工作合力。关停、拆除长江干流及其重要支流非法码头共172个并推进实施生态复绿，岸线自然生态功能加快恢复。拆解、取缔餐饮船舶128艘，餐饮船舶违法经营、违法排污乱象明显改观。

（十一）市委、市政府坚持把制度建设作为河长制工作的重要环节

在全面推行河长制工作全过程中，构建了“1+8+3+2”河长制工作制度体系，即印发《重庆市河长制工作规定》，出台联席会议、河长巡查、部门联动、工作督察、信息报送、信息公开与共享、考核问责等8项工作制度，建立审计、市级河流河长制工作机制、水质通报3项工作机制，分解河长制、“三水共治”2项主要任务，将保护水资源、管控水岸线、防治水污染、改善水环境、修复水生态、实现水安全六大任务细化分解为72项具体内容，落实具体措施、目标任务、牵头单位和责任单位，制度框架和政策基本形成。同时，在全国率先开展河长制专项立法工作，制定《重庆市河长制条例》，河长制工作迈入法治化、长效化轨道。

（十二）举办“发现重庆之美——百万网民点赞重庆最美河流”“‘长河河长行’全面推行河长制五周年大型全媒体采访”等大型主题宣传活动

通过网络点赞、专家评审，2018年至2020年连续三年开展“重庆最美河流”评选；网络征集并确定“重庆河长制”及“重庆河长”图文徽标（logo），并制作河长包、河长办胸（袖）标、河长帽、河长工作手册等衍生产品；开展“全面推行河长制先进单位”“最美护河员”评选，激励各级单位挖掘护河先进典型。截至目前，累计在新华社、人民日报等媒体刊发稿件3000余篇，编辑出刊《重庆河长制工作简报》185期，合川区“民间河长”何波获评2018年“感动重庆十大人物”。开展“助推绿色发展，建设美丽长江”系列活动，评选出“最美河流”5条、“河长制工作标兵单位”10个、“最美护河员”120名；评选出10名“最美河湖卫士”，并举办“时代的奋斗者——重庆市最美河湖卫士”发布仪式；表彰河长制工作先进集体50个、先进个人100名，有效激励各级单

位深入挖掘先进典型。开展“河小青青年志愿护河”活动，引导1.1万余名青年志愿者积极参与河库管护。重庆举办首场“河长面对面”活动，市政府副市长与来自基层的村级河长、河库警长、生态检察官、民间河长、河小青、巾帼护河员、企业河长等集体巡河，畅谈治水话题、解决现实问题，搭建起了行政河长与民间河长、市级河长与基层河长沟通交流平台。

（十三）全力加强河长制工作队伍建设

采取专题辅导讲座、专题培训等方式，累计培训各级河长、各级河长办工作人员500余批次、5.8万余人次，其中各级党委组织部门开展河长制培训283批次、3.4万余人次。2018年6月，市水利局局长、市河长办主任吴盛海在市委组织部举办的第5期重庆学习论坛上，面向全市3300余名党校主体班学员作“落实绿色发展理念，全面推行河长制”专题培训讲座。2022年4月，市水利局局长、市河长办常务副主任张学锋在2022年第二期重庆学习论坛上以“深学笃用习近平生态文明思想，全面深化落实河长制”为主题，为全市2700余名党校主体班学员做专题讲座。

（十四）创新开展省市联防联控

立足河流跨区域特征，采取走上游、访下游的方式，全面建立省市之间、区县之间、部门之间健全完善河流联防联控、联合执法、联合巡河等机制，实现了省市互通、市区联通、部门融通，共同推进上下游共治、水上岸上同治。省市级层面，与贵州省签订河长制合作框架协议，与四川省签订《成渝地区双城经济圈水利合作备忘录》《川渝跨界河流联防联控合作协议》，发布《川渝跨界河流管理保护联合宣言》，协同立法加强嘉陵江流域生态环境保护，推动建立跨省界流域横向生态补偿、区域河长定期联席会商等9项联合机制，搭建“信息互通、联合监测、数据共享、联防联治”工作平台，召开省际河长制工作联席会议并开展省市县三级河长联合巡河等工作。同时，为助力成渝地区双城经济圈建设，深化川渝跨界河流联防联控协议，与四川河长办设立联合河长和河长办，完善信息互通、联合巡查、联合治理、联防联控等机制，对81条流域面积50平方公里以上川渝跨界河流联合开展污水偷排直排乱排、河道“清四乱”等专项整治行动。市级部门层面，重庆市检察院联合川黔滇藏青五省检察机关共同开展长江上游生态环境保护检察协作，重庆市公安局协同周边省份让跨界违法行为得到有效打击。区县级层面，全市共有12个区县与市外区县就69条（段）河流签订合作协议39项，分级建立了联席会商、水质通报等工作机制。川渝跨界河流濑溪河联合投入10亿元，水质改善为Ⅲ类；重庆合川区、四川武胜县联合治理南溪河，相邻7个乡镇签订联合共治协议，人民日报等新闻媒体以题为《七枚公章治好跨界河》相继宣传报道。重庆市永川区与泸州市合江县整治大陆溪水产养殖场污水直排入河问题。重庆市荣昌区龙集镇与内江市隆昌市周兴镇联合开展渔箭河污染治理，共同推进治污网格化管理，实现河长联手、村民互动、川渝共治。

二、主要问题

（一）河湖水质需进一步提升

全市各流域水质总体优良，纳入国家考核的42个断面水质达到或优于Ⅲ类比例满足国家考核要求，总体呈现干流好、支流差等特点，Ⅳ类及以下水体主要集中在次支河流。城市建成区黑臭水体整治有力，消除黑臭比例达到100%，成功入选全国首批20个黑臭水体治理示范城市之一，但农村地区黑臭水体整治还需加大力度。

（二）河湖水域岸线保护的力度还需加强

针对流域面积1000平方公里以上河流河道“四乱”问题整治推进有力，但工作压力传导、宣传引导力度不够，部分区县乡镇流域面积较小河流河道内仍存在乱占、乱采、乱堆、乱建等“四乱”现象。

（三）河湖生态综合治理有待加强

污染在水里，问题在岸上，加快水岸共治，山水林田湖草系统治理，发展“生态农业”“循环经济”是防治水污染的治本之策。推广应用：龙溪河流域环境治理，永川区实行“治理一条河，提升一座城”推动临江河综合治理，璧山区以推动河长制工作为抓手成功创建全国生态文明建设示范区、国家生态文明城市，璧南河获评全国最美家乡河流，成为水污染治理典范；通过河湖生态综合治理，充分发挥河长制生态保护与经济发展协同推进、相互促进作用，引进社会资本建国家湿地公园、休闲度假区等生态主题景点，切实推进水旅融合，河库生态效益、周边土地价值同步提升，河库产业发展、群众致富脱贫同步推进。

（四）河（湖）长制培训工作的针对性仍需进一步加强

重庆各级先后组织多形式、多专题的河长制工作培训，但由于河（湖）长制工作政策性、系统性强，相关业务知识需要及时更新，培训的力度不够、方式局限，需进一步加大政策解读力度，便于基层及时更新业务知识点，进一步加强培训的针对性。

（五）河（湖）长制资金保障压力大

目前，区县级债务压力普遍较大、财政紧张，针对河湖生态综合治理、流域横向生态保护补偿、“一河一策”重点项目实施等方面缺乏有力资金保障。

三、工作建议

（一）加强水岸同治、系统治理

建议重庆市加强河湖岸线整治，开展水岸同治，强化部门联合执法，对河道沿线清淤等问题进行集中处理，探索多元化治理方式；着力解决“重干流轻支流”问题，主动将治理重点延伸至支流，捋清“毛细血管”，有针对性加强治理，以支流水质改善促进干流水质提升。

（二）完善考核机制

建议重庆市从强化落实河长责任的角度，出台专门针对河（湖）长考核的有关指导意见，便于基层进一步完善河（湖）长考核机制，强化河长巡河履职，确保问题及时发现、针对处置、记录完善，切实提高公众对河长制实施带来的获得感、幸福感指数。

（三）保障河（湖）长制治理资金

建议水利部扩大河（湖）长制正向激励奖补资金的额度、范围，在分配年度中央财政水利发展资金时对重庆予以适当倾斜；考虑从三峡库区百万移民的角度，将河湖生态综合治理修复工程项目倾斜安排重庆试点，有效减轻地方财政压力；建议国家有关部委单列河库管理保护专项资金，保障“一河一策”方案的全面实施。

（四）深化河流联防联控机制

建议重庆市要紧扣成渝地区双城经济圈建设关于生态共建环境共保和加快长江、嘉陵江、乌江、岷江、涪江、沱江等生态走廊建设的要求，全面深化川渝两省市跨界河流联防联控合作协议，加强上中下游协同，持续推进生态保护与修复，筑牢长江上游重要生态屏障。

附图：西南地区成效图

四川彭清华、黄强在四川黄河段巡河

四川召开省总河长全体会议

四川戎州港湾（宜宾市翠屏区）整改前后对比照片

四川绵阳市庙子沟河段矿石企业污水治理前后

四川宜宾市翠屏区长江干流餐饮趸船整改前后

四川攀枝花市米易县草场镇龙华村河道整治前后

四川成都市锦江绿道（一期）截污干管整改前后

云南省红河州石屏县异龙湖前后对比

云南省新平县平甸河大开门段治理前后对比

云南省大理州洱海前后对比

丽江市程海治理前后对比

滇池 2001 年

滇池 2019 年

洱海生态修复前

洱海生态修复后

洱海河道治理前

洱海河道治理后

抚仙湖生态搬迁前

抚仙湖生态搬迁后

泸沽湖入湖河道治理前

泸沽湖入湖河道治理后

泸沽湖治理前

泸沽湖治理后

西藏自治区前后对比照片

西藏年楚河河道清理整治前后

西藏拉孜县彭措林乡河道整治前后

西藏比如县布曲河河道整治前后

第六章

西北地区

第一节　青海省经验、问题及建议

青海省河湖长制工作处：刘泽军、吉定刚、张福胜、文生仓
河海大学：许佳君、唐彦、唐德善

近年来，青海省委省政府坚持以习近平新时代中国特色社会主义思想为指导，牢记习近平总书记殷殷嘱托，树牢源头意识，扛起干流担当，以深化河湖长制为抓手，守护好江河水系，建设健康河湖、美丽河湖、幸福河湖，奋力谱写生态文明高地河湖新管护篇章。

一、经验

1. 党政同责，高位推动落实

建立了各级党委政府主要领导任总河湖长、负责同志任责任河湖长的省、市、县、乡、村五级河湖长体系，全面落实河湖长 6723 名、河湖管护员 15980 名，创新设立马背河湖长、摩托车巡护队、企业河湖长等民间河湖长。全省设立河湖长制办公室 54 个，省级确立 20 个部门为责任单位。省总河湖长履职尽责，带头巡河督办，安排部署，省级责任河湖长调研协调，签发河湖长令，推动河湖管理工作落实。省委省政府连续 5 年召开全省河湖长制工作会议、黄河河湖长制推进会，研究部署，调度推进工作。市州县乡村河湖长履行水利部《河湖长履职规范（试行）》规定，采取专题会议部署、签发河湖长令、书面督办、调度协调、巡河调研等举措，力推河湖长制工作走深走实。

2. 依法依规，健全完善制度

用最严格制度、最严密法治保护河湖生态环境，加快制度创新，健全河湖长制法规制度体系。《青海省实施河长制湖长制条例》于 2021 年 11 月 1 日起施

行，首次从法规层面明晰了我省实施河湖长制的工作原则、责任主体、职能职责、工作任务、考核奖励等内容。健全长效机制，规范了河湖长会议、厅际联席会议、河湖长述职、考核奖惩等10余项工作制度。出台《青海省对河湖长制工作真抓实干成效明显地区激励支持实施方案》，对真抓实干、成效明显地区给予激励支持，为工作落实提供了制度保障。将河湖长制工作常态化纳入省对市州经济社会发展考核指标体系，制度刚性约束全面凸显。

3. 常抓严管，排查整治问题

河湖长主导、部门联动，持续开展“守护母亲河，推进大治理”专项行动，统筹推进城乡生活污水处理、垃圾处理、河湖“四乱”、违规利用河湖岸线、非法采砂等专项治理行动，集中整治违规取水、排污、利用岸线、非法采砂等问题。黄河干流循化波浪滩旅游观光园、贵德水车广场、平安康硒桥等一批投资大、整治难的侵占河湖岸线问题得到彻底解决，截至2021年年底，全省累计排查整治河湖“四乱”问题1612项，取缔非法采砂点46处，整改违规利用岸线项目41项，河湖面貌持续改善。重要江河湖泊水功能区水质达标率100%，长江、澜沧江干流水质保持Ⅰ类，黄河干流水质保持Ⅱ类及以上，湟水及以上集中式饮用水水源地水质保持Ⅲ类及以上。

4. 区域协同，加强联防联治

推动构建流域统筹、区域协同、部门联动河湖管护工作格局，省级与四川、甘肃、西藏三省区建立了省界河湖联防联控联治机制。2021年，青海、甘肃两省召开跨省界河流联防联控联治联席会议，联合巡查共界河段，就湟水河生态基流保障、水质监测等事宜达成共识。与西藏自治区河湖长办就边界河湖管护、依法管理藏青工业园取用水工作协调一致。玉树州、海西州、果洛州与四川省甘孜州、西藏自治区那曲市、昌都市建立了三省六州跨界河湖联防联控联治机制，共同守护江河源头生态。西宁、海北等地建立了湟水流域联防联控制度、南川河流域跨区水生态补偿机制、黑河源头生态环境保护治理协会等，共管共治、协同保护河湖的格局加速形成。

5. 依法监管，强化督查考核

严格水行政执法监管，依法查处违法行为，运用河湖长制综合管理信息平台，实现了河湖巡查、发现问题、在线举报等数据实时上传、办理。发挥河湖管护员巡查、监督、保洁作用，打通“最后一公里”。从紧督察考核，省级连续4年将河湖长制工作纳入市州党委政府年度绩效考核，把履责成效作为检验各责任主体增强“四个意识”、做到“两个维护”的重要标尺，一级抓一级，层层抓落实。同时，采取政治巡视、工作督察、技术指导、考核奖惩等举措，督导各地、有关部门树立正确政绩观，自觉践行新发展理念，做实截污、降废、减排等工作，加快形成生态优先、绿色发展的产业结构、生产方式、生活方式。

二、存在问题

一是河湖监管能力有待提高。青海省河湖数量多，河湖管理点多、线长、面广、交通不便，巡河工作难度大。河湖管理保护队伍建设尚无法满足河湖管护工作的实际需求；基层及牧区州县河（湖）长制工作人员力量薄，工作承负重；多数乡村河湖巡查保洁缺乏必要的装备及经费保障；对涉河湖突出问题联合执法整治司法衔接等还有待加强；地方财力弱，对河湖管理保护的资金、项目、技术等要素投入不足。

二是系统治理力度还需进一步加大。各地统筹推进水资源保护、水域岸线管理保护、水污染防治、水环境治理、水生态修复等工作进展和成效尚不均衡。

三是基础设施建设还有短板。农村、牧区生产生活污水收集处理及配套官网、垃圾和固废物的收集清运及填埋等基础设施建设滞后，部分临河湖工业园区、企业环保设施投入不足，来源于城乡生活、工业生产以及农牧养殖方面的污染隐患短期难以彻底清除，河湖环境治理难度较大。

三、相关建议

1. 国家层面协调建立三江源水生态补偿机制

促进形成黄河、长江、澜沧江流域省份共同保护三江源的共建共享机制；对于青海省在河湖治理保护、河湖环境监控系统建设、乡村环保基础设施建设、河湖环境监测监控等方面的工作，给予资金和技术支持。

2. 强化督查考核，系统治理

统筹山水林田湖草冰沙系统治理，推进流域统筹、区域协同、部门联动，强化河湖长制督查考核，倒逼各级河湖长及各地责任部门履职尽责，统筹推进水资源管理、水域岸线管理保护、水污染防治、水环境治理、水生态修复等工作落实，提升河道整治系统性、整体性。

3. 加强基础设施建设，高质量发展

不断加强基础设施建设，统筹推进水生态工程建设，加快城乡污水、垃圾收集等生态治理基础设施建设，补齐流域基础设施短板，创建安澜河湖、生态河湖、智慧河湖、幸福河湖，提升水源涵养能力，提供更多生态产品，筑牢国家生态安全屏障，助力经济社会高质量发展。

青海“清四乱”重大问题典型案例

1. 海东市循化县波浪滩生态旅游观光园清理整治典型案例

青海省海东市循化县波浪滩生态旅游观光园位于循化县东部黄河北岸，该项目严重侵占河道，使河道明显束窄，影响黄河行洪安全，并且未办理水行政部门手续，擅自开工建设，属乱占、乱建问题。经过整改治理，循化县波浪滩生态旅游观光园违规构筑物全部拆除，共拆除钢混栈桥 8 公里，整改砂石 249 万立方米。见 6. 西北地区成效图

2. 海东市平安区康硒产业园康硒中桥拆除典型案例

海东富硒产业园康硒中桥位于湟水河干流平安区东村河段，2018 年 5 月 8 日，该项目在未办理水行政部门相关手续的情况下擅自开工建设，在建设过程中各级水利执法部门多次下发责令停工通知，建设单位不配合检查、不积极整改，属于乱建问题。经过拆除整治，共拆除桥台（含承台、耳墙、台柱等）2 个、盖梁 3 个、墩柱 15 个，水泥混凝土废渣 642 立方米，清理河道围堰 3916 立方米。见 6. 西北地区成效图

3. 玛沁县拉加镇黄河右岸“乱建”清理整治典型案例

拉加镇位于青海省果洛藏族自治州东北部，拉加镇黄河右岸乱建房屋位于黄河干流（拉加镇段）黄河河道管理范围内。自 20 世纪五六十年代起，当地群众自建房屋居住此地，属于历史遗留问题，纳入“四乱”清单的乱建房屋有 13 户，地方深入排查认定后，还有 8 户存在防洪安全隐患。违建房屋共计 21 户，违建面积约 9600 平方米。经过动员群众，清理整治，共拆除 21 户地上建筑物，其间共投入拆除设备 4 台，人力 13 人，共拆除违建房屋 21 户 75 间，拆除建章建筑面积 9600 平方米，并对建筑垃圾进行了全部清理，平整了拆除场地。见 6. 西北地区成效图

第二节 新疆维吾尔自治区经验、问题及建议

新疆维吾尔自治区防汛抗旱服务中心：雷雨副主任（正高级工程师）
新疆维吾尔自治区河湖长制办公室：张亮（高级工程师）、
熊雪宇（工程师）、赵娟
河海大学：许佳君、刘爱莲、唐彦、唐德善

自党中央部署全面推行河湖长制以来，在水利部的关心支持下，新疆维吾尔自治区各级各有关部门切实提高政治站位，攻坚克难、苦干实干，实现河、湖、

水库一体化管理，构建起责任明确、协调有序、监管严格、保护有力的河湖管理保护体制和良性运行机制。经过现场调研、各地河湖长制成效综合分析，并征求相关地方、责任单位意见，我区推行河湖长制经验、问题与建议总结如下。

一、典型经验

新疆维吾尔自治区（以下简称“自治区”）坚持以习近平新时代中国特色社会主义思想为指导，全面贯彻落实习近平生态文明建设思想，牢固树立“绿水青山就是金山银山”的理念，深入贯彻落实党的十九大和十九届历次全会精神，认真贯彻落实党中央、国务院关于全面推行河湖长制决策部署，积极践行“节水优先、空间均衡、系统治理、两手发力”新时期治水思路，坚持高位推动、狠抓任务落实，结合经济发展、生态环境、社会环境等因素，不断推动河湖长制工作高质量发展，为改善区域内河湖生态环境提供了新动力。

（一）兵地协同一体，统筹联动推进河湖长制

自《关于全面推行河长制的意见》等河湖长制相关文件印发以来，全国陆续建立完善河湖长制组织体系。新疆维吾尔自治区鉴于兵地地域分布、河流治理规律等现实原因，地方与兵团客观上无法完全分而治之，为了更好地统筹河湖治理，充分发挥河湖长制平台作用，协调调动河湖管理保护力量，自治区党委办公厅、人民政府办公厅先后印发了《新疆维吾尔自治区实施河长制工作方案》《新疆维吾尔自治区落实湖长制实施方案》，实行自治区党委统一领导、兵地主要党政领导协同一体、统筹联动的组织形式，由自治区党政主要领导共同担任领导小组组长和总河（湖）长，兵团主要领导担任副组长、副总河（湖）长。经自治区统一部署，河湖长体系全面延伸至村连级，建立健全了自治区和兵团、地（州、市、师）、县（市、区）、乡（镇、街道、团场）、村连的五级河湖长制组织体系。兵地统一部署、统一领导，一体化推进河湖长制，是自治区特有的组织形式，打破兵地组织不统一、工作不协调的局面，双方密切配合、形成合力，不断取得良好的河湖治理成效。

（二）坚持问题导向，实施河湖三年整治行动

为有针对性地开展好河湖治理工作，自治区不断加强顶层设计，始终坚持问题导向，摸清每条河流、每个河湖底数情况，编制“一河一档”“一湖一档”，制定“一河一策”“一湖一策”，为河湖三年整治行动奠定了坚实基础。2019 年 3 月 20 日，自治区河湖长制办公室印发《关于开展河湖三年整治行动的通知》，针对河湖存在的突出问题，部署了 2019 年至 2021 年年底在全疆范围内开展河湖三年整治行动。整治行动强调兵地统筹协调、一体推进，突出重点，

分类施策；强调河湖长制各成员单位加强沟通，协调联动，分工配合，形成合力；围绕健全河湖管理体制机制，有效控制河湖开发利用，规范水域岸线管理，防治水污染，治理水环境，改善水生态，全面加强河湖监管等目标，着力系统解决河湖存在的突出问题。2021 年年底，河湖三年整治行动顺利收官，基本完成既定目标，河湖管理保护不断纵深发展。

（三）因地制宜，建立完善河（湖）长巡查制度

自治区地域特殊，河湖分布广，大部分为季节性河流，且高山无人区河流在河流总数中占比很大。为减少对河湖自然生态的人为影响，在试行的基础上，结合工作实际，修订了自治区河（湖）长巡查制度：自治区级河湖长对责任河湖的巡查每年不少于 1 次；地（州、市）和兵团师级河湖长每年巡查不少于 2 次；县（市、区）级河湖长每季度巡查不少于 1 次；乡（镇）和兵团团场级河湖长每年的 3 月至 12 月每月巡查不少于 1 次；村（社区）和兵团连队级河湖长每年的 3 月至 12 月每周巡查不少于 1 次，对受人类活动影响较小、河湖问题较少的，可适当放宽至每半月不少于 1 次，具体巡河频次由各地根据实际情况确定。乡（镇）和兵团团场、村（社区）和兵团连队级河湖长每年冬季巡查河湖时间和频次，由各地根据气候条件、河湖问题是否突出等实际情况确定。高山无人区河湖无须巡查，但有关河湖长应持续关注，一旦受到人类活动的影响，应当按规定开展河湖巡查。出山口以下、受人类活动影响很小的河湖，其最高层级的河湖长每年巡查不少于 1 次，其下级河湖段长巡查频次，由各地根据实际情况确定。

（四）持续开展河湖清理整治，河湖面貌得到根本改善

自治区持续开展河湖清理整治和专项执法检查，谋划实施非法采砂、垃圾围坝、入河排污口、河湖“清四乱”、妨碍河道行洪安全突出问题等清理整治专项行动，通过加强督导检查，不断压实河湖清理整治责任。开展常态化规范化河湖“清四乱”，河湖管理范围内垃圾、固体废弃物、房屋、林木等乱占、乱堆现象得到有效清理；实施垃圾围坝专项行动，认真组织实施水库管理范围内塑料垃圾清理，实现水库露天水域垃圾基本清零；开展非法采砂整治专项行动，清理整治河道采砂遗留的采砂坑、弃料堆，诸如和田地区开展玉龙喀什河和喀拉喀什河采玉弃料环境整治，使乱采滥挖和田玉现象得到有效管控，恢复了河道面貌；加强入河湖排污口排查整治，督促指导地州市依法依规严格入河湖排污口设置登记、审批；推动碍洪问题排查整治，进一步保障了河势稳定、防洪安全。同时不断加大行政执法检查力度，严厉打击、重拳出击涉河湖违法违规行为。通过河湖清理整治和执法检查，解决了一批涉河湖突出问题，促进河湖面貌得到不断改善。

（五）科学谋划，夯实河湖水域岸线管护基础

自治区印发《河湖水域岸线管理和保护范围划定工作方案》等系列文件，明确了工作任务、工作目标、工作要求和工作责任等。各地严格落实部署，加强组织领导，实行分级负责，强化部门协同，狠抓任务落实，分批分区扎实推进岸线保护与利用规划、河湖管理范围划定和界桩埋设工作。通过几年来的努力，完成了612条河流、42个湖泊重点河湖段管理范围划定，并按要求完成了界桩埋设；编制完成329条河流、31个湖泊河湖管理范围岸线保护与利用规划，为河湖水域岸线空间分区分类管控奠定基础。

（六）规范管理，还河道良好秩序

自治区依法加强涉河建设项目和有关活动的规范管理，严格审批，确保与河湖岸线规划相协调，维护河湖空间完整、功能完好、生态安全；持续强化涉河建设项目实施监管，分类建立台账，建立健全日常巡查制度，及时整治河湖水域岸线范围内违法违规行为。完成了有采砂管理任务的112条河流河道采砂规划编制审批，严格落实河道采砂许可制度，强化河道采砂规划的约束作用，无采砂规划的河流一律禁采，严格河道采砂许可审批，加强采砂全过程监管，不断加强保护河道环境，维护河道防洪安全；向社会公布采砂管理“四个责任人”名单，接受社会监督。通过不断加大依法规范河道管理力度，补强了河湖管理范围内监管短板，河道环境安全得到进一步保障。

（七）多措并举，大力改善水生态环境

自治区党委、自治区人民政府始终坚持山水林田湖草沙系统治理，针对水资源时空分布不均、河湖水生态脆弱的现状，持续推进河湖生态修复和保护，不断强化河湖水生态功能。推进艾比湖、库鲁斯台草原生态修复工程建设。开展了塔里木河流域胡杨林拯救行动，向“四源一干”胡杨林输送生态水；连续多年向塔里木河下游生态输水，持续改善塔河流域生态环境；2013年以来，额尔齐斯河通过“七库一干”水利工程连续8年开展生态调度滴漫灌溉，塑造适宜的水文过程，在额尔齐斯河河谷形成水网通达、水势漫溢、浸没林草湿地的生态灌溉系统，有效提高了河谷林草覆盖度，逐步恢复河流生态功能。每年实施水土保持重点工程，完成水土流失综合治理。组织开展增殖放流活动，丰富河流水域生物多样性。不断推进示范河湖建设，统筹河湖管理保护、治理和生态建设，促使头屯河、水磨河、吐曼河、博尔塔拉河等河流水清、岸绿、景美。

（八）紧盯目标，水污染防治水平不断提升

自治区开展了重点流域水污染防治、集中式饮用水水源地保护、水环境质量承载能力评价，加强入河湖排污口监管、整治完成了全区84个自治区级以上

工业集聚区污水集中处理设施建设任务，完成了全区城市黑臭水体整治任务；不断强化污染源监管，纳入执法监测的重点排污单位511家，固定污染源排污许可证登记企业总数达22223家；加快补齐城镇污水收集和处理设施短板，111座城镇生活污水处理厂达到一级A排放标准的有100座，城镇污水处理率达97%；加强农村生活污水、生活垃圾分类治理，持续推进农村户厕摸排整改。全区水环境质量状况保持稳定，国家考核的81个地表水质量监测断面（点位）Ⅰ~Ⅲ类优良水质占比94.5%。

（九）打造最美家乡河，推动建设幸福河湖

自治区秉承“水是生命之源”的理念，高度重视辖区内每条河湖的水质与周边生态环境，积极开展河湖治理行动与改造工程，实现人与自然的和谐共生，自治区头屯河和喀什地区吐曼河就是这方面的代表。

自治区头屯河积极探索河湖系统治理新模式，统筹2000万资金建立头屯河生态修复治理基金。通过近几年的清理整治、生态建设，头屯河“改头换面”，沿线林立的厂房、密麻的鱼塘消失不见，重新描绘出水清岸美、生态和谐、景观高雅的河畔，形成一条自然与城市共生、绿色与健康引领的城市滨水公共绿色空间和生态廊道，成为社会公众四季休闲活动、游览观光的生态公园。

喀什地区地委、行署高度重视河湖长制工作，注重健康河湖建设，当地因河施策，通过吐曼河泥沙治理工程、河湖连通、生态旅游及公共服务设施提升建设项目、吐曼河西延观光带建设项目，不断提升吐曼河水质，补充城区段水量，加大绿化面积，防止水土流失，建设人工湖泊公园、景观带，持续改善周边生态环境，不断提高人民群众的获得感、幸福感和安全感。

（十）宣传先行，促进河湖长制落地开花

自治区在报、台、网、端、微等各个平台持续深入宣传河长制湖长制工作开展情况、河湖治理保护成效、先进人物事迹等，发挥“访惠聚”驻村工作队和基层党组织作用，在广大群众中广泛宣传河长制湖长制工作；通过征文比赛、知识竞赛、“世界水周”、主题展览、“新疆维吾尔自治区河（湖）长制微信公众平台”“倡议书：致广大人民群众的一封公开信”等宣传形式，助力推动河湖长制入脑入心。设置河湖长制工作监督箱，畅通河湖长制投诉监督通道，随时接受群众的监督和检查，做到发现问题及时解决，积极营造全社会关心河湖、爱护河湖、保护河湖的良好氛围。

二、存在问题

（一）河湖水域岸线空间管控问题

河湖管理范围划定和编制岸线保护与利用规划是河湖水域岸线空间管控的基础工作，目前工作成果已经日趋完善，界桩埋设工作也基本完成，但在将河湖岸线管理范围划定成果和岸线规划成果纳入“国土空间规划一张图”方面进展有限，还需要加强部门间配合，系统考虑统筹推进。河湖“四乱”问题具有长期性，仍需要警惕防止反弹。妨碍河道行洪突出问题的排查整治，部分问题受历史成因复杂影响，整治难度较大。河湖管理范围内建设项目和有关活动管理需进一步加强和规范。

（二）河湖生态系统治理有待加强

新疆地处内陆干旱区，水资源时空分布不均，河湖生态环境脆弱，河湖水资源过度开发，河道断流、湖泊萎缩等水生态问题比较突出，推进山水林田湖草沙系统治理，统筹水资源水环境水生态管理保护有待加强。

（三）进一步促进兵地融合，统筹推进河湖长制工作

根据自治区党委、自治区人民政府对河湖长制工作的安排部署，要坚持“兵地一体”原则，统筹推动河湖管理保护走向深入。目前，地方与兵团相互协调、相互支持、相互促进工作方面还略显不足，需要进一步加强沟通，协调好兵地各部门间的工作，一体化推进全区河湖长制工作。

（四）河湖长考核激励制度有待完善

结合自治区实际，河湖长考核制度和方案根据每年工作安排，逐年细化深化。通过每年绩效考核，不断促进干部担当作为，河湖长制考核问责机制基本完善，但正向激励工作仍有短板，存在“重问责、轻激励”的现象。

（五）跨行政区河流联防联治尚需加强

自治区河湖众多，跨行政区河流联防联治因涉及各地职权范围、地方利益关系，导致联防联治工作尚有不足。在跨界河流上出现水资源保护、水污染防治、河湖清理整治、水环境治理等方面问题时，容易出现矛盾，协调解决有难度，推动工作默契程度不够。

三、主要建议

（一）加大财政支持力度

积极争取河湖治理资金，加大河湖长制工作经费投入，出台激励实施办法，弥补制度空白。对推进河湖长制工作有力、河湖治理成效明显的地（州、市）、

县（市、区）以及积极参与河湖治理的集体、个人予以表彰奖励；持续推进水利信息化工作，通过网络互联互通、在线实时监测等技术手段，实现河湖管理保护精细化、协同化、移动化，为河湖管理保护提质增效。

（二）强化河湖水域岸线空间管控

进一步落实各级河湖长和责任单位河湖长制工作职责，强化协调联动，统一各方行动。加快推进河湖管理范围划定和岸线保护与利用规划成果纳入“国土空间规划一张图”，完善各地界桩埋设，不断夯实河湖水域岸线空间管控基础；时刻保持高度警惕，防范“四乱”问题反弹，及时清理整治；坚持高位推动，狠抓任务落实，制定针对性足、操作性强的整治方案，按时完成碍洪突出问题排查整治；依法从严规范管理河湖管理范围内建设项目和有关活动，建立台账，摸清底数，逐步开展清理整治，对新建的项目以及即将开展的涉河湖有关活动要依法依规进行审批。

（三）建强兵地协调联动机制

兵地都要牢固树立“一盘棋”的思想，加强组织领导，坚持高位推动，密切协同配合，做到统一标准、统一要求、统一推进，统筹调动兵地各方面的力量，按照职责分工，各负其责、相互配合、形成合力，统筹推动河湖治理保护任务落实，共同推进河湖长制走深走实，让各族群众在共建共治中共享环境保护成果。

（四）优化考核制度设计

进一步健全激励奖惩机制，探索符合我区实际情况的对河湖长制工作真抓实干、成效明显地方的激励支持实施办法，激发各地全面推行河湖长制工作的积极性、主动性和创造性，推动各方面落实河湖长制责任。适时组织河湖长制评优工作，激励广大干部履职尽责、担当作为，鼓励人民群众积极主动投身河湖管理保护工作。继续探索引入第三方专业机构评估水环境改善情况，及时发现河湖长制工作落实中存在的具体问题，及时反馈、督促整改。

（五）深入开展系统治理

持续强化山水林田湖草沙系统治理，推进河湖生态修复和保护，不断加强河湖湿地保护治理。通过河湖“清四乱”、碍洪突出问题清理整治等方式持续开展河湖清理整治，严厉涉河湖违法违规行为。深入推进农业绿色转型，大力发展节水型农业；深入推进水污染防治，加强入河（湖）排污口排查溯源、分类整治、监督管理，强化水功能区监测监管。以健康河湖建设为目标，统筹河湖长制落实、河湖管理保护制度落实、河湖生态建设，加强河湖源头治理、系统治理、综合治理。

（六）强化跨区域联防联治

进一步强化跨地（州、市）、兵团师市河流水资源保护、水污染防治、水环境治理、水生态保护与修复工作，压紧压实属地责任，严格落实各级河长巡河湖责任和各部门巡查检查责任，强化协调联动，采取联合巡河、联席会议、信息共享、跨界巡河等措施，深化问题排查整治，协调各方统一行动，着力解决河流重难点问题，推动形成上下游、左右岸、水域与岸域联防联控、协同共治的机制。

见附图西北地区成效图

第三节　甘肃省经验、问题及建议

甘肃省水利厅：孟兆芳、谢兵兵、席德龙、张峰
河海大学：唐彦、唐德善、夏管军

一、经验

全面推行河湖长制工作以来，甘肃省坚持以习近平新时代中国特色社会主义思想为指导，坚决贯彻落实党中央、国务院决策部署，牢固树立“绿水青山就是金山银山”的绿色发展理念，以筑牢西部生态安全屏障为统揽，以建设造福人民的幸福河湖为目标，以推动河湖长制“有名有实”为主线，聚焦管好“盛水的盆”、护好“盆中的水”，坚持问题导向，层层压实责任，狠抓工作落实，河湖长制各项工作取得显著成效，河湖水生态环境质量明显改善。

（一）坚持高位推动，靠实工作责任

按照国家要求，结合省情水情，搭建了党政同责的“双河长”工作机制和五级河湖长体系，全省22999名河湖长上岗履职，落实巡河、治河、护河“三位一体”责任。省总河长每年主持召开工作会议、签发总河长令，对深入落实河湖长制作出全面部署，示范带动各级河湖长通过巡河调研、暗访督查、现场办公、会议研究等方式，解决责任河湖突出问题，五年来累计推动解决问题4053个。将河湖长制督察纳入省级生态环境保护督察，首轮分三批对14个市州开展为期20天的进驻式专项督察。强化考核结果运用，考核结果是各地领导班子年度绩效考核的重要依据、领导干部自然资源资产离任审计的重要参考；对考核优秀市州奖励100万元，发挥了很好的正向激励及示范引领作用。

（二）坚持问题导向，创新监管制度

结合实际，守正创新，探索建立了河道警长制等 14 项制度，设置河湖警长 1578 人、检察长 102 人，巡河员、护河员、监督员 24307 人，织密织牢责任网络，堵塞了监管漏洞。如建立通报制，按季向各地党委政府通报水质水量、专项整治等重点工作进展，抄报省总河长、省级河长，有效传导压力、促进工作；包抓制，坚持常态化明察暗访，从实从细开展问题排查，累计发现并督促整改河湖问题 1086 个；举报制，充分调动群众监督河湖工作的积极性。省市县三级累计核查办理各类举报问题 780 个；联防制，与川、陕、青、宁、内蒙古等周边省区签订跨界河流联防联控联治协议，开展联合巡查，召开联席会议，共议、共商、共解跨区域涉水突出问题。

（三）坚持协调联动，凝聚管护合力

“对上”与部委、“横向”与责任单位、“对下”与市县，形成常态化对接态势，凝聚合力，推动重点难点问题及时从速解决。省纪委监委将河湖治理保护工作纳入监督范围，充分发挥监督保障执行作用；省委组织部把履行河湖长制工作情况纳入干部考察考核内容，常态化举办河湖长制专题培训班；公、检、行三部门常态化联系，严肃查处涉河湖违法违规行为，2021 年累计开展联合执法 622 人次，解决河湖问题 891 个，其中发出诉前检察建议 232 件；省财政厅落实防洪评价、范围划定、岸线规划等资金；省教育厅在全省中小学开展河湖保护教育活动。省生态环境、农业农村等责任单位按照职责分工落实“一河（湖）一策”方案，协同推进河湖综合治理。

（四）坚持强基固本，严格岸线管控

一方面是大力整治乱象。组织开展以“清四乱”为代表的各类专项整治，坚决清存量、遏增量。累计整治“四乱”问题 7464 个，查处制止非法采砂行为 234 起，整治违法违规岸线利用项目 507 个；共清理河道内垃圾 193 万吨、非法采砂点 438 个、违建面积 61 万平方米，腾退岸线长度 56 公里，复绿滩面 6 万平方米，河湖面貌明显改善。另一方面是着力补齐短板。修订《甘肃省河道管理条例》，增加河湖长制条款，为全面强化河湖管理保护提供法治保障。全面完成河湖管理范围划定和主要河湖岸线规划，明确了水域岸线空间管控的“三线四区”，河湖水流自然资源确权登记工作全面铺开。完成 195 条河流健康评价、952 条河流“一河一策”方案，启动了新一轮“一河一策”方案滚动编制完善工作。推动河长公示牌信息化建设，为全省 12441 块河长公示牌换发“电子身份证”，实现了“一牌一码”和信息后台动态更新、线上管理。

（五）坚持示范引领，开展试点工作

一是美丽幸福河湖试点。坚持治管与治建并重，放大石羊河全国示范河湖效应，首批筛选洮河等 4 处河段，试点创建省级美丽幸福河湖，通过示范引领、以点带面，提升各地河湖治理保护整体水平。二是河道采砂试点。立足建立河道采砂监管长效机制，在采砂监管任务重、矛盾突出的白银等 5 市开展为期两年的河道采砂集中统一经营管理试点工作，探索建立河道砂石规范开采与有效监管模式。三是智慧河湖试点。探索建设省级水域岸线数据库与管理信息系统。在黄河干流部分河段开展河湖立体监控试点，实现重点区域、重点河段和敏感水域在线实时监控。四是生态补偿机制试点。印发《推进黄河流域甘肃段建立横向生态补偿机制试点工作方案》，促进在省与省之间、市州之间、县区之间建立符合实际的黄河流域甘肃段横向生态补偿机制。

（六）坚持系统治理，加快水生态修复

严格水资源管理，2017—2021 年，全省用水总量累计下降 12.6%；万元国内生产总值用水量、工业增加值用水量降幅分别达 30%、53%。持续推进全省国土绿化，充分发挥森林和草原水源涵养、水土保持能力，巩固和扩大湿地面积、增强湿地生态功能、保护生物多样性，累计造林 2482.1 万亩，治理水土流失面积 3614.3 公顷，湿地面积稳定在 2539.5 万亩左右。统筹开展水污染防治、水生态修复，地级及以上城市黑臭水体全面消除，水环境质量稳中向好，省内国控断面水质优良比例达到 95.9%，省内全国重要水功能区水质达标率 100%。

二、存在问题

虽然我省在全面推进河湖长制工作中做了一定的工作，取得了阶段性成果，但与中央和水利部的要求相比，还存在一定差距和具体困难。

（1）治理保护任务较重。我省地跨长江、黄河、内陆河三大流域，处在河流的上位和源头，是重要的水源涵养区和水源补给区，保护水资源、防治水污染、改善水环境、修复水生态的任务繁重且紧要。

（2）部门和上下游协作的工作机制有待加强。个别河湖长制责任单位协调配合不够，积极参与河湖治理的主动性和履职尽责的能力有待进一步加强；流域上下游之间的协作不同步，难以形成更强的治水合力。

（3）“四乱”问题去存量尚未全面见底，遏增量未完全控制。主要河流“四乱”问题得到有效遏制，但中小河流、山洪沟道、农村河湖“四乱”问题依然存在。

（4）河湖监管信息化技术手段运用不足。利用卫星遥感、视频监控、无人机等技术手段动态管理河湖的技术水平有待提升。

(5) 基层河长办能力建设有待提升。基层河长办人员少，经费不足，基础支撑能力不够强，与河长制湖长制任务繁重现状不相适应。

三、工作建议

(一) 生态补偿资金上给予倾斜支持

作为欠发达省份，甘肃各级财政困难，落实河湖管理保护经费难度大，建议国家在河湖生态补偿上给予政策扶持，在河湖连通、江河治理、河湖长制补助等项目资金安排上给予积极支持和重点倾斜，并在河湖管理保护技术上给予指导和帮助。

(二) 形成河湖保护管理工作合力

河湖问题在水里，根子在岸上，治理是一项系统工程，任何部门、任何区域都无法独立完成。要进一步督促各级河湖长履职和各级责任单位履行职责，推动构建"河长+检察长+河湖警长"治河管河护河新模式，纵深推进河湖"清四乱"常态化规范化，形成河湖保护管理工作合力。

(三) 推进河湖智慧信息化建设

河湖管护任务偏重，基层人员编制偏紧，必须在技术手段上进行丰富，比如采取无人机巡河、在重点河段和敏感水域建设在线监控等方式，加强河湖长制的信息化、智能化管理，从根本上弥补和解决当前河湖管护人力不足等问题，不断提高河湖管护水平。

第四节　宁夏回族自治区经验、问题及建议

宁夏回族自治区水利厅河湖管理处：张树德处长
宁夏河湖事务中心：
何建东、徐浩、王宇、禹红红
宁夏水利科学研究院　周乾
河海大学：唐德善、唐彦、夏管军

一、主要经验

宁夏回族自治区坚持以习近平新时代中国特色社会主义思想为指导，深入贯彻习近平生态文明思想，认真落实习近平总书记在黄河流域生态保护和高质量发展座谈会讲话精神和视察宁夏时的重要讲话精神，扎实推进中央全面推行

河长制、湖长制决策部署，以黄河大保护大治理为核心，以建设黄河流域生态保护和高质量发展先行区为目标，围绕新阶段水利高质量发展主题，守好改善生态环境“生命线”。河湖长制体制机制全面建立，组织体系不断完善，河湖管理范围全部划定，河湖“四乱”问题动态清零，重要河湖及主要入黄排水沟劣Ⅴ类水体全面消除，黄河宁夏段水质连续五年稳定保持Ⅱ类进出，全区河湖面貌及水环境质量持续改善，2018—2020 年我区河湖长制工作连续三年受到国务院表彰激励。

（一）高位推动是关键

党中央做出全面推行河长制的决策部署后，自治区党委、政府高度重视，迅速行动，扎实推进。及时出台《宁夏全面推行河长制工作方案》，明确自治区总河长、副总河长分别由自治区党委书记和政府主席担任，重点河湖由自治区有关领导担任河长。自治区主要领导身体力行、以上率下，亲自指挥、亲自部署、亲自巡河，定期召开总河长会议，签发总河长令，高位推动河湖管理保护工作，为河湖长制工作明确目标任务、强化政策保障、坚定工作信心，全力推动河湖长制工作落细落实，保障了党中央的决策部署落地见效。

（二）制度建设是保障

坚持把法律法规挺在前面，坚持靠制度治理河湖、保护河湖。持续建立完善“1+N”制度体系，出台《宁夏回族自治区生态保护红线管理条例》《宁夏回族自治区河湖管理保护条例》等地方性法规，为河湖管理提供坚实的法律保障。先后制定印发《河湖长制工作考核办法》《河湖长制工作督导检查制度》《河湖长制工作督办约谈通报制度》《河湖长制会议制度》《河湖长制重点工作通报制度》等制度办法，逐步规范河湖长制运行方式。强化规划约束与管理，推动河湖岸线资源依法管理和规范利用，编制完成一批重点河湖岸线保护利用规划和采砂规划，“应编尽编”，科学划定岸线生态保护区、开发利用区等功能区，从顶层设计上规范河湖岸线利用行为。

（三）机制创新是手段

制定印发《河湖“四乱”问题认定及清理整治标准》《河湖“四乱”问题整改验收销号办法》等系列规范性标准性文件，实现河湖“四乱”问题整治等事项规范推进。以总河长令印发《宁夏河湖长履职细则》，明确河湖长职责及履职要求，提升履职质效。建立自治区河长办联合办公机制，协同推进河长制落地见效。创新河长制督办通报机制，实施河长制重点工作月通报制度，通过印发工作月通报、督办函、河长交办单，对重点河湖“四乱”、重点断面水质不达标等问题进行督办催办，确保各项任务落实见底到位。

（四）协作共治是途径

自治区生态环境、自然资源、住建等 27 个部门与地方协同推进落实水污染、水生态、水环境等河湖长制六大任务。自治区人大、政协共同参与，鼓励代表委员建言献策，跟踪督办，督促落实。在全国率先以省为单位推广建立“河长+检察长+警长”“三长”河湖管护新模式，充分发挥河长办、检察机关、公安机关职能优势，实现业务监督、行政执法、刑事司法、检察监督有机衔接，全面提升河湖管理法制化水平。与甘肃、内蒙古等省区建立跨省河流河湖长制工作协作联动机制，签订跨界河流突发水污染事件联防联控框架协议，将黄河流域 16 条干支流纳入流域联防联控名录，协同推动河湖长制目标任务取得实效。

（五）幸福河湖是目标

坚决贯彻习近平生态文明思想，践行绿水青山就是金山银山的理念，牢记“让黄河成为造福人民的幸福河”殷殷嘱托，自治区总河长 1 号令对自治区美丽河湖建设作出总体部署，全面推进全区幸福河湖、美丽河湖建设。制定印发《宁夏回族自治区美丽河湖评价管理办法（试行）》，对自治区美丽河湖评价指标及评价机制等做了明确规定。统筹推进山水林田湖草沙系统治理，隆德县渝河建成国家级示范河湖，吴忠市清水沟、泾源县什字河分别建成自治区示范河湖、美丽河湖。“十四五”期间争取各市建成 1 个示范河湖、各县建成 1 个美丽河湖，努力提升人民群众的获得感、幸福感、安全感。

二、主要亮点

（一）五级河湖长体系全覆盖

2017 年年底至 2018 年 6 月，宁夏全面建立河湖长制。自治区总河长、副总河长分别由自治区党委书记和政府主席担任，重点河湖由自治区领导担任河长。组建自治区全面推行河长制办公室，成员单位包括党委组织部等 27 个部门。各市县参照建立相应的河湖长制组织体系，成立市、县、乡河长制办公室，实现区、市、县、乡、村五级河湖长体系全覆盖。全区 997 条（个）河湖，落实 5 级河湖长 4000 余名，实现区、市、县、乡、村五级河湖长体系全覆盖。在河湖显著位置设立河长湖长公示牌 2000 余块，河湖管理形成“党政主导、河长负责、部门联动、属地管理、社会参与、网络覆盖”的河湖长管理体系，凸显生态环境损害责任追究。

（二）率先在全区全面推广“河长+检察长+警长”工作机制

为全面深化河湖长制，有效解决河湖管理突出问题，宁夏河长办、宁夏人民检察院、宁夏公安厅联合印发《关于在河长制工作中建立“河长+检察长+警长”工作机制的意见》（以下简称《意见》），率先在全国省级层面全面建立“河长+检察长+警长”河湖管护新模式，充分发挥河长办、检察机关、公安机关职能优势，实现业务监督、行政执法、刑事司法、检察监督有机衔接，着力解决河湖管理现有执法力量薄弱、高效化解矛盾纠纷中方法措施不足等问题，实现行政执法+刑事司法有效衔接，全面提升河湖管理法制化水平。《意见》明确，市、县（区）分级设立“河长+检察长+警长”工作组织体系。各级对应设立河湖总检察长、河湖总警长，分别由同级检察机关、公安机关负责同志兼任。工作机制有力实现河湖长与河湖检察长、河湖警长之间以及部门之间沟通协调便捷高效，有效发挥法律刚性和制度约束作用，激发有关责任人、部门履职尽责，推动河湖长制有能有为。目前，全区河湖检察长289名、河湖警长344名已上岗履职，有效协助河湖长承担管河、护河、治河工作责任。

（三）强化考核监督倒逼履职

建立综合考评及奖惩机制，将河湖长制工作纳入自治区对市县（区）的年度效能考核，由自治区党委督监考办统一组织；组织对各级河湖长及河长制责任部门考核，以最严格的考核问责制度倒逼干部作风转变，层层压紧压实责任。构建河长主导、河长制责任部门指导、河长办盯办、地方落实的运行机制，河湖问题现场督办、信息平台提醒督办、投诉举报线索及时督办、重点问题挂牌督办等方式推动河湖问题有效整改落实。

（四）创新完善工作机制

以总河长令印发《宁夏河湖长履职细则》，明确河湖长职责及履职要求，提升履职质效。自治区党委政府印发《关于全面深化河湖长制　助推黄河流域生态保护和高质量发展先行区建设的意见》，明确省级河长制成员单位重点工作任务，建立自治区河长办联合办公机制，协同推进河长制落地见效。制定印发《河湖“四乱”问题认定及清理整治标准》《河湖“四乱”问题整改验收销号办法》《全区生态环境监督执法正面清单实施方案》等，创新河长制督办通报机制，修订河长制重点工作月通报制度，通过印发工作通报、督办函、河长交办单，对重点河湖“四乱”、重点断面水质不达标等问题进行督办催办，逐步构建了较完备的河长制工作制度，倒逼责任落实、压实工作责任，确保各项任务落实见底到位。

（五）不断升级河长制综合管理信息平台

依托自治区“政务云”和“智慧水利”建设，率先建成省级河长制综合管理信息平台。平台采用“一级开发+五级应用”模式，整合水利、生态环境、住建等有关部门涉河湖监测数据信息，有效打破治水部门间的“数据围栏”，为各级河长办、责任部门搭建了“统一调度、协同办公、资源共享”的平台，为各级河湖长提供巡河管河、查询信息、跟踪督办、辅助决策服务。开发河长通（巡河通）APP，推进电子巡河、投诉举报业务协同，加强领导交办、工作督办、巡河事件、投诉举报和事件处置流程多端同步关联，实现任务智能处理、精准派发。开通“宁夏河长”微信公众号，实现社会公众微信投诉与河长通APP受理同步，支持群众举报、查询、反馈河湖治理信息，鼓励公众监督、参与河湖治理，让各级河长职责、任务、监督、受理、举报、考评等能够“看得见、找得到、落得实”。积极优化升级河长制信息平台，采用遥感航测、无人机、视频识别、语音识别分析、卫星遥感影像、人工智能分析、大数据筛选等新技术，增加智能遥感解译、四乱整治、河湖四乱治理成果展示、督查暗访、采砂管理、四乱监管、打卡方式巡河等业务功能模块，实现对宁夏河湖管理范围内“四乱”问题的自动筛查、自动发现、自动预警等，信息平台进一步助力河湖管护及河湖长制工作深入开展。

（六）构建共管共治河湖管护新格局

自治区人大、政协将河湖长制工作任务纳入人大代表建议和政协提案，鼓励代表建言献策，形成河湖长制监督办理的长效机制。自治区党委书记、人大常委会主任、总河长带头多次跟踪督办人大代表提出的沙湖、星海湖综合整治建议；自治区政协连续三年把推行河长制、落实“水十条”列为常委会议民主监督议题。2019年，自治区政协将13条重点入黄排水沟治理列入工作计划，由各位副主席分别牵头推进治理，专题研究讨论水治理措施，开展视察调研、监督落实，提出高质量的重点入黄排水沟整治调研报告，倒逼污染企业转型升级。通过“报、网、端、屏”等各类平台向社会公告河湖长名单，与各有关媒体单位合作开展“跟着河长去巡河”系列宣传报道，在宁夏电视台黄金时段刊播河湖长制公益宣传广告。深入开展“河小志、湖小愿”志愿服务活动，并荣获第五届中国青年志愿服务项目大赛银奖。通过制作情景广播剧、公益宣传片，举办“巡河达人”“寻找最美河长”投票活动及河长制知识竞赛，组织开展节水护水志愿活动，让河湖长制宣传进机关、进企业、进学校、进集市、进社区、进家庭。统一全区河湖监管举报电话并向社会公开，全区河湖公示牌统一使用区级和所属市级监督举报电话，广泛接受群众举报，营造全社会共护河湖氛围，凝聚了全民共管、共护、共治河湖的强大合力。与甘肃、内蒙古等省区建立跨省河流河湖长制工作协作联动机制，形成党政主导，人大、政协督办，上下游联动，全民参与的河湖管理保护格局。

（七）探索区域特色做法

银川市搭建“智慧银川+河长制”工作平台，聘请社区网格员为河长制网格义务监督员；通过《电视问政》聚焦河湖长制热点问题，让水环境顽疾无处躲藏，让河长现场红脸、出汗，银川市纪委根据问政及整改不力情况依法给予追责问责，强力推动了河湖长制责任落实。因地制宜建立河湖长制举报奖励受理制度、管护保洁资金及奖惩考核办法等多项本地制度。红寺堡区建立区、乡、村三级河长交接制度，新、老河长在工作交接后1~2个工作日内完成河长交接手续并签订河长移交清单，解决了因职务变动等原因造成的河长责任缺位问题。固原市建立“公益岗位+民间河长”模式，将建档立卡贫困户选聘为河湖巡查保洁员，走出助力脱贫的治河新路子。中卫市推行河长制与农田水利基本建设结合，整治沟渠的同时治理河湖水系，促进生态环境改善和农业基础建设平衡发展。同心县推行“城乡保洁+河道保洁”一体化保洁机制，将全县河湖沟道保洁纳入城乡保洁范围，走“企业管护+政府监督”的河道保洁管理新模式，从根本上解决向河道倾倒、河岸边填埋等垃圾源头“疏”和“堵”的河湖沟道环境治理等问题，提升全县生态保护和环境卫生管护水平，打通了河湖管护“最后一公里”。同心县推行河长亮相承诺机制，县电视台开通“河长之窗”栏目，县乡（镇）两级河长、各责任单位负责人每年在电视上公开亮相，承诺办理事项，主动接受全县人民和社会各界监督，河长办、电视台跟踪督办报道，使各级河长化压力为动力，主动担当作为，营造浓厚的治河护河氛围。

（八）“一堤六线”黄河金岸，筑牢沿黄生态经济带发展骨架

自治区党委、人民政府高瞻远瞩、审时度势，提出“建设沿黄城市带，打造黄河金岸”的战略构想，深入实施沿黄城市带发展战略，加快推进黄河金岸建设，对黄河宁夏段进行集中整治，建成416公里标准化堤防，治理河湾84处，新建加固坝垛1438道（座），构筑起黄河宁夏段标准化堤防和黄河金岸，打造堤防建设宁夏模式。提出黄河标准化堤防“生命保障线、交通富民线、经济命脉线、生态景观线、特色城市线、黄河文化展示线”即“一堤六线”概念，完善黄河宁夏段防洪工程体系，并经受洪水过程检验，牢牢巩固了沿黄生态经济带的发展骨架，绘就了一幅壮阔瑰丽的黄河金岸“山水画卷”。

（九）“保”水土、山川锦绣，“构”西部生态屏障

自治区党委、政府把水生态文明建设摆在更加突出的位置，坚持水土保持基本国策不动摇，牢固树立“绿水青山就是金山银山”理念，大力开展水污染防治、水环境治理、河湖湿地生态修复和水土保持生态建设，推进山水林田湖草沙系统治理，实施小流域和坡耕地综合治理、淤地坝建设、生态修复等工程，

将巩固水利扶贫成果与乡村振兴水利保障、乡村生态旅游、水美乡村建设等有机融合，治理区实现荒原染绿、山川葱茏、群众致富，涌现出国家水土保持生态文明县彭阳县，全国水土保持示范县盐池县、原州区、隆德县等先进典型示范工程，走出了一条生态优先、绿色发展的道路。黄河宁夏段水质实现进出境水质保持在Ⅱ类，水土流失面积由3.68万平方公里减少至1.57万平方公里，新时代河湖湿地生态保卫战取得“硕硕战果”，实现生态、经济、社会共赢。

（十）水城相依，灵动神韵

自治区全力推进水生态文明城市建设，首府银川市被评为全国水生态文明城市，石嘴山市全国水生态文明城市和固原国家海绵城市试点建设，永宁县创新城乡水系建设，打造“塞上江南”田园风貌。大力实施河湖水系连通，争取中央资金实施典农河、宝湖、沙湖与星海湖、亲河湖与雁鸣湖等一批水系连通及综合整治工程，改善河湖水域环境，河湖水质得到大幅度提升。沙湖、鸣翠湖等湖泊湿地获评国家级水利风景区、自治区级水利风景区，“黄河金岸”“艾依春晓”入选“宁夏新十景”，典农河获选水利部水工程与水文化有机融合典型案例，打造人水和谐的水生态环境，有力促进了生产发展、生态良好、生活幸福。

（十一）创新驱动引领发展，智慧水利硕果累累

“十三五”以来，遵照习近平总书记“越是欠发达地区，越需要实施创新驱动发展战略”的指示精神，以中央“十六字”治水思路为指导，以新发展理念引领现代水利转型升级，在关键环节研究、智慧水利建设及数字化科技创新等方面转理念、强服务、促转型、育亮点，全面提升水利科技创新支撑能力和引领能力。围绕“互联网+农村供水”、防洪减灾、水资源承载能力评价、水土保持监管、精量灌溉与水肥一体化等方面开展关键领域研究，获得各类科技奖67项，其中获省部级科技奖13项，推广应用重大技术15项，一批科技成果在生产中推广应用。全面构建“云、网、端、台”智慧水利数字孪生支撑体系，建成覆盖全区的水慧通平台，实现全区水利系统72家单位1.4万职工、56项业务应用网上协同。承接国务院“审管联动”自治区试点任务，656项涉水审批事项实现了部区市县四级互通、全流程在线办理。省部联动，率先在全域推进“互联网+城乡供水”示范省（区）建设，以数字化推动农村供水机制、管理、服务创新，彭阳县率先实现了城乡供水服务均等化，被确定为全国农村公共服务典型案例，彭阳“互联网+人饮”全面推广。落实“四水四定”，结合用水权和农业水价综合改革推进数字灌区建设，探索出“投、建、管、维、服”现代化灌区新模式，安装测控一体化闸门3323套，40%的干渠直开口实现在线监控

和自动化计量，推动引黄灌溉由人工操作向信息管理转变。在防汛抗旱、供水服务、水资源监管、河湖管理等重要领域建成一批数字典型，在全国率先开展“智慧水利”和数字孪生流域省级先行先试，有效破解了水利发展难题，连续四年在全国水利网信会上交流经验。按照政用产学研的方式，成立清华大学-银川水联网数字治水联合研究院，推进“研究院+试验区+产业园”数字治水科技创新模式，建成了宁夏水联网数字治水产业园，已吸引45家高新企业入驻园区，产值达5亿元。

（十二）宁夏引黄灌溉历史悠久

天赐大河，水脉传承。宁夏平原作为黄河文明的杰出代表，秦代便已拉开屯垦开渠、护佑中原的序幕，从汉代的移民实边、引河溉田，直到清代的修筑皇渠、规模开发，引黄灌溉历经沧桑变化却从未中断，始终是西北重要的绿洲垦区和国家粮仓。宁夏引黄古灌区历代开凿的秦渠、汉渠等14条引黄古渠流润千秋、惠泽至今，造就了“塞上江南”之神奇。如今，灌区受益范围1. 29万平方公里，灌溉面积近千万亩，2017年，宁夏引黄古灌区成功列入世界灌溉工程遗产名录并授牌。宁夏水利博物馆和灌溉工程遗产展示中心以讲好宁夏黄河水故事为统揽，以“黄河母亲、灌区千秋、盛世华章”等内容为主线，展陈面积近7000平方米，重点展示了黄河流域的自然资源及历史人文，全面阐述了2000多年来宁夏千秋治水的辉煌成就和悠久厚重的文化底蕴，丰富了黄河水文化传承弘扬载体，提振了宁夏全区人民的文化自信与自豪。

（十三）隆德渝河治理经验

建设造福人民的幸福河，必须统筹山水林田湖草沙系统治理，统筹解决好水资源、水生态、水环境、水灾害等问题，为流域和区域经济社会高质量发展提供有力的水支撑。隆德县坚持问题导向、抓主要矛盾，将解决水污染问题作为渝河治理的“牛鼻子”，综合考虑水质与水量、河里与岸上、河湖保护与经济发展等不同层面的问题和需求，以河长制为抓手，统筹谋划、系统施策，整合利用水利、环保、林业、农业等多种渠道来源资金，大力推进流域山水林田湖草沙综合治理。近年来，结合河道疏浚和岸线整治，依法关闭河道非法采砂场5家、拆除河道违章建筑210多平方米，完成渝河岸线绿化40多公里，建成高标准园林绿化带及生态景观和休闲步道近20公里，为当地居民和外来游客提供了环境宜人的休闲旅游场所；结合工业污染防治，推动县六盘山工业园区调整定位，重点引入农副产品精深加工、工艺美术品加工和商贸物流业等环境友好的轻工企业，杜绝污染企业入驻，促进了产业结构升级；结合面源污染防治和水土流失治理，打造现代化生态灌区、生态林业绿化长廊、现代生态农业观光区和乡村旅游区，渝河两岸建成秦艽、党参、柴胡、板蓝等中药材基地和高端蔬菜基地，实现了生态效益和经济效益双赢。生态环境部门种植芦苇、菖蒲、千屈菜等水质净化植物，涵养水源、净化水质，使渝河国控断面和县城段水质达到Ⅱ类标准，受到全国人大执法检查组、生态环境部、环保世纪行——宁夏行动、生态环境部西北督查局及自治区党委、政府的充分肯定。2021 年渝河建成国家级示范河湖并通过水利部验收。

（十四）彭阳美丽茹河建设经验

彭阳县以河湖长制为抓手，精准施策，多措并举，走出了一条治山治水、建设生态、脱贫致富、发展经济的河流治理模式，全力打造幸福河茹河样板。建立茹河区、市、县、乡、村五级河长体系，推行民间河长，纵向划定县、乡、村、民间河长四级河长治水的管理范围，横向健全水务、住建等多部门协同治水的责任链，落实“1+6”河湖长制制度，建立河长制述职考核、河道巡查和反馈查处、“督办函”“通报函”制度，推动责任落实。近年来，全面实施水环境治理。强化控源，建成一级 A 排放标准的污水处理厂（站）26 个，全县污水处理率达到 98. 6%；农药、化肥实现零增长，划定禁养区和限制养殖区；实施工业废水在线监测控制，达标排放。全面整治“四乱”问题，开展“清四乱”等系列专项行动，开展联合执法，保障茹河水质达标。强化水系连通，改造店洼水库自然湿地，连通乃河水库等 10 座水库，为长城塬等 9 个节水灌区和茹河生态用水提供水源，实现水资源综合利用和水环境质量改善目标。2019 年，彭阳县被水利部命名为第二批国家节水达标示范县，水资源管理暨节水型社会建设在自治区考核中连续三年位列第一。推动建设风景园林带。全力打造流域绿水青山，建成阳洼流域和茹河国家级水利风景区 2 个，阳洼流域水利风景区是宁夏首个以小流域命名的水利风景区，也是宁夏第一个水土保持型国家级水利风景区；茹河水利风景区以水利水保工程为基础，形成了独特湿地景观和茹河瀑布。以点扩面，通过慢行系统串联沿途旅游景点、红色教育基地和 18 个美丽村庄，形成风景园林带。全力建设产业经济带建设。突出优化水生态，完善基础设施，培育发展花卉苗木、中药材、特色林果、优质牧草、设施蔬菜等绿色经济，建设以“花海”“梯田”“瀑布”等生态景观为主的精品旅游景观带。2019 年，累计接待游客 60 万人次，实现社会综合收入 2. 4 亿元。经过多年不懈的生态治理和河湖集中整治，茹河流域基本实现“水不下山，泥不出沟”，水质基本达到Ⅲ类，流域生态功能稳步提升，特色产业有效培育，“绿水青山就是金山银山”“造福人民的幸福河”正在稳步实现。

二、主要问题

全面推行河湖长制以来，河湖长制制度优势发挥了巨大作用，宁夏河湖面貌和水质显著改善，人民群众生态文明建设幸福感和获得感明显增强，取得了明显的成效。通过总结评估和走访基层实际，认为目前推行河湖长制还存在以下问题。

（一）水污染治理任重道远

个别水质监测断面还不能稳定达标，部分排水沟、湖泊等基本存在水质时好时坏问题。农业面源污染量大面广，工业企业污染进一步治理的成本高，从根子上治理起来难度比较大。

（二）水环境恢复难度较大

尚未治理水土流失面积仍占全区国土面积近四分之一，北部引黄灌区河湖生态水量不足，山区大部分中小河流断流，河流自净能力减弱，自然生态功能大幅削减，水生态环境十分脆弱，巩固保护治理成果难度大、不容乐观。

（三）部分河长办力量需要进一步加强

各级河湖长制办公室在全面推行河湖长制、开展河湖监管、管理治理保护方面发挥了中流砥柱的作用，河湖长制工作协调任务重、河湖监管和基础工作量大，但限于地方编制、财力等因素，相对工作任务来说，部分河长办工作人员强度大，需要进一步加强河长办工作人员力量，切实发挥河长办督办、转办、交办、服务等职能。

（四）河湖长制经费缺口较大

因宁夏地区经济欠发达，财政总体收入规模较小，河湖治理经费缺口仍然较大，河湖生态环境治理成果需要持续投入人力物力提升巩固，广大农村人居环境整治、生活污水处理等需要大量资金投入，资金短缺问题成为制约河湖系统治理的短板。

三、建议

（1）建议国家出台或完善河湖长制有关制度设计，出台生态环境损害责任终身追究制指导性实施办法或细则，将河湖环境质量指标细化到领导干部自然资源资产离任审计、干部提拔任用河湖长履职情况、构建生态环境激励机制等制度设计中，强化河湖长履职尽责。

（2）建议国家出台地方河长办设置指导意见，将河长办升格为政府直属职能机构或者将河长办设置在各级政府办，将河长办职能和河湖业务管理职能彻底分开，一方面解决事大机构小问题，另一方面解决河长办职能和河湖业务管理职能交叉、部分地区河长办工作压力过大的问题。

(3) 建议加大对河湖生态治理保护专项资金的投入力度，尤其是在资金项目安排上适度向中西部贫困地区倾斜。

第五节 陕西省经验、问题及建议

陕西省水利厅：魏小抗副厅长、党德才、周照程，张斌成、王剑
河海大学：束龙仓、唐彦、唐德善

自中央推行河长制湖长制工作以来，在水利部的关心支持下，陕西省各级各有关部门切实提高政治站位，攻坚克难、苦干实干，实现河、湖、库、渠一体化管理，构建起责任明确、协调有序、监管严格、保护有力的河湖管理保护体制和良性运行机制。经过现场调研、各地河长制湖长制成效综合分析，并征求相关地方、责任单位意见，陕西省推行河湖长制经验、问题与建议总结如下。

一、经验

(一) 坚持高位推动，实现各级河长湖长巡河湖制度化常态化

陕西省委、省政府始终把落实好河湖长制工作作为增强“四个意识”、坚定“四个自信”、做到“两个维护”的具体行动，全面加强组织领导，推动重点任务落实。省委书记刘国中、省长赵一德多次听取汇报，研究部署，召开全省河湖长视频会议，带头担起省总河湖长责任，赴有关地方调研督导黄河干流、渭河、无定河、汉江等河湖生态保护与污染防治情况，研究解决重点难点问题，强力推动全省河湖长制贯彻实施。省级河长湖长率先垂范，市、县、乡级河长湖长积极履职，各级河长湖长办加强组织协调，狠抓工作落实，确保全省河湖长制工作全面深入开展。2017 年以来，省级河长湖长先后对渭河、汉江、丹江、泾河、延河、渭河西安段及昆明池、北洛河、黄河陕西段、红碱淖等河湖的治理与保护情况进行巡查调研 166 人次，安排部署河湖管理工作。市县乡级河长湖长扎实履行巡查河湖职责，市级河长湖长巡河湖 2775 人次，县级河长湖长巡河湖 64128 人次，乡级河长湖长巡河湖 524183 人次，村级河长湖长巡河湖实现常态化。

（二）建立问题清单制度，推动河湖长制从“有名有责”到“有能有效”转变

陕西省切实把清理整治河湖“四乱”问题作为推动河湖长制从“有名有责”到“有能有效”的第一抓手，建立了问题清单制度，坚持一问题一清单、一市一督办函，及时解决涉水问题，大力推动河湖“清四乱”常态化规范化。2018年对媒体曝光、群众举报、水利部暗访、省暗访督查发现的166个问题，省河长办下发了13份督办函、101份问题清单，督导各市区整改落实到位。2019年，陕西省河长办先后4次召开河湖治理工作会、推进会、专题会、现场推进会，发出65份整改督办函，派出暗访督查组3次24个组、3次6个专项督导组现场督办，明确具体措施和整改销号时限，督促列出清单、清理整改、公众认可、严格标准、销号清零。2020年先后派出一批次5个督导组、两批次9个暗访明察组、九批次27人次专项督导组到各地现场督办、逐一复核，督促清理整改并销号清零。2021年全覆盖开展明察暗访4次，派出两批次7个督导组、十三批次专项督导组、五批次36个暗访组实地督导检查，对发现问题建立问题清单、责任清单和销号清单限时整改。五年来，全省共计清理非法占用河道岸线761.37公里，清理非法采砂点388处，查处非法采砂行为430起，打击非法采砂船只346艘、清理非法砂石量184.87万立方米，清理建筑和生活垃圾236.08万吨、固体废物97万立方米，拆除违法建筑61.55万平方米，清除围堤9.9公里、违规种植大棚2.4万平方米。通过清理整治，河湖面貌明显改善，行蓄洪能力和水生态环境显著提升。

（三）结合省情实际，将江河库渠湖和大中型灌区骨干渠道全面纳入河长制湖长制管理范围，加强河湖管理基础工作

根据中共中央办公厅、国务院办公厅《关于全面推行河长制的意见》《关于在湖泊实施湖长制的指导意见》，把流域和区域有机结合，陕西省结合省情实际，立即组织制定相应实施方案和意见，将全省江河、大型灌区骨干渠道纳入河湖长制管理，将91个天然人工湖、1500余处水库以及塘堰和涝池等小微水体纳入湖长制管理，逐级设立河长湖长，层层落实管理责任，确保推行河湖长制在陕西落地生根。各级共编制完成206条主要河湖岸线保护与利用规划，1243条河流及5处天然湖泊管理与保护范围划定，编印省级领导担任河湖长的渭河、汉江等7河2湖“一河（湖）一策”方案，各地编制市、县、乡级“一河（湖）一策”1949个，建立“一河（湖）一档”2050个。完成有河道采砂任务的84条/段采砂规划。开展延河、月河河湖健康评价试点。

（四）建立“河长湖长+警长+督察长”模式，多方联动实施联防联控

陕西省在确立河长湖长的同时，设立河（湖）警2156名，全国率先形成了“河长湖长+警长+督察长”模式。同时，配套建立了“河长湖长+警长+督察长”的管理工作制度，坚持问题导向、目标导向、结果导向，始终把解决河湖乱占、乱采、乱堆、乱建等突出问题作为全面推行河长制湖长制的重点工作。联合省人民检察院、黄河上中游管理局等单位构建黄河上中游流域监督协调机制，推进“河湖长+检察长”依法治河管河新模式；联合省公安厅开展全省河道非法采砂专项打击整治行动；联合团省委组织开展青少年“守护碧水”专项行动，开展经常性护河湖志愿服务行动和宣传动员工作。2017年9月启动整治河湖“倒垃圾、排污水、采砂石”专项行动，2018年在大力开展全国河湖“清四乱”专项行动同时，结合实际，省水利厅、生态环境厅、自然资源厅、交通运输厅、住房和城乡建设厅联合印发了《陕西省深化河湖倒垃圾排污水采砂石设障碍专项整治行动实施方案》，深入推进“清四乱”专项行动。各地狠抓落实，严厉打击违法行为，有效地遏制了河湖违法行为。各市区按照省工作部署，紧盯河湖“四乱”问题，全力清查整改。汉中市以“砂战、水战、渔战”三大战役为手段，对突出问题顶格处罚，联合专项执法180次，关停违规采砂场点119处、复平河段128公里、清理垃圾6000余立方米，查办案件92起，司法立案7起，刑拘6人，判刑12人，工作成效显著。商洛市抓住突出问题不松劲，持续开展倒垃圾排污水采砂石专项整治行动、“清四乱”等专项行动，共出动1800余人次，下发整改通知315份，排查“四乱”问题66个，处理信访案件23个，立案95起，封堵非法排污口38处，关停河道管理范围内超标排放企业5个，累计拆除河道非法砂场208处，拆除河道采砂船28艘，取缔河道管理范围内违法排污口2处，移交公安机关处理案件15起，刑拘15人，形成了打击河道违法高压态势。2019年，陕西省全力组织开展河湖“清四乱”“携手清四乱保护母亲河”专项行动，深化河湖“倒垃圾排污水采砂石设障碍”专项整治，扎实推进河湖违法陈年积案“清零”和黄河“清河”行动，分类施策，跟踪督办，全域查、全域清，复核办理结果，评判办理效果，逐一动态销号清零。全年梳理排查并清理整治河湖“四乱”和暗访发现问题3536个，其中清理整治规模以上（流域面积1000平方公里以上河流和水面面积1平方公里以上湖泊）“四乱”问题1182个，纳入“不忘初心、牢记使命”主题教育专项整治的15个问题按时间节点全部完成整改任务。通过清理整治，河湖面貌明显改善，行蓄洪能力得到提高，河湖水质逐步向好，损害河湖的行为得到有效遏制。2020年全力推进河湖“清四乱”常态化规范化工作，扎实推动河湖违法陈年积案“清零”和黄河

“清河”行动，全年共排查并清理整治河湖“四乱”问题1108个，其中各地自查自纠河湖“四乱”问题479个，水利部进驻式暗访督查和部、省暗访发现问题整改629个。2021年全省各地共排查整改河湖“四乱”问题665个，其中水利部、流域机构和省暗访发现问题整改260个，黄河岸线利用项目专项整治94个，组织开展河道非法采砂专项打击整治行动，各级巡查河道54.3万公里，查处非法采砂行为250起，移交刑事处罚案件3件，涉黑涉恶案件线索1件，追责问责9人。各级受理采砂举报转办、媒体曝光、群众投诉233起，全部进行核查认定，其中违法整改查处140起。

（五）因地制宜创新河湖长制工作机制，促进河湖长制工作扎实开展

在推行河湖长制规定动作的同时，各级针对河湖实际情况创新开展自选动作。西安市制定“一三五”治水目标（一年治污水，三年剿劣水，五年全治理），将河流问题变任务、治水任务变项目、工程项目变作战图，绘制市级河湖长制作战图表180余幅，挂图作战，按表督战。2021年全面推进全域治水碧水兴城西安市河湖水系保护治理三年行动，河湖长制工作激励机制建设做法被水利部向全国推广。安康市在全省率先探索建立了“河长湖长+警长+检察长+法院院长”的“四长治河”行政与司法衔接机制，旬阳市“38支义务护河队呵护一泓清水永续北上”入围水利部“全国河湖长制优秀典型案例”。汉中市创新实施治污水、防洪水、排涝水、保供水、抓节水+智慧治水“5+1”治水建设幸福河湖三年行动，汉江汉中段治理经验入选生态环境部2021年美丽河湖优秀案例。延安市常态化开展“千人治污大行动”，将推行河湖长制纳入全市目标责任考核，对负面清单问题在考核评价中实行“一票否决”。宝鸡市制定《全域治水三年行动方案》，清姜河荣获全国第二届“最美家乡河”称号。西安、宝鸡、咸阳、安康、商洛、汉中、延安等市将推行河长制湖长制工作与脱贫攻坚工作相结合，聘用4845名贫困户担任巡河员、护河员、保洁员，取得了河长制湖长制和脱贫攻坚工作双赢。各地持续强化江河湖库属地党政领导责任，形成了水利牵头、部门联动、社会参与的运行机制，健全了联系督办、跟进服务、社会监督、立牌公示、考核问责制度。严厉打击河湖生态违法行为，推动黄河流域生态环境保护，积极保障汉丹江流域水质安全，推进应用水水源地环境问题整治，加大黑臭水体和排污口整治力度。强化落实河道采砂管理“三个责任人”责任，加快河道采砂规划编制，加强重点河流生态敏感河段采砂监管，取缔秦岭六市沙场48个，清理整治黄河大北干流陕西段8县86个违法违规采砂问题。

（六）积极引导社会参与，深入开展宣传培训工作

陕西省采取切实有效、影响广泛的方式，积极引导公众投身河湖保护管理

工作。省政府举办了河长制工作政策例行吹风会，全面解读《陕西省全面推行河长制实施方案》，省委宣传部、省委全面深化改革委员会办公室共同举办了河长制湖长制工作情况新闻发布会，40 余家中央省级媒体记者对陕西省全面推行河长制工作进行全方位宣传报道，进一步动员社会各界参与支持河长制工作。招募 1300 余名社会义务监督员参与河湖管护志愿服务行动；组织开展“幸福河湖行”集中宣传报道，建立“陕西河长”微信公众号、专题网页，营造关爱、保护河湖的浓厚氛围。组织参与了水利部“河长湖长故事”征文活动，安康市平利县推荐的《“太平河”的警察》获非虚构类作品优秀奖。联合陕西广播电视台组织开展“河长在行动”专题宣传，播放 6 集宣传报道。各市区扎实开展河长制湖长制进机关、进企业、进校园、进社区、进乡村、进景区、进市场、进家庭宣传活动，建立河长制湖长制微信公众号，积极引导社会公众参与河湖管理保护工作。西安市联合《美文》杂志举办了全市中学生“我爱家乡河”征文大赛，全市 540 多所中学、24309 名学生撰写征文，引起社会强烈反响。省河长办积极协调联系中央省级主流媒体，加大河长制湖长制工作宣传力度，在各级主流媒体刊发宣传报道 380 余篇次（其中中央媒体报道 34 次），网络转载 2000 多条次。组织 40 余家中央省级主流媒体开展了“河长制湖长制公益宣传”集中采访报道，“源头保护从我做起”水利宣传青年志愿服务行动，两个项目分别荣获第四届中国青年志愿服务项目大赛银奖和铜奖。改编自安康市旬阳县双河镇护河群众护河事迹的“护河女使者”和汉江河长制《水兴天汉》微视频获水利部“守护美丽河湖——推进河（湖）长制从‘有名’到‘有实’”微视频公益大赛优秀奖，极大增强了社会公众参与河长制湖长制工作的积极性主动性。各市县充分利用报刊、网络等平台，结合区域特色，开展了灵活多样的宣传，进一步增强了群众护河护水意识，大力营造了全社会合力推进河长制实施湖长制的氛围。

（七）强化社会监督，形成维护河湖健康生命的强劲合力

陕西省将河湖长制工作纳入党委政府考核评价体系的同时，各级引入社会监督机制，利用主流媒体多次对河湖管理保护问题进行曝光和追踪报道，引起社会各界关注，倒逼问题整改落实，助推河湖长制工作。西安市利用《电视问政》《每日聚焦》《党风政风热线》电视专栏和《西安日报》等媒体，多次作了监督报道，督查督办群众反映、媒体曝光等问题 200 余件，市纪委先后对河湖长制工作推进不力的临潼区、鄠邑区两个区主管领导进行了专题约谈，强化了各级河长的责任担当意识。

二、主要问题

通过核查陕西省河长办及随机选取西安市、商洛市、安康市河长办，与其相应工作人员对推进河湖长制工作进行了深入的交流，总结得出目前河湖长制工作仍存在以下问题。

（一）各级河长办人员和经费不足，基层河湖管护技术力量薄弱

各级河长办人员偏少，少数工作人员身兼多职，河湖长办组织、协调、分办、督办职能发挥不充分。基层河湖管理执法机构不健全，河湖管护力量薄弱，有的地方河湖长制成员单位之间协作联动不够，信息共享工作机制不够强，工作质量有待提高。河湖管理保护经费和防治资金不足，长效、稳定的河湖管理保护投入机制还未完全建立。

（二）河湖水域岸线保护仍需进一步强化

全省河湖“四乱”问题依然点多、线长，历史遗留的占用河湖岸线问题整治矛盾突出；河湖长制激励奖励工作尚未突破，一些河湖管理基础工作经费保障不足。

（三）河湖生态综合治理有待进一步加强

污染在水里，问题在岸上，加快水岸共治，山水林田湖草沙系统治理，发展“生态农业”“循环经济”是防治水污染的治本之策。推广发展循环农业，有效减少面源污染，充分发挥河长制生态保护与经济发展协同推进、相互促进作用，引进社会资本建国家湿地公园、休闲度假区等生态主题景点，切实推进水旅融合，河库生态效益、周边土地价值同步提升，河库产业发展、群众致富脱贫同步推进。

三、主要措施

（一）持续推动河湖长制从“有名有责”向“有能有效”转变

深入学习贯彻习近平生态文明思想，认真贯彻落实党的十九大及十九届历次全会精神，扎实践行“节水优先、空间均衡、系统治理、两手发力”的治水思路，坚持把河湖长制的制度优势贯穿全省河湖运行管理全过程，进一步强化河长湖长履职尽责，切实落实河长湖长属地管理责任和相关部门责任，推进河湖长制重点任务落实。加强河湖长履职考核，建立健全河湖长述职制度和考核问责制度，规范河湖监督检查，持续提高河湖长制工作能力和水平。加强跨区域跨流域河湖联防联治联控，加强联合执法。强化河湖长制制度刚性约束，充分发挥各成员单位协同联动的合力，以及“河长湖长+警长+督察长”模式优

势，始终把解决河湖乱占、乱采、乱堆、乱建等突出问题作为全面推行河湖长制的重点工作，聚力管好盛水的“盆”。按照中央省级工作部署，紧盯河湖“四乱”问题，大力推动河湖长制工作从有名有责向有能有效转变。全面检视河湖长制体系建设情况，建立完善河湖长动态调整机制和河湖长责任递补机制，确保组织体系、制度规定和责任落实到位。

（二）抓实督查督办，确保河湖长制工作深入推进

扎实推进河湖“清四乱”常态化规范化，建立健全河湖“清四乱”长效机制，加强日常暗访督查和专项督导，建立问题清单、工作清单、责任清单，重点解决江河湖库渠保护管理工作中出现的难点焦点问题，跨流域、跨地区、跨部门的重大协调问题，以及反映地方苗头性、问题性、建议性重要消息和新闻媒体、网络反映的涉及江河湖库渠保护管理和河湖长制工作的热点舆情等，严把问题全域排查、清理跟踪督办、结果回访检查、效能评议评判重点环节，坚决遏制增量、清存量，推动河湖“清四乱”常态化规范化，做到河湖“四乱”问题早发现、早制止、早整改、早销号。将河湖“清四乱”重点向中小河流和农村河湖延伸，开展妨碍河道行洪突出问题排查整治，深化河道非法采砂打击整治行动，严控各类污染源，保持河湖水体清洁，保护河湖水生生物资源。扎实开展妨碍河道行洪突出问题清理整治工作，强化河湖管理保护，保障河道行洪通畅，守住防洪安全底线。2022 年汛前基本完成阻水严重的违法违规建筑物、构筑物等突出问题清理整治，年底前基本完成清理整治任务。省河长办加强跟踪督办，对各市区问题整改情况进行督导检查，有效地促进问题整改。

（三）强化部门协同，推动河湖长制工作深入开展

聚焦河湖精准发力，健全党政同责、水利牵头、部门联动、社会参与的工作机制，落实河湖长履职规范、河湖长巡查、联席会议、信息共享、督查考核、信息报送、验收、问题清单等 8 项制度，加强联系督办、跟进服务、社会监督、立牌公示，做到守河有责、守河担责、守河尽责。充分发挥河长办成员单位作用，各负其责，各司其职，落实责任，细化任务，齐抓共管，推动河湖长制工作深入开展。提高各级河长办组织、协调、分办、督办工作能力。

（四）加强立法工作，严格河湖水域及岸线管控

坚持“一河（湖）一策”“一河（湖）一档”，推动《陕西省渭河保护条例》颁布实施，加快《陕西省河道管理条例》《陕西省河道采砂管理办法》修订立法调研，保障依法依规管护河湖，建立河湖保护管理长效机制。加快示范河湖建设，开展健康河湖评价，狠抓病险水库除险加固，努力打造幸福河湖。

（五）强化社会监督，形成维护河湖健康生命的强劲合力

在将河长制湖长制工作纳入党委政府考核评价体系的同时，各级引入社会监督机制，利用主流媒体多次对河湖管理保护问题进行曝光和追踪报道，引起社会各界关注，倒逼问题整改落实，强化各级河长湖长的责任担当意识，助推河长制湖长制工作。

（六）加强联防联控，创建幸福河湖示范

强化河湖长制与河湖管理监督检查，加强河湖日常巡查管护，打通河湖管护“最后一公里”。围绕水资源保护、水域岸线管控、水污染防治、水环境治理、水生态修复、执法监管等主要任务，推进上下游、左右岸、干支流联防联治联控。积极组织开展河湖健康评价，推进河湖健康档案建设，滚动编制“一河（湖）一策”，深入推进河湖综合治理、系统治理、源头治理。创建幸福河湖示范，提升示范效应。

（七）严格河湖岸线保护与利用规划实施，推进智慧河湖建设

巩固完善河湖管理与保护范围划界成果，推进水利普查河湖名录以外河湖管理范围划界。按节点推进国有水利工程（水库、水闸、泵站、堤防、灌区）管理与保护范围划定工作。严格河湖岸线保护与利用规划的编制审批与实施，强化河湖岸线分区管控，确保重要江河湖泊规划岸线保护区、保留区比例总体达到规定要求。切实用好河湖长制信息管理系统、水库动态监管平台，充实完善河湖管理范围划定和岸线保护利用规划成果、“一河（湖）一档”“一河（湖）一策”方案、水库监测数据等。运用卫星遥感、无人机、APP等手段，提高河湖库数字化、智慧化、精细化管理水平。

附图：西北地区成效图

青海省海东市循化县波浪滩生态旅游观光园清理整治典型案例

青海省海东市循化县波浪滩生态旅游观光园整改前

青海省海东市循化县波浪滩生态旅游观光园整改后

青海省海东市平安区康硒产业园康硒中桥拆除典型案例

整改前　　整改后

青海省玛沁县拉加镇黄河右岸“乱建”清理

整治前

整改后

新疆3条河治理前后对比照片

新疆喀什地区吐曼河水生态修复前一片荒凉

新疆喀什地区吐曼河水生态修复后岸绿水美

新疆乌鲁木齐市水磨河清理整治前，两岸“脏，乱，差”

新疆乌鲁木齐市水磨河清理整治后，成为人水和谐家园

新疆昌吉州头屯河流域过去工厂林立，烟雾缭绕

新疆昌吉州头屯河流域如今建成生态森林公园，鸟语花香

第四篇 04

展望篇

本章在总结前三篇的基础上，分析推行河湖长制的问题及挑战、河湖长制的经验及启示、河湖长制的发展路径（方向）。

第一章

推行河湖长制问题与挑战

第一节　体制层面

河长制嵌套于我国的层级体制，能够借助目标责任制与行政问责制保证运行效率，在中国国情下实现了大规模综合性水治理变革。河长制是行之有效的、具有中国特色的水资源综合管理体制。全面推行河湖长制，是完善国家治理体系和治理能力现代化的重要实践，是我国治理体制和生态环境制度的重要创新，也是推进生态文明建设的内在要求。通过发挥河湖长制度所具有的体制优势，驱动河湖治理等相关工作，以实现生态文明建设战略性和系统性要求。然而，作为一项起源带有危机应对特质的制度创新，加之在全国范围内全面推行的时间不长，河长制在实际运行中还有一些值得关注的问题和挑战。

（一）河湖治理缺乏稳定资金来源

1. 资金投入不足

河湖治理保护在很多方面需要投入资金，如城乡污水处理设施、企业污水排放、生态恢复、面源污染防治等，而且每个项目都需要大量资金，缺乏稳定资金来源，加上地方财力有限导致资金投入不足，配套资金难以足额到位，影响有些地区“河湖长制”的全面落实。资金投入是保障。各项措施的落实都需要大量项目资金支撑，单靠基层财力（尤其经济欠发达地区）难以达到全面治理保护的效果。全国需治理保护的河湖还有很多，全部治理保护资金投入压力巨大。

2. 资金投入渠道单一

河湖保护资金投入仍然主要以各级政府财政投入为主，投资渠道单一，多元化投资机制尚未完善，缺乏其他投融资渠道来积极引导社会资金参与河流环境治理和保护。目前各地河湖治理资金缺口大，缺乏专项工作经费。特别是基层乡镇，河道保护、保洁治理、垃圾处理等各项治理资金难以落实。

3. 有待引入民间资本

在河长制推行方面，有些省份、市县政府及有关部门面临巨大的财政压力，因此需要民间资本的引入。但是河道长效管护是一项低收益甚至无收益的公益行为，较难引入社会资本的直接投资，因此政府首先应提升居民对河长制推行的公众认可度，在此基础上努力拓宽融资渠道，通过更多的方式吸引社会资本流入水资源管理保护和水环境治理领域：一是在河长制推行中引入 PPP 模式融资，即政府采取竞争性方式选择具有投资运营管理能力的社会资本，双方按照平等协商原则订立合同，由社会资本提供公共服务，政府依据公共服务绩效评价结果向社会资本支付一定的价格；二是基于“以河养河”理念，用河道自身资源来实现河道清淤整治与长效管理的目标。可以通过生物工程、水、林权租赁、土地置换等经验模式，引入社会资本的投入，解决河道疏浚整治工程建设与保洁管理工作中的资金瓶颈，有效实现以河养河；同时相关主管部门要加强技术指导、制定严格考核奖惩制度，提升管理水平和资金利用效率，从而落实河道日常管护保洁责任。河长制推行中的民间融资和公众认可度是相辅相成的，只有两者兼顾才能真正实现河长制“自下而上”和“自上而下”的管理机制并行促进水生态文明社会的建成。

（二）执法权限和执法力量不足

1. 联合执法效力有待加强

跨省（自治区、直辖市）界河湖统筹管理是河湖长制工作的薄弱环节。河湖长制下的属地管理形成上下游、左右岸等跨省（自治区、直辖市）界河湖分段（片）的保护管理模式，地区间经济技术水平差异导致相邻河段或湖面的保护管理目标、任务、标准和措施缺乏协调统筹，造成“一河（湖）多策”，不能开展系统治理管护，不利于形成合力。因此，开展河湖长制下流域统筹协调管理工作迫在眉睫。传统的行政区域的碎片化属地监管模式不能有效解决跨界河湖管理保护难题，严重制约着流域河湖生态保护和高质量发展。中央深入推动河湖长制改革任务要求加强跨界河湖管理的流域统筹、区域协同和部门联动，实现河湖长制“有名”“有实”“有能”转变。为了贯彻落实党中央、国务院关于强化河湖长制的重大决策部署，加强流域统筹，开展跨界河湖系统治理，国家、相关部委印发相关文件，指导地方开展跨界河湖流域统筹管理工作。

2. 联防联控制度设计问题

河湖长制尚未针对跨界河湖联防联控进行制度设计，河湖长制下跨界河湖联防联控还存在问题，主要包括：①跨界河湖联防联控工作法制体系不完善，联防联控比较松散，覆盖面不足；②河长办部门协调能力较弱；③缺乏流域统筹规划，容易造成“一河（湖）多策”、河湖管理标准差异、省际边界联合执法力度不够；④跨界河湖联防联控工作缺乏深层次监督考核；⑤流域监测体系缺乏顶层设计，各部门掌握的监测数据及信息不能共享；⑥生态补偿考核办法激励性措施较少，补偿金使用侧重于项目建设，不能充分调动上下游各方积极性。跨界河湖流域统筹管理需要借助河湖长制平台，进一步完善跨界河湖流域统筹机制，在全流域探索形成统一规划、统一标准、联合监测、联合执法的流域环境治理与保护机制等举措，推进跨界河湖流域统筹工作取得更好效果。

3. 执法力度不足

河长制的工作涉及方方面面，尤其涉及一些水事活动的监管，部分大型水域地区尚需配备水事执法人员，定期去实地考察监管，杜绝非法水上活动。

（三）河长制办公室队伍建设有待加强

1. 河长制办公室专职人员数量不足

河长制办公室专职人员不足使河长制工作开展受到限制。各级成立的河长办多数设在水利部门，人员由水利部门抽调，办公经费由水利部门支出，人员管理、考核由水利部门负责，这就造成原本的水利部门工作人员身兼多职，各种负担加重，但同时达不到分工明确的效果。现有人员力量薄弱且基层河长制办公室人员身兼几职现象普遍存在，有的工作人员为了应付检查，自行编造数据上报完成任务。

由于“河长”办工作量比较大，“河长制”工作人员兼职较多，很多人都是需要扮演双重角色的，也就是说在不脱离原有工作岗位的同时，还需要完成“河长”办的相关工作，工作负担重、压力大，难以专注于“河长制”工作；专业人员需求量很大；从知识结构上看，抽调的工作人员并不都是专业出身，需要一边工作一边学习；由于人员紧张，同时由于缺少系统的学习和培训，工作人员的能力参差不齐。

2. 河长制办公室专职人员编制不足

河（湖）长制虽已全面施行，但各级河长办力量配备还不到位，河湖长效管护人员还缺乏，影响了实施效果。各市县河长制办公室人员对河长制专业化、系统化的认识水平不足。

河长制办公室专职人员大多从其他部门抽调或者新安排进入岗位的工作人员，在这部分工作人员缺少编制的情况下，增加了河长制办公室专职人员工作的流动性与不确定性，虽然也提出通过落实编制来吸引专业人才，但从目前看来，落实情况并不到位。

第二节　制度层面

（一）尚需进一步明晰相关部门职责

1. 权责边界不够清晰

落实河长制任务关乎多个部门，包括环保局、水利局、农业农村局、住建局等。严格落实河湖长履职办法，规范各级河湖长履职行为；纵向上，实施“条条”管理，上级部门对下级部门负责；横向上，实施“块块”管理，职能分散，各部门仅对自己所规定的职责范围内的事情负责，例如水环境治理涉及水利、环保、国土、农业、城建、交通、财政、气象等多个部门，各部门之间由于职能分散，容易导致“九龙治水、各自为政”的困局。同时，又因各涉水部门之间分工不明、职能重叠、交叉，因此，一遇问题各部门之间就极易相互推诿、扯皮。

2. 上下级河长统筹协调不够

自上而下的责任分解模式不利于发挥下级的主观能动性。河长制的有效实施需要各级河长相互协作，各级河长是河长制工作的领导者和执行者，河长履职已经不是满足一般的“巡”，而在于“治理”“保护”，核心要义就是解决河湖的实际问题；各位河长要把自己所管河湖的问题理清楚，思路捋清楚，统筹协调解决河湖的实际问题，在其位，谋其事。

3. 河长制工作推进力度不一

河长制工作推进力度不一，在前期的工作中，有的成员单位、联络员单位缺乏“主人翁”意识，不能及时掌握相关河湖治理状况和存在问题，希望各有关部门进一步提高政治站位，紧紧围绕河长制工作这个中心，结合各自职责，做好涉河涉水相关工作，落实好河长交办的各项任务，共同推进河长制工作取得实际成效。市河长办要会同市效能办把河长制相关职能部门的履职情况作为监督考核重点，确实推动部门共同扛起护水治水职责。为保证河长制工作推进力度，需进一步对各级河长履职情况开展督查，及时通报督查情况，对履职优秀的河长通报表扬，对履职不到位、整改不力的进行曝光，做到点人点事点河长，并跟踪督查整改，对问题严重、负面影响大的及时向各级纪委监委移交问题线索，对相关责任人依法依规予以问责。河长制工作是一项系统工程，需要相关部门共同努力才能取得良好效果。

（二）亟须建立水保护法律法规

目前的“河长制”还不是国家法律制度，从制度安排本身，从具体实践层面都或多或少地打上了人治的烙印。从制度来讲，河长制工作机制能否健全、运行是否良好，更多地取决于行政压力，而缺乏法律支撑；从实践来讲，“河长制”基本上是“一把手抓”的自上而下的权力运作机制，“河长”有着大量的行政自治权，很难避免其盲目决策、滥用权力的发生。因此，有学者提出，河长制本质上仍然是人的统治，而不是法律。

“河长制”的本质是领导负责制，负责人拥有较大的行政自主权，但在“河长制”具体实践过程中，我国与“河长制”相关的法律法规建设比较滞后，缺乏配套的法律的支持，因此学术界和政界比较关注于“河长制”相关立法的研究，将“河长制”尽快纳入法律体系，利用法律法规的形式对治理主体的权利和责任进行清晰界定。通过完善的法律体系来规避人为因素导致的随意性和不确定性。推行水域环境治理的根本是加强法治，建立健全相关法律法规。

第三节　机制层面

（一）综合治理机制需进一步完善

政府在水域生态环境的治理过程中一直以“强政府、弱社会”的机制在推进。在这种机制下，水环境治理的唯一合法主体是政府，排斥其他社会主体，这种机制属于一元治理模式，政府垄断了大量的环境信息资源，有可能产生行政腐败和治理效率低下的情况。水域生态环境作为一种公共产品和公共服务，需要特定的管理机构，随着政府对水域环境治理持续干预，多数利益群体在水环境治理过程中缺少话语权。随着我国水环境问题的日益严重，社会各界都在提倡政府、群众、企业共同参与的多元治理机制。但由于长期的“强政府、弱社会”模式，多元主体模式还要面临诸多困难和挑战。比如对于普通群众来说，群众是水环境的直接利益相关者，群众参与环境治理的意愿应该是最强烈的，但多数群众的表现却是顺从的与被动的，权利意识淡薄，很难以主人翁的态度参与到水环境治理中来，特别是在“河长制”模式下，群众把希望全部寄托在“河长”身上。群众也很难得到真实的水质监测的结果，因此在我国尚未形成多元治理机制的情况下，“河长制”依然是相对封闭的一元治理系统，存在不可避免的问题。

（二）监督考核机制不完善

1. 考核机制有待完善

《关于全面推行河长制的意见》中第十三条关于考核制的明确规定，意味着现今推行的“河长制”实行严格的自上而下、层层落实的责任制。现有的考核主要是来自行政系统内的自上而下的“自考”，考核部门主要由市“河长”办担任，这种考核模式极易诱发利益合谋问题。这种“自我评分”的考核机制，呈现出“表扬与自我表扬”的特征；从目前的考核结果来看，还未出现考核不合格的“河长”，反而出现了一大批优秀“河长”，这不得不让人怀疑这种考核制度是否具有真实性、公正性和可信度。“河长制”的考核应坚持引入第三方评估，加强社会力量参与有利于找出问题、推进“河长制”。加强有效的考评机制和问责机制，绩效考评的主旨是对目标人群进行业绩成效的横向比对，以固定的政策标准作为衡量准则，采用一定考核方法来实现目标考评。建立健全科学规范的业绩效能测评机制可以有效促进考核目标的工作热情，提高工作效率。随着社会的不断发展和进步，如果制定的考核机制不具备科学合理的特点，不能做到与时俱进，势必造成被考核对象的情绪失落，不能起到考评机制的相应作用。在大多数情况下，不同部门间完成彼此配合等相关工作，基层单位的领导要高度重视，根据实际需要制定严谨科学的考核约束制度，职能部门加强彼此配合联系，在合作中各司其职，形成适用于本部门间的考评机制，建立科学合理的配套问责制度，把各职能部门的主观工作积极性全部调动起来。以 Y 县为例，“河长”绩效考核工作的具体实施部门仍没有明确的规定。对于主体责任，因为存在级别差异以及相关联的绩效测评，在评定时存在顾虑和利益等难以判定的顾忌，更不能确保绩效考核的公正公平度。所以，确定严谨的问责机制，可以对工作人员形成较好的制度约束，在行为上加以规范和监督，可以全面提高部门领导工作热情，彻底摒弃“干与不干一个样”的消极错误思想，从内心增强自我责任意识，促进政府原定工作目标迅速高效实现。在实际工作中，遇突发紧急状况，协同工作极易造成问责机制欠缺，工作纪律规范性表现较差等现象，加之工作人员责任心不强，权力行使及自我约束欠佳等，在一定程度上容易造成工作失责，问责落实情况难度加大等状况。

2. 责任考评有待完善

存在根据河长责任制定考核方案难度较大、河长权责不够清晰、考核不够具体、奖惩不够精确等问题。河长办公室在统筹工作中，存在一定困难，尽管市县的领导兼任了河长办公室主任，但是真正主持工作的还是河长办专职主任，权利受限，很难协调各部门的考核办法，河长制责任考评有待完善。

3. 监管内容不够明确

尽管江苏省各市现已建立了不同等级考核联动机制，但监督管理运行机制尚不完善，仍存在监管内容不明的问题。虽然初步建立了考核、监督、信息报送、验收制度，但无论是“河长制”工作督察机制，还是“河长制”验收机制，体现的都是上级对下级工作进展情况的督查、验收，而对于“河长制”的日常工作无法做到常态化监督，因此，产生的价值受到限制。同时，“河长制”工作的监督内容较多，要防止片面，如以河道水污染情况为主，容易导致“河长”将所有精力集中于水污染治理、防治，而忽视河道建设、水域岸线管理保护以及水生态修复等“河长制”建设内容。

（三）部门之间配合密切度不高

1. 区域内各部门治水合力不足

河长制工作需要多个部门联合发力，包括水务局、环保局、农业农村局、住建局等，尤其是部分设区市、县（市、区）还存在部门之间协调、配合不紧密，部门职责仍有交叉、模糊或空缺，在解决某些具体问题时相关部门职责边际不清，没有形成更强的治水合力。

2. 上下游部门需进一步加强合作

尽管很多地方积极破除“九龙治水”的积弊，但是同一条河流的上下游部门之间的合作还存在某种程度的不足。江河流经城市和农村，连贯畅通，目前，仍存在河流上游还没有落实治理方案，下游河流就开始大张旗鼓地整治，各自为战，支流间协调治理性差，这往往导致河流治理效果达不到预期目标。不仅如此，面对水环境治理突发情况时，相关河长之间可能会因为信息共享不足而产生分歧，延缓河流治理。

3. 各行政区域之间工作合力有待加强

在管水治水实践中，部门之间互相推诿、扯皮现象仍有发生。部分地区上下游割裂、水陆分离、左右岸相互推诿，县与县之间、乡镇与乡镇之间及行业之间缺乏有效沟通，同时加强各级河长在对所管辖流域督导巡查。协调解决问题的力度不够平衡；市交界区域治水难题如何破解？江苏省苏州无锡联合河长制给出优秀案例：2019 年，由常熟市河长办获悉，联合河长机制成立 1 个月以来，常熟尚湖镇与无锡锡山区交界河的部分河湖“两违”“三乱”问题得到快速解决。南起太湖沙墩口、北至长江边耿泾口的望虞河，流经苏州市相城区、常熟市和无锡市新吴区、锡山区，是沟通太湖和长江的流域性河道，承担着重要的行洪、供水、航运功能。为确保望虞河上下游、左右岸治理工作有效实施，持续改善河道沿岸人居环境，无锡和苏州两市决定建立望虞河联合河长制，聘任45名望虞河联合河长，全面落实联合巡河、联合监测、共同保洁、联合执法、信息共享五项机制，着力构建交界河湖共建共治共享的区域一体化治水新格局。苏州无锡共建的联合河长制值得学习和推广。

（四）跨区域协调依旧面临困难

1. 跨区域河流协调机制尚需确立

跨区域河流问题主要体现在各区域之间的交流协调少，乃至各部间、各区域间的协调也较少，同时河流又是流动的，一旦有水污染事件发生，一定会涉及行政区之间的协调，在这种情况下就可能产生矛盾。主要是涉及跨行政区划问题，因为流域管理是个典型的跨行政主体的问题。但缺乏了相应的机构设置及适合管理流域的措施，缺乏一个拥有齐全职能，同时又拥有足够权限的机构来统筹协调好各个行政区划间的配合，因此当下现行机构的治理效能极为容易受到各种“掣肘”。这种“碎片化”管理的制度加大了区域间协同治理的难度，同时拖延并加剧整个水域环境的恶化。这种体制很大程度限定了政策执行过程中各个参与者的权力互动，塑造了参与者的偏好和选择行为。

2. 跨区域河长办协调不够

尽管很多地方积极破除“九龙治水”的积弊，但是跨区域河道间合作还存在某种程度的不足。省内流域的江河流经城市和农村，连贯畅通，目前，仍存在河流上游还没有落实治理方案，下游河流就开始大张旗鼓地整治，各自为战，往往导致河流治理效果达不到预期目标。不仅如此，面对水环境治理突发情况时，相关河长之间可能会因为信息共享不足而产生分歧，延缓河流治理。

（五）社会参与水平有待提高

1. 河长制信息公开不够

“河长制”文件多次强调信息公开，但在具体实施中存在一些偏差。一方面，“河长制”的信息公开渠道不完善。只有很少的人知道河流监测和处理系统的网络，并且实时信息也很难获得。网络上和公共标志上的河长电话也经常无法接通。另一方面，一些宣传信息被歪曲了，个别官员为了工作政绩，在水环境信息传播过程中可能存在偏差甚至夸大报道，导致公众不能获得真实信息，不能广泛参与水环境管理，河流的监督不能达到预期的效果，可能会导致河长制发生“质变”。

2. 尚需进一步确立全民参与治水机制

目前政府仍需加强宣传引导，健全全民参与治水机制。河长制推行是一项关系全民的生态工程，必须坚持全民参与，应建立健全群众参与机制，大力宣传引导，各地根据行动计划工作节点要求，精心策划组织，充分利用广播、电视、网络、微信、微博、客户端等各种媒体和传播手段，大力宣传河湖管理保护不断增强公众河湖保护责任意识、水忧患意识、节水意识，营造全社会共同关心、支持、参与河湖管理保护的良好氛围。如可聘请群众担任水污染治理的监督员或名誉河长、建立水污染防治微信群、鼓励群众对水污染现象随手拍等多种方式，鼓励群众直接参与治水活动，加大宣传力度，增强群众爱水护水节水治水的自觉意识，形成治水面前人人有责，没有旁观者的社会氛围。

3. 社会各界参与不足

政府仍需汇聚社会各界力量，落实对河长制工作的有效监督。有效整合社会各界力量和资源并开展民主监督。有关监督部门以及地区河长，按照就地就近就便原则，深入现场、企业、群众，明察暗访、实地查验，开展监督、献计出力；相关专家学者，积极为河湖治理工作问诊把脉，集合众智提出解决问题的对策建议；畅通政协信息反馈渠道开展民主监督，市、县（区）政协委员可以通过市政协网站、社情民意等渠道，及时反映所发现的问题或线索，提出解决问题的意见建议，同时要加强舆论宣传。继续办好“河长在行动”专题栏目，关注河长动态、紧盯河湖问题、回应群众关切，推动河湖问题第一时间整改落实。进一步完善“党员河长”“巾帼河长”“乡贤河长”等民间河长管理形式，让社会公众成为河湖治理保护的参与者、监督者、受益者。

（六）市场主体参与水平不够

从河长制开始推行到现在，主要以政府为主导力量，增加了政府的负担，下一步工作中，可考虑逐渐引入市场主体。具体做法如下。

（1）积极引入市场来建设水资源保护工程，全面落实“长江大保护”和“大运河文化带”建设部署要求。

（2）进一步促进社会市场主体参与。加大民间河长体系建设，规范管理、强化引导，继续发挥民间河长的监督作用。加大宣传引导深度，进一步提高河湖长制知晓度，扩大河长制社会影响力，营造全社会关爱珍惜、保护河湖的浓厚氛围。

（3）进一步树立模范典型。弘扬务实进取之风，树立攻坚克难典范，筹备开展优秀基层河长和民间河长评选等活动，对河湖治理中成绩突出的个人和单位进行表彰和宣传，进一步激发全省各级河湖长和人民群众参与河湖长制建设的激情和活动，形成全社会齐抓共管的良好局面。

第四节　水资源保护

河湖水资源保护主要关注最严格水资源管理制度中“行政区域用水总量控制、用水效率控制、入河湖排污总量控制”3条红线管理情况，包括节水制度、节水设施建设是否完善，水功能区划是否划定，监管是否到位，取排水口情况，排污总量限制措施是否严格落实以及水源涵养区及饮用水源保护措施是否到位等方面。

（一）我国水资源所面临的问题

1. 人均水资源匮乏，供需矛盾加剧

据有关统计，我国人均水资源占有量为2200立方米，而世界人口水资源平均占有率约为9000立方米，我国是世界上缺水国家之一。如今我国正处于严重缺水期，预计我国在2030年后人口增加到16亿人，水资源缺口量增加到400亿~600亿立方米。随着社会不断地发展，我国工业用水、城市用水量持续增加，水资源供求矛盾越加严重，已成为工业发展乃至社会发展的障碍。

2. 水资源利用率低，开发不合理

部分城市、地区的水资源开发不合理，过度开发问题依然严重，导致上下游、左右岸的水资源分布不合理，影响周边居民的正常生活。水资源丰富地区，用水浪费现象十分严重，水资源利用率较低。水资源匮乏区域间歇性断流，甚至是无水可用，无法保障基本生活和生态环境。在农业发展方面，由于农业灌溉不合理、水利设施不完善，造成土壤次生盐碱化问题。很多农民对农业生态环境的保护意识不强、重视不够，盲目开荒、灌溉现象严重。

3. 水资源分配不均

我国地大物博、气候条件多样，雨水空间分布不均匀，东南部水资源充沛，年均降水量普遍达到1000mm以上；而西北地区降水量较少，年均降水量不足400mm，缺水问题十分严重。

4. 污染问题严重

随着社会经济的快速发展，带来的是水资源严重污染问题。工业、农业污水排放量逐年增加，我国每年所排放的污水量为600亿吨，并且很多污水都是未经处理直接排放到江河中的。我国有8%的河段污染严重，造成水质性缺水，减少了生活水资源总量。此外，由于人们对自然环境的保护意识不足，水力资源开发不合理，减少了湿地、天然湖泊面积，恶劣极端天气增加。

（二）水源地保护问题

全省 130 个县级及以上集中式饮用水水源地（实测 127 个）中，2019 年上半年有 117 个水质达标（达到或优于Ⅲ类标准），水质达标率为 92.1%，同比上升 4.1 个百分点，水源地水质达标率仍需进一步提升。

（三）水资源管理制度存在问题

（1）规划水资源论证工作滞后

（2）水资源管理机构人手不足

（3）水资源费未能征收到位

（4）地表水开发利用率低

（5）缺乏专业技术人才，现有人员业务水平有待提高

（6）用水效率低

农田灌溉是区域内用水大户。灌溉水的渠道水利用系数在 0.45~0.5 之间，灌溉水利用系数小，加上工程年久失修，渠道衬砌率不足 40%，输水损失较大。虽然近几年来加强了节水措施，灌溉定额有一定的降低，但节水新技术新方法的推广速度较慢，仍有较大的节水潜力。

（7）用水结构不合理

受经济发展的制约，区域内用水不平衡，农业用水比例过大，工业用水比例偏小。农田灌溉仍以传统的大水漫灌为主，用水效率低，浪费严重。同时，灌溉水渠渗漏严重，输水损失大。流域水资源虽相对丰富，但工程型缺水现象仍然存在，部分地区存在缺水现象，尤其是山区，水利工程建设滞后，村民饮水多以自家水窖及村组自发组织修建的小型引水工程为主，水量及水质得不到保证，常出现"雨季水浑，旱季水少"的现象，安全用水没能得到有效保障。

（8）节水激励有待完善

长期以来节水工作主要靠工程建设和行政推动，缺乏促进自主节水的激励机制和适应市场经济的管理体制，节水主体与节水利益之间没有挂钩，节水主体的利益不能体现，难以调动用水户自主、自愿节水的积极性，致使公众参与节水的程度和意识受到一定影响。

第五节 水域岸线保护

在水域岸线管理保护中，主要关注河道管理范围是否明确；水域岸线是否划定功能分区，分区管理是否严格；涉河项目是否严格按照批复建设，监管是

否到位；采砂管理是否编制采砂规划，采砂许可是否规范严格；是否实施采砂总量和许可采区双控制度；是否存在弃渣垃圾、违法建筑侵占河道行为；旅游项目、围网养殖是否落实河湖空间管控等方面。

（一）河道管理保护范围未完全落实

河长制实施前，中国部分中小河流未划定河道管理范围，即河道蓝线。对于这些河流，河长制负责的河道范围也不明确。根据《水利部关于加快推进河湖管理范围划定工作的通知》，划定河道管理范围边界线大体分为堤防有规划河段和堤防无规划河段，部分河流监测数据缺乏，也可粗略地按年径流量划分管理范围和保护范围。各地根据实际情况，划定河道管理范围和保护范围。经济好的省份基本完成骨干河道、湖泊、水库的管理范围划定工作，建立成果数据库，形成管理范围划定成果全省“一张图”。但经济不好的省份市级河流和县级及以下河流确界划权工作仍没有全部完成，违法侵占岸线问题依然存在，尤其是农村河道，沿河岸坡、滩地耕种现象普遍，部分河段存在河道淤积、拦河坝埂、围网养鱼、垃圾堆放等问题。

（二）需进一步排查水域岸线“四乱”

大力推进河湖“清四乱”工作。河道“四乱”问题整治推进有力，但部分省份区县乡镇流域面积较小河流河道内仍存在乱占、乱采、乱堆、乱建“四乱”现象，部分乡镇河流存在农田非法侵占河道等现象，河湖“清四乱”及划界工作有待加强，河湖管护水平有待提高，个别河（湖）长对突出问题还缺乏明确的解决思路和工作举措，违法养殖、侵占河道、破坏岸线、垃圾乱倒等现象时有发生。加强对生态环境良好湖泊、重要天然湿地和水库的保护；全面加强河湖水域岸线管护，大力实施河湖管理范围划定工作；深入开展河湖“清四乱”及划界专项行动，加强农村河湖的管理保护和治理。

第六节　水污染防治

在水污染防治中，主要关注工业废污水排放，农业化肥、农药面源污染，畜禽水产污染，居民生活污水偷排入湖、垃圾直倒河道、污水入网，农村污水处理和垃圾入站等问题。

污水管网配套不完善，污水处理设施利用率低，大量的工业废水和生活污水未经处理直接或间接排放，工业污染现象严重。农业耕作模式落后，土地经营规模小，农民群众对于化肥、农药不合理使用使得水体富营养化。流域内畜禽养殖畜牧业多且规模小，畜禽养殖产生的污水多数未经过处理直接排放，严重污染区域内的水体。

（一）河道治理保护问题

1. 流域截污不彻底

广大农村地区部分地方集镇污水管网建设滞后，导致沿岸的生产、生活污水大部分没有截污，污水直接排入河道内，农村河道被污染。

2. 沿河排涝泵站出水水质不能达标排放

仍有众多地区雨水、污水混接，大量生活污水进入排水沟渠，最终排入河湖，影响河湖水质。另外，有的农村河湖水面有漂浮物，水质情况较差，有行水障碍物和阻水高秆植物；部分水域围网肥水养殖、畜禽养殖情况仍然存在；农业面源污染较为严重；有的农村河道岸坡存在乱种乱垦的现象。依然存在占用河湖进行畜禽养殖等问题；农业面源污染治理手段较为落后；存在垃圾侵占岸坡、破坏绿化等行为。

3. 农村生活垃圾入河问题仍然存在

农村地区目前生活垃圾推行村收集、乡转运、县处理的运转方式。但许多农村地处偏远地区，垃圾无法及时收集；乡镇转运、县集中处理的垃圾运输路途远、费用高；部分已建成的中转环卫设施也因运行费用问题无法正常启用。同时垃圾县集中处理的方式导致各县生活垃圾消纳负荷加重，原有的填埋场等垃圾处理设施的使用年限缩短，难以长期为继。农村生活垃圾常态化处理仍未全面实现，垃圾入河，随意乱倒垃圾现象仍然存在。

（二）面源污染依然存在

农村地区由种植业带来的面源污染仍然是水污染的主要方面，增加了河内的磷、氮负荷。农用塑料薄膜使用量逐年上升，化肥和农药的使用量较大，畜禽养殖基数较大，农业面源污染物排放总量总体下降但基数较大。农村尚存在相当一部分地区基础设施落后，缺乏基本的排水和垃圾清运处理系统，农村生活污水、垃圾未经处理就直接入河形成农业面源污染，农业面源污染的防治任务仍较为紧迫。

第七节 水环境治理

水环境综合治理主要关注水功能区划、水环境功能区划和水功能区目标水质，同时关注水源保护区是否达标，对黑臭及劣Ⅴ类水体是否采取有效治理措施以及水源保护区是否存在违规排污、违法建筑等行为。

（一）水环境治理方面问题

1. 水质达标问题

第一，有些省份监测的重点水功能区水质达标率仍然未达到90%。

第二，有些省份列入国家《水污染防治行动计划》地表水环境质量考核的断面（国考断面）中，水质符合Ⅲ类的断面比例不足80%。

第三，有些省份“十三五”水环境质量目标考核的流域地表水断面（省考断面）中，水质符合Ⅲ类的断面比例不到80%，劣Ⅴ类断面依然存在。

重点水功能区和地表水达标率仍然需要进一步提升。

2. 黑臭水体问题突出

黑臭水体整治工作存在整治不到位、水质情况不稳定的现象。国考、省考断面水质的达标仍不稳定；黑臭水体主要集中在城区，治理工作有难度。地级及以上城市建成区黑臭水体整治情况刻不容缓。对农村河湖，要加大清淤疏浚、环境整治，结合农村垃圾、污水、厕所专项整治“三大革命”，减少线长面广的点源污染。黑臭水体整治进度及后续监督整改质量方面有待加强。

（二）水环境治理制度方面

1. 行政依赖过度

水环境整治是各级政府义不容辞的责任，但水环境整治是一项复杂的系统工程，涉及政府、市场（企业）、公众等责任主体，治理的手段也是多样化。而“河长制”单纯依靠政府及负责人整治水环境，对政府和行政手段过度依赖，而对市场（企业）、公众及经济和法律手段利用不足。行政手段有不稳定、阶段性和易于权力集中等弱点，过度依赖行政手段不仅不利于从根本上改变绝大多数地方政府和企业推动经济发展有余而保护环境不力的现状，而且有可能在一定程度上弱化或架空现有环境政策法规体系。

2. 缺乏在线监测

许多省份河流沿程未建在线监测系统，水量水质信息缺失，无法为污染源控制和污染治理提供支撑；生产废水排放量及污染物排放总量不能得到有效控制；河长制工作应当更加注重水环境的改善和水生态的治理，更加注重面上问题治理与水质优化提升的“质变”。

3. 发动群众不够

水环境治理与群众生活密切相关，是看得见、摸得着的民生工程。但在水环境治理中，仍然存在群众只作为旁观者，忙碌的只是“河长”的现象，那么就不会达到较好效果。生活水环境保护治理的宣传引导不足，群众参与度不够，上下整体联动的工作氛围尚未完全形成。长此以往，河长制将会变成一个缺乏生命力的环境治理系统，因此需要把群众的力量融入落实河长制之中，着力把群众从旁观者变成水环境治理的参与者和监督者。

第八节　水生态修复

水生态修复主要关注生态基流是否得到满足，湖泊是否出现萎缩，河流水系是否连通，向下游输水的通道是否通畅，水土流失现象是否严重，水保专项规划是否进行，水生生物生境是否破坏，自然保护区、水源涵养区、河流源头区及生态敏感区是否存在生态恶化现象。

（一）河道生态需水得不到保障

尚存在枯季生态基流不能保障，河道的自净能力低下，水环境容量小，河道富营养化严重，生态环境恶化问题；部分河流干支流水系连通性差，河道仍然存在淤积、堵塞等问题。

众多非流域性河道生态补水主要依靠天然降雨，枯水期来水量减少，生态补水量难以保障。季节性缺水严重，非汛期流量小，水环境容量不足，河流的生态基流流量无法满足，河段的生态用水调度管理未得到应有的重视，枯水期流量锐减。影响水生生物生存环境，破坏水体食物链，导致河流生态系统失衡。

（二）健康可持续的河道生态系统建立有待加强

首先，完善的生态护岸体系尚未建立，河道岸滩水土流失问题没有根治；其次，河道内植物体系处于自生自灭状态，水质净化、去除营养物质等生态效益低下，不利于形成健康可持续的河道生态系统；最后，非法养殖和捕捞尚未彻底根除，受高额利润影响，村民进行鱼虫捕捞，严重破坏水生态环境，对建立健康的水生态系统产生了严重影响。

（三）河湖生态综合治理有待加强

污染在水里，问题在岸上，加快水岸共治问题突出，山水林田湖草系统治理，发展“生态农业”“循环经济”是防治水污染的治本之策。推广发展循环农业，有效减少面源污染，充分发挥河长制生态保护与经济发展协同推进、相互促进作用，引进社会资本建国家湿地公园、休闲度假区等生态主题景点，切实推进水旅融合，河库生态效益、周边土地价值同步提升，河库产业发展、群众致富同步推进。

第九节 执法监管

（一）执法监管制度不够完善

执法监管制度不够完善使得一些水事活动存在无章可循、无法可依的现象。相关涉河建设工程项目监管及水事违法处置制度体系需进一步完善。干流管理保护涉及多个部门，存在职能交叉，协调联动不强，职能间的相互配合度不高，监管合力有待加强。河道管理保护执法队伍人员不足，执法装备差，力量薄弱，区域内部门联合执法机制不健全，执法效力不强。

（二）监管内容与执法有待加强

目前，仍存在管理运行机制尚不完善、监管内容与执法权限不明的问题。相关部门仍需逐步修订完善考核办法和管理制度，建立市、县、乡镇、村之间有效沟通协调机制，将考核、监管与执法等制度层层分解落实。

（三）现代化巡查装备与自动报告体系尚未健全

目前，大部分基层河长只有河道巡查手机设备，其他现代化巡查装备与自动报告体系尚未配备，各级河长巡河态度是否认真端正，是否把巡查河流的真实情况准确地输入巡河 APP 中；另外各级河长之间缺乏有效的实时沟通，巡河问题得不到及时的反馈，影响了巡河工作系统化、科学化、规范化地进行。

（四）数字技术赋能河长制挑战

需要全面利用数字技术赋能河长制。目前，我国河湖管理已经进入“大数据+河长制”的数字化时代，河长制必须适应数字时代、利用数字技术，全面转向“数字治河（湖）”。要充分运用 AI 监测、无人机、无人船等技术赋能河湖治理，大力推进“智慧河长”建设。河长制诞生于 21 世纪之初，这是我国水问题最为突出的时期。一方面，持续的人口增长、快速的经济发展与城市化进程加剧了水问题；另一方面，我国步入中等收入阶段，人民生活水平的提高对生态环境质量提出了更高的要求。河长制的引入，通过提高水治理在地方党政工作中的优先级，促使地方政府将治水作为重点工作给予更高的重视和更多的投入。这种理念和做法已经被应用于更多当代中国治理问题中，催生了湖长制、林长制、街长制等一系列制度创新。这也可以视为河长制的“制度溢出效应”，反映了中国特色制度体系应对治理挑战的制度响应逻辑。

第十节　公众参与

针对水管理的长期性和复杂性，发动群众积极参与河湖长制工作是保障河湖长制推进生态文明建设的必然要求，是落实习近平总书记提出的“打造共建共治共享的社会治理格局”的重要环节。从“多元主体”的角度看，河湖长制克服了政府单边控制和市场机制失灵所带来的危害，有效地解决了不同利益群体在角色上的冲突和矛盾。

（一）全民参与氛围尚未形成

全面推行河长制工作对社会公众的宣传发动力度仍不够大，尚未形成声势浩大的社会舆论氛围，群众对河长制的知晓率不高，全社会对河湖保护工作的责任意识和参与意识还不够强，不达标排放污水，部分沿河群众违法占用河道、乱倒垃圾、乱排放污水等现象仍然存在。

（二）群众满意度尚不高

公众参与主要体现在公众对河长制推行成效满意度以及河长制推行过程中的参与程度上。而要解决“河长制”的公众参与问题，最重要的是要充分保障公民的环境知情权，在此基础上切实实行环境保护政策法规、项目审批、案件处理等政务公告公示制度，推进完善政府网站，公开发布环境质量、环境管理等环境信息，依法推进企业环境信息公开，公开曝光环境违法行为，扩大公众环境知情权。群众性环保组织的参与者中有许多知名科学家和高级知识分子，具有专业化的特点，在推动群众环境运动方面拥有丰富的经验，在推动环境法发展方面很有成效，对加强公众监督、提高决策治污水平、推进全面治污也具有积极作用。因此，在“河长制”的基础上不妨引入民间环保组织力量的广泛参与，并赋予其一定的发言权，这对于贯彻落实“河长制”的公众参与具有积极意义。在这方面可以以江苏省淮安市作为学习对象：淮安市河湖长制工作公众知晓率和满意度居全省前列。做法如下：自全面推行河湖长制以来，淮安市积极营造氛围，扩大公众的知晓率和参与度。在全省率先开展河长制宣传标语征集活动，并将优秀标语应用到全市每一块河长公示牌，让各地群众第一时间知晓“河长”上岗；联合本地传媒公司，制作淮安河长制 LOGO，开启“淮安河长”微信公众号，及时发布河长制工作动态，开通群众参与治河护河通道；在《人民日报》头版头条刊登淮安河湖长制通讯报道，在《新华日报》定期刊登宣传稿件，在《淮安妇报》刊登“县区河湖长制工作亮点”“优秀河湖长”

等系列报道，在淮安电视台《新闻联播》栏目开设“河长在行动”专题报道。通过多媒体、多渠道的宣传，形成了良好的社会舆论氛围，全市河湖长制各项工作得到扎实有效推进。全面建立市县乡“双总河（湖）长”与“领导小组+河长办”的组织领导架构；推行河长制、湖长制、断面长制“三长一体”实施机制；首创“一河（湖）长两助理”协调推进机制。截至目前，市级河（湖）长共巡河107次，发现问题366件，完成整改296件，完成率80.9%。打好“两站”“三违”“三乱”攻坚战，及时将省总河长令发放到全市每一位河长手中，经过全市各级河长共同努力，“两违”整治工作得到强力推进，水生态保护取得显著成效；申请省河长办验收销号“三乱”问题97个，现场通过验收84个，通过率87%，位居全省前列。开展“建样本河道，评优秀河长”典型示范活动，市100条样本河道现已建成76条。该市组织开展2018年度优秀河（湖）长生态样本河道评选活动，评选出首批16名优秀河（湖）长、16条样本河道，为河（湖）长制工作提供了典型示范。

（三）公众参与不够

完整的公众参与过程可以分为预案参与、过程参与、末端参与以及行为参与等部分，而“河长制”实践中的公众参与内容主要集中于末端参与。中央文件以及地方实践都规定有加强信息公开、公布河长名单、在河段竖立河长公示牌、接受公众监督等看似“接地气”的内容，但纵观相关文件全文，这已是公众参与的主要部分甚至全部。在“河长制”的政策制定、事务履行等方面没有公众参与的相关规定，公众的参与只是对河流治理最终效果的监督，只是一种事后参与。这既违背公众参与的内涵，也不符合我国环境法律的规定。

1. 政府层面

（1）河长制政策宣传力度不够，公众对于此项政策了解较少甚至不了解，“信息不完全性”造成公众的盲知。

（2）政府相关奖惩制度不健全，公众无心参与，积极性不高。

（3）政府关于河长制的政策实施透明公开度不高，水质资料缺乏公开与共享，公众无法获悉相关数据，因此无法准确提出可行意见及进行对应的监督。

2. 公众层面

（1）公众参与积极性不高，公众对保护河湖的重要性认知不够，对政府缺乏信任感，对参与保护河湖缺乏热情。

（2）公众出于自我保护意识，担忧参与风险，害怕举报监督行为会遭报复，宁愿视而不见，不愿主动参与。

（3）公众认为河长制实施专业性强，自己缺乏相应知识，不敢轻易尝试。

第二章

推行河长制的经验和启示

在对上章内容分析的基础上，本章安排七节内容，围绕《意见》推行河长制的六大任务，总结公众参与经验和启示；在此框架下，筛选国内外有代表性、推广性、效果好的经验和启示，一并归入推行河长制相应内容予以说明，旨在通过这些典型实例的示范，破解难以解决的复杂水问题，引领推行河长制取得实效，榜样的力量是无穷的。对每个实例按照以下形式梳理：基本情况—经验做法—几点启示。

第一节　水资源保护经验和启示

水资源是最基础的自然资源，是社会和经济发展不可或缺的资源。河长制任务提出加强水资源保护需要落实最严格水资源管理制度，严守水资源开发利用控制、用水效率控制、水功能区限制纳污三条红线。实行水资源消耗总量和强度双控行动，全面提高用水效率。严格水功能区管理监督，根据水功能区划确定的河流水域纳污容量和限制排污总量，落实污染物达标排放要求，严格控制入河库排污总量。江苏省及其他省市在水资源管理与保护方面的经验和启示如下。

一、江苏省江阴市推动“智慧水利”建设

1. 基本情况

“智慧水利”是指利用互联网、云计算、GIS 等先进技术，提高水利部门的管理效率和社会服务水平，推动水利信息化建设，逐步实现“信息技术标准化、信息采集自动化、信息传输网络化、信息管理集成化、业务处理智能化、政务办公电子化”。其建设属于典型社会公益性事业，本身不创造直接经济收益，但通过建成的水雨工情自动监测与预警、河内水资源优化调度、智能节水灌溉、

小型闸泵站远程控制、实时视频与智能安防及移动电子政务等系统功能，能实时、便捷、有效地获取防洪减灾、水资源、河道、水利工程等工作的全业务信息，增强水灾害应急预警与决策水平。

江苏省历来注重“智慧水利”建设，2010 年，江苏省水利厅提出打造“智慧水利”构想，决定以信息化、智能化技术集成改造水利行业，推动水利信息化在全国同行业中领先一步。同年 1 月，江苏省水利厅便与中国电信江苏公司签署合作框架协议，决定以“平等互利、优势互补、共同发展”为原则，共同推进“智慧水利”信息化建设。2018 年 3 月，江苏水利统一门户正式上线，标志着江苏省 1 个统一门户、4 个基础服务平台、1 个水利云服务中心、7 大类 35 个业务应用和 1 套安全保障机制的“141N1”的“智慧水利”支撑体系基本形成。同年 9 月，江苏省水利厅在南京召开全省“智慧水利”推进工作座谈会，要求按照《江苏水利信息化发展“十三五”规划》《江苏省生态河湖行动计划（2017—2020 年）》确定的目标任务，抓好智能感知体系、数据资源共享、应用系统建设、网络安全保障和建设保障机制 5 方面的工作。

江阴市作为江苏省水利现代化示范市，自 2012 年以来，根据行业现状和水利现代化发展需要，明确了智慧水利建设的发展方向，制定了水利信息化发展建设规划和可行性研究报告等项目实施纲要，加快推进并不断提升完善了水利数据中心（托管于电信机房）、物联网传感控制平台、信息网络与安全系统、智慧水利一体化平台、水利一张图应用展示、智慧城市大数据应用、移动 APP、信息化用房设施改造八大建设内容。江阴市“互联网+智慧水利”技术架构见图 2-1。

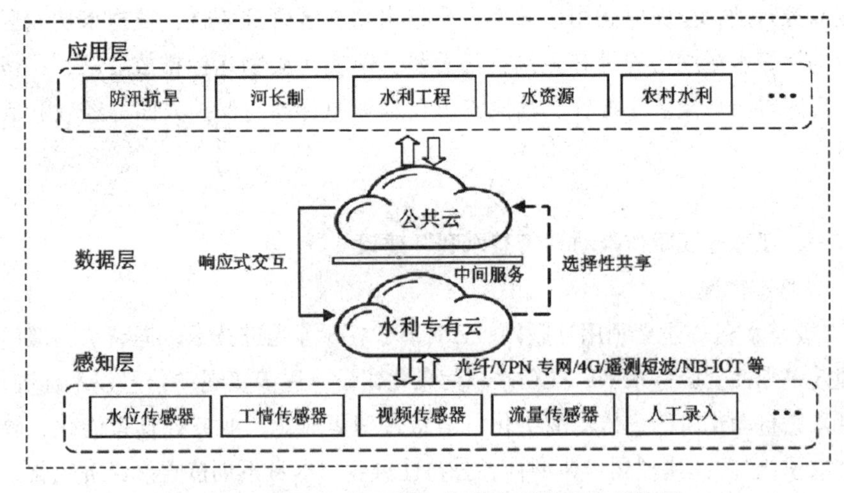

图 2-1　江阴市“互联网+智慧水利”技术架构图

2. 经验做法

（1）突出实际工作需求，统一规划智慧水利建设。江阴市按照部、省、市水利信息化发展规划，围绕江阴智慧城市和水利现代化工作要求，聚焦政府监管、江河调度、工程运行、应急处置、高效便民等业务需求，建成了以“1个中心+1个平台+1个门户”为重点的智慧水利体系。其中1个中心即智慧水利云计算数据中心，实现水利数据的安全存储、多部门共享和大数据综合分析；1个平台即智慧水利数据源采集平台，开展水雨工情等数据的自动化传感或人工方式的采集，实现数据从采集、传输、处理、整编、分析、展现以及数据推送的规范化数据服务，实现设备监测数据和运行状态智能化运维管理；1个门户即智慧水利一体化应用门户，统一用户管理、单点登录，实现防汛决策支持、水资源调度与管理、河湖长制管理、水利工程管理、农村水利管理、水利地理信息服务等全业务的集成和全方位通用一体化应用。

（2）突出安全便捷要求，巧妙打造智慧水利总体架构。设在政务内网的数据信息和应用系统与布设在公共网络面向公众或其他部门的业务系统和数据信息两者分割，导致智慧应用“安全”和“便捷”不可兼得。江阴市通过反复研究比选方案设计与实施内容，充分考虑行政体制、业务流程和使用人员等因素，率先采用政务云（专有云）与天翼云（公有云）组成的混合云技术，水利数据存储于专有云中保证数据的安全，同时利用公有云的数据资源和计算能力进行数据的处理和分析，使数据和业务请求在混合云-用户端之间安全、快速地传送，组成一个运维高效、性价比高的云计算环境，破解了鱼与熊掌不可兼得的难题。

（3）突出适用实用要求，量身订制信息化技术方案。针对现代信息化技术发展迅猛、更新变化快的特点，江阴市在智慧水利建设中，统筹考虑省市相关智慧应用平台功能，结合自身实际需求制订适用的建设方案，优先选择先进稳定、经济适用的信息化技术。在考虑经济适用性方面，优先选用省级水利地理信息服务平台的各项功能，共享全省一张图的成果，引用性价比高的视频实时智能判别水位数据技术，实现视频、水位数据采集的一体化。在考虑先进技术方面，利用公有云强有力的大数据技术，从各种类型的水利数据中，进行大数据采集、预处理、存储及管理、分析及挖掘、展现和应用。基于现有移动通信基站资源，开展无线超高频智能感知降雨与计算分析，实现高时空分辨率的实时降雨信息等。

（4）突出运行维护要求，确保智慧水利建设可持续推进。为保障智慧水利应用建得成、用得好，江阴市成立了以单位主要负责人为组长、分管领导为副组长和信息化部门为具体责任人的工作体系和机构，明确信息化项目立项、建设、培训、应用考核与运维等工作内容，多渠道积极争取、统筹协调落实信息化资金，确保智慧水利建设与应用的可持续开展。同时，从一开始就注重信息化成果的可持续运维，选择承建单位综合考虑技术稳定性、专业化运维能力和服务能力以及通信网络和云数据资源优势等综合实力，为智慧水利的长期稳定建设运行奠定了良好基础。

3. 三点启示

江苏省江阴市智慧水利经过多年的系统建设，已基本形成覆盖水利各部门业务的信息化综合集成应用，包含防汛抗旱决策指挥、河长制协同办公、农村水利管理、水利工程建设管理、水利工程运行管理及政务办公自动化（OA）办公等系统，积累了大量品质化数据。近阶段，江阴在大力实施“互联网+智慧水利”探索研究与应用上取得了显著成效。

（1）从“群众跑腿”到“互联网跑腿”。以简政放权、放管结合、优化服务为核心，创新践行了“互联网+”思维，以水利权利清单为基础，以水利数据共享和流程优化为重点，以大数据、云计算、移动互联网、物联网等新兴技术为支撑，以增强人民群众获得感为落脚点，开启了从“群众跑腿”到互联网“数据跑腿”的水利服务新模式。

（2）智慧水利服务民生。在“互联网+”模式下，构建了多元普惠的民生信息服务体系，通过发展服务民生智慧水利应用，提供更加方便、及时、高效的公共服务。

（3）推进服务型水利建设。推动水利部门职能转变，加快服务型水利建设，注重公共服务和社会管理。要坚持决策的科学化、民主化，使各项水利政策、法规、制度更加符合实际，经得起检验。

二、江苏省率先在太湖实施水生态环境功能区划

1. 基本情况

水生态功能区是用生态学的理论和方法，根据生态环境特征、生态环境敏感性和生态服务功能在不同地域的差异性和相似性，通过差异性和相似性归纳分析，将区域空间划分为不同生态功能区。水环境保护功能区是为了全面管理水污染，维护和改善水环境的使用功能而专门划定和设计的区域。2016 年，江苏省颁布《江苏省太湖流域水生态环境功能区划（试行）》，提出将“山水林田湖”看成一个生命共同体，既考虑太湖流域水生态特征，又考虑太湖流域水环境改善目标，共划分水生态环境功能分区 49 个，分属 4 个等级。

2. 经验做法

（1）采用多参数评价。由江苏省环科院、中科院南京地理与湖泊所、南京大学等单位组成的课题组对太湖流域开展3期水生态野外综合调查工作，涵盖丰、平、枯3个水期，调查因子涉及水文指标、底泥污染指标、浮游动植物、大型底栖动物、河道特征、河岸带植被生境等近百余个。同时，走访了江苏省环保厅、省发改委、省测绘局、省监测中心、省淡水所、省海洋渔业局、无锡淡水渔业中心、地方渔业渔政部门以及当地渔民，获得了重要物种分布、污染源、社会经济等资料。通过收集到的资料应用多参数评价方法从物理、化学和生物完整性三方面构建了太湖流域（典型湖泊型流域）的水生态系统综合评价体系，为分区管理目标的制定提供依据。

（2）明确分类管理目标。针对四级分区不同的生态功能与保护需求，制定了生态环境管控、空间管控、物种保护三大类分类管理目标，并制订了分期分步实施计划。①生态环境管控目标包括水质、水生态健康和总量目标，基于分区内水质、水生态现状、控制单元划分、“水十条”考核断面目标要求、分区水环境容量计算等制定。②水质目标分为近期和远期。近期水质目标值结合水（环境）功能分区、太湖流域水环境综合治理总体方案、水质现状与“水十条”考核目标等综合确定。远期水质目标基本依据水（环境）功能分区，并布设相应的水质考核断面。③水生态健康指数则是综合评价指数，由藻类、底栖生物、水质、富营养指数等组成，并依据代表性原则，优化布设水生态监测断面。④总量控制目标依据纳入生态环境部门环境统计的工业污染源、生活污染源以及种植业、养殖业污染源等进行核算；空间管控目标包括生态红线、湿地、林地管控目标，主要根据生态红线保护规划、各分区现状土地利用遥感影像解译成果等制定；物种保护目标主要根据基于对流域珍稀濒危物种分布、不同水质、水生态系统的特有种与敏感指示物种等研究成果制定。

（3）多指标综合管理。通过将制定的三大分类管理目标纳入太湖流域地方政府目标责任书考核体系，定期监督考核分区、分级目标完成情况，作为对领导班子和领导干部综合考核评价的依据。实现了江苏省太湖流域实现从单一的水质目标管理向水生态健康指数、容量总量控制、生态空间管控、物种保护等多指标综合管理转变。

（4）政府负总责，相关部门承担职责。太湖流域市、区政府对本行政区域内的水生态环境质量负责，发改、经信、环保、国土、住建、交通、农业、水利、渔业、林业等相关部门在水生态环境功能分区管理中承担相应的生态保护职责。例如，市、区经济与信息化行政主管部门在推动区域产业结构调整、产业优化升级等工作中应以水生态环境功能分区保护为重要依据。市、区环保行政主管部门应当根据分区总量控制限值分配各控制单元排污许可量，实施排污许可证管理，将所有污染物排放种类、浓度、总量、排放去向、污染防治设施建设和运营情况等纳入许可证管理范围，禁止无证排污或不按许可证规定排污。

3. 三点启示

江苏省通过对太湖流域进行水生态环境区划，实现了太湖流域从保护水资源的利用功能向保护水生态服务功能的转变，从单一水质目标管理向水质和水生态双重管理的转变，从目标总量控制向容量总量控制的转变，从水陆并行管理向水陆统筹管理的转变。有力地促进了流域生态系统健康与社会经济可持续发展。

（1）明确评价指标体系。推动科学评价体系建设，以专业团队查询资料和实地调研，按照生态系统的整体性、系统性及其内在规律，构建符合当地流域实际情况的评价体系。

（2）明确管理目标。以科学评价指标确定切合实际的管理要求，避免单一目标管理，采取多目标综合科学管理体系。

（3）明确部门职责。强化部门协作，以政府为领头羊，其他职能部门职能明确，共同协作，形成合力，来促进河流水生态环境改善。

三、辽宁省实施辽河流域生态封育

1. 基本情况

辽河干流为辽宁省生态脆弱带，在划定辽河保护区之前，除双台河口自然保护区生态环境保存完好外，其余区域平原动植物资源稀缺，长期高强度区域开发致使流域内生态环境不断恶化与水资源严重不足。2011 年，辽宁省开始划定辽河生态封育区进行自然生态恢复。

2. 经验做法

（1）确权划界是前提。在划界方面，辽宁省通过考量生物生存环境尺度对土地利用的需求、生物多样性保护需求、生态蓄水和行洪的需求三大方面需求，组织国内外知名专家咨询论证，在辽河干流主行洪保障区基础上确定封育区范围，即在辽河保护区内以河流中轴线为中心两岸各划定 500 米为界，形成宽为 1000 米、长 500 余公里的千里生态封育区，在边界建设围栏设施用于自然封育。在确权方面，辽宁省通过土地、水利、农业及林业等部门进行现场实测和河滩地权属材料确认，确权为国有河滩地的直接收归国有，已承包出去的一次性补助解除承包合同用于自然生态恢复，对确权为集体经济组织的签订租用协议，省政府与地方政府每年每亩给予退耕还河补助。

（2）人工治理为关键。在进行生态自然封育恢复过程中，人工修复必不可少。辽宁省以大伙房水源保护区为试点，采取建设沿河生态带、设立宣传牌及围栏封育工程等措施，对浑河、英额河、苏子河以及社河重要河段进行治理，在河道治理工程设计和实施上，融入水生态治理理念和绿色治理要求，在保证防洪安全的基础上，采用格宾石笼等方式取代原有硬化渠化的措施、保持现状河道原有形态，栽植和培育耐水淹低矮植物（中草药），保持水土，增强含蓄水源能力。

（3）执法监督为保障。辽宁省要求各地根据自然地理情况建设管理路和边沟，边沟主要用于阻隔封育区外面源污染物进入封育区，管理路用于保护区管理。同时省、市、县均成立专门的管理机构和人员开展巡查巡护和执法监督等工作，沿河设立巡护站专门开展日常巡视工作。《辽宁省关于加快推进辽河流域生态封育工作的通知》提出各地要层层建立封育工作责任制，横行到边，纵向到底，责任明确到人。同时，落实考核制度，在河长制工作框架内，每年分河流对生态封育实施、管理情况进行考核。

3. 四点启示

辽宁省实施生态封育后面源污染得到全面控制，河流水质得到净化，于2012年年底辽河干流在全国率先摘掉了重度污染的帽子，水质稳定在Ⅳ类以上，个别时段区段达到Ⅲ类标准。生态多样性得到快速恢复，鱼类从15种达到32种、鸟类从45种达到81种、植物从187种达到218种，植被覆盖度由2010年的16%提高到81.3%，河滨带植被覆盖度达到90%以上。同时提高了沿河群众的生活质量，使沿河百姓享受到自然景观，呼吸到了新鲜空气，也为生态旅游产业发展及沿河农村产业结构调整奠定了基础。

（1）加强河流生态综合治理。河流治理不仅是对水的治理，更多是对河流生态的综合治理。封育区设立使河流生物多样性得到快速恢复和保护，有效促进了河道景观建设，为沿河经济社会发展提供生态基础。

（2）因地制宜确权划界。坚持需求定要求原则，对主要河流的干流严格以满足实际需求进行确权划界，对情况复杂的支流以科学态度适当降低要求。

（3）切合实际因症施策。减少一刀切现象，根据不同实际情况，采取不同措施进行因症施策，分类处理。

（4）强化监管落实责任。强化政府监督，建立工作责任制，落实考核制度，横向到边，纵向到底，形成多方位长效管护模式。

四、福建省泉州市水资源“红黄蓝”动态分区管理

1. 基本情况

泉州市多年平均水资源总量近100亿立方米，人均仅1272立方米，低于全国和全省平均水平，而沿海区域人口密集、经济相对发达，人均水资源量仅有205~417立方米，水资源供需矛盾突出，面对晋江流域水资源利用率超过总量40%的极限和经济社会的迅猛发展，泉州市结合水利部水资源“三条红线”管理思路出台了《水资源红黄蓝分区区划及管理规定》，在全国率先推行水资源红黄蓝分区管理，规定以行政边界为区划边界，根据各行政区域水资源和水环境状况，进行水资源开发利用、水（环境）功能区分类，将全市11个行政区域划分为2个红区、2个黄区、7个蓝区，明确各区域水量控制、水质改善的目标，执行最严格的水资源管理制度。

2. 经验做法

（1）科学编制区划。在地表水方面：根据各行政区引用水量占配额的比例高低进行红黄蓝区划，取用水量达到水量分配额度以上的划为红区，小于80%划为蓝区，其余为黄区。在地下水方面：以超采区比重为划分依据，超采区比重占行政区域50%以上划为红区，20%~50%为黄区，低于20%为蓝区，同时明确沿海地区地下水管理水位。水功能区方面：在水功能区划的基础上，以各行政区的功能区断面未达标次数占监测总数的百分比为依据，未达标率超30%为红区，15%~30%之间为黄区，15%以下为蓝区。同时，引用万元GDP用水量和万元GDP的COD排放量作为用水效率单项限制指标进行分区，沿海行政区万元GDP用水量若超过节水型社会建设“十一五”规划指标、山区行政区万元GDP用水量若超过全国平均水平，水资源开发利用分区直接划为红区。当万元GDP的COD排放量超出全国平均水平时，水功能区分区直接划为红区。

（2）实行分区管理。针对不同分类和分区，采用不同的有针对性的管理政策，对蓝区采用正常的水资源管理政策，对黄区采用较严格的水资源管理政策，限制审批新增取水项目，接近总量控制指标的，不再审批新增取水量，同时鼓励黄区内的新建、改建和扩建项目的取水通过水权交易获得区域内现有取水户的节约水量或区域外水权，但禁止从红区购入水量。对红区采用最严格的水资源管理政策，项目水资源论证权限上收，不得再审批新增取水量，禁止新增高耗水、高污染项目，其余新增项目用水必须从内部调剂或通过水权交易取得，并执行最严格的定额管理，即取水许可水量按行业定额下限核准。执行严格的地下水禁限采管理制度，禁止在地下水禁采区或公共供水管网覆盖区域内开采

地下水。执行超计划用水累进加价水资源费及非居民超计划用水累进加价收费制度，对超计划用水20%以内、20%~40%、40%以上的，分别按加倍、三倍、五倍征收水资源费和水费。对水功能红区内水质不达标河段制定年度排污总量消减方案和措施，严禁新设置入河排污口，限期治理，并列入行政首长环保责任状，若逾期未改善的，列入环保限批区域。

（3）采用激励措施。泉州市每年的红黄蓝管理情况都在年初该市的主要媒体和政府网站上进行公布，明确要求各县（市、区）人民政府要制订红区的治理方案，采取措施促进红区向黄区转化、黄区向蓝区转化。对转化成果显著和蓝区管理成绩突出的单位和个人，市政府予以表彰奖励，从水资源费和水资源保护上下游补偿费中给予优先支持。

3. 三点启示

泉州市通过红黄蓝分区管理，明确了各行政区水量控制、水质改善的目标，有效推动各行政区进一步加强产业结构优化、节约用水、水环境治理等工作。例如，石狮市建设鸿山热电厂申请每天新增5.6万吨用水，因该市被列入红区，其必须从原有的指标进行内部调剂，促使石狮市关闭了80多家印染企业的120多个自备小锅炉，促进了产业结构调整；被列为黄区的惠安县投资1.23亿元对黄塘溪进行综合治理，促使流域水污染、水土流失情况得到有效的治理，水资源得到了有效保护，水资源利用率得到大幅提高。

（1）因水制宜分类管理。强化水资源分类管理，减少“一刀切”的现象，避免水资源矛盾较轻地区照搬水资源矛盾严重地区管理，应根据区域不同制定不同管理目标和管理方式。

（2）严控红区，从重执法。对水资源红区从重管理，对违反管理制度的，从重执法处理；对超计划用水的，从重进行收费。

（3）奖励蓝区，加强激励。强化激励措施，促使水资源红区向黄区转变和黄区向蓝区转变，增强良性循环，缓解水资源供需矛盾。

第二节　水域岸线管理保护经验和启示

河长制第二任务是加强水域岸线管理保护，需要严格水域岸线等水生态空间管控，依法划定河库管理范围。落实规划岸线分区管理要求，强化岸线保护和节约集约利用。严禁以各种名义侵占河道、围垦湖泊、非法采砂，对岸线乱占滥用、多占少用、占而不用等突出问题开展清理整治，恢复河库水域岸线生态功能。江苏省及其他省市在水域岸线管理保护方面的经验和启示如下。

一、江苏省徐州市打造水流产权确权“徐州模式”

1. 基本情况

2016 年 11 月，水利部、原自然资源部在全国选取 6 个地区开展水流产权确权试点工作，徐州市成为全国唯一地级市试点。徐州市出台《徐州市水流产权确权试点实施方案》，要求市、县政府分别成立由政府分管领导任组长的试点工作领导小组，市县两级上下联动，共同推进试点任务落实，明确“划、确、登、管”四项试点任务。“划”即依法划定水生态空间范围，明确地理坐标，设立界桩、标识牌，向社会公布划界成果；“确”即确定水域、岸线等水生态空间不动产权，申领不动产权证；“登”即按照自然资源统一确权登记的有关规定对水生态空间内水域岸线等自然资源实施登记；“管”即研究水生态空间监管措施，确保河湖守住管好。

2. 经验做法

（1）两个层级督促调度。徐州市委、市政府将试点工作列为全市改革创新重要内容，成立了徐州市试点工作领导小组，调度工作进展情况，部署工作任务。徐州市水务局、徐州市国土资源局多次联合召开会商会、布置会、推进会，开展专题技术培训，举办试点成果会商，全面推进试点工作顺利开展。

（2）三套规定技术支撑。徐州市按照《自然资源统一确权登记办法（试行）》，对试点河道水域、岸线生态空间内自然资源统一进行确权登记，界定各类自然资源资产的所有权主体。省水利厅编制《江苏省河湖和水利工程管理与保护范围划定技术规定》等技术管理办法，为河湖管理范围划定工作提供了技术支撑。徐州市制定《徐州市自然资源类型分类标准》，编写《徐州市自然资源登记单元划分及编码规则》，将自然资源部门的集体土地所有权确权登记发证、国有土地使用权登记发证、土地利用现状图，测绘部门的 0.3 米分辨率高清影像图，水利部门的河道管理范围划定边界图、河道管理范围内涉河建设项目调查摸底图多图叠加，形成水生态空间确权“一张图”。

（3）四则运算稳妥推进。徐州市对试点任务做“加法”，河道方面扩大到纳入河长制管护的 1233 条大沟级以上河道，工程方面扩大到水利、水务工程，实现了徐州市大沟级以上河道划界全覆盖。全省 2016—2018 年度划界工作总任务 65420 公里，其中徐州市 11044 公里，占全省总任务的 16.9%。完成时间做“减法”，徐州市超前谋划，全力推进河湖空间范围划定工作，试点河道管理范围划定工作提前至 2018 年 3 月全面完成。组织协调做“乘法”，徐州市建立了以政府为主导，市发改、财政、农委、环保、规划、农工办等部门和各县（市）区政府为主体的试点组织体系，建立通报机制、重大问题协调机制、信息资源共享机制，达到事半功倍的效果。方案审查做“除法”，工作中严格把握“保护生态，明晰权责，保障权益，统筹推进”的原则，坚持资源公有、物权法定和统一确权登记，既因地制宜、实事求是，又量力而行、尊重历史，确保试点工作依法依规顺利开展。

3. 三点启示

徐州按照江苏省“五点四线三面”图形分层和属性数据采集要求，2018 年完成了全市 92 条省级骨干河道的管理范围划定工作，共计完成划界长度 5900 公里，划界面积 334 平方公里，埋设界桩 49986 根，界牌 5810 块、告示牌 3802 块，成果数据全部上传信息系统，骨干河道管理范围划定完成率 100%，为水流产权确权试点工作打下坚实的基础。

（1）强化政府领导，部门协作。通过成立领导小组，有效督导确权划界工作，通过各部门协作，有力推动确权划界工作开展。

（2）系统科学确权划界。遵循“生态功能完整、空间连片集中、所有权行使代表主体单一、生态保护与资源开发相统一、继承整合各类界线”的原则，科学确权划界。

（3）明确规范标准。要求确权划界规范统一，避免各区域各行其是。同时，根据实际情况创立其独特的确权工作方案。

二、江苏省南通市多措并举治理河道采砂

1. 基本情况

随着经济社会不断发展，城乡建设、交通和水利等基础设施建设都需要大量砂石，砂石需求居高不下，加之河流、湖泊总体来沙量持续减少，巨大的供需矛盾致使河砂价格不断上涨，一些单位和个人受巨大利益的驱动，非法乱挖滥采河砂。长期的无序、超量采砂，造成河床高低不平、河流走向混乱、河岸崩塌、河堤破坏，严重影响河势稳定，威胁桥梁、涵闸、码头等涉河重要基础设施安全，影响防洪、航运和供水安全，危害生态环境。

南通市海事局按照《长江河道采砂管理条例》《江苏省人民代表大会常务委员会关于在长江江苏水域严禁非法采砂的决定》、南通市长江河道采砂管理联席会议制度等相关工作要求，结合自身职责，多措并举，开展打击河砂盗采行动。

2. 经验做法

（1）高度重视，持续推进非法采砂治理。南通海事局成立河砂盗采专项整治领导小组，协调和配合政府相关部门共同开展河砂盗采整治工作。将长江河道采砂整治工作列为日常水上巡查监管重点工作事项，持续打击辖区非法采砂船舶。每月召开局务会、业务工作例会和日常督察，为重要工作进行重点安排、重点推进和重点跟踪。

（2）突出重点，严格查处非法采砂船舶。南通市海事局强化现场监督检查和重点水域日常巡查。执法人员根据河砂盗采船舶出没的特点，在盗采砂船舶可能出现的水域安排执法人员驻守，强化执法。强化重点时段巡查执法，执法人员开展零点行动、拂晓行动，强化夜间、凌晨、能见度不良、节日期间巡查执法，一旦发现非法采砂船，立即调查取证，依法签发《责令停止航行或者作业告知书》，发现一艘，查处一艘。

（3）强化联动，形成河砂盗采整治合力。南通市海事局与水利、公安等部门常态化开展联动巡查联合执法，依法查处违法行为。定期、不定期开展夜间、节日期间联合行动，查处违法行为，对涉嫌犯罪的案件依法移送，2019 年共移交公安采砂案件 3 件。同时联合南通市水利局、长航公安南通分局对在长江南通段从事疏浚的 12 家施工单位开展安全管理集体约谈，分析了非法采砂、违规处理弃土的利害关系，为施工单位注入一剂强力“预防针”，并对疏浚活动明确了六点工作要求。

（4）管控源头，加强采砂船舶集中管理。南通市海事局推进非法船舶集中暂扣点建设，配合市水利部门，加强停泊点采砂船舶的集中管理工作。对长期停泊在辖区新江海河港池的洗砂船、采砂船、收废油船等开展摸底调查，将摸底情况专题向地方政府报告，形成政府牵头、多部门协作，分层次整治上述长期停泊船。

（5）建设联合执法机制。南通市水政监察支队联合南通海事局、如皋市水务局、如皋市农林水利综合执法大队、海门市水利局开展长江南通水域“双查”行动。对长江南通段水域进行了全面清理排查，清理排查采砂船舶、打击非法采砂行动。同时将继续加强与太仓、常熟、张家港、崇明等地地方政府、部门间执法联动，推动合成作战。

3. 三点启示

2019 年上半年，南通市出动执法人员 3384 人次、执法艇巡查 104 航次，联合执法 75 次，抓获非法采（运）砂船 2 条（台、套），形成了部门协同、社会共治、长效管理、严厉打击非法采砂的合作机制。

（1）管理部门高度重视，基层执法人员落实到位。成立专项整治领导小组，协调和配合政府相关部门工作。开展执法人员突出重点水域日常巡查，开展多方式的执法模式，减少非法采砂活动。

（2）建立跨地域、跨部门的联合执法机制。在跨地域执法上，联合沿线城市，开展联合执法，推动合成作战模式。在跨部门执法上，联合水利、公安部门开展执法、约谈从事疏浚单位等活动。

（3）强化源头管理。对洗砂船、采砂船、收废油船等采砂源头开展摸底调查，实现非法采砂行为根治。

三、江苏省连云港开启河库“两违”整治

1. 基本情况

2018 年，江苏省委办公厅、省政府办公厅发文，要求在全省开展河湖违法圈圩和违法建设专项整治工作。2019 年年初，江苏省开展全省河湖违法圈圩和违法建设专项整治工作推进会，提出对江苏省 727 条省骨干河道、137 个湖泊，以及 49 座在册大中型水库开展违法圈圩和违法建设专项整治。全面遏制违法侵害河湖行为，逐步修复河湖生态，保护河湖综合功能。

连云港市自江苏省打赢打好碧水保卫战河湖保护战动员令发布以来，以最坚决的态度向“两违”顽疾开战，把“打两违”作为“赢两战”的关键一招和重要抓手，推动河长制工作向“有实”转变。

2. 经验做法

（1）高位推动，充分彰显“头雁效应”。连云港市委书记、市长以“从我做起”的责任担当，高位推动“两违”整治。市委书记今年先后 4 次调研河长制工作，市长亲自担任全市水环境面貌最差的大浦河河长。市委、市政府多次召开市委常委会、市政府常务会，专题研究河长制工作，听取“两违”整治进展，提出明确整治要求。“两违”整治中的“头雁效应”快速形成，“一级带着一级干，一级做给一级看”让整治工作得以快速平稳推进。同时连云港市河长办组织在全市深入开展“两违”问题排查，通过无人机航拍等手段，实现“两违”问题一张图呈现，让全市主要河道“两违”问题无处藏身、无处遁形；梳理形成全市重点河库突出“两违”问题清单 1473 项，并由市委市政府印发。问题清单做到“五明确”，即违法性质明确、所在位置明确、违法面积明确、违法主体明确、整治时限明确，要求各县区严格按照相关法律法规和政策文件，立即整治，对点销号。

（2）集中攻坚，着力形成“高压态势”。“两违”整治过程中，连云港各县

区以“三集中”向“两违”发起猛攻，短促突击、迅速歼灭，着力形成不敢违的高压态势。赣榆区组织公安、水利、城管等230余人的执法力量，对新沭河、通榆河全线开展“两违”拉网式专项整治，3天时间共拆除违建378处、乱垦乱种1200亩、畜禽水产养殖242处。东海县对影响全市多个国省考断面的鲁兰河、乌龙河“两违”问题进行拉网式清理，共清理畜禽养殖大棚16处、拆除厕所60余间、养猪场20余处，面积约4万平方米，两河26项市级任务清单整治任务全部完成，两河水岸环境明显改善。灌云县坚持“一违一措”“一事一办”，对“两违”问题逐一过堂、逐个销号，及时更新任务清单。灌云县、海州区组织力量清理东门五图河、大浦河违章停靠10余年之久的60余艘船屋，有效改善了城区河流环境。连云港开发区结合文明城市创建、农村环境整治推动“两违”整治向纵深推进。高新区在推进“两违”清单任务整治基础上，强化整治扩面增效，大力开展清单外“两违”问题清理。

（3）五指并拢，多个主体“合力出击”。“两违”问题的形成牵扯到方方面面，打击“两违”需要多个主体联手。连云港市通过加强横向协作配合，加大纵向联动互动，在部门之间、县区之间、部门与县区之间共同建起了整治工作责任网。连云港市水利部门与东海县、赣榆区联合行动，组织公安、水利、城管等部门近500人，动用挖掘机11台，全面清除了石梁河库区周边洗砂设备、违建设施和违章养殖设施等，共清理房屋517间，拆除洗砂机214台，拆除养殖场80处，整治声势大、范围广、效果好。赣榆区、海州区联合开展专项行动，发动公安、城管、司法部门等多主体力量，清理新沭河违章圈圩1.5万余亩，困扰新沭河行泄洪安全的重大顽疾被铲除。各责任主体联合发力有效避免了整治工作单兵作战，为有力有序、合理合法推进整治，形成“两违”整治压倒性态势奠定了深厚的基础。

（4）加大督查，强化正反“双向激励”。连云港市河长办作为参谋部门，全力调度协调，加大督查引导，有效保障了“两违”工作的顺利进行。连云港市把省级交办的“两违”任务作为督查中的重点，在全省范围内率先完成新沭河、通榆河等4条流域性河道全部138件省级交办整改事项。初步形成“交办—督查—反馈—再交办”的闭环式、动态式督查考核工作模式。连云港市依照《河长制督查制度》《河长制交办制度》《河长制工作考核办法》等制度，定期通报“两违”整治推进情况，层层压实责任、传导压力。既要鞭策后进，也树立典型。针对“两违”推进面上不平衡现象，连云港市把正向典型激励与反向考核问责相结合，积极总结宣传“两违”整治工作中好的经验做法，在推进较快地区召开现场观摩会，加强典型做法宣传，树立整治工作标杆。与此同时，对工作不力、落实不到位的严肃问责，对造成生态环境损害的，严肃追究责任。

3. 四点启示

2019 年连云港市共开展各类河库“两违三乱”联合执法 40 余次，集中力量攻克了一批长期影响河库生态健康的重大顽疾。创新整治工作模式，赣榆区通过“集中攻坚”和“拉网式”专项整治，短时间拆除违建 378 处、乱垦乱种 1200 亩、畜禽水产养殖 242 处。东海县、海州区从水质达标整治入手，对影响国省考断面“两违”问题实施定点清除。灌云县坚持“一违一措”，对问题逐一过堂销号，“重点突破”非法码头整治。开发区结合农村环境整治推动整治向纵深推进等。“两违”整治任务在全省率先完成，成为江苏省第一家省级交办整改事项 100%提请验收、100%完成整治、100%验收销号的设区市。

（1）统一思想，提高认识。从上至下切实贯彻“河长制”制度，从职能部门高层到基层执行部门能够思想一致，认识到“两违整治”对于水资源管理和环境保护的必要性和重要性，最终做到“上下一心，其利断金”。

（2）加强协同联动，实现共管共治。各级相关职能部门应分工明确、优势互补，遇到问题积极解决，不推诿、不回避，协同办公、共同治理，实现了两违整治工作中的良性循环。

（3）突出重点，着力攻坚。对省级重点河流、影响国考断面的河流及影响河流行洪的“两违”进行着重整治，以点到面，实现区域两违工作高效开展。

（4）完善规章制度，层层落实责任。重视“两违”执法监督工作，形成“交办—督查—反馈—再交办”的闭环式、动态式督查考核工作模式。落实正向典型激励，同时反向考核问责。

四、河南信阳潢川县智能化助力河道采砂全流程监管

1. 基本情况

潢川县境内河道砂石资源丰富，主要集中分布于潢川县境内的淮河、潢河和白露河上，（易）盗挖河砂地点范围大、分布广，其中：白露河潢川县境内全长 65 公里，全河段弯道 50 处，（易）盗挖河砂地点 40 处；淮河潢川县境内全长 38.37 公里，全河段弯道 17 处，（易）盗挖河砂地点 18 处；潢河潢川县境内全长 56 公里，全河段弯道 33 处，（易）盗挖河砂地点 46 处。潢川县砂石生产、销售、财务以及磅房数据统计方面管理混乱，砂场每天车辆多、人员结构复杂、地磅数量多、过磅量大，人工管理成本高。潢川县储砂点整体呈现出“多、散、乱”的特点，集约化程度不高，管理部门人员数量较少，很难实现对区域的全面管理，单纯依靠人力打击辖区非法采砂活动存在现实困难。

2. 经验做法

河道砂石具有自然资源和河床组成要素的双重属性。从自然矿产资源的角度看，河道砂石具有较大的经济价值，市场需求量巨大，不能只靠“堵”的方式，“堵”在限制社会发展的同时，会导致非法采砂更为猖獗，应由“堵”到“疏”，河道采砂科学有序进行，以达到河道生态、社会发展相对和谐的目的。

河道采砂监管大数据平台依托于先进的移动互联网平台，借助互联网、云计算、智能分析、视频监控、GPS 定位、传感器和射频识别（RFID）等技术充分实现互联网在资源配置过程中的集成和优化作用，实现了对河道砂石勘查、规划、审批、开采、存储、销售、运输、使用、修复九大关键环节全生态链的网络化、数字化和智能化监管。主要包括以下五个子系统。

（1）采砂监管视频分析系统。采砂监管视频分析系统是在（易）盗挖河砂地点安装智能水利监测仪，采集系统主要实现视频数据、监测数据的采集与上传，配合前端水利设备的视频行为分析功能，可以实现水位监测、闸门状态监测、河道漂浮物监测、河岸垃圾检测、盗采河沙等功能。视频行为分析技术是对采集到的视频上的行动物体进行分析，判断出物体的行为轨迹、目标形态变化，并通过设置一定的条件和规则，判定异常行为，它糅合了图像处理技术、计算机视觉技术、计算机图形学、人工智能、图像分析等多项技术。采砂监管视频分析系统基本模块见图 2-2。

图 2-2　采砂监管视频分析系统基本模块

（2）砂石营销管理系统。智慧砂石营销管理系统是以河长制研究为背景，对潢川县成品砂石销售管理现状进行深入调研与需求分析，为解决成品砂石交易监管现状研发本系统。系统包括以下功能：①录入购买合同详情，买方与砂石公司签订购买合同，购买合同详情（如买方基本信息、买方车辆车牌号、河砂单价、购买河砂总量等）录入主机数据库。②进行车辆智能化管理，对所有准许经营砂石运输的车辆进行智能化管理，要求每一辆进场运载的车辆配发一张专用 RFID 标签和载重系统，该专用标签存有运输车车主姓名、皮重/车牌号/材料类型/净重/装货地点/目的地/打印时间年月日等信息。在运输的路线中设置两个 RFID 识别点，并在加工区地磅进出方向的唯一路口设置道闸，系统自动判定道闸开闭，防止工作人员串通操作。③空车过磅称重，贴有 RFID 准入标签的车辆可将运输车驶入加工厂磅房地磅通道进行称重，安在道口的车辆检测器感应有车驶入，将信号传给前方道闸，道闸立即关闭，同时要求称重仪和读写器开始工作。④装砂过磅称重，运输车装砂后需再次驶入地磅道进行称重，安在道口的车辆检测器感应有车驶入，将信号传给前方道闸，同时要求称重仪和读写器开始工作。当车辆检测器检查车辆完全上磅且 RFID 标签被读写器读到后，读写器将该车的信息传送给主机，指令电子衡器开始传送该车重量信息，同时摄像机抓拍车辆图像。当主机收到 RFID 卡号和重量信息后，准确记录和完成计算，当系统结算系统反馈扣费完成通知后，然后打出指令打开道闸，运输车驶离地磅。⑤视频监控，在车辆进出场口安全视频监控前端，对出入口实行 24 小时监控。

（3）智慧砂石监管系统。智慧砂石监管系统是以河长制研究为背景，对潢川县河道砂石监管现状进行深入调研与需求分析，针对河道砂石无序、超采、乱采和盗采等现状，为确保河道采砂行业管理秩序稳定、局势可控、有效遏制非法采砂行为，水利大数据分析与应用河南省工程实验室在先进的监控技术和网络技术基础上研发本监管系统。本系统包括以下功能：①智能识别盗采河砂行为，水利前端对河道实时监测，当发现有车辆船只通过禁行区域时，会触发水利前端的报警，分析仪对画面进行实时抓拍，并将报警信息和抓拍图片上传至管理平台，为管理人员提供有力证据。智能前端设备内置扬声器并支持外接拾音器，可对现场声音进行收集，同时具备语音对讲功能。②划定电子围栏规范开采区域，在采砂机械上安装 GPS 前端定位并在开采区域安装视频监控前端，实时监控采砂机械的作业运行轨迹，防止采砂作业超时段、超区域。③指定原料运输路径，在原料运输车辆上安装 GPS 前端定位并在运输路径安装视频监控前端，实时监控原料运输车辆的作业运行轨迹。④系统预先设定采砂场至加工厂的运输时间，车载 GPS 将实时定位并记录行车位置和轨迹，超过设定时间限制将触发报警系统，提示运输时间超时。运用载重系统实时监测运输车辆装载的重量并在系统中记录行程曲线轨迹，如果所载重量低于系统设置的值，将存在中途卸载风险，将触发报警系统报警。

（4）惠民砂石电商系统。优惠购砂政策惠及潢川县所有居民，提升了群众的认可度，降低了建房和装修等建设成本，但是群众每次购砂都需要到公司签订合同，缴纳预付款，在用砂结束后，还要到公司结算余额，同时还有审批材料不齐全等问题，导致一次购砂群众需要往公司跑很多趟的情况，不仅增加了办公人员的工作压力，还造成服务效率低下、群众体验差等问题。水利大数据分析与应用河南省工程实验室的电商营销系统立足于用户体验，解决潢川县群众购砂的问题，通过在线购砂、在线支付和结算、订单跟踪、线上签收等功能，实现全面信息化管理，使购砂成为一个随时随地都能完成的操作。

（5）采购竞价系统。随着砂石监管系统和砂石销售管理系统的建设，潢川县已充分享受信息化管理带来的好处，业务全面有序地进行，每日售砂量基本稳定在3000吨。政府工作重心从监管向惠民转移，潢川开始实施惠民购砂政策，向装修、自建房等群众小户提供优惠购砂制度，而群众小户购砂普遍没有运输车辆、缺乏有效的运输渠道，为解决运输问题，同时避免运输垄断，扶持县内各物流公司业务健康发展，水利大数据分析与应用河南省工程实验室为潢川县设计了招采竞价管理系统。系统支持批量发布竞价招标，自动化管理公告发布，短信实时通知，同时需多级部门审核，保证了竞价项目的合规性。供应商在线参与投标报价，代替线下冗杂的操作，数据全部信息化管理，项目合规、数据准确、管理便捷、运行高效迅捷。同时系统配备严密的竞价流程，编辑招标、部门审核、发布公告、供应商报价、封标评标、稽核部稽查、中标公告。企业内部发布竞价招标，多级审批，智能发布公告，防止人为操纵，使企业招标透明、严格、合规。

3. 四点启示

潢川县采砂监管视频监控系统涉及白露河、淮河和潢河。2019年，为巩固河道采砂治理整顿成果，建立长效监管机制，按照省、市部署，潢川县委、县政府认真落实“河长+警长”“人防+技防”工作机制。县财政投资400万元，以“智慧河砂”为主要内容，建立河长制视频监控平台，对重点河段设立电子围栏，通过大数据分析和人工智能技术，对盗采河砂船只、机械、人员进行图像提取分析，实行自动报警。县水利局成立视频监控中心，实行24小时轮流值班，成立河砂综合执法中队，县视频监控中心对发现的问题及时向执法中队下达指令，第一时间赶赴现场调查处理。形成“依法、规范、科学、有序”的河砂开采局面。

（1）明确河砂所有权及管理主体。河砂作为河道自然资源，所属权应归为国有。将河道砂石权属主体设在县一级政府上，即以县级政府作为河道砂石收益权的主体，同时也是河道采砂管理的主体。自然资源属性部分，可由自然资源部门组织勘察、登记。河道砂石的处分权归河道管理机关，由其对河道进行采砂实行统一管理，包括制定河道采砂规划、颁发河道采砂许可证、制定采砂收益分成规则，以及有关组织、协调、监督和指导工作。要大胆借鉴各地成功经验，实施以河道砂石资源经营国有化为主体的改革，坚决遏制河道采砂乱象。

（2）实行砂石资源国有化统一管理模式。潢川县委、县政府积极借鉴各地河砂治管的先进经验，结合潢川实际，及时、科学地制定出“五统一”的管理运作模式，即将河砂资源全部收归国有，统一规划、统一开采、统一运输、统一销售、统一管理，根据《河南省河道采砂管理办法》，将全县河砂资源的开采与经营授权给县建投公司（国有全资公司）；成立由县长任组长的潢川县河砂资源管理综合整治领导小组办公室，下设一办四组：办公室、规划许可组、生产经营组、监督管理组、依法整治组，明确各成员单位的职责任务，把河砂资源管理和河道综合治理相结合，形成河砂管理“统一组织协调、部门各司其职、监督管理到位、生产运营规范”的工作格局。

（3）形成合理的利益分配机制。河道采砂利益分配应兼顾国家、地方政府、沿河居民与企业几方面的利益。河道砂石收益权属原则上由沿河市县共有，并由河道管理机关负责制定砂石出让收益分配方案，以及河道采砂实行许可制度，河道采砂管理实行地方人民政府行政首长负责制。

（4）加强信息化建设，提升整体技防水平。各地政府在河道采砂管理的理念上以习近平生态文明思想为指导，坚持人与自然和谐共生的基本方略，牢固树立“绿水青山就是金山银山”的发展理念，以保护为主、以开采为辅，在保护好生态的前提下，科学、合理、有序开采。各地统筹管理，吸纳各方力量，整合建设开放式的河道采砂监管大数据平台，对“勘测、规划、审批、开采、存储、销售、运输、应用、修复”九个关键环节和“采砂业主、采砂船舶和机具、堆砂场、运输工具、使用单位”五个关键要素进行全流程的监管，加强对用砂企业的合法砂源监管。大力推进 GIS 技术、卫星定位技术、物联网、图像识别、无人机、无人船等技术在河道采砂过程中的应用，大力开展河道采砂监控，逐步实现河道视频监控无死角，砂石开采严格限域限量限时，提高采砂管理执法响应能力。

第三节　水污染防治经验和启示

河长制第三项任务是水污染防治，需要落实《水污染防治行动计划》，明确河库水污染防治目标和任务，统筹水上、岸上污染治理，完善入河库排污管控机制和考核体系。排查入河库污染源，加强综合防治，严格治理工矿企业污染、城镇生活污染、畜禽养殖污染、水产养殖污染、农业面源污染、船舶港口污染，改善水环境质量。优化入河库排污口布局，实施入河库排污口整治。江苏省及其他省市在水污染防治方面的经验和启示如下。

一、江苏省无锡市新吴区以“智水促治水”增强纳污管理

1. 基本情况

城市作为一个区域单元，地域狭小，集雨面积小，自产水资源量少，但是经济规模大，人口密集，点源污染高度集中，因此水污染防治任务繁重。2008年2月修订的《中华人民共和国水污染防治法》明确提出全面推行排污许可制度，确立超标违法原则，强化淘汰严重污染的落后产能机制，同时增加了水污染事故处置、污水集中处理设施监管、污染源自动监控设备等方面的规定。2016年江苏省制定《江苏省水污染防治工作方案》，提出强化水污染源监测监控，建立自动监测监控系统，达到实时监控、及时预警要求。

新吴区作为国家高新技术产业开发区，企业众多，水污染情况复杂，治理任务艰巨。在城市治水过程中，经常发现大雨过后，河道泛黑发臭，解决难题只能依靠片区管理人员经验，对污水来源大致判断。治水工作需要投入大量的人力、物力和精力，但是却饱受反复治、治反复现象困扰。近年来，新吴区以高科技开启治理新思路，建设智慧治水实时监控云平台，有效增强了治水能力。

2. 经验做法

（1）绘制“数字管网”一幅图，实现由暗到明精细化管理。新吴区通过开展“四位一体”工作，对全区城市排水系统进行全面排查。所谓“四位一体”是由设计单位作为总承包单位，协调开展雨污水管网排查、监测、测绘、整改、修复和设计工作，做到排查、监测、测绘和设计同步进行。共计对全区150多个居民小区、5000余家商铺、6000余家企业以及2500公里的市政雨污水管线进行了“四位一体”排查与整改工作，修复问题点2500余个、改造雨污水管道约200公里。通过对雨水、污水的管线、泵站、井口等节点安装物联网模块，将采

集的数据全部数字化到GIS地图上。即可对排水管网中流动的雨水和污水的实时状态、雨污合流溯源、排水用户超标排放、雨水管入河口水质等数据一目了然。无锡市新吴区智慧治水实时监测管网见图2-3。

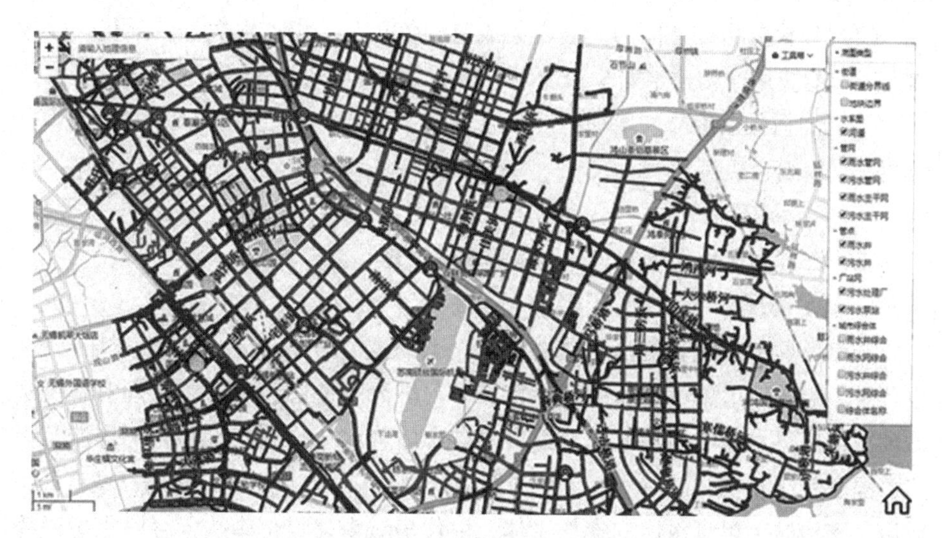

图2-3 无锡市新吴区智慧治水实时监测管网

（2）建设“数字河道”一张网，实现由河到岸一体化管理。运用物联网、大数据、模型模拟、遥感、地理信息和全球定位系统、3D可视化等技术，通过在主干河道建立水质监测点，将数据同步传送智慧云平台，实时反映河道水质变化。新吴区智慧治水系统通过入河口水质变化的动态监测，靶向溯源，将劣质河道的水质分解精确到每一个管理单元，来确保全区水环境断面水质的稳定、持续达标。同时系统开放社会公众参与功能，公众可以扫描立于河道及企事业单位的排放口二维码，对违法排水行为进行举报，实现水环境的全社会参与管理。

3. 四点启示

无锡市新吴区通过分布在全区800公里污水管网、600公里河道、570个入河口、366家重点排水户雨水总排口上的1773套智能终端实时上传监测数据，形成一张管网“动态地图”。智慧治水监测系统每日上传超10万条大数据，通过数学模型分析靶向溯源发出预警，由平台监测到的污水入河预警自动形成工单，向全区街道及区住建局治水工作人员的手机即时推送，通过预警工单固定的违法排水证据，已有两家企业被立案调查。

（1）坚持科技是第一生产力。要因地制宜将互联网+智慧治水有机结合，走出特色水利信息发展之路。

（2）增强综合感知能力。增强管道、排污口监测，完善站网布局，广泛采用卫星遥感、无人机监测、视频监视、移动物联网等技术，以智水促治水，建立全方位智能化管理体系。

（3）强化分析处理能力。整合集成监测信息，汇集涉水数据，强化大数据和人工智能应用，构建水安全和水生态修复大数据中心。

（4）加强公众参与。增加系统公众反馈系统，构建公众举报—移交处理—督察—反馈闭合机制。

二、江苏省多地因地制宜开展黑臭水体治理

1. 基本情况

城市黑臭水体是百姓反映强烈的水环境问题，不仅损害了城市人居环境，也严重影响城市形象。近几年“让市长下河游泳”的呼声反映了百姓对解决和治理城市黑臭水体的强烈愿望。城市黑臭水体整治工作系统性强，工作涉及面广。国务院颁布实施的《水污染防治行动计划》（“水十条”）明确，城市人民政府是整治城市黑臭水体的责任主体，由住房城乡建设部牵头，会同生态环境部、水利部、农业农村部等部委指导地方落实并提出目标。

江苏省历来对黑臭水体整治十分重视。2016 年，江苏省出台《江苏省城市黑臭水体整治行动方案》，提出从 2016 年起在各省辖市城市建成区开展新一轮城市黑臭水体整治工作。同年，江苏省开展“两减六治三提升”专项行动，提出紧紧围绕结构调整、治污减排、执法监管等重点领域，采取系统、精准、严格的措施，实现污染物源头排放大幅减少，着力解决人民群众反映强烈的突出环境问题，进一步健全生态环境保护长效机制。2019 年，江苏省出台《江苏省城市黑臭水体治理攻坚战实施方案》，方案要求 2019 年年底各设区市和太湖流域县（市）城市建成区内，黑臭水体应基本消除，长效管理机制基本建立，城市、县城污水处理率分别达到 95%、85%。2020 年年底，各设区市城市建成区基本无生活污水直排口，基本实现污水全收集、全处理。各市、县（市）城市生活污水处理厂污泥综合利用或永久性处理处置设施全覆盖。各乡镇污水处理设施基本实现全覆盖、全运行。

黑臭水体治理主要采用“七字法”统筹化综合治理法，即“截、引、净、减、调、养、测”。截是指切断点源污染产生的污水。引是指将点源污染与面源污染产生的污水通过对应手段引入湿地或生态岸带等功能体。净是指通过湿地、生态岸带以及其他净化功能体处理污染水体与降水、径流。减是指将水体中的有机质成分降低，淤泥减量。调是指调入新水体补入水道、湖体等。养是指整

治内源污染，通过微生物复合菌进行水体营养结构恢复，稳定或重建生态系统和食物链结构。测是指数据检测与水体实时监测，应对突发状况，保证水体治理的数据精准。江苏省各市针对河流不同特性，采用特有的黑臭水体治理办法，形成了独有的治理经验。

2. 经验做法

（1）镇江市金山湖进行全过程的雨水径流污染控制。源头控制方案确定通过考虑满足居民生活、休憩的需要及现场条件调研确定排水分区内可实施源头低影响开发措施的地块及其控制率来构建及应用翻译模型体系。源头控制方案主要措施有：①雨落管断接，雨水引流至传输型草沟及雨水花园等生物滞留设施，进行渗透和净化处理。②设置绿色屋顶，以绿色屋顶（广场）—雨水花园—雨水调蓄塘—河道的水系组织形式，将雨水先净化后渗透，保障补充地下水水源的水质，减小土壤去除污染物的负荷。③地表径流控制，在建筑周边绿地及铺装设置海绵设施，处理车行道、屋面及自身的雨水。屋面雨水通过雨落管引入雨水花园，通过增加小型雨水调蓄设施，集蓄雨水的同时用于水体的补水换水，以及就近绿化和道路浇洒。④雨污分流，取消雨水管道，由雨水花园及盲管的缓排取代传统雨水管道的快排。过程灰色管网修复方案的确定首先构建排水管网系统，并与二维地表进行耦合，形成排水模型。然后通过区域内积水区的具体位置、积涝情况及内涝风险分析来确定最终修复方案。末端措施采用海绵公园多级生物滤池进行处理，然后再排放进金山湖内，当日降雨量大于25. 5mm时，超出海绵公园处理能力时，超标雨水及合流制排水通过多功能大管径系统工程转输至污水厂进行集中处理。

（2）苏州市对排水管网普查及进行非开挖修复。苏州市前期通过电视视频（CCTV）检测技术进行结构性检查及网络化调查，对管道渗漏、管道与窨井口连接处渗漏、窨井井壁和底板渗漏问题进行全面排查。然后考虑到管网非开挖修复的时效性，为把对居民正常排水及出行的影响降低到最低程度，最终采用紫外线原位固化（UV-CIPP）、原位点状固化和离心喷涂工艺对管道和窨井进行修复。苏州市开展管道非开挖修复工作图见图2-4。

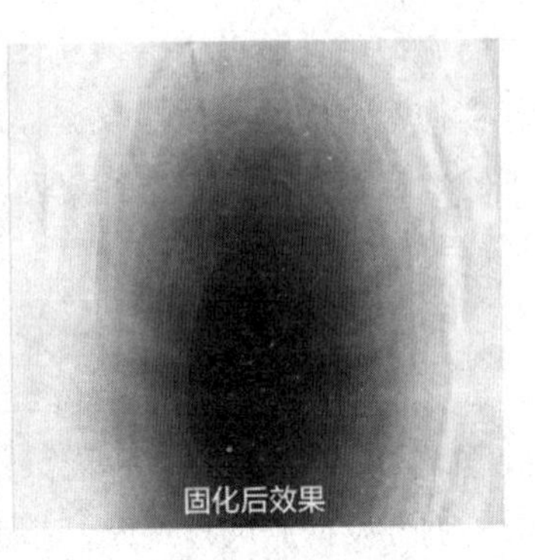

图 2-4　苏州市开展管道非开挖修复工作

（3）徐州市采用多重补水方式进行襄王路边沟黑臭水体整治。徐州市北区主要河湖故黄河、荆马河、徐运新河、李屯河、九里湖、九龙湖全部贯通。同时建设地下式一体化补水泵站，智能化遥控，配有先进的专用监控系统，可实现补水泵站远程控制、无人值守。在针对河水黑臭问题上，襄王路边沟采用污水涵洞修复、垃圾清理、污染底泥疏浚等措施改善水质。

（4）扬州市老沙河整治引入生态治理。在完成老沙河控源截污、清淤疏浚、景观提升的基础上，扬州市投入 118 万元引进采用自然界生物改良、生物操纵、食物链重建修复等综合集成技术，对老沙河实施生态治理，促进河道生态系统的构建。老沙河水生植物栽种是生态修复核心项目，根据水质净化和河道景观需求，综合考虑采用沉水植物、浮水植物及挺水植物组成水生植物修复体系。沉水植物综合考虑当地气候和河湖水体适应性、净水能力和冷暖季搭配效果等因素，选用苦草作为沉水植物。浮水植物选用喜强光、大肥和高温对土壤的要求低的睡莲。挺水植物选用具有陆生植物特征的鸢尾、再力花和梭鱼草。在水生植物栽种完后，由专业养护单位进行水体管护，包括水面保洁和水生植物管护。初期每周进行水质检测，形成检测数据变化趋势图。半年后每半月进行水质检测，形成水质指标的曲线图。

（5）连云港市玉带河开启沿岸工业企业排污整治。玉带河作为连云港市进入市区的上游水源，流经海州老化工区，其水质情况对下游水体的影响至关重要，因此沿河化工污水和化工企业的综合整治成为黑臭水体整治工作的重中之重。连云港在整治玉带河工业企业时的排污经验有：①强化工作责任落实，连云港市根据《连云港市市区玉带河专项整治方案》相关要求，市经信委、市环保局组织海州区，对玉带河沿线工业企业相关建设运行情况进行详细摸排。按照《关于组织编制市区玉带河专项整治工作专项方案的通知》要求，制订了玉带河沿线化工排口整治和工业企业搬迁计划实施方案，细化时间节点、明确目标任务、落实推进措施、制订工作计划，进一步落实推进责任。②开展黑臭水体水质监测预警，市环保局增加黑臭水体水质监测断面和监测频次，每月开展监测，将玉带河监测断面从原来 3 个增加为 6 个，并根据水质监测情况适当增加断面的监测频次，通过掌握黑臭水体水质，分析污染原因。③摸排企业情况，连云港市结合化工企业“四个一批”专项行动，编制了《玉带河流域工业企业关停和搬迁专项方案》，连续开展 2 轮化工生产企业摸底调查，制定全市化工企业的“月、旬、周”三级工作图，细化时间节点安排。④加大环境执法监管力度，连云港市环保局加强可能对水质产生影响的海州开发区、玉带河沿线企业环境执法监管，多次组织开展暗查、夜查和突击检查。⑤完善搬迁整治后期工作，玉带河沿线化工工业企业搬迁后，现场遗留大量搬迁垃圾和生活垃圾。连云港市经信委、市环保局积极组织企业搬迁整治后期工作，明确目标任务、制订详细工作计划，完成企业周边垃圾、菜地、岸坡清理、整治，并对周边的居民生活污水排放进行改造，对周边居民进行广泛宣传，完善该片区生活污水收集管道，确保无污染入河。

（6）南京市秦淮河落实长效管护机制。南京市对于综合整治后的秦淮河等核心河道，采用“三化同步”，落实长效管理机制。一是精细化管理，围绕河岸区域环卫保洁、停车管理、户外广告、店招标牌、门前三包、行动执法六大管理重点，制订精细化管理方案，细化具体管理标准 72 条，按部门、街道职责分工落实任务，分片分段包干负责管理。二是人性化关怀，每天安排河道保洁人员喷洒灭蚊子、灭苍蝇等蚊虫药水，减少截流井溢流口异味及蚊虫对居民漫步河道、休闲生活的影响。三是信息化监督，结合河长制工作，构建了市、区、街道、社区、志愿者五级河长责任体系。玄武区还在全区河道推行党员河长，充分发挥河道周边党员利用买菜、散步等闲暇时间参与河道管理、监督。同时，在全市所有河道设立河长公示牌、排口标示牌，建立微信群、河道管理手机 APP、微信公众二维码等信息管理平台，主动接受社会各界监督。

3. 四点启示

江苏省黑臭水体连续 3 年将城市黑臭水体治理纳入省政府十项民生实事，全省很多黑臭水体都在“变身”。自 2016 年起，全省排查发现设区市和太湖流域县级城市建成区黑臭水体共 458 个，2018 年年底治理完成 310 个。2019 年整治完成 148 个黑臭水体，基本实现 13 个设区市及太湖流域全部 9 个县城建成区消除黑臭水体目标。

（1）加强政府主导作用。政府调动民众参与黑臭水体治理积极性，完善河道治理管理体系，分级建设，分级管理。

（2）强化源头控制。采取面源污染控制、点源污染控制及生态拦截等措施，减少岸上污染物入河。如苏州对管道进行排查、连云港对企业和工业进行监控与搬迁、镇江市采取全过程雨水径流控制都是对外源污染物进行控制，扬州市设置生态浮床则是应对内源污染物的有效手段。

（3）强化水力调控。采用引水换水、循环过滤、人工造流等措施改善水体自净能力及河流水利条件。如扬州市通过水系贯通及设置补水泵站，有效增加水体复氧速度，减少有机污染现象的发生。秦淮河通过调长江水等系统治理消除了黑臭水体，成为居民休闲娱乐的好去处。

（4）建立长效管护机制。水环境常态化养护是防止水体复臭的有力措施。如南京市通过三化同步的管理措施，能有效实现从河到岸的全方位管理。

三、浙江杭州滨江区借助科技优势打造全域智慧治水

1. 基本情况

杭州市高新区（滨江）共有河道 41 条、湖泊 1 个、小微水体 53 个，水域面积 155 万平方米。自开展“五水共治”以来，其发挥区域高新技术优势，大力推动“智慧治水”模式，确保治水工作有序开展。截至目前，共开工建设治水项目 350 余个，完成投资约 23 亿元；建成 7 个排灌闸（站），形成北塘河以南水系“两进两出”四个排灌站、以北水系“两进一出”三个排灌站。

2. 经验做法

（1）创新“智慧治理”，实现剿劣工作源头管控

①引水精细化，排灌站助力“清水入城”。在华家排灌站加装水质浊度自动检测仪和絮凝剂自动投药装置，根据钱塘江江水浊度变化情况，对引入的钱塘江原水进行预处理，自动调整和优化引水预处理投药量。现场连续采样监测表明，新浦河中游、山北河下游在调水开始 1 小时后，水深、透明度及流速呈逐渐上升趋势，透明度在 6 小时后达到最大值 1.15 米，总磷、氨氮、COD 达到最低值。其中，总磷、氨氮达到Ⅱ类标准，COD 达到Ⅰ类标准，水质呈明显改善趋势。

②配水一体化，打通水体实行“生态养护”。按照“引得进、流得动、排得出”要求，打通西兴后河、风情河、四季河等断头河，加强坑塘、河湖等各类水体的自然连通。实施“设计、治理、养护”一体化模式，实现河道保洁、生态治理和长效养护。确定主要河道控制断面生态流量，科学开展引配水工程。强化河道生态化治理，加速氮磷拦截吸收、曝气充氧、生态浮床、河岸湿地等工程建设，恢复与重建河道良性生态系统。共完成河道整治 35 条（段）61 公

里，小微水体整治70处。

③污水资源化，中水回用实现“水尽其用”。加强现有雨污合流管网的分流改造，完成了65个住宅小区（苑）截污纳管工程。在咨询专家意见基础上，启动两个中水回用设施建设项目，集中应急处理部分居民生活污水，预计日处理能力总计可达4万吨，有效缓解污水处理能力不足问题。污水处理达到一定标准后进行重新利用，实现污水资源化和无害化。

（2）实施“智慧监测”，助力治理工作三位一体

①健全物联网平台，提供决策支持。建设河道监测信息采集系统、云数据中心、综合应用平台，实现高效管控，为统一治河管河提供全面调度决策信息支持，也为健全智慧滨江物联网的统一基础服务平台、公众信息服务平台、大数据服务平台、协同指挥服务平台提供基础性和应用性的信息支撑。

②铺开网格化监测，全面感知水情。在辖区河道和雨水管网的关键节点安装水质实时检测仪、河道水位水文监测仪、管网水位自动监测仪、河道视频监控仪，依靠GIS平台展示监测数据，采用“一张网”方式展示河道水文监测点的水情和雨情信息、河道水质监测点的水质和流量信息、排污口的分布和排水量信息、水闸和排灌站的工情信息等。目前，滨江区已建设河道水质检测站19个、河道流量监控站7个、河道水雨监测站12个、管网水位监测站26个、河道视频监控点位29个、智能感应井盖628个，网格化检测监控网络基本形成，实现对水环境、污染源、生态状况等河道环境要素的全面自动感知。

③完善云服务支撑，优化配水布局。利用云服务中心提供的云存储服务、云安全管理服务、云计算服务，建设在线监测数据库、河道信息数据库、业务管理数据库、地图数据库、多媒体数据库，为全面掌控河网水系情况、完成河道日常巡检和突发事件处理、开展工程性引配水、改善河道水质提供技术支持。

（3）倡导“智慧管理”，探索科学治水长效机制

①引入高新技术，实现治水同时反哺企业。依托高新环保企业聚光科技，组建专业治水团队，采用“截污控源、环保清淤、引水预处理、水生态修复、智慧河道”等五大措施科学治河。通过政府购买服务形式，拓宽高新技术环保企业发展渠道，促进环保技术升级，打造“滨江设计、滨江制造、滨江建设、滨江运维”的一体化示范应用模式，实现对企业的反哺。

②应用计算模型，实施河道泵闸联合调度。综合应用各遥测站实时水质、水位、流量信息和泵闸站运行数据，通过调度模型演算，优化水闸、泵站群联合调度方案。构建以计算模型为核心的泵闸联合调度框架、智能化管理和决策的创新应用模式，集成“实时监测、评估分析、预报预警、应急处置、决策支

持”为一体的河道泵闸实时综合应用支撑，开创了感潮河网地区引水调水泵闸联合调度系统中计算模型综合应用的先例。

③绘制电子地图，落实三级河长责任制。通过电子地图将所有排水口及对应的污染源进行标注，可在地图上直接查询排水口编号、污染源类型、排水量、所属排放口等资料，便于直接追踪至上游的污染源。编制合流管线和污染源分布图、污染源成果表、管线点成果表及成果报告。河长通过二维码扫描，就能全景式了解河道排水口上游情况，推动区、街道、社区三级河长责任制落实。

（4）强化“智慧共享”，推进水文化建设

①推行“河+塘+公园”模式，营造岸清水绿风情。根据水岸同治要求，对新浦河浮力森林段、冠一河沿线绿化进行补种修复，共计覆绿 3000 平方米。加强西兴过塘行码头等水乡文化遗产保护，通过官河河道清淤、驳坎修复及引配水、违章拆除和立面改造等工程，建设冠山公园、白马湖景区等水生态文化园。加强滨水绿地景观设计，按照点线结合，强化节点口袋公园建设，打造岸美水美的滨水风情。

②规划全市首家水文化长廊，彰显丰富历史内涵。规划建设由浦沿排灌站至华家排灌站的 5.5 公里沿江历史文化景观带，共涉及“治水大事记”“水文化体验馆”等 15 项内容，把从古至今治水过程中形成的治水人物、科技、制度、民俗及当代的治水理念、成效等通过历史资料、虚拟现实、文化雕塑等科技艺术手段进行展示，全面挖掘水文化丰富内涵。

3. 四点启示

高新企业云集的滨江区，在这场治水运动中也不囿于传统方式——借势第三方专业机构，构建一张“水陆统筹、天地一体、点面结合”的检测监控网络。在河道实时监测系统软件上，可以查看河道水温、溶解氧、浊度、氨氮含量等多项数据，这个数据每 4 小时可以检测一次，点点鼠标就能看到河道的水质情况。打开电脑上的平台，水系图上清楚标注着各个站点的位置。如果某监测点附近的水质发生变化，工作人员第一时间就能锁定位置，及时做出处置。这意味着，滨江可全面实现对水环境、污染源、生态状况等河道环境要素的自动感知。

（1）强化源头治理。通过源头精细化引水、一体化配水及污水资源化等措施，减少河流污水的流入。

（2）建立河道大数据信息监测平台。采用大数据技术深入了解河道数据库信息，利用卫星遥感、智能传感系统和无人机，对河道进行监控，精确追踪污水来源，实现智慧化治水。

（3）建立长效管理机制。引进专业治水团队，推进河道信息化建设，对河道进行计算模型建立、大数据分析，运用可视化管理，构建全方位智能化管理体系。

（4）推动河流水文化建设。提高水文化认识，弘扬水文化传统，创建水文化理念，丰富水文化内涵。以治水实践为载体，融合当代生态文明，大力度保护、全方位提升水文化水景观，挖掘水文化内涵。

四、日本发展生态农业

1. 基本情况

生态农业强调发挥农业生态系统的整体功能，以大农业为出发点，按“整体、协调、循环、再生”的原则，全面规划，调整和优化农业结构，使农、林、牧、副、渔各业和农村一、二、三产业综合发展，并使各业之间互相支持，相得益彰，提高综合生产能力。日本生态农业概念提出始于20世纪70年代，生态农业发展经历了强调农产品（加工品）质量安全、农业生态环境质量保全，到实现可持续发展的过程。

2. 经验做法

（1）耕地规模维持在规模经营的最低标准。日本农户的土地经营规模普遍较小，而且土地私有制造成土地流转比较困难。因此，日本用制度创新来推动农业经营规模的扩大。自20世纪50年代中期以来，日本一直致力于土地流转与集中，以此扩大农户经营规模。1961年日本颁布的《农业基本法》规定了有选择性扶持农民的政策，重点支持与培养有发展潜力的专业农户和农业大户。政府通过调整对农业生产者的支持政策，对重点农业给予鼓励和支持，促进其扩大经营规模和优化农业生产结构。1970年日本对《土地法》进行修改，废除对农业租佃的限制，鼓励出租和承租土地，发展核心农村及协作经营、委托经营等多种方式的耕地使用权流转，以扩大农户经营规模。政府对具有专业农户和农业大户资格的农户，给予相应的优惠政策和优先权。具体措施包括确定农民收入与支出的平均标准，对尚未达到这一平均基准的农户给予补偿，对农产品生产成本高于国外同类农产品而导致实际价格下降带来的损失进行补贴，对生产农产品数量多、质量好的农户进行奖励性补贴。

（2）以外向型工业带动农业发展。日本国土面积狭小，可用耕地面积有限，地形不利于农业耕作，农户的农业生产往往以家庭经营方式为主。20世纪60年代初，日本农村劳动力短缺，日本结合本国多山、地块狭小、分散的特点开始研制各种农业机械，走上一条独特的小规模精细机械化模式。

（3）对生态农业发展提供财政支持。为鼓励农民进行生态农业投资，政府通过在全国以鼓励发展“环保型农户”为载体，从贷款、税收等方面对农民给予支持。对拥有 0.3 平方千米以上的耕地，年收入 50 万日元以上的农户，可经本人申请，报农林水产县行政主管部门审查后，将合格申请者确定为环保型农户，对这些农户银行提供额度不等的无息贷款。同时在购置农业基本建设设施上，政府或农业协会提供 50%的资金扶持。

（4）发展与推广高新技术。高新农业技术是发展生态农业的关键。政府和有关部门将有一定规模和技术水平高、经营效益好的环保型农户作为农业技术培训基地、有机食品的示范基地和生态农业观光旅游基地。与此同时，日本全国大学及研究机构专门对生态农业进行技术支持。

（5）发展生态农业多样化模式。日本各地根据自身实际情况，发展形式多样的生态农业。主要有：①再生利用型。即通过充分利用土地的有机资源，对农业废弃物进行再生利用，减轻环境负荷。如将家畜粪便经堆放发酵后就地还田作为肥料使用，将污水经处理后得到的再生水用于农业灌溉等。②有机农业型。即在生产中不采用通过基因工程获得的生物及其产物，不使用化学合成的农药、化肥、生长调节剂、饲料添加剂等物质，而遵循自然规律和生态学原理，协调种植业和养殖业的平衡，采用一系列可持续发展的农业技术，维持农业生产过程的持续稳定。其主要措施有：选用抗性作物品种，利用秸秆还田、施用绿肥和动物粪便等措施培肥土壤，保持养分循环；采取物理和生物的措施防治病虫草害；采用合理的耕种措施保护环境，防止水土流失，保持生产体系及周围环境的基因多样性。③稻作—畜产—水产三位一体型。即在水田种植稻米、养鸭、养鱼和繁殖固氮蓝藻的同时，形成稻作、畜产和水产的水田生态循环可持续发展模式。这种模式的做法是在种植水稻的早期开始养鸭，禾苗长大后，田中出现的昆虫、杂草等为鸭提供饲料，鸭的粪便作禾苗的肥料，又可为水田中的红线虫、蚯蚓、水蚤及浮游生物提供食物来源，同时又给鱼等提供饵料，从而实现生态循环。④畜禽—稻作—沼气型。即农民在养鸭、牛等家禽家畜过程中，将动物的粪便作为制造沼气的原料。同时，农作物的秸秆经过加工用来作家养畜禽的饲料，或作为沼气的原料，沼气又可为大棚作物提供热源等。

（6）严格农产品质量控制。日本从构建风险监测和评估体系、监管体系建设、法律法规体系建设、标准体系、认证认可体系、预警体系、应急体系、教育培训体系等抓起，形成了消费者厅、食品安全委员会、农林水产省、厚生劳动省四部门协调质量监管，直接面向农户、生产业者、销售商、消费者实施监管，注重从源头控制到餐桌的全链条农产品质量监管机制。中央食品农产品部门、地方政府主管部门、生产业者、消费者共同协调，责任共担，具有日本自身特点的质量管理体系，保证农产品的安全性。

（7）采用自然农法管理模式。日本苹果产区青森县木村秋则通过研究如何种植不施化肥和农药的苹果，提出改造土壤，模拟野生苹果生长系统，让苹果根系充分舒展发育，形成特殊土壤微生物群。采取的具体措施为通过种植大豆培肥地力，让苹果地里的野草、昆虫自然生长，大自然生态演替逐渐开始，初期的杂草被后来的杂草代替，初期的病虫害后来不再发生，而长期的“人工无作为”，会逐渐形成一个有利于苹果根系生长的土壤环境，最终形成一个苹果与杂草及昆虫相和谐的生态系统，即使出现什么异常的气候与灾害，这个生态系统也会通过自然调节取得平衡。但是在自然培育中，并不是丢着不管，而是充分运用大自然。木村秋则提出人要发挥智慧，抛弃既定观念，随时观察，让眼睛和手取代化肥和农药。日本木村先生创造了苹果奇迹，他用自然农法管理果园，果园形成了一个小的生态环境；果园特点是，不打农药，不施化学肥料。喷醋，用炸食物剩下的油与肥皂液防虫，用酒精发酵的苹果醋诱杀虫子。果园生草，一年割两次。种大豆，种两年停三年或者种三年停两年。一棵树五箱苹果，一箱 20 千克。订单生产，供不应求。

3. 四点启示

（1）大力发展家庭适度规模经营。深化耕地改革，允许农户耕地承包使用权永久化、物权化，允许继承、入股、转租、赠予、委托经营等。同时大力培训现代新型农民，要具备创业家潜质，能运用农业现代科技和现代化市场营销手段。全力改善农业生产经营条件，让农业投入者和经营者获得均等回报。

（2）政府加大农业投入。一是加大资金投入，提升农业装备水平，加强基本农田水利建设。二是加强科技培训，造就新型农民，实施“新型农民科技培训工程”，围绕主导产业来培训农民。三是以企带村，推进农业产业化经营。建立专业化、规模化、标准化生产基地。

（3）完善农村合作经济组织体系。大力建设农业经营组织，再由农业经营组织建立起农民合作经济组织，最终将组织横向联合建立全国性的组织。

（4）变污为宝发展循环经济。生态农业将农村废弃物（粪便、生活垃圾、秸秆等）综合利用，产生有机肥料，既减少了污染源，改良了土壤，提高了产品质量，又发展经济改善水质，保障食品安全及人民健康，结合乡村振兴发展生态农业实乃推行河长制的治本之策。

第四节　水环境治理经验和启示

河长制第四项任务是水环境治理工作，要求强化水环境质量目标管理，按照水功能区确定各类水体的水质保护目标。保障饮用水水源安全，开展饮用水水源规范化建设，依法清理饮用水水源保护区内违法建筑和排污口。加强河库水环境综合整治，推进水环境治理网格化和信息化建设，建立健全水环境风险评估排查、预警预报与响应机制。结合城市总体规划，因地制宜建设亲水生态岸线，加大黑臭水体治理力度，实现河库环境整洁优美、水清岸绿。以生活污水处理、生活垃圾处理为重点，综合整治农村水环境，推进美丽乡村建设。江苏省及其他省市在水环境治理方面的经验和启示如下。

一、江苏省打造生态清洁小流域

1. 基本情况

生态型清洁小流域主要位于水库、河道周边的水源保护区、生态敏感区、旅游景点和村镇等区域，以小流域为单元，在传统水土保持工作开展的基础上，引进小型污水处理设施建设、垃圾填埋设施建设、湿地建设与保护、生态村建设、限制农药化肥的施用、退稻三禁、库滨区水土保持和生态缓冲带建设等措施，来改善生态环境、保护水源地水质和营造优美人居环境。

江苏省2016年提前谋划，编写了《江苏省生态清洁小流域建设规划》，提出了生态清洁小流域建设的指导思想、目标、建设规模、总体布局和实施进展。2017年，江苏省制定出台了《江苏省生态清洁型小流域建设管理办法》，进一步明确建设范围、规模和标准。到2019年，多条河流已打造成生态清洁小流域。

2. 经验做法

（1）因地施策，科学谋划。江苏省生态清洁小流域建设要求山丘区、平原圩区分别打造5种类型生态清洁小流域建设模式。①水源保护型生态清洁小流域。在河流源头、重要水源地保护区，注重生态环境保护，减少干扰，以涵养水源、防治面源污染、保护水质为目标，建设水源保护型生态清洁小流域。②绿色产业型生态清洁小流域。在农业生态条件较好地区，以“村容整洁，生产发展”为切入点，通过水土流失治理和水环境保护推动农业集约化生产和农村人居环境改善，调整农业生产结构，并通过引进龙头企业或大户承包，发展特色林果、有机作物种植等，创建品牌效应，培育绿色产业，建设绿色产业型生态清洁小流域。③生态休闲型生态清洁小流域。在具有山水、民俗旅游资源优势的地区，以资源环境承载力为基础，以保护原生态和水环境为重点，打造山水景观，挖掘民俗文化，提升山水环境品质，建设生态休闲型生态清洁小流域。④和谐宜居型生态清洁小流域。以现有水美乡村或美丽乡村建设为依托，以沟道整治为基础，以解决面源污染与乡村环境美化为核心，兼顾发展绿色产业，以经济富裕、环境优美、生活便利、区域安全为目标，建设和谐宜居型生态清洁小流域。⑤防灾减灾型生态清洁小流域。在山洪等灾害严重的地区，以确保人民群众生命财产安全为重点，合理布设控制性工程措施和植物措施，同时改善人居环境，建设防灾减灾型生态清洁小流域。

（2）强化组织领导。江苏省水利厅作为生态清洁小流域主管部门，注重加强与相关部门合作，加强全社会资源整合，并将水土保持和生态清洁小流域建设列为生态文明和绿色发展考核的一项重要内容，在政府协调下，各部门按照职责分工，密切配合，形成会办机制，定期调度协调。

（3）加大资金投入。从 2016 年开始，江苏省水利厅利用省级水土保持补偿费，对上一年度新建的生态清洁小流域实行财政奖补，鼓励各地积极开展生态清洁小流域建设。

（4）规范建设标准。清洁生态小流域建设中严格按照水利工程基本建设程序进行项目建设管理，在项目建设中推行项目法人制、工程监理制、招投标制和施工承包合同制。

（5）健全管护机制。江苏省要求生态小流域建设要按照建管并重的原则，多建立健全管护制度。南京市构建结合村庄道路、绿化、垃圾、水面“四位一体”保洁，同时组建村级水管员组织网络，全市共落实村庄保洁员 5000 余名。

（6）注重示范推广。伴随民众对生态需求的不断提高，各地开展了形式多样的宣传，为生态清洁小流域建设营造了良好氛围，提高了社会各界对水土保持工作的充分认同和大力支持，使得“要我治”转变成为“我要治”。

3. 三点启示

小流域是径流汇集的初级系统和水土流失发生的基本单元，治理好小流域，就是从源头上控制水土流失、保护区域生态环境最直接、最见效、最省钱的方式。生态清洁小流域建设是传统小流域综合治理的新发展，是水土流失防治理念上的一次飞跃，使流域内水质明显改善、生态良好、环境优美。

（1）突出以人为本，实现人与自然和谐共存。对小流域而言，生态良好不仅仅是自然条件的改善，更是当地群众生产方式和生活方式全新的、深刻的转变。应在了解当地群众生产生活方式基础上，充分考虑社情民意，制订出符合当地实际的建设方案，吸引流域内群众积极参与。同时，引导当地群众改变生活方式和观念，积极主动地保护生态环境，并对破坏生态的行为进行监督。同时推广垃圾分类，培养当地群众循环利用资源的习惯，提高资源利用效率。我国传统的“桑基鱼塘”模式就是循环利用的典范。

（2）强化系统和精细化治理。生态清洁小流域是一个完整的“社会-经济-环境”复合生态系统。在规划设计和建设时，一定要有系统性思维，把流域内山水田林路村作为一个相互依存、相互影响的整体看待，设计出一个全方位的、整体的综合措施体系。同时要根据实践中流域内群众日常生产生活方式，针对可能出现的问题，精准施策，形成本流域特有的防治体系。

（3）加强科技创新。推动绿色防治、湿地建设、垃圾废弃物就地处置等方面的科学研究和科技成果转化，提高生态清洁小流域建设的科技水平。

二、江苏省兴化市上线“智慧河长”平台

1. 基本情况

“智慧河长平台”主要通过对信息化手段的运用，搭建河长制综合管理平台和河长办公平台，实现河道水质数据采集、河长制信息公开、河道水质公开、河道投诉建议、河长巡河办公、河道督办管理等功能，同时向公众提供信息公开和投诉建议等服务，为河长提供移动办公服务，为河道管理部门提供综合信息管理服务。其系统总体框架包括“一张图、三张网、两个中心、一个平台”。“智慧河长”平台见图 2-5。

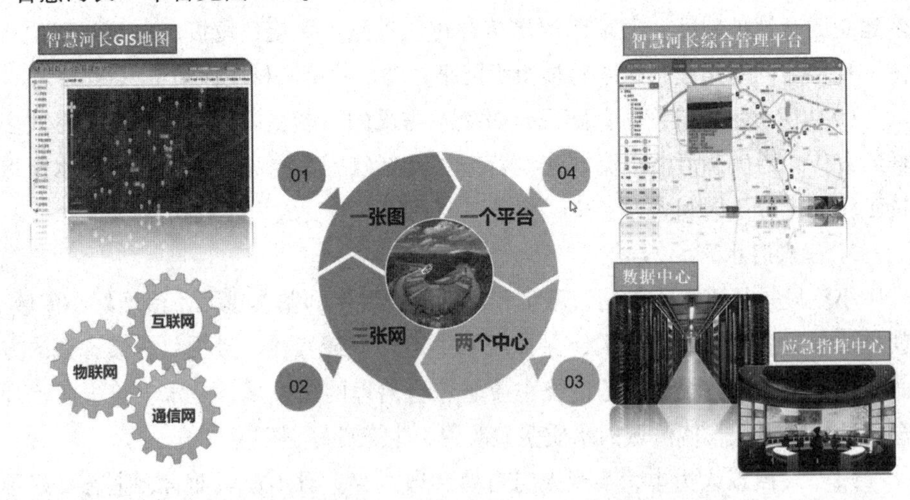

图 2-5 “智慧河长”平台

兴化市智慧河长平台于2018年7月下旬开始上线运行，实现了河长巡河电子化、制度化和常态化。河长巡河时可以通过智慧河长平台准确实时了解每个河道监控点动态，查看河长巡逻的地图定位轨迹、时间，同时还能查看巡查要求，包括河道水体、清洁等多方面内容。河长巡河时只需打开手机上的“兴化河长制系统”，巡河轨迹便记录在平台，同时还能上传图片、接收指令、反馈情况等。该平台系统包含电脑端、手机APP、微信公众号，集成整合了水利、环保、农业、国土、水文、气象等部门信息资源，设有全自动监控、指挥调度系统、一张图服务、行政管理服务、执法管理服务、移动终端系统、公众信息服务等模块。

2. 经验做法

（1）河湖网格化管理。江苏省兴化市为每条河绘制电子地图，并按照一定标准划分成单元网格。运用数字化信息管理平台，实现上下联动、资源整合，推动责任落细、落小、落实，形成“发现—上报—核实—交办—整改—反馈—考核”的闭环工作机制，确保解决“两违四乱”问题。同时明确网络长管护目标，包括无新增违法建设和违法圈圩、无占河打桩、无垃圾堆放，无大面积水花生、水葫芦等水上植物聚积，无畜禽养殖和珍珠养殖，无渔网渔沪和大罾地笼，无机械捕捞螺蛳，无工业废水、养殖废水及养殖水草直排入河等行为发生。每个网格长都与河长办签订管护责任书。

（2）河湖信息化管理。“智慧河长”数字信息平台为河长、网络长专门配备与平台匹配的“兴化水利”手机APP。河长、网络长巡河时点击“我要巡河”，巡河时间、巡河轨迹便实时记录在平台上。手机APP见图2-6。

（3）河长巡河自动考核评价。兴化市智慧河长平台设计了河长办对网格长巡河的考核评价系统。网格长得分由“我要巡河”项得分、“我要上报”项得分、加分项、扣分项组成，得分按月计算。例如，“我要巡河”项得分，每月网格长基本分为15分，每两天巡查网格1次，每点击巡河1次计1分，每增加1次，加1分，同一日内多次巡河以1次计，同月内最多计30分，共30分。系统还明确扣分项，对网格内的“本职问题”只上报不处理，一次扣2分；网格内发现大面积水花生、水葫芦等水上植物聚集的，发现一次扣10至20分；网格内存在“本职问题”没上报的，发现一次扣除当月全部得分；发现弄虚作假，扣除当月全部得分。河长办对网格长统计得分并排名，作为年终河长制工作考核依据。

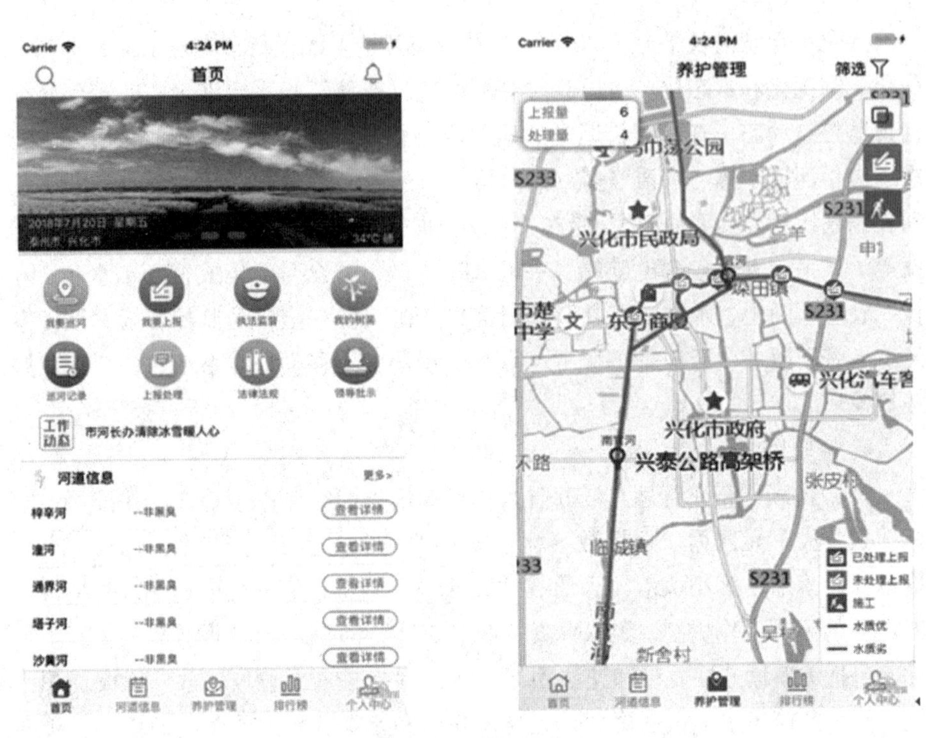

图 2-6　手机 APP

（4）设立河湖网络化治理联动指挥中心。为解决网络内的难点问题，兴化市海南镇成立了河湖网络化治理联动指挥中心，由总河长担任总指挥，成员由河长办、村建站、土管所、经管办、司法、派出所等相关职能单位负责人组成。例如，废弃桥梁拆除、沉船打捞破碎等镇力量无法解决的问题，便通过市河湖治理联动指挥中心调遣有资质的单位实施专业化处理。

（5）公众参与监督。智慧河长平台包含社会监督功能，公众扫描设置在河岸的河湖管护公示牌上的二维码，即可下载平台系统，发表管护建议、上传水事违法行为。系统接到公众反映的问题后，就会启动“接单”“派单”等功能，河长接单后需要及时进行处置并上传结果，若需要其他部门、单位配合处置，也可反馈到平台，由平台进行联络、派单，让问题能第一时间找到责任人和责任单位。

3. 三点启示

（1）推行河长制智能化发展。“互联网+河长制”是一种跨界的融合，借助网络的力量，将河湖治理的政策与制度落实到各级河长的职责中，并督促各级河长和各相关部门切实履行相应职责，形成河湖管护的长效管理机制。基于“互联网+河长制”的河湖管护模式，既是对河湖管护相关制度的督促和保障，也是对河湖污染治理的深化和监督。

（2）强化部门之间的联系，建立联动指挥中心。不同部门负责不同事务，同时建立联动指挥中心对各部门之间进行协调，能有效强化区域执法能力，减少部门之间互相推诿。

（3）监督和监管是必备环节。要推动监管考核一体化，强化与公众之间良性互动。形成“公众监督—交办—督查—反馈—再交办”的闭环式督查模式。

三、京津冀开启水环境协同治理

1. 基本情况

京津冀地区是我国的“首都经济圈”，其地缘相接、人缘相亲，地域一体、文化一脉，历史渊源深厚、交往半径相宜。但由于京津冀在资源禀赋、要素投入和经济发展水平方面存在差异，三地环境污染的区域性、叠加性、外部性与行政分割化、属地碎片化的治理之间存在的矛盾和冲突，成为京津冀环境协同共治面临的困境。而传统基于各种活动或行政指令的协作，是一种局部、松散、短期的合作模式，且在思维模式、参与方式、治理手段等方面存在“理性经济人”和“地方本位主义”思想，制约了京津冀环境治理目标的实现。为解决这一系列矛盾，京津冀地区开启水环境协同治理。

2. 经验做法

（1）以顶层设计引领协同治理。2015 年，中共中央政治局审议通过《京津冀协同发展规划纲要》，明确区域协同发展的顶层设计，对包括水环境在内的生态环境保护协同提出明确要求：“打破行政区域限制”“加强生态环境保护和治理”“加强环境污染治理”，同年，国家发展改革委发布我国首个跨区域综合性环保专项规划——《京津冀协同发展生态环境保护规划》，明确了区域环境质量总体目标。12 月签署《京津冀区域环境保护率先突破合作框架协议》，明确以大气、水、土壤污染防治为重点，共同改善区域生态环境质量。协议突出三个层面：一是将共同编制《京津冀区域环境污染防治条例》，实现立法突破；二是以《京津冀协同发展生态环境保护规划》为统领，共同制订大气、水、土壤、固废领域专项规划，统筹治污；三是统一环境准入门槛，共同建立区域协同的污染物排放体系。为增强京津冀三地水污染治理工作之间的组织协调性，京津冀从省级层面到市地层面相继成立了多个相关工作领导小组，通过“块”的结合和“条”的联动，京津冀水环境治理已经形成了以政府协同为主体、以人大—政协协同为重要组成部分、多维协同构架的区域水环境治理格局。

（2）强化协同共生单元。京津冀三地建立了多个环境治理的利益互惠机制，以平衡跨区域环境治理主体间的利益关系，为三地环境协同治理注入新动能。①建立联合会商机制。2017 年，京津冀及周边地区水污染防治协作小组办公室召开了龙河污染共治专题会议，协调解决龙河国考断面水质受京冀两地周边污染源影响问题。京冀两地原环境保护部门、水务部门一起实地踏勘了龙河跨省（市）界断面附近的环境状况，商定共同开展污染源联合排查，明确属地管理责任，共同梳理、分别建立污染源台账，共同解决对工业园区污水排放加强监管和综合整治等污染问题。②推进联合执法机制。联合执法检查一直是京津冀水环境协同治理实践中的“重头戏”。自 2015 年 11 月三地正式启动“京津冀环境执法联动工作机制”以来，三地已经启动环境执法联动十余次，自 2016 年开始更是每年都有涉水重点任务，且力度逐年加大。③落实应急联动机制。京津冀三地 2017 年在龙凤河（廊坊市段）、2018 年在潮白河（张家口赤城县段）等跨界水流域进行了两次水污染突发事件应急演练，编印了《凤河—龙河流域突发水环境污染事件应急预案》。《2018 年京津冀水污染突发事件联防联控工作方案》进一步提出健全联络员制度，深化信息化建设，三省（市）一致同意建立京津冀突发环境事件应急联动指挥会商平台，并签订了《京津冀突发环境事件应急联动指挥平台数据共享协议》。④强化基层联合对接。2018 年，多地开启区域联防联控，如延庆、怀来、赤城和官厅水库管理代表签署了《跨流域环境污染防治联合执法合作协议》，北京平谷与天津蓟州，河北三河、兴隆也形成了联络官制度，每季度召开联席会，研究共同解决水务工作实际问题，并决定成立打击河道砂石盗采联络工作领导小组，建立泃河水系执法协调联动机制，设立专职联络员，对重要工作沟通对接。

（3）横向补偿支持协同治理。协同发展战略实施以来，京津冀不断推进流域生态补偿机制，补偿力度逐年增强，有补偿协议之前，天津从 2009 年起对河北省引滦水源保护项目进行补偿，每年补偿金额不超过 3000 万元，而根据津冀补偿协议，天津政府财政每年出资 1 亿元，中央财政每年补贴 3 亿元给河北省。补偿效果明显提升，引滦入津上下游横向生态补偿资金主要用于潘家口—大黑汀水库及引滦输水沿线的生态修复与保护、水环境综合整治、农业面源污染治理、重点工业企业污染防治、农村污水垃圾处理设施建设及运维、城镇污水处理设施及配套管网建设、尾矿渣治理、取缔网箱养殖、环保监管能力建设、流域防护工程建设以及其他水环境保护项目。补偿内容更加丰富，北京对相关污染治理成效进行资金奖励，其中在水质方面对总氮下降给予奖励；在水量方面，按照“多来水，多奖励”的原则进行奖励。

（4）以技术和市场支撑协同治理。为发动社会力量投入京津冀水环境协同治理中，在中央的统筹部署下，京津冀三地相向而行，围绕技术、市场两大要素发展要求，逐步探索建设标准统一、数据透明、运行规范的基础支撑体系。①重视技术支持，探索标准协同，2017年原生态环境部与京津冀三地分别签订《共同推进京津冀区域水体污染控制与治理科技重大专项合作备忘录》，包括共同推进开展京津冀区域水环境质量管理体系建设与水环境管理制度创新研究和示范。在标准协同方面，北京市通州区、河北省廊坊市共同编制了潮白河水污染治理达标方案，廊坊市将涉及该段流域的新改扩建污水处理厂出水标准提高到北京市《城镇污水处理厂水污染物排放标准》。由于北京标准的各项指标都高于国家标准，从2016年开始，津冀两地采用的标准与北京标准"看齐"，有力提升了水土流失和小流域治理效果。②联合监测，实现数据透明。为实现水质监测数据统一，京津冀三地在河流跨界断面不定期开展联合监测，共同取样，分析测试后进行数据交换。③引入市场机制，创新政策规则。在永定河综合治理与生态修复工程组织实施过程中，国家发展改革委印发指导意见，明确由京、津、冀、晋四省（市）人民政府和战略投资方中国交通建设集团有限公司共同出资，组建永定河流域治理投资公司，负责永定河流域综合治理与生态修复项目的总体实施和投融资运作。

（5）以纪监司法合作护航协同治理。为维护京津冀经济社会稳定，对水环境治理过程中可能遇到的有关责任问题做到及时发现、依纪依法依规处理，推动有关地方、部门履行职责，依法加强涉水涉诉案件的审判、执行等工作，京津冀三地通过纪监协同、司法联动，为水环境协同治理保驾护航。2018年，北京市、河北省两地相关纪检监察机关在北京密云水库宾馆召开第一次联席会议，深入商讨对密云水库、官厅水库水源保护工作的协同监督合作，形成了《关于加强对密云水库、官厅水库水源保护工作协同监督的框架协议》，确立了联席会议制度，明确了联席会议成员单位，拟定了议事内容及召开形式，设立了联络工作组，研究制定了问题线索直接移送、加强审查调查协作、积极推进信息共享等工作机制。

3. 三点启示

（1）强化政府与多方合作。政府作为环境治理的引导者，应从"万能管家"转变为"协作伙伴"，将企业、公众及社会组织纳入跨区域环境治理体系之中，并形成"三个"良性互动。一是政府和政府之间的良性互动。在横向权力上，理顺并协调好政府间的利益关系，实现政府间的条块互动、上下联动。在环境治理上，建立信息共集共享共用的"共容利益"，强调由内而外的相互的尊重、认同、平等和信任。在协同共治上，整合区域各环境要素，贯通环境协同的上、中、下游各个环节，逐步拓展协同治理领域，延伸环境治理链条。二是政府与企业间良性互动。加强政企间的合作，积极推进 PPP 模式，监督和引导企业遵守生态环境法律法规，实现政企在环境治理上的“绿色共赢”。三是政府与公众社会组织的良性互动。一方面，要培育公众简约适度、绿色低碳的生活方式，让节能环保成为一种自觉、一种习惯。另一方面，鼓励社会组织在宣传教育、环境问责、公益环境诉讼等方面积极发挥作用，为政府制定环境政策建言献策。

（2）强化协同共生。政府之间需要建立治理的利益互惠机制，以平衡跨区域环境治理主体间的利益关系。首先，构建支持平台。根据各自在环境协同治理中的受益程度，对付出更多环境治理和恢复成本的区域和相关利益主体，通过协商或按市场规则进行利益补偿，从而解决环境治理中的外部性和系统性问题。其次，完善投入机制，政府之间要统筹编制生态红线标准，并以此为依据，通过市场机制，建立健全用水权、排污权、碳排放权的交易制度。最后，建立政府引导、市场推进、社会参与的多元化融资渠道。

（3）加强共享制度建设。首先，完善信息共享制度。通过信息大数据的开放、协同和共享，积极推进信息大数据建设，打破传统区域或部门间的行政壁垒和区域限制。其次，建立社会监督反馈制度。强化环境治理信息的公开披露制度，督促政企统筹生态环境保护与高质量发展之间的关系。最后，推进智能监测协同制度。重视和利用好现代信息遥感技术，消除“数据孤岛”和“数据烟囱”状况，建立多功能的天地水立体数据综合平台。

四、日本琵琶湖水环境治理成为世界学习典范

1. 基本情况

琵琶湖位于日本京畿地区滋贺县中部，邻近日本京都、奈良，面积约 674 平方公里，平均水深 41 米，是日本第一大淡水湖，是京阪地区 1400 万居民的饮用水源，也是全球湖泊保护研究和宣传教育基地。与富士山一样被日本人视为日本的象征，当地人亲切地称之为“生命之湖”。在 20 世纪 60 年代后期，随着日本经济高速增长，琵琶湖周边环境遭到严重污染与破坏，水质急剧下降。人类活动带来超环境负荷的污染，引起水质富营养化，出现大范围、多频次的水华及恶臭。从 1972 年起，日本政府全面启动“琵琶湖综合发展工程”，历时近 40 年，促使琵琶湖水质由地表水质五类标准提高到三类标准。

2. 经验做法

（1）严格法规监管。日本城市污水处理受《日本下水道管理规范》规制，

生物耗氧量、化学耗氧量、总氮、总磷的标准分别是日均值 4.8、20、40 和 0.25 毫克/升，而我国城镇污水处理厂一级 B 标准为 20、60、20 和 1 毫克/升，其标准远比我国严格。同时 1979 年滋贺县政府制定了《琵琶湖富营养化防治条例》，采用了数倍严格于国家统一标准的地方性环境质量标准，其氧、氮、磷等影响富营养化的指标限值要求达到了严苛的 1、0.2 和 0.01 毫克/立方米。

（2）严格城市水污染治理。滋贺县城乡污水处理在琵琶湖污染治理中发挥了十分重要的作用，污水处理率 98.4%，在日本 47 个省级行政单位中排名第二。全县建成高度发达的污水管网体系，城市公共下水道普及率达到 87. 3%，尚未普及的城区则安装按国家统一标准制作的合并净化槽，接入城市公共下水道后送往滋贺县已经建成的 9 个污水处理厂。对于城镇工业污染治理，日本制定了《水质污浊防止法》，滋贺县制定了严于国家限制的企业废水标准，要求所有企业均达标排放，同时采取突击性的环境监察和监测，对治理无望的企业实行关闭淘汰，对有意愿治理又缺乏资金的企业提供资金援助。

（3）严格农业面源污染治理。为减少农村生活污水，滋贺县自 1996 年施行生活排水对策推进条例。以一至几个村落为对象，修建了大量农村排水处理设施——小规模下水道及污水处理站或污水处理净化槽。条例要求修建下水道必须先设置污水单独处理净化槽，新建住宅必须设置联合处理净化槽。对于农业化肥污染，2003 年滋贺县制定了《滋贺县环保农业推进条例》，鼓励农民减少农药使用，将减少农药使用量 50%的农产品认证为“环保农产品”，政府对农民收益的减少给予经济补偿。从源头控制农业面源污染是保护河湖的治本之策。

（4）采取入湖河流直接净化措施。日本采取疏浚河底污泥的方式减少从底泥中溶出的营养物质。同时，在河流入湖口利用芦苇等水生植物进行植被净化，修建河水蓄积设施，在涨水时蓄积河水，使污染物沉降后再流入琵琶湖。此外，还对雨水进行收集处理，来减少雨水冲刷道路带来的污染物。

（5）采取湖内水净化措施。日本采用疏浚湖泊底层污泥，对湖水设置浅层循环设施、深层曝气设施来净化湖内水质。

（6）强化科学研究。日本对于河湖治理均是从实际存在的问题出发，制订科研计划。日本成立的琵琶湖 · 淀川水质净化实验中心，针对琵琶湖存在的水体富营养化问题，开展了水路型净化实验、深地型净化实验、浅地型净化实验、土壤净化实验等，分析比较了不同条件下不同措施的优缺点，为琵琶湖治理提供了切实可行的方法和措施。

（7）强化公众参与。在公众参与方面，为了组织全民参加，琵琶湖周边地区被分成七个小流域。按小流域设立研究会，每个研究会推出一个协调员，负责组织住民、生产单位等代表参与综合计划的实施。流域研究会的活动内容包括：①同一小流域内的上、中、下地域间交流：包括农林水产品交流、垃圾清扫和体会座谈、植树与体会座谈等。②各流域之间的踏勘、学习，包括河川、水路、水质的踏勘调查，生物踏勘调查，发现、寻找垃圾的踏勘调查。③围绕山区居民日常开展保护河流相关的活动。④制作水质图、生物图、垃圾图。

3. 四点启示

（1）健全法规和政策保障体系，加大协作执法力度。减少农药用量，发展生态农业对减少农业对环境的污染有直接影响。因此，有关部门和地方政府应加强合作，不断健全法规体系，制定环保型工农业政策。对积极使用环保型工业和农业生产的单位和农户，政府给予适当补偿。

（2）加强科学研究力度。密切联系实际，开展科学研究工作，针对实际存在的问题，成立专门的实验室，确定不同种类不同层次的研究课题，为全面推动水环境治理提供坚强保障。

（3）广泛宣传教育，加大公众参与力度。水环境保护及水生态修复是复杂而又艰巨的，需要公众大力参与。应利用各种媒介、通过各种形式开展宣传教育工作，形成社会合力，共同做好水环境建设和水生态建设。

（4）严控农业面源污染。农业面源污染面广量大，农药化肥随雨水流入河湖严重影响河湖水质，是河湖水质变差的主要原因，控制面源污染是保护河湖的根本措施。

第五节　水生态修复经验和启示

河长制第五项任务是水生态修复，要求推进河库生态修复和保护，禁止侵占自然河库、湿地等水源涵养空间。在规划的基础上稳步实施退田还湖还湿、退渔还湖，恢复河库水系的自然连通，加强水生生物资源养护，提高水生生物多样性。开展河库健康评估。强化山水林田湖系统治理，加大江河源头区、水源涵养区、生态敏感区保护力度，对三江源区、南水北调水源区等重要生态保护区实行更严格的保护。积极推进建立生态保护补偿机制，加强水土流失预防监督和综合整治，建设生态清洁型小流域，维护河库生态环境。江苏省及其他省市水生态修复的经验和启示如下。

一、江苏省徐州潘安湖生态治理成为全国采煤塌陷地治理典型

1. 基本情况

徐州市贾汪区有着130年的煤炭开采史，煤矿最多的时候，大小煤矿有226对。2001年，贾汪“7·22”瓦斯爆炸事故，让贾汪区的226对矿井陆续关停，此前过于依靠能源的发展路径被舍弃。然而，百年采煤史只留下道路断裂、村庄淹没、农田沉降的烂摊子。2010年，贾汪区正式对潘安湖采煤塌陷区实施改造，并提出改造不仅要有决心，更要有智慧。2011年，江苏省出台《关于支持徐州市贾汪区资源枯竭城市转型发展的意见》，提出贾汪区要实现资源枯竭城区向现代化城区跨越的目标。自此，潘安湖开启“基本农田整理、采煤塌陷地复垦、生态环境修复、湿地景观开发”四位一体的综合项目建设，成为全国采煤塌陷治理、资源枯竭型城市生态环境修复再造的样板。

2. 经验做法

（1）创新整治理念，坚持高标准规划设计。贾汪区针对潘安湖地区塌陷地范围广、深度大且塌陷程度不一的特点，遵循“宜耕则耕、宜渔则渔、宜建则建、宜生态则生态”的理念，按照“四位一体”建设布局，综合分析塌陷区的现状、类型、分布及环境条件状况，科学划定农业区、生态区与建设用地区，贾汪区运用“挖高填低、挖深填浅、耕作层剥离、分层交错回填”等土壤重构技术，通过平整土方、填方、表土剥离、坑塘整修、河道清淤等方法，对采煤塌陷地区进行了全面综合规划。

（2）建立高效农业示范区。贾汪区针对塌陷地的形状、土壤类型、地层结构、稳沉程度、积水深浅等不同情况，采用塌陷地整治与生态修复相结合的战略方针。科学地规划潘安湖地区的桥、涵、闸、站、渠，精心实施受损土地修复工作，将低产田甚至是绝产田，整治成“田成方、林成网、路相通、沟相连”的高效农业示范区。

（3）挖掘土地潜能，缓解用地指标压力。贾汪区采用复垦置换、增减挂钩的形式将有限的建设用地整合起来，用于新城区建设和工业集聚区项目建设。合理统筹破产企业的建设用地，通过转让、安置职工、置换等方式将土地重新利用起来。

（4）严格项目建设监管。贾汪区将每项工作目标任务分解、量化，责任到人，一级抓一级，层层抓落实，实行了“一个项目、一名领导、一套班子、一个方案、一支好的施工队伍”的“五个一推进制”。对每个项目、每个工程从立项开始，对图审、招标、施工、竣工、验收等实行全过程的监管。

（5）拓宽融资渠道，突破资金瓶颈。潘安湖湿地公园是贾汪区有史以来单体投资最大的项目，尽管有国家和省市的扶持，但是资金缺口依然很大，我们克服重重困难，通过多渠道融资，保证了项目正常实施，而湿地公园的整体资产和运作也进入了良性循环。自2011年以来，隶属潘安湖湿地公园的贾汪都市旅游发展公司注册资本从5000万元增加至2亿元。建设发展公司注册资金从4000万元增加至1.4亿元。新成立潘安湖旅游发展有限公司，注册资本300万元。当年内新增资本2.5亿元。2012年以来与建设银行合作贷款1.7亿元，与农发行合作贷款7亿元，与长城证券合作发行2.94亿元私募债，同时积极拓展省内其他城市的银行融资，实行“走出去，贷进来”的方式，与南京徽商银行、恒丰银行合作分别成功获批贷款2.5亿元和0.9亿元，做到长短结合，并通过申报三沙三湖水污染防治奖励、林业贷款贴息、现代服务业引导资金等多措筹资。

（6）发展生态农业，扎牢民生之网。贾汪区各村依托潘安湖地区旅游业蓬勃发展优势，推动村级产业结构调整，将原来的传统农业变为高效观光农业、乡村旅游服务业。截至2018年，潘安湖地区已发展出农家乐、民宿等经营业态10余种，培育乡村旅游特色村8个，开发特色旅游产品300余个。现在的潘安湖地区已经形成了“美在潘安、富在百姓”的高质量发展新模式。

3. 四点启示

（1）采取多种措施将土地复垦工作前置。编制土地复垦方案，对拟损毁的土地进行表土剥离，强化主动事前防范机制，加强采矿许可申请前的审批制度，加强对开发利用方案的评审论证，禁止破坏性强的开发方式。

（2）因地制宜推动接续产业平台建设。立足区域产业资源优势，大力推动采煤塌陷区接续产业平台建设，将接续替代产业平台作为采煤塌陷区产业转型升级的主阵地，推动采煤塌陷涉及企业“退城入园”，发展高新技术、现代物流、休闲旅游、先进制造“四大产业”，因地制宜重点打造集工业遗产体验、文化创意、特色商业、休闲养生、配套生活为一体的城市文化游憩区，培育新经济增长点。

（3）强化政企联合，多渠道拓展投融资渠道。采取政府引导、项目支撑、综合整治、收益共享、市场运作、风险共担的方式，探索建立采煤塌陷区PPP治理模式，鼓励吸引社会资本投资采煤沉降区综合整治，多渠道落实采煤塌陷区综合整治资金。

（4）生态农业富民保水促健康。发展生态农业，促进形成“美在潘安、富在百姓”的高质量发展新模式，实现环境保护、经济发展、人民健康三得利。

二、江苏省实施生态河湖行动

1. 基本情况

2017 年 10 月 13 日，江苏省水利厅组织制定的《江苏省生态河湖行动计划（2017—2020 年）》正式印发实施，旨在建成“美丽中国”的“江苏样板”。《江苏省生态河湖行动计划（2017—2020 年）》以全面推行河长制为契机，围绕江苏省河长制实施意见中明确的重点任务，结合河湖管理和保护工作实际，突出新老水问题解决的统筹性、水治理的系统性、江苏水韵的独特性、水治理体系的创新性，推动河长制工作任务的落地见效。其中创新颇具亮点，体现在更加注重新老水问题统筹，更加注重水问题系统治理，更加注重水文化创新引领，更加注重水治理体系建设。

2. 经验做法

（1）坚持高位推动。江苏省委、省政府高度重视，省委常委会专题研究河湖长制、太湖治理等重点工作，省领导多次巡河并亲自协调解决重大问题。全省 13 个设区市全面出台生态河湖行动计划或实施意见，明确建设目标和任务，将生态河湖建设上升为地方党委、政府的重点工作。通过河长制办公室等平台，推动河湖管理与保护重大问题的落实。

（2）坚持问题导向。江苏省各地在生态河湖建设中，针对所在地区突出的水问题，着力寻求破解途径。如盐城根据地处水网末梢饮用水源水质得不到保障的问题，建设盐龙湖工程，运用生态湿地对水质进行净化，出水水质可稳定达到Ⅲ类水标准，惠及市区 80 余万人口；无锡市在太湖蓝藻治理中提出“科学化预警、机械化打捞、工厂化处置、资源化利用、信息化管理”的新思路，推动蓝藻治理上水平。苏州、淮安在东太湖、白马湖等湖泊综合治理中，协调好湖泊保护与经济发展的关系，在恢复湖泊水面和改善水环境的同时，促进周边区域发展，成为城市靓丽的新风景。

（3）坚持系统治理。江苏省在保障水安全的同时，更加注重水污染防治、水环境治理、水生态修复，统筹解决新老水问题。在深化水利改革的同时，更加注重运用市场化治理和社会化监管手段，提升水治理体系和治理能力现代化水平。各地将生态河湖理念融入水利工作各个环节，统筹防洪、供水、航运、灌溉、生态、水文化景观等基本功能，通过调水引流、清水通道、河道清淤、控源截污、水源保护、提高排水标准等措施，盘活水体，实现水系清水畅流。徐州以“水更清”行动为抓手，系统推进城市水环境治理，实现从“一城煤灰半城土”向“一城青山半城湖”的蝶变；扬州坚持“治城先治水”的理念，建设“不淹不涝”“清水活水”城市。

（4）坚持久久为功。生态河湖建设不是短期谋略，而是长期任务，必须“一张蓝图绘到底”，持之以恒推进。徐州、扬州等国家级水生态文明试点城市通过水利部和省政府联合验收后，组织编制了水生态文明建设规划，长远谋划水生态文明建设。省水利厅、河长办等积极推动建立生态河湖建设目标体系、评价指标和考核办法，开展重点河湖生态状况评估，不断健全生态河湖管理与保护的长效机制。

3. 三点启示

（1）坚持问题导向。通过全面分析新老水生态问题，综合把握治水兴水领域的不平衡不充分之处，以强烈的问题意识和明确的问题导向引领水利事业的改革发展。

（2）推行系统化治理。把握各自然生态要素间相互依存、共生共成的紧密关系，依托对水资源水生态水环境分类系统的科学监管，统筹推进山水林田湖草的综合治理，补齐水生态修复与水生态文明建设的短板。

（3）创新水治理体系。推行管理流域化、管护网格化、资源权属化、投融资多元化，创新建立河湖治理、保护和管理长效机制。

三、浙江金华市流域水质生态补偿反哺水环境

1. 基本情况

2014 年 3 月，李克强总理在政府工作报告中指出，要探索建立跨区域、跨流域生态补偿机制。2016 年 1 月，金华市在浙江省率先建立了市县两级之间“双向补偿”的流域水质考核奖惩制度，试行以来，金华市全域水质改善显著，Ⅲ类水质达标率从 2015 年的 67. 5%提高到 2017 年的 100%，2015 年，市财政需收取罚金 2326 万元，实施考核后，2017 年市财政支出奖励金额 6892 万元。2018 年 7 月，金华经过前期经验积累，突破目前国家和省实行的补偿试点局限于单独的上下游县（市）现状，率先建立了全市全流域上下游生态补偿机制，成为目前全国唯一实现全流域上下游生态补偿的地区，标志着金华市流域水质生态补偿提前进入“第二季”。

2. 经验做法

（1）按水质达标情况，实行双向补偿。按照“谁保护谁受益，谁污染谁赔偿”的原则进行“双向补偿”，即流域上下游之间，明确以水质达到功能区要求为基准，凡是交界断面水质达标的，下游给上游补偿；水质超标的，上游给下游赔偿。通过这种办法，给县（市、区）套上水质改善的紧箍咒，出境水质没有达到功能区要求，就不断地给下游补偿，始终面临保持水质、改善水质的压力，水质一旦达到要求了，马上享受到保护带来的好处，即从原来的赔钱给下游县（市、区），变为从下游拿钱。通过这种始终处于动态转换的压力，推动各县（市、区）持续不断进行保护和治理，最终推动流域总体水质根本性改善进而稳定达到标准要求。

（2）按交界断面考核，明确属地责任。由于河流往往流经多个区域、干支流复杂，治水主体、区域责权、补偿范围和谁补偿谁的问题难以明确，横向补偿机制落地非常困难。以金华江为例，干流源头在磐安，流经东阳、义乌、金东、婺城后，在兰溪汇入兰江，还存在支流在两地间多次穿插，双方互为上下游的情况，极易互相推诿，形成治水“盲区”。对此，金华市明确了地方政府对本辖区内流域水质的主体责任，实行按域内所有交界断面水质情况综合考核，奖罚金额按当地所有出境断面奖罚合计。当合计奖金高于罚金的，市政府按差额拨付奖金；当地所有出境断面的罚金高于奖励的，需按差额向市政府缴纳罚金；其他情况不奖不罚。

（3）按水质改善幅度，科学核算补偿金额。金华市的补偿原则是达到Ⅰ类、Ⅱ类的断面及达到功能区要求且3项常规指标（高锰酸盐指数、氨氮和总磷）的浓度相比前三年保持稳定或变好的Ⅲ类断面给予生态补偿金，劣于功能区要求或达到Ⅲ类但3项常规指标的浓度相比前三年变差的断面，需缴纳生态补偿金。此外，金华市的补偿金额计算既考虑水质类别，又同时考虑断面水量，即在相同水质类别下，断面水量越大补偿金额越高；相同的水量下，水质越差，补偿越多，水质越好，受偿越高；充分体现了水环境容量的价值。奖罚计算公式定为〔（标准限值-断面实测浓度）×水量〕/标准限值×补偿系数。

3. 三点启示

（1）强化统一考核制度。上下游双方互相协调“对赌”的生态补偿模式，由于缺少统一的标准，出于对本地利益的考量，在补偿金额和计算方式上会锱铢必争，难以协调。以金华市为例，涉及的上下游关系多达16组，各地诉求不一，标准不明、责任不清，使协调难度更大。为此，该市采取由市政府坐镇，对各县（市、区）统一考核，明确了上中下游治水责权和补偿标准，按流域交界断面考核，让横向生态补偿机制得以真正落地，促进了流域水环境持续改善。2018年，金华市界出境断面考核结果为优秀；地表水断面、县（市）交接断面、省控断面Ⅲ类水质达标率分别较2015年提高33. 3%、10%、31. 6%；符合奖励条件的县（市、区）从2015年的3个增加到7个。

（2）奖优罚劣，补机制短板。目前，《浙江省跨行政区域河流交接断面水质保护管理考核办法》只对水质改善进行奖励，对“先污染后治理”的发展模式约束不大。此外，上游治水力度大，下游出水水质提高，也同样受奖，等于是免费享受上游提供的生态红利，难以体现公平公正。对此，金华市对流域区域水质开展标准化考核奖惩补偿，以跨县（市、区）河流交界断面、市界出境断面水质达到水功能区要求为基准，科学设置污染评价因子和奖罚基准系数，有效统一了奖惩尺度，弥补了机制短板。截至目前，金华市共发放流域水质补偿奖励12457.5万元，收取罚金516.7万元，其中磐安累计获取补偿奖励4491.7万元。

（3）约谈督办，堵懒政漏洞。金华市将“双向补偿”考核结果直接和党政领导干部绩效挂钩，对出境断面主要污染物指标浓度连续2个月同比上升超过10%的，由市生态环境局对所在县（市、区）人民政府进行预警通报；累计4个月同比上升超过10%的，由市政府对县（市、区）人民政府主要负责人进行约谈，并对重点污染河段和突出环境问题进行挂牌督办；连续两年出境水质达不到功能区要求的，进行严肃问责。2018年，金华市共预警通报2次，挂牌督办1个县（市、区）。

四、日本苹果产业发展的经验及启示

1. 基本情况

烟台电视台《绿色田园》栏目主任赵琪结合其在日本的体验，谈了日本青森苹果见闻以及思考。

青森县9600多平方公里，2014年苹果产量占日本全国半数以上，产量25万吨，面积不大，但是苹果品质很高，被称为世界最美味的苹果。青森年降水量达到1300多毫米，土壤有机质3到5以上。

日本的普通果农管理：果园生草，有效土层，不关注土壤有机质，更多关注有效土层，达到60厘米。施肥：6吨苹果，年施有机肥1到2吨，十多年不施大化肥。施肥比例起码9：1，大部分不开沟，撒施。打药一年十三四次，但农残检测严格。套袋：日本套袋苹果不到20%。矮化栽培占20%。糖度：县政府要求必须是14度。苹果价格比较稳定，通常320日元/千克，优果优价。优质果率：5%~10%是高档果。作为成品销售的是50%，剩下40%是加工。品种搭配方面，晚熟占50%，早熟和中熟各占25%。市场上有70多种。重视修剪，修剪占果树管理的80%，果园通风透光率达29%。销售：一个是网上销售，一个是自己联系的渠道，以及集中竞拍。

青森协会有73年的历史，是青森各个农园的农户共同出资成立的。全青森有16000农户，其中大概有5000多会员加入这个协会。协会主要培养新的种植户剪枝、防病虫害方面的人员。另外，还有农协帮助果农销售苹果。日本的各个协会保证了苹果的周年销售和产业化经营。提高组织化程度，增强竞争力，降低市场风险。

2. 经验做法

木村秋则：一个“疯子”的苹果真理。不施化肥、不打农药能种出好的苹果，对于消费者，为了健康都希望有这样的生态苹果；对于生产者，这样做功德无量！

对于那些浅尝辄止的种植者来说，他们自然相信这个世界上绝对不可能有不施化肥、不打农药的苹果，因为一旦停止施用化肥，苹果的产量便会迅速下降；而一旦停止喷施农药，各类病虫害会纷至沓来，将苹果树的叶子与果实吃得一干二净。但是，在日本的苹果产区青森县，有一个不相信这个“真理”的人，他叫木村秋则。为了验证这个真理，他以超乎异常的耐心、毅力和代价成功种植出不施化肥、不打农药的苹果，一举轰动日本，播出他节目的电视台收到数千封电子邮件和来信，表达着想吃到这样苹果的强烈心愿，更有餐厅推出“木村先生的苹果汤”这道菜，预约起码要等上半年。木村的苹果是神奇的：一个切成两半的苹果，放了两年都不腐烂，只如枯萎一般越缩越小，最后变成淡红色的干果，散发出淡淡的清香。木村秋则的苹果见图2-7。

（1）坚信《自然农法》牢记使命。让木村兴起不施化肥、不打农药种出好苹果这个念头的，是日本农业专家福冈正信写的《自然农法》，书最前面写着什么都不做，也不使用农药和肥料的农业生活。“啊！原来还有这种农业生活？姑且不论自己要不要去做，同样身为农民，不禁产生了好奇。之后，我不知道看了多少次，书都被我翻烂了。”木村说。为了一个简单平凡的信念，木村连续好几年没有收入，一家七口持续过着赤贫的生活，几乎快走投无路了。为了除尽专门吃苹果树初春嫩叶和花芽的褐

图2-7 木村秋则2011年虚岁60岁照片

卷叶蛾、乱纹苹果卷叶蛾，还有会啃食叶子的尺蠖、蚜虫，以及危害果实的螟蛾幼虫和介壳虫等不下30种的苹果树害虫，木村带着全家人没日没夜地在不开花、不结果的果园里，用双手和塑料袋抓害虫、喷洒醋液。"那时候，我根本不管收入的事，脑子里压根儿就没考虑这个问题。想要尝试的事接二连三地从脑子里冒了出来，吃饭的时候，把酱油淋在鱼上，就会想到搞不好酱油有效。啊哈哈哈，太好笑了！"木村回忆。

（2）"疯子"清苦八年结2果。但是为了种植出这样的苹果，木村付出了沉重的代价：他家的果园长达八年基本没有产量，家庭收入跟不上，孩子们过着清苦的生活，甚至在现实中抬不起头来。为了家里的生活，他不得不拖着干瘦的身体进城打工，年仅50岁就因为过度劳累牙齿也快掉光了；他家好多用具因为没有钱只能到废旧市场选二手货。为了寻求苹果种植的秘密，他躺在地里听虫子说话，想用自己的牙齿换苹果树的叶子，甚至想到了死。不懂常理的人会说他傻，而一个傻到底的人则只能是疯子了。当地人眼中的木村就是这个样子，当他家的苹果树开始不施肥、不打药时，大家开始嘲笑他傻。"因为我是傻瓜，所以像山猪一样只顾着往前冲，心想总有一天会成功。"这是木村的口头禅。而木村的傻还不是普通的傻。对苹果果农来说，维持整洁的苹果园，不仅是获得丰硕果实不可或缺的工作，更是一种道德，但木村的果园简直就像是荒芜的野山，在木村刚开始种苹果的前几年，周围的果农拜托他修一下草，但他固执地不肯点头。一度，这座果园荒芜得好像是得了皮肤病而掉毛的狗。为什么会荒芜到这种程度？附近的果农无人不知，因为，这里没有洒农药，这里还原了生态系统，回归到真正的大自然。从1978年开始，木村就不曾在这8800平方米大的果园使用一滴农药、一撮肥料。不用农药，甚至不用任何有机肥料，是木村苹果不会烂的秘密，但栽培苹果需要用农药，对果农来说，是常识中的常识，木村想实现自然农法的梦想，至少在20世纪80年代，是百分之百不可能实现的事。为养活家人，没有米吃时，木村拿东西去典当；没有钱用时，他去工地、酒店做别人认为低三下四的工作。那时正是20世纪80年代初期，傅高义的《日本第一》畅销书出版，日本经济成为世界典范的时代。终于，所有果园停止使用农药的第八年春天，果园里开出七朵苹果花，这七朵花中，有两朵结了果。那两颗苹果是那一年的全部收成，木村把苹果放在佛堂祭拜后，全家人一起分享。那两颗苹果好吃得令人惊讶，木村看到苦尽之后的曙光。

（3）从野生果树找到自然农法的解答。什么都不做，听起来简单，但苹果树的情况却惨不忍睹，一年比一年糟糕，除斑点落叶病肆虐，又出现数不尽的害虫，数量多得惊人，简直变成了昆虫的天堂，引起邻人极大不满。当地果农用津轻话替木村取了一个很糟糕的绰号：灭灶，意思就是炉灶的火灭了。如果一个家庭生活中心的炉灶都熄了火，就代表一个家支离破碎，家人走投无路了。对农人来说，这是最大的侮辱。即便如此，他仍然认为这是唯一的成功之路，即使别人认为他疯了，他也不放弃。最后，他从野生果树找到自然农法的解答。原来手工抓虫都是白做工，土壤才是关键。于是，木村在果园里开始大量撒大豆，大豆根部密密麻麻的根粒菌改变土壤里氮的含量。翌年，苹果园仿佛变成了原始森林，大豆下方长满各式各样的杂草，昆虫在草中鸣叫，青蛙捕捉昆虫，蛇在青蛙身后虎视眈眈，甚至还有野鼠、野兔，虽然斑点落叶病和卷叶蛾依然肆虐，但木村觉得苹果树已经结束长期和疾病的抗争，渐渐恢复健康。木村说："日本的苹果栽培史有120年，之前也有许多人尝试过无农药、无肥料的栽培，但是都失败了。大家都是在尝试四到五年后，就认为不可能而放弃。我却像个傻瓜一样，苦撑了11年才开始有收入，可能是因为我太笨了，苹果树也受不了我，只好结出苹果了。哈哈哈！"木村的神奇果园，眼前这座杂草丛林中，蝗虫唯我独尊地跳来跳去，蜜蜂飞舞，青蛙扯开嗓子高鸣，还有野鼠、兔子奔窜，必须双手用力拨开杂草，才能走到苹果树旁。

（4）天道酬勤保护生态发展经济。木村在种出不依赖农药和肥料的苹果后，越来越多人听过他的故事，想尝好吃到令人惊讶滋味的人有增无减，但800株苹果树产量有限，木村却从未想提高售价（一千克约30元人民币），木村说，不是为了赚钱才开始种苹果的，他只希望有更多人用自然农法成功栽培苹果，大众就能吃到健康苹果了。木村都是订单生产，其他人想买是没有的。大部分人是买来自己吃，也有一些送客人，特别是病人想要吃一些健康的水果，都过来买。木村先生的苹果还被厨师们开发了苹果冷汤，售价1500日元（约人民币100元）一杯。除此之外，还跟东京的饭尾酿造公司合作加工出了天然带果肉的"苹果浊醋"，甚至木村苹果的种子也被拿来作为抗癌剂的研究对象。而木村先生也一边种着苹果，一边在日本国内甚至全世界进行无公害农业指导。木村先生嘱咐大家，要想学他的这种天然生物农法，最好从种苗开始，如果一开始使用了农药，果树已经适应了用药的环境，后期突然不用，病虫是很难控制的。木村先生从种苗开始就完全不用农药，一直延续到现在。尽管天然生物农法的苹果品质好、价格高，但是在日本一共也只有4家农户在效仿，大多数人还是没有勇气去挑战。木村果园使用生物防控病虫害，减少化学肥料和化肥农药的一些理念值得我们学习。但是完全不使用农药和化肥是不可能的，烂果率达到30%左右，国内的果园承受不了这么大的损失。木村的做法在烟台这里很难做到，但是如果在新疆，还是可以借鉴的。假如我们有人能走木村的路，生产出纯天然的果品，这样的果园生命力还是很强的。

临别时，木村先生通过镜头，真诚地说道，“希望中国的果农朋友们能坚持少用化肥和农药来种苹果，这样才能给人们带来健康、带来幸福，改变我们的社会。让我们一起努力吧”！

3. 四点启示

（1）有志者事竟成。木村的探索在数年没有结果之际，逐渐陷入绝望崩溃，因为他已经试过了太多的方法，如人工捉虫，根本就是螳臂当车；喷大蒜水、牛奶、盐水等，基本都失败了。当他看到野生苹果时，终于在野苹果树下发现了真正的秘密，那就是：野生苹果有着庞大的根系和长期形成的特殊土壤环境，也就形成了一个特殊的生态系统，可以支持野生苹果的茁壮生长与开花结果；也因为土壤的特殊生物菌群，抑制了致病源，提高了苹果树对病虫害的抗性。而自从人类选育了香甜可口的栽培品种后，苹果已经丧失了野生条件下的自我生长与维护能力，只能在人工的半自然半控制条件下向着人类所希望的方向生长，一旦这种条件丧失，则现有的苹果品种无法像野生苹果一样继续生长，必然产量下降，甚至颗粒无收。所谓的果树病虫害泛滥，与其说是病虫害多的后果，不如说是苹果树太弱的后果。要让苹果不用化肥、不用农药，就必须创造出一个类似于野生苹果生长的生态系统，其基本前提就是从改造土壤开始，让苹果的根系充分舒展发育，形成一个特殊的土壤微生物群体，为苹果树建造起一个小的良性生态系统，发育强壮的树体，增强抵御病虫害的能力，最终开花结果。

（2）向木村学习坚持不懈的匠人精神。我们学习日本的果园管理，就要学习这种匠人的精神，任何事情，不做则已，要做就做好。我们应该向木村学习坚持不懈的匠人精神，苹果树是多年生作物，当你遇到困难、灾害就放弃管理，那以后还怎么能连续获得比较满意的收入和产量呢？的确，种果树也需要一种精神，一份执着和责任。而中国好苹果大赛最终就是要选出越来越多的在中国种苹果的匠人、中国的“木村秋则”，让他们作为标杆，带动越来越多的果农“种好果，卖好价”！通过参观日本的苹果，我们感受到，很多技术不是独有和神秘的，只不过别人做得比较认真，我们要因地制宜，还要靠自己去解决。为什么日本能做到？需要反思一下，我们能不能做到，怎么做到？

（3）为一件事疯狂。木村的故事在日本广为流传之后，一个想要自杀的年轻人打电话给木村，说他刚从研究所毕业，不管做什么都失败，找不到工作，也回不了家，所以打算一死了之。看到木村的访谈节目后改变了心意，终于有勇气继续活下去。木村当时是这样回答那个年轻人的，“嗯……很高兴你改变心意了，然后，我告诉你，只要当个傻瓜就好。只要实际做做看就知道，没有比当傻瓜更简单的事了。既然想死，那就在死之前当一次傻瓜。身为曾经有过相同想法的过来人，我至今领悟到一点：为一件事疯狂，总有一天，可以从中找到答案”。

“为一件事疯狂，总有一天，可以从中找到答案。”木村这句话正道尽了他的人生。劝轻生的人，死前至少为一件事疯狂。“疯子”功德无量！

（4）有机农业发展之路——实践示范推进。我们当前的有机农业其实陷入了死胡同，那就是治标而不治本！为了达到有机农业生产所设立的死标准，我们又运用另一套人工控制的办法，对土壤进行消毒，按照作物生长需要重新选配符合有机规范的投入品，甚至包括使用检测不出来的有机农药与添加剂等产品。这样的有机农业本质上并没有改变人工控制的现代农业原理，距离有机农业所倡导的循环可持续农业思想依然相当遥远。更因为没有经过长期的实践探索而建立起一个符合有机农业的生态系统，不得不靠高成本的投入进行维持，最终走上了曲高和寡的奴役之路！所以，我们在了解木村这让人敬佩和感动的苹果故事之后，应该更加深入地思考什么是真正的有机农业，又如何实现有机农业的本义，为真正地实现农业循环可持续发展探索新路。然而，在这个急功近利的时代，我们身边会不会出现木村这样的“疯子”与“傻瓜”，河长们通过实践示范多培养这些人才，生态保护了，河湖幸福了，百姓健康了，经济发展了，美丽中国富强了。

五、福建省莆田市打造木兰溪生态文明样本

1. 基本情况

“雨下东西乡、水淹南北洋”，木兰溪水患频仍屡伤民生，却因其软基河道、弯多且急、冲刷剧烈等难题，一直未能被驯服。1999 年，时任福建省委副书记、代省长的习近平同志亲自擘画、亲自推动了木兰溪整治工程。习近平提出木兰溪的治理既要治理好水患，也要注重生态保护；既要实现水安全，也要实现综合治理。在习近平科学治水理念指导下，20 年来，莆田市委市政府在国家有关部委的大力支持下，在省委省政府的领导下，深入践行“功成不必在我，功成必定有我”的思想，久久为功，一任接着一任干，坚持“一张蓝图绘到底、一份规划用到底”的精神，持续开展从水上到陆上、从下游到上游、从干流到全流域、从单一的防洪工程到系统性治理的综合工程，逐步实现从水安全到水生态、水经济的梯次推进，让木兰溪产生了综合效益，成为民生之河、生态之河、发展之河。中组部、水利部等考察学习“生态文明的木兰溪样本”见图 2-8。

图 2-8　中组部、水利部等考察学习“生态文明的木兰溪样本”

2. 经验做法

（1）坚持以人为本。人民立场是中国共产党的根本政治立场。习近平同志在福建工作期间，一直致力推动木兰溪治理，大力推进木兰溪防洪工程建设，结束了“福建全省唯一一座洪水不设防城市”的历史。木兰溪治理中一直坚持以人民为中心的发展思想，以人民群众对美好生活的向往作为奋斗目标，着力推进木兰溪防洪工程建设，保障人民群众的生命财产安全。坚持以改善人民群众生产生活条件为主线，抓好农村农田水利建设，建好“五小水利工程”，改善农业水利基础设施，解决农田灌溉“最后一公里”问题。同时莆田市兴建民生水利，保障城乡居民的饮水安全，着力解决好农村和老少边岛、扶贫移民安置区的饮水安全问题，让治水兴水更好地造福百姓。

（2）坚持综合治理的系统观。莆田市因地制宜，坚持安全生态相结合、控源活水相结合、景观文化相结合，开启了木兰溪全流域系统治理新征程，木兰溪成为全国首条全流域治理的水系。①在治理理念方面，从注重防洪到“三位一体”综合治理。早在 2012 年，莆田就已按照“防洪保安、生态治理、文化景观”三位一体的理念推进木兰溪全流域系统治理。②在治理方式方面，从注重治水到山水林田湖草全面施治。在木兰溪治理过程中，莆田统筹山水林田湖草，在全流域构筑四道生态防线，全方位、全地域、全过程推进生态文明建设。③在治理范围方面，从注重下游到上下游干支流全域统筹。木兰溪治理从下游延伸至上游，从一溪两岸拓展到全流域。

（3）坚持和谐共生，生态保护与经济发展相得益彰。莆田市结合自身整体性、系统性和内在规律，整体施策、多措并举，推进木兰溪流域生态保护与修复，做到产业生态化、生态产业化，实现人水和谐共生、产城融合高质量发展。在具体措施上：①坚持空间管控，构建生态走廊。一是划定水生态空间，编制了《莆田市城乡水系及蓝线规划》，实施木兰溪及干流两岸建筑退距工程。二是强化水生态保护，上游封山育林，设立源头自然保护区，2018 年获评国家森林城市；中游退耕还林、退田还草，保证清水下山、净水入库；下游保护荔枝林和生态绿心，系统修复河口和湿地。②坚持以水定城，优化产业布局。一是强化节水型社会建设。开展水资源消耗总量和强度双控行动，优化配置水资源，统筹考虑流域生态用水，注重工业节水减耗。2013 年，莆田市获评全国节水型社会示范城市。二是限制高耗水项目落地企业进驻。主动淘汰一批投资大、税收高但高耗水项目。三是推动经济结构向绿色低碳转型。出台《莆田市产业投入和产出控制指标的指导意见》，创新性加入了环保、能耗等产业准入条件，推动产业布局和经济结构加速向绿色低碳转型。③坚持借水兴业，打造经济高地。一是拓展城市空间。依托木兰溪系统治理，连片推进莆阳新城、木兰陂片区等重点区域开发，开启了城市沿溪跨溪、东拓南进的新时代。二是保障经济发展。沿岸水患“洼地”如今成为经济发展“高地”。2018 年，莆田地区生产总值达 2242 亿元，比 1999 年增长 7 倍多，人均生产总值增加近 3 万元。三是助推乡村振兴。依托木兰溪系统治理产生的文化、景观效益，建成 13 个省级以上水利风景区，挖掘河道周边乡村旅游资源，推动生态效益变成广大群众看得见、摸得着的福利。

（4）传承创新，推动形成生态文明建设长效管理体系。20 年来，木兰溪从“水忧患”走向“水安全”，继而迈向“水生态”，推动“水经济”协调发展，归根结底在于莆田坚持久久为功的思想，在继承中创新，在创新中接力，积小胜为大胜，建立了生态文明建设的长效机制体制。在具体措施上：①深化河长制。首创流域双河长，增设县乡党政主官为木兰溪第一河长，亲自督导问题河道；首创河长日，规范河长常态化履职；建立“智慧河流”平台，推进河务监管网格化、信息化；设立有奖举报百万奖金池，市委开展木兰溪系统治理专项巡察，监委对有关问题发出监察建议书，纪检组同步监管，组织部常驻一线考核，压紧压实河长责任部门职责。②探索生态补偿机制。2017 年出台了《莆田市木兰溪流域生态补偿办法》，探索从社会、市场筹集资金，建立生态基金，形成多元化的生态补偿模式。生态补偿资金按照上年度市财政总收入的 3‰，采取市级财政和下游区财政共同筹措，主要按照水质进行分配，鼓励上游地区保护生态和治理环境，为下游地区提供优质的水资源。③实行生态文明考核机制。出台《莆田市生态文明建设目标评价考核办法》，建立相关评价考核体系，每年一评价、五年一考核；推行党政领导干部自然资源资产离任审计制度，探索出行之有效的自然资源资产审计办法，已审计仙游县和荔城区，责成整改问题65个，有效推动矿山开采等自然资源扰动地生态恢复。④创新投融资机制。莆田市整合了水利、生态环境、住建等部门的经营性资产，组建了水务集团，覆盖源水、水源保护、调水等全产业链，提升水资源利用效率；并运用PPP模式，吸引社会资本参与木兰溪流域综合治理，建立按效付费的考核机制。同时，出台了资金保障政策，允许"将木兰溪治理后纵深2公里土地出让收益，提取10%继续专用于木兰溪全流域综合治理"，要求"玉湖片区内市财政土地收入的80%必须用于玉湖新城改造建设，且专项使用、封闭运行"。

3. 四点启示

（1）始终坚持人民至上的理念。在治理河流中要常怀爱民之心，深入调研，心系百姓冷暖，情系灾区灾情，想百姓所想，急百姓所急，解百姓所盼，一切以人民为中心。

（2）始终坚持科学决策系统治理的理念。要尊重科学，遵循规律，听取专家意见，依据实验成果，坚持科学论证，确保决策科学可行。同时要加强生态保护，注重系统治理，坚决防止片面地就水治水，把治水兴水放在经济社会发展大局中来研究推进，实现治水与环境保护、产业转型、城市建设、民生事业等的有序衔接、措施同步，着力构建全域治水格局。要实施系统治水举措，综合运用工程措施、技术集成和生态手段，推进"互联网+治水"，开展综合整治，防抗洪水、抓好节水、保障供水、治理污水，实现节水蓄水调水有机统一和山水林田湖系统化治理。进一步加强水系综合治理，统筹规划区域水系，建设海绵城市和"智慧水乡"，实现水资源分布、使用区域、季节、时空均衡。

（3）始终坚持和谐共生理念。必须树立人口经济与资源环境相均衡的原则，加强需求管理，把水资源、水生态、水环境承载能力作为刚性约束，贯彻落实到改革发展稳定各项工作中。要加大环保投入力度，严格控制污染物排放，加强饮用水水源地保护、生活垃圾和污水处理等工作，坚决防止水污染。要积极涵养水源，同步推进治水与治山、治林、治田，守住耕地红线，推进植树造林、防沙绿化，加强水土保持治理，恢复建设湿地，增强重点流域、区域的水源涵养能力和生态自我修复功能，营造既能蓄水留水又能排洪泄洪的水生态。要注重自然修复，依托自然河道、水道，因地制宜建设一批人工水道，既减轻自然河道排洪泄洪压力，又联通湖泊、水库、池塘等，加强水源补充，构建起海河湖库塘连接、人工自然水道贯通的健康生态水系。要积极打造水生态工程，开发建设沿河生态景观带和沿岸观光农业、旅游业，努力实现山水相依、林水相伴、城水相融、人水相亲。

（4）始终坚持共建共享的理念。要坚持政府主导、全民参与，积极发挥市场作用，推进治水兴水。进一步强化各级党委、政府的职责，完善组织领导和工作协调机制，加大资金投入和政策支持力度，建立健全河长管理责任体系和治水责任清单，严格落实各项管理制度，充分发挥政府在水资源管理和治水兴水中的主导作用。要善于发动民间力量，发挥村级组织、社团组织、民间组织和志愿服务人员、公益环保人员、专业技术人员的作用，引导民企参与、民间投资和民众捐资，动员各行各业、各界人士为治水兴水献策出力。要健全完善督查、监督机制，定期组织各级人大代表、政协委员和群众代表、媒体记者开展联合督查，在网络媒体、电视广播上设立监督平台，畅通监督渠道，把治水评判权、监督权交给群众，及时发现、解决问题，形成全民治水的新局面。

第六节　执法监管经验和启示

河长制第六项任务是加强执法监督，要求建立健全法规制度，加大河库管理保护监管力度，建立健全部门联合执法机制，完善行政执法与刑事司法衔接机制。建立河库日常监管巡查制度，实行河库动态监管，落实河库管理保护执法监管责任主体、人员、设备和经费。严厉打击涉河库违法行为，坚决清理整治非法排污、设障、捕捞、养殖、采砂、采矿、围垦、侵占水域岸线等活动。江苏省及其他省市在执法监督方面的经验和启示如下。

一、江苏省盐城市探索建立“河长+警长”管理模式

1. 基本情况

河道警长职责是在河湖长的统一领导指挥下协同治水，维护江河流域治安秩序，打击破坏生态环境等违法犯罪行为。江苏省盐城市按照中央、省关于全面推行河长制的部署要求，把河道管理与保护作为践行绿色发展理念、推进生态立市战略的基础，在全面建立“市、县、镇三级总河长，市、县、镇、村四级河长”的河长组织体系基础上，创新设立“河长+警长”管理模式，推进河长制。全市共设立1154名河道警长，分别担任所辖警务区镇、村河道警长，具体负责组织领导河道管理范围内的治安管理工作。

2. 经验做法

（1）强调工作职责。盐城市盐都区在《关于在全区推进镇（区、街道）级河道警长的实施方案》中提出河道警长职责为协助“河长”履行指导、协调和监督功能，协助相关部门开展经常性督查，发现问题及时报告或落实责任单位处理，信息流转工作及协调和监督责任河段内涉水违法犯罪案件的查处工作。

（2）构建严密防控体系。盐城市对全市140家易制爆化学品企业、135家剧毒化学品企业仓库实行远程监控，实现危化品企业管理的“全时空、全覆盖、可视化”。同时构建“业主和专业管理负责人自查自管、村（社区）河道警长常态检查，市县治安部门定时抽查”三道防线，最大限度地消除管理盲区盲点，严防环境污染安全事故的发生。

（3）紧扣联勤联动协作。公安、环保、水利等部门建立信息共享、线索传递、案件移送等机制，开展联合执法行动。在联合执法行动中，全市共办理非法处置固体废物行政案件5件，刑事案件立案5起，抓获犯罪嫌疑人7人，刑事拘留2人，捣毁废旧电瓶冶炼窝点3个。

3. 三点启示

盐城市河道管理处自全面推行河长制工作以来，通过警长线索收集上报，共立办环境类犯罪案件88起，抓获犯罪嫌疑人181人，破获了“江苏苏源辉普化工有限公司污染环境案”等案件，起到了震慑一方、影响一片的效果。

（1）强化工作职责。建立“巡查发现河流问题，以图文形式及时通报和专人追踪整治”的闭合工作制度。

（2）建立完整联防联控体系。对重污染企业强化监督管理，构建“自查+警长检查+公安部门抽查”多道防线，严格污染源头管理。

（3）建立多部门信息共享制度。开展联合执法，实现多部门共同协作，打击环境污染违法行为。

二、江苏省徐州市建立“河湖长+检察长”新模式

1. 基本情况

河道检察长的设立是为了推进河湖管理行政执法与刑事司法的有效衔接，发挥检察机关公益诉讼职能。徐州市检察院与徐州市水务局联合制定出台《关于建立水务领域检察监督与行政执法协作配合机制的意见》，提出在全省率先建立“河湖长+检察长”河湖保护新模式，为徐州河湖配备了“双卫士”，强化检察监督职能与水务部门行政执法职能的协作配合，推动河湖生态保护和水务公益诉讼取得新成效。

2. 经验做法

（1）推动检察机关和水务行政机关的协作配合。徐州市两级检察机关和水务主管部门，通过建立联合巡查、联合督查、联席会议“三联”机制，形成全区域水环境、水资源保护合力。重大案件、重点环节及时协商，实现跨部门协作联动、跨区域协同推进。同时通过上下联动、多方协调、常规巡查和专项督查等方式，协同整治涉水违法行为，确保行政执法和司法保护无缝衔接。徐州市河长湖长制工作领导小组要求市级重要河流、湖泊，在原有河长、湖长的基础上，再分别配备一名检察长，把保护责任落实到人。

（2）构建信息互通共享建立重大情况通报机制。检察机关和水务行政机关对各自司法、执法领域内的新政策、新规定、新要求，工作中发现的新情况、新问题和疑难复杂案件及时向对方通报。水务部门向检察机关提供水生态环境、水资源保护、河湖保护领域行政处罚等信息和监测数据。检察机关向水务部门提供已办涉及水务的公益诉讼案件信息。对于在水生态环境、水资源保护等公共利益保护方面发生的重大案件、事件和舆情等重大问题，采取相互通报、共同研究的办法。

（3）案件线索双向移送和办案协作互助机制。检察机关和水务部门立足于单位职能，建立案件线索双向移送机制，水务部门对于发现的公益诉讼案件线索及时移送检察机关。检察机关发现水务部门存在履职不到位情形的，向水务部门提出检察建议。同时建立办案协作互助机制，对损害公共利益的水务领域违法行为，由水务部门、检察机关共同通过加大行政执法力度、强化检察监督、提起公益诉讼等方式依法查处。

（4）落实公益诉讼诉前检察建议及时反馈机制。检察机关以水务部门法定职责为依据，对水务部门存在的违法行使职权或不作为行为依法发出公益诉讼诉前检察建议。对于发出的检察建议，检察机关和水务部门通过听证、圆桌会议、公开宣告等形式，明确整改要求和标准，确保检察建议有效落实及时反馈。

（5）构建常态化事务性协作配合机制。检察机关和水务部门共同商定，建立联席会议机制，相互通报工作情况，就全市范围内水务领域公益诉讼等案件进行沟通交流。联席会议每年召开一次，由两单位轮流主办，并设立办公室负责日常工作。建立联合宣传培训机制，通过党支部共建、联合举办宣传活动等多种方式加大交流力度。定期开展业务交流活动，邀请对方单位领导或办案骨干介绍情况，相互学习业务知识，共同提高行政执法和公益监督能力。

3. 三点启示

（1）推进刑事、民事、行政、公益诉讼“四大检察”共同发力。强化检察监督职能与水务部门行政执法职能的协作配合。以司法办案为中心，助力河流生态保护和高质量发展。

（2）构建互联网信息沟通平台。检察部门和水务部门对司法、执法领域内的新政策、新规定、新要求，工作中发现的新情况、新问题和疑难复杂案件及时向对方通报，建立统一标准。

（3）建立信息共享机制。统筹协调推进检查部门和水务部门合作，建立双向移交互助机制，水务部门对于发现的公益诉讼案件线索及时移送检察机关。检察机关发现水务部门存在履职不到位情形的，向水务部门提出检察建议。

三、江苏省无锡市开展“绿刃”行动，剑指环境违法行为

1. 基本情况

江苏省无锡市环保局围绕改善环境质量的核心问题，深入开展“绿刃”环保专项行动，剑指污水处理厂管理运行、工业园区（集聚区）企业污染防治、重点大气污染源达标排放、重点污染源自动监控运行、危险废物管理处置、畜禽养殖污染防治等八个方面的环境违法违规行为，着力改善生态环境质量，解决突出环境问题，提升人民群众的环境满意度和获得感。

2. 经验做法

（1）丰富执法方式。无锡市“绿刃”行动采取飞行检查、突击检查、交叉检查等执法方式，同时对重点管控企业开展“白加黑”“5+2”全天候不间断的检查，严防不法企业利用夜间、雨天偷排，保持执法检查的高压态势。

（2）推动企业环保信用评价及绿色信贷。无锡市环保局对企业进行环保信用评价，对不同企业的环境行为分为绿色、蓝色、黄色、红色、黑色五个等级，并将企业环保信用评价结果与人民银行无锡支行、中国银保监会无锡监管分局实行信息共享，金融机构在办理管理信贷业务时，对不同等级行为制定相应的信贷门槛。

（3）建立“环责险”无锡模式。无锡市委、市政府下发《关于开展环境污染责任保险试点工作的指导意见》《无锡市环境污染责任保险实施意见》等相关文件，明确确立环责险工作的重要地位。同时推行预防为主、理赔为辅的理念，加大企业风险管理与风险服务力度，做好事故防范工作，减少突发环境事故发生概率。利用环保专家团队体检，寻找企业生产全过程存在的风险，比如，应急措施和物资是否齐备、有没有雨水排放口。帮助企业发现并解决“疑难杂症”。在专家评估之外，创新推出互联网+环境安全的新模式，将信息科技运用到环责险，在无锡地图上标注出所有的生产企业，并且实时更新这些企业的情

况，以配合应急处理方案。

（4）建立环境执法与司法联动机制。无锡市生态环境部门采用借力法治，健全各成员单位联席会议制度，加强与公检法等部门联系沟通，每月定期召开联络员会议，通报案件移送、侦办情况，开展案件讨论，对难点问题进行逐一剖析，构建生态环境保护长效机制，环境监管执法效能有效提升。

（5）建立履职不力问责制度。无锡市全面督察各地责任落实和问题整改情况，对问题查处不清、整改不力、工作不实的，动真碰硬执行环境责任追究制度，实现了约谈常态化、移交常态化、追责常态化，力促生态环境长治久洁。

3. 三点启示

（1）强化执法监督。构建起最严格的生态环境法律制度，加强司法联动，构建生态环境保护长效机制，推动督察责任落实和问题整改，执行环境责任追究制度。

（2）开展企业环保信用评价。实行信息公开和共享，建立绿色信贷通道，赋予生态环境部门新的经济执法手段，推动环境管理工作由传统型的行政手段进一步向行政、经济手段并举转变。

（3）建立专家智库。在企业推行环责险，建立环境污染损害鉴定评估机构，建立环境污染事故第三方责任认定及环境污染损害鉴定专家人才库，健全环境损害赔偿制度，使污染事故的责任认定和损害鉴定工作更加科学、规范。

四、浙江省绍兴市强化水环境监管执法，建设生态品质之城

1. 基本情况

绍兴是一座拥有2500年历史的古城，总水域面积642平方公里，占浙江面积的7.76%，中心城区水域面积占14.7%，全省第一，是典型的江南水乡。丰富的水域资源也形成了这座城市产业结构偏水度高的局面，高污染、高排放产业占据相当分量，水环境治理任务十分繁重。

绍兴历史是一部治水史，从中国第一个河长大禹开始，绍兴先后涌现出马臻、贺循、汤绍恩等治水英雄，留下了鉴湖、浙东古运河、三江闸等治水工程，为后世所传唱。2016年以来，绍兴市认真贯彻五大发展理念，落实省委、省政府“决不把脏乱差、污泥浊水、违章建筑带入全面小康”的决策部署和全省“五水共治”总要求，进一步拉高标杆、补齐短板，深入实施“重构绍兴产业、重建绍兴水城”战略部署，齐心协力抓治水，做到精准发力、河岸同治、业态联调、区域并进，坚决打赢水环境监管执法巩固战、攻坚战、持久战，为“共建生态绍兴、共享品质生活”、推进“两美”浙江建设做出新的贡献。

2. 经验做法

（1）理顺“一个体系”，强化执法力量

为全力打造全省“水环境执法最严城市”，绍兴市委、市政府成立了由市委副书记担任组长，分管副市长担任副组长，市水利局、中级人民法院、检察院和市委宣传部、公安局、生态环境局、建设（建管）局、交通运输局、农业局、城管执法局等部门负责人为成员的加强水环境监管执法工作领导小组，领导小组下设办公室，办公室主任由市水利局局长担任，统筹协调全市水环境监管执法工作。整合水政、渔政执法机构，成立了市水政渔业执法局，统一负责辖区内水利、渔业行政监管执法工作；各区、县（市）参照市里模式，也全部组建到位。

（2）完善“两项保障”，强化执法基础

一是完善法律保障。在全省率先出台《绍兴市水资源保护条例》。该条例对影响和破坏水域环境的内容做了专门规定，对相关法律责任和处罚主体进行了细化明确，为进一步加强水环境保护提供了强有力的法律保障。

二是完善装备保障。建设总投资超过 300 万元的水环境执法保障基地，目前执法艇码头已完成建设，即将投付使用；200 万元级新型渔政执法船已到位并投入使用。该基地建成后，绍兴市水政、渔政执法装备水平将迈上一个崭新的台阶，为进一步加大执法力度提供坚实的基础保障。

（3）建立“三大机制”，强化执法协作

一是建立联席会议机制。水环境监管执法联席会议成员单位由市水利局、公安局、生态环境局、建设（建管）局、交通运输局、农业局、城管执法局等部门组成。下设办公室，办公室主任由市水政渔业执法局局长担任，统筹水环境监管执法行动，解决执法过程中的重大问题，会商督办重大水环境违法案件。

二是建立司法协作机制。市中、检两院分别成立全省首个环境资源审判庭，出台水环境犯罪案件专项检察 9 条意见。市水利局与公安局、中级人民法院、检察院联合制定印发《绍兴市办理非法捕捞水产品犯罪案件工作意见》，强化执法协作，做到信息资源共享、执法衔接紧密、打击合力强化。

三是建立公安联动机制。在市、县两级设立公安机关驻水利部门联络室，建立健全联合执法、案件移送、案件会商、信息共享等六大工作机制。市、县两级公安机关把涉渔犯罪案件办理情况纳入对各基层派出所的年度工作考核内容，各基层派出所切实加强河道“警长”管理，加密巡河频次，办理涉渔犯罪案件的主动性、积极性大幅提升。

（4）开展“四大行动”，强化执法威慑

一是开展水环境监管执法专项行动。2016年3月17日，市委、市政府举行执法百日大行动启动仪式，市县联动、电视直播，集中打击违法渔业捕捞、违规渔业养殖、涉水涉岸违章等九大类违法违规行为，并依法实行“五个一律”（一律实施强拆、一律依法从重实施经济处罚、一律移送司法机关、一律移交纪检监察机关、一律在媒体公开）。全市共拆除涉水违章15.7万平方米，清迁整治沿河畜禽养殖场18万平方米，清理网箱、围栏、地笼等违规养殖捕捞设施3.87万处，在全市形成了强大的水环境执法震慑效应。

二是开展禁渔期非法捕捞执法专项行动。以全市开展水环境监管执法百日大行动为契机，坚持“全过程、全方位、全天候”最严格执法，重拳打击“电、毒、炸”等违法捕捞渔业资源行为。2016年以来，全市共查处渔业行政处罚案件800余起，与公安机关联合查处涉渔刑事案件500余起、涉案人数1000余人，涉渔刑事案件数量和涉案人数连续三年居全省前列；同时大力探索与推广渔政社会化管理工作，打造“专群结合”的渔政管理新模式。

三是开展保护海洋幼鱼资源执法专项行动。全力打好“伏季休渔”保卫战和“保护幼鱼”攻坚战及“禁用渔具剿灭战”三战行动，严控渔业捕捞船舶，严堵幼鱼销售渠道，加强伏季休渔监管，保护海洋幼鱼资源。去年以来，水利、市场监管部门开展联合执法检查17次，检查水产经营户270余家，编印、发放宣传资料5000余份；开展钱塘江“亮剑”执法9次，查处非法捕捞案件15起，罚款4万余元。

四是开展地笼等违规捕捞设施整治专项行动。按照“市县联动、属地负责，突出重点、注重长效”的原则，由属地镇街牵头、渔政执法部门配合，对平原河网地笼等违规捕捞设施进行全面排查，列出问题清单，明确整治时限，逐一销号管理。全市共清理地笼等违规捕捞设施12000余只，有力改善了平原河网渔业的生存环境。

（5）构建“多层网络”，强化执法监督

一是强化督查考核。把水域清养（指“河蚌、网箱、围栏”养殖）、水产养殖尾水整治、增殖放流等工作列入全市“五水共治”年度考核重要内容，列入《绍兴市党政领导干部生态环境损害责任追究补偿实施办法》重要内容。以“水环境监管执法领导小组”的名义，对各地涉渔、涉水违法行为进行定期不定期督查、通报、曝光，责令当地限期整改。

二是强化媒体监督。建立媒体协同机制，邀请市、县主要新闻媒体全程参与执法专项行动，利用绍兴日报“曝光台”、绍兴电视台“今日焦点”栏目，切实加大违法案件的曝光力度，为水环境执法提供正能量。建立舆情应对机制，通过 APP 等新媒体发布执法信息，组织开展新闻发言人培训活动，充分提高执法人员的舆情应对能力。

三是强化公众参与。邀请“两代表一委员”参与监督水环境执法工作。引导义务护渔组织，开展水环境、渔业知识宣传教育活动，积极劝导渔业违法违规行为。鼓励广大市民通过举报电话、政务热线、110 应急联动、网上交流平台反映问题，着力做到问题早发现、早处理。

3. 三点启示

绍兴市以打造环保执法最严城市为目标，用一套组合拳打出了“绍兴力度”，强化环保执法监管和制度创新，部分工作走在全省乃至全国前列。

（1）确立环保执法最严目标。绍兴市在 2015 年就提出了打造全省环境执法最严城市的目标，并围绕“源头把关最严、日常监管最严、行政执法最严、司法联动最严、信用管理最严”五个方面，提出了最严格的标准，以执法倒逼绍兴环境质量的提升。在“建设生态绍兴、共享品质生活”的工作主线下，绍兴提出：凡是有利于生态文明建设的都要坚定不移做，凡是有悖于生态文明建设的都要坚定不移改。全社会对环保的重视达到新高度，“管发展必须管环保、管行业必须管环保、管生产必须管环保”的环保工作责任体系也逐步建立起来。

（2）对环境违法行为零容忍。在强化环保执法中，绍兴市提出了“五个一律”标准：对发现的环境违法行为，一律先停止违法行为、查封违法设备；拒不履行环保责任、拒不执行处罚要求的，一律实施断水断电；环境违法涉及立案查处的，一律从高限处罚；环境违法构成犯罪的，一律移送公安；所有环境违法案件，一律予以媒体曝光，问题严重的实施限批与挂牌督办。绍兴市上下齐心，对环境违法行为零容忍，执法力度也越来越大。

（3）建立坚实的制度支撑。绍兴市出台了推进生态环境损害赔偿诉讼工作意见，建立完善信息共享、案件移送、案件会商等无缝衔接的联合办案机制。市中级人民法院成立全省第一个“环境资源审判庭”，检察院还出台了建立生态环境司法修复机制的规定，“生态环境保护”专项检察工作获得最高检的肯定。在强化监管上，绍兴制定《绍兴市污染源自动监测数据适用环境行政处罚实施办法（试行）》，凡监测数据超标的一律立案，自动监控数据可以直接作为执法依据，开创全国先例。同时，大力推进移动执法系统和行政电子处罚平台应用。建立了污染源日常环境监管“双随机”（随机抽取检查对象、随机选派执法人员）抽查制度。在问责制度上，出台《绍兴市党政领导干部生态环境损害责任追究实施办法》，划出了领导干部在生态环境领域的责任红线，将“终身追究”

作为党政领导干部生态环境损害责任追究的一项基本原则。

第七节 公众参与经验和启示

公众参与是河长制良性发展的重要保障。河湖管理状况与公众息息相关，公众既是河湖问题的生产者也是受益者。公众的参与能有效提升河长制各项具体措施实施过程中的透明度和高效性，减少权力滥用带来的不良后果。自河长制实行以来，江苏省及其他省市在公众参与方面的经验和启示如下。

一、江苏省宿迁市宿豫区构建“333”乡贤护河新路径

1. 基本情况

乡贤河长以乡贤作为桥梁纽带，发动全民参与护河治水，推动“政府治水”向“全民治水”转变。宿豫区按照1名乡贤1面水体要求，应立牌管护水体607面，实际立牌630面，立牌管护率103.8%。通过广泛宣传动员工作，选聘乡贤护水员521名，护水乡贤占乡贤总数的85.83%。做到河湖应立尽立、应管尽管、应护尽护。宿豫区按照“五个一”护水要求，以保护水资源、防治水污染、改善水环境、修复水生态为主要任务，探索实施“333”工作法，构建责任明确、协调有序、管护规范、保护有力的乡贤义务护水员机制，帮助乡贤护水员当好护水信息宣传员、监督巡查员。

2. 经验做法

（1）坚持目标导向，推动“三项融合”。一是与乡村环境综合整治相融合。结合乡村环境综合整治，先由乡镇（街道）、村（居）发挥战斗堡垒作用，积极参与护水工作，对“五小”水体及周边环境开展全面整治，对已清理到位的水体，移交护水乡贤开展常态管护。二是与河长制有效联动相融合。借助河长制工作体系，将乡贤护水与河长制实现无缝对接，有机结合，通过统一安排、统一交办、统一治理、统一管护，形成多部门协同联动、齐抓共管的局面。同时确保凡是没有通过河长制进行保护的“五小”水体设立乡贤义务护水员进行管护，实现全面覆盖、无一遗漏。三是与乡村振兴一号线打造相融合。借势乡村振兴战略实施，围绕农民集中居住条件改善，重点规划建设农村新型社区，结合现代高效农业项目实施，串联起总长148千米的乡村振兴一号线。

（2）坚持绩效导向，建立“三项机制”。一是建立健全常态长效护水制度。建立“1+3”护水制度，其中“1”是制定《宿豫区乡贤义务护水工作方案》，

“3”是建立《宿豫区乡贤义务护水巡查制度》《宿豫区乡贤义务护水员工作职责》《宿豫区乡贤义务护水员培训制度》，推动乡贤护水工作规范化、制度化、常态化。二是创新多方联动制度。发挥乡贤牵头引领的主体作用，成立由村干部、群众代表、保洁员组成的协同护水小组，协助乡贤共同开展护水工作，建立《宿豫区乡贤护水协同联动制度》，强化“协调、联动、群策、群力”的组织保障，明确各自职责，协同参与“五小水体”的常态化管护工作，做到小问题处理不出村。三是建立逢5巡查制度。常态开展水体巡查和污染整治工作，明确每月5日、15日、25日为乡贤护水固定巡查日，每月25日为乡镇集中巡查日，同时，乡贤护水员结合自身实际，采取不定期巡查的方式，做好信息汇总上报工作，并跟踪问题整改情况，保证乡贤护水巡查的频率和效率，以“零容忍”的态度坚决打赢“五小水体”污染整治攻坚战。

（3）坚持问题导向，抓好“三项监督”。一是督查水体底数清不清，协商推动先整治、后移交。根据各乡镇（街道）排查上报的“五小水体”总数、纳入管护水体数、实际插牌管护数等情况，组织政协委员进行视察监督，重点对纳入管护水体、实际插牌水体、水体整治移交等情况进行督查，协商推动对暂不具备管护的水体迅速进行整治，及时移交乡贤护水员，确保水体排查和插牌底数清、情况明，做到应排尽排、应管尽管、应护尽护。二是督查护水队伍强不强，协商推动先培训、后上岗。根据各地选聘上报乡贤护水员情况，组织委员开展视察监督，重点对乡贤护水员选聘、培训等情况进行督查，确保护水员先培训再上岗，实现个个水体有人管、百名乡贤护碧水。三是督查护水标准高不高，协商推动先实施、后考核。将“五小”水体管护工作纳入全区高质量考核，按照《宿豫区2019年度高质量发展综合考核办法》的要求，围绕“六个一”工作标准，根据各地乡贤护水工作进展情况，成立3个民主监督小组，带领乡贤、政协委员、区直有关部门负责人，开展专项督查，现场评议、打分、交办整改事项，打分作为政协对乡镇（街道）考核得分的依据，推动乡贤护水工作高质量开展。乡贤利用地方小戏开展小微水体护河宣传见图2-9。

图 2-9 乡贤利用地方小戏开展小微水体护河宣传

3. 三点启示

（1）强化公众参与。乡贤护河能有效解决护水工作“最后一公里”问题，对小河、小塘、小沟、小渠、小库等“五小”水体的管护起到至关重要的作用。乡贤河长以品行、才学及名望都公认的退休老教师、老党员和老干部为主体，能有效增强河湖管护知识的宣传效果。开展乡贤义务护水既能发挥乡贤作用加强水体保护，又能对推行“河长制”工作进行有益补充，推动“政府治水”向“全民治水”“要我治水”向“我要治水”转变。

（2）建立完整管护机制。推动乡贤护水工作规范化、制度化、常态化。发挥乡贤牵头引领的主体作用，成立由村干部、群众代表、保洁员组成的协同护水小组。

（3）建立乡贤选聘、培训机制。乡贤先培训再上岗，同时乡贤、政协委员、区直有关部门负责人成立民主督察小组，开展专项督查，现场评议、打分、交办整改事项。

二、江苏省打造多功能“河小青”

1. 基本情况

“河小青”是参与环保行动、助力河长制的广大青少年的总称，是河长的助手和落实河长制的参与者、支持者、监督者。江苏省以青年为主体的环保科普活动每年多达3000余场，参与志愿者2.5万余人，服务人次超过百万。近年来，江苏共青团落实国家生态环境保护战略部署和省委、省政府加快建设“绿色江苏”相关要求，结合全面推行河长制的实施意见，按照“美丽中国·青春行动”总体部署，积极发挥共青团组织化、社会化动员优势，通过构建活动载体、丰富活动维度、深化活动内涵，打造了一支多功能的“河小青”队伍。

2. 经验做法

（1）植树护河的“行动派”。河小青在实践活动开展上，以“青春建功新时代·植绿护水新江苏”为主题，举办环保植树、定向越野、护水投放等生态活动。例如，团徐州市委举行“争当‘河小青’——百万青少年在行动”暨徐州市小青檬环保实践主题活动，组织全市300余名青少年共植青少年公益林；团南通市委配合市委市政府筹建南通市五山国家森林公园和南通植物园，发动3万余名青年参与沿江植树造林，持续植树5万株，打造滨江观景带。

（2）生态理念的“宣传员”。在环保宣传方面，以漫画、微型马拉松、骑行、微视频、歌曲等多种方式传播绿色生态理念。例如，河海“河小青”团队设计了水环保微讲堂、河“睦”亲子行线路图、秦淮河水质监测取水点等多个环保项目；“保护江豚，留住长江的微笑”“鱼我同行·防治蓝藻”“绿芽计划”等环保课程走进课堂，专项课程全年超过200场。

（3）垃圾分类“先行者”。江苏省委组建机关生活垃圾分类志愿者队伍，建立志愿者活动的长效机制，发挥示范引领作用。团苏州市委启动垃圾分类专项志愿服务行动，建立起“三位一体”工作机制，借助“河小青”“小蜜蜂”等志愿者团队开展垃圾分类宣讲互动75场次，同时在全市45所中小学试点，打造“垃圾分类·绿色助学”教育实践基地，引导广大中小学生从小树立绿色环保的生活理念。团泰州市委组建青农会、堰归来、基层团组织、青志协4支突击队，参与河小青logging（跑步捡垃圾）、入户宣讲、旧物改造、“垃圾等你来找家”等活动，引导青年率先施行垃圾分类，推进“美丽庭院”四化建设。

3. 三点启示

江苏省全省已建立“河小青”队伍305支，参与人数达3万多人，巡河护水活动2000余次。“河小青”能有效增强青少年环保意识，能在青少年群体中形成保护环境的声势。江苏省打造多功能“河小青”团队，能使各团队发挥自身组织优势，打造不同鲜明特色的主题活动。

（1）强化宣传，打造河小青品牌。利用共青团和水利部门的宣传矩阵，通过图片、歌曲、短视频等多媒体方式，在青少年群体中广泛宣传、形成声势。

（2）开展特色河小青活动。河小青组织者要充分发挥地方党政政策优势、保障优势，结合自身组织优势和行业优势，集中各方资源，开展具有鲜明特色的主题活动。

（3）建立志愿者活动的长效机制。发挥志愿者示范引领作用，对志愿者开展的活动进行宣传、在学校举行讲座，引领中小学生树立绿色环保的生活理念。

三、江苏省南京市鼓楼区创建“专家河长”

1. 基本情况

南京市鼓楼区委区政府为坚决打赢碧水保卫战，借助河海大学的专业优势，借助各位专家、教授的聪明才智，提升河长制工作效能，提升全区水环境治理水平。鼓楼区和河海大学签约专家河长，为鼓楼区河长制的落实提供技术支撑，推进生态文明建设；同时，也为河海大学专家提供研究样本和实践基地，推动学科发展。

专家河长的工作任务有：熟悉所负责河流的历史、文化、治理过程等情况；指导一河一策编制以及工作落实；不定期参与河长巡河，参与河流治理和管护的全过程指导；协助责任河道区级、街道级河长解决河湖治理当中的问题，参与商讨并制订解决方案；每年 11 月 20 日之前完成一份责任河道“治管保”的综合情况分析报告等。24 位“专家河长”由相关专家担任，专家河长们运用水利、环境、生态、法律等专业知识，对水环境治理的重难点问题进行现场调研，开展技术指导，并提出相应意见；通过积极地抓建设、强管理、固成效，力争消除劣 V 类水体，打造出多条“生态示范河”，实现“水清岸绿，鱼翔浅底”。

2. 经验做法

（1）一河一专家河长。鼓楼区聘请的 24 位专家河长每人联系鼓楼区一条河流，协助河长解决治水工作难点，协同推进河长制工作的深化落实。2020 年 3 月 30 日，龙江河河长唐德善教授勇挑重担，组织专家组到南京市鼓楼区龙江河调研，查看龙江河的水质、排水口、流向等情况，并进行现场测量，测量结果显示：当日水质达不到 V 类水水质标准，属于轻度黑臭。龙江河专家河长进行水质测量见图 2-10。

图 2-10　龙江河专家河长进行水质测量

（2）专家为河流会诊开出“良方”。专家河长通过组建专家团队实地调研听取街道汇报和不定期巡河，为河流进行“把脉会诊”，找出河流治理中的重点和难点。根据调研得出的重点问题，专家结合自身掌握了解的专业理论和先进技术，为河流下一步的治理提出可行性建议和整改措施。南京市鼓楼区龙江河河长根据现场核查，提出改善龙江河水质首先要加强水动力，通过泵站、水闸优化调度，使河水流动，才能改善水质。其次，加强截污。需尽快查清污水来源，解决雨污混接问题，做好截污工作。再次，建设增氧湿地。在河岸长条空白带建增氧湿地，打造水质提升示范样板。最后，要加强管理保护，加大投入，进一步落实责任，注重考核成效。

（3）落实专家责任。河海大学的 24 名“专家河长”全程参与河道治理和河长制专业培训，并帮助鼓楼区为辖区内所有河道制订“一河一策”治理方案，1331 处排口制订“一口一案”治理方案。同时在每年 11 月 20 日之前完成责任河道“治管保”的综合情况分析报告。

3. 四点启示

（1）推进精准治水。专家河长凭借自身多年的工作经历，以专业视角提出河流治理意见，能全面准确地把控河长制湖长制工作的发展方向，提供更加可靠、具体的建议。

（2）推动科学治水。专家河长通过对治水理论及措施研究，能有效推进科学系统化治水，有利于巩固整治成效，进一步健全河长制组织框架。

（3）推动基层河长智库建设。专家河长通过定期召开学术研讨会，对基层河长开展业务知识培训、提供政策咨询和技术指导，能有力推动河长制工作从“见河长”向“见实效”转变。

（4）推动实践护水。专家河长们通过每条河治理保护的实践，总结成功的经验、失败的教训，实践出真知，完善护河理论，为河流问诊把脉开出“良方”，保障河湖健康美丽，做河长的好参谋。

四、浙江省绍兴市柯桥区推行“企业河长”

1. 基本情况

长期以来，浙江省柯桥区企业被置于政府环境监管的对立面，污染排放企业多、监管人员少，环保监管部门总是感到人手不够、力不从心，“猫抓老鼠”的办法、人盯人的战术弊端凸显。2016 年，当滨海工业区（马鞍镇）面对企业多、印染产业集聚的现状，经过深入调研，以省级河道曹娥江为试点，推出了“企业河长轮值制”。选出 12 位素质高、责任感强、有行业影响力的印染、化工、热电等企业老总担任企业河长，运行效果良好，实绩明显。2017 年以来，马鞍镇再接再厉深化“河长制”工作，继而提出了深化“企业河长制”，企业河长制工作全面铺开。在借鉴曹娥江流域“企业河长轮值制”成功经验的基础上，聘请 163 名同志担任企业河长，实现企业河长全覆盖。另根据行业、地域等特点，特聘请各行各业的领军企业老总担任行业河长、区域河长、轮值河长和联盟河长。一方面压实企业责任，另一方面又重塑企业形象，正人先正己，治水先治己，整个面上河道水质明显提升，河道环境明显改观。

2. 经验做法

（1）推进“两大”转变，实现身份“专职化”。一是推进企业从“治水旁观者”向“治理责任者”转变。通过调查走访，挑选和排定有责任心、有担当、行业口碑好的企业负责人作为河长，制定和出台河长轮值制的具体实施方案和操作细则，部署落实，调动起企业河长参与治水的积极性和责任心。二是推动企业从“被动治水”向“主动治水”转变。首先是企业带头自律，主动落实自己企业的治水护水责任，通过技术改造、强化内部管理等方式控制工业废水和生活污水排放总量，不断探索节能减排、清洁生产新措施，做到企业自身发展与环境保护同步推进。通过治水倒逼企业转型升级，减少企业在发展中对环境的破坏，从而有效缓解企业与社会大众的紧张关系。其次是企业切实肩负起轮值流域的巡查、监督、治理责任，由相应的职能部门负责，对轮值企业在自我管理、定期巡查、及时整治、广泛宣传和交流互动等方面进行督查监管，并在河道周边竖立“企业河长公示牌”，公开责任河长姓名和联系方式，广泛接受社会各界监督，使工作透明公开，治理全面有力。

（2）实行“三大”机制，实现管理“规范化”。一是实行定期巡查机制。各企业河长在自己所在的“河长制”单位建立专门的河道巡逻队伍，开展每日一次的巡查任务，发现问题及时记录取证，将相关巡查记录在《“河长制”管理工作台账》上。二是实行企业河长优先机制。对责任落实到位、工作成效显著、具有示范引领作用的企业河长，在荣誉授予、资源匹配、政策奖励等方面给予优先考虑，进一步激发企业参与治水的热情，激励企业更好地参与到治水带来的机遇与竞争之中，吸引更多的企业加入治水队伍中来。三是实行自动淘汰机制。对在轮值期间，发现企业自身存在环保违法事件被查实的、未完成节能环保任务、治理工作不积极主动、整改未及时到位、履职不到位被举报等情况的，自动淘汰企业河长，并选取其他企业进行轮值，确保整治不流于形式，治理取得实质性效果。

（3）发挥“四员”作用，实现治水“专业化”。一是发挥“守门员”带头保护作用。通过企业担任河长，要求企业切实坚守法律底线，杜绝各类环保违法行为，加强技术改造，控制工业废水和生活污水排放总量，探索节能减排和清洁生产新措施，真正从源头上改善水质。二是发挥“监督员”主动巡查作用。首先做好“一天、一旬”巡查工作，敢担责、勤履职，敢于做“恶人”，及时制止各类有害水质的不良行为；其次是做好信息互通工作，通过治水微信群，及时上传巡查中发现的环保违法线索。三是发挥“参谋员”献计献策作用。充分利用企业河长熟悉情况、专业性强、实践经验丰富等优势，发挥好企业治水联盟作用，通过微信群、企业河长会议等，适时联络，取长补短，相互交流治水经验，献计献策共同治水。四是发挥“信息员”宣传引导作用。企业建立专业治水团队，通过企业内部例会、厂刊厂报、公告栏、QQ 群、企业河长微信群等载体，强化企业内部职工治水、护水和节水意识，同时，发挥轮值企业引领作用，带动周边更多的企业结成“企业治水联盟”，加强联络，取长补短，开好河道治理“诸葛亮”会，共同投入治水战役中，营造全民治水的良好氛围。

3. 三点启示

（1）发挥企业主体优势。企业作为污染主体，能发挥其作为企业同行的优势，对其他企业偷排行为，能更加有效地截获，而对被紧盯的企业会有较强的约束效果，对生态环境部门的监管起到良好的辅助作用。

（2）强化企业责任意识。要求企业河长自行组织开展河道清理、违规排放巡查和岸边植被种植等工作，同时带领其他企业增加环保投入，让企业从“旁观治水”向“责任治水”转变，强化企业的社会责任意识，使企业成为治水的主体。

（3）建立操作性强的配套机制。政府要建立巡查处置、激励优先、落后淘汰三项机制，与每位“企业河长”签订责任书，竖立公示牌亮身份接受社会监督。对未完成节能减排任务、治理不积极、整改不及时、履职不到位的“企业河长”予以淘汰。

五、浙江衢州市常山县推行“骑行河长”

1. 基本情况

2017 年，常山县委县政府积极响应省市“全域剿灭劣Ⅴ类水”的部署，聚焦小微水体整治提升，全速全域推进剿劣攻坚战。常山县以村中塘、沟渠等为代表的小微水体遍布各处，在县乡两级力量有限的情况下，面临的剿劣压力不小。常山山地自行车蓬勃发展带动骑行爱好者队伍的持续壮大，骑行爱好者们希冀在绿水青山间惬意穿行，在锻炼身体的同时欣赏美景。县委县政府乘势而为、积极谋划、整合力量，成立常山县“骑友”志愿服务联盟，组织骑行爱好者充实到“骑行河长”队伍中，充当“治水剿劣”的“眼睛”，进一步充实了“五水共治”民间治水力量。至此，“骑行河长”成为常山官方河长力量强有力的补充。

2. 经验做法

（1）统筹多方力量，促参与全民化

一是引领示范先行。出台《常山县“骑行河长”常态化工作方案》，明确工作目标，细化工作机制。乡、村两级河长先行加入乡镇“骑行河长”队伍，以骑行方式开展“五水共治 · 河长制”满意度宣传和宣讲活动，县级挂联部门成立河道“骑行河长”队伍，以骑行方式巡河，示范带动群众参与。二是择优配强队伍。由县治水办牵头，14 个乡镇（街道）、26 条河道关联部门联动协作，通过文件、微信公众号、电视等多种渠道向社会公开广泛征集“骑行河长”，以“自愿、择优”为原则，鼓励具有环保意识、责任心、公益心的骑行爱好个人或团队参与到河道管护治理中来。三是借力赛事效应。主动与中国山地自行车公开赛组委会对接，设立“骑行河长”专赛组，将其纳入中国山地自行车公开赛总决赛固定赛事议程中，借力国家级大赛宣传效应，提升“骑行河长”媒体关注度、社会影响力，鼓励更多社会大众加入“骑行河长”队伍。

（2）注重精准发力，促监管专业化

一是成立“智囊团”专家库。采用个人申请和单位推荐的方式，累计遴选熟悉水质监测、污水处理、渔政执法、畜禽管理等专业背景的专家和业务骨干 15 名，组成“骑行河长”智囊团，并根据其特长，分配到相应治水任务较重的乡镇“骑行河长”队伍中，为开展活动提供技术支撑和决策参考。二是强化业务培训。通过组织环保、农办、水利等方面专家授课，讲解河道保洁、污水处理要求等专业知识，提高“骑行河长”履职监督能力和问题处理能力。今年以来，我县共举办“骑行河长”培训18期，累计受训人数2000余人。三是实行“建账销号式”整治。以问题为导向，河道“骑行河长”每月一次、乡镇“骑行河长”每半月开展一次巡查，做好巡查记录。巡查发现问题，落实专人处理，复杂问题列入挂号清单，由“骑行河长”智囊团把脉问诊，制定“一题一策”，联系结对相关部门处置后，对账销号。截至目前，“骑行河长”已有效处置各类问题1500余个。

（3）健全工作机制，促运行规范化

一是建立保障机制。探索建立多元化投入保障机制，26条河道关联部门、14个乡镇（街道）每年落实一定的活动经费，同时与金华银行、农村信用社等社会团体互助合作，争取部分工作资金支持。制作“骑行河长”logo，统一配备巡河装备和“共享”单车，由94个包村治水结对部门为每位“骑行河长”购买意外保险。二是建立管理机制。成立“骑行河长”联盟，建立健全履职承诺、志愿积分、巡查、结对共治、信息管理5项运行制度。“骑行河长”队伍以团体会员的形式加入“骑行河长”联盟，接受联盟指导，开展巡河活动。联盟对“骑行河长”工作成效实行量化积分评价，年终召开“骑行河长”竞评大会，通过“亮积分、晒成效”，评选优秀“骑行河长”团队、最美“骑行河长”。三是建立激励机制。设立“骑行河长超市”，结合乡镇“垃圾超市”一并管理，“骑行河长”人手一本“志愿存折”。各队员参加活动，根据参与活动频数、巡查发现问题、整治问题、发动群众参与等成效积累不等积分，年终可凭“存折”兑换与之对应的物品奖励。

3. 三点启示

“骑行河长”，有效弥补了官方河长在日常巡河、信息收集方面的不足，示范带动了公众参与水环境保护与治理，推动了绿色骑行生活方式、志愿者文化与河长制工作深度融合。

（1）建立智囊专家库。专家为活动提供专业化指导，同时通过开展讲座提高“骑行河长”的履职能力和问题处理能力。

（2）健全工作机制。建立保障机制、管理机制和激励机制，推动“骑行河长”健康发展。

（3）强化社会宣传，推动全民共治。运动式治水、阶段式治水并非根本之策，需要社会共同参与。要持续强化宣传力度，增强全社会治水氛围，因势利导，培养公众自觉自为意识，将社会公众从旁观者变成参与者、监督者，变政府治水为全民共治。

他山之石，可以攻玉。以上筛选的经验和启示在国内外的实践已取得显著成效，相关地区、有关部门可结合当地实际推行这些经验，推进河长制取得实效。

第三章

河湖长制发展路径

一、落实责任，强化河长的政治担当

河长制落实的根本在河长，但还有少数河长政治担当不足，表面敷衍，对习近平生态文明思想认识不够深刻，对全面推行河长制湖长制重大改革举措理解不够透彻，迫于上层压力，巡河“走过场”。

建议国家层面加强河长制湖长制立法建设，出台河长制湖长制相关法规制度，便于各地遵循，借助法治力量推动河长制湖长制落地见效。突出河长巡河、会议、解决实际问题的职责，实施上级河长对下级河长的考核。强化工作督查，掌握河长履职和河湖管理保护情况，跟踪问题整改，推进河湖“清四乱”。建议从国家层面深化对河长制的顶层设计，注重多部门协作，并将河长制工作纳入国家生态文明建设有关的工作和考核。升级河长办配置，将省级河长办主任调整为政府分管同志，进一步强化指挥协调能力。

二、因地制宜，推动河湖长制工作落地

因不同地区环境条件不同，河湖长制推动工作应有所不同。如南方水多、范围大、水污染严重；北方水少，河道退化。对于干旱缺水地区要在最大可能的情况下，让河道保持生态基流，保证其生态功能，从而增强群众的河道保护意识，也能最大限度地改善其生活环境。对于水源涵养区和水源补给区，河湖治理保护任务较重，建议水利部、生态环境部继续加强河湖长制培训指导，在国家河湖长制奖补资金和生态补偿资金上给予倾斜支持，推动河湖长制工作落地见效。南方水污染严重地区，进一步加大水污染防治工作力度，全力推进河湖“清四乱”整治，保护河道空间的完整，维护河道的健康生命；加强农业面源污染治理手段和技术的研究；对黑臭水体、水污染源治理以及历史原因形成的河道管理范围内非法建设项目整治彻底到位；江苏、广东地级及以上城市建成区黑臭水体整治有待加强。

三、加大投入，设立河湖长制专项资金

河湖长制工作的推动需要资金，经济困难地区由于投入建设经费不足，导致基层河湖长制人才相对缺乏、人员专业素质有待培训和提高。河湖管理保护经费和防治资金不足，长效、稳定的河湖管理保护投入机制还未完全建立，制约工作全面顺利开展。

建议河湖长制工作经费有稳定的制度安排。对贫困地区的河湖长制经费也列入扶贫支持内容，资金投入相对倾斜，设立河湖长制专项资金，重点用于河长制湖长制信息管理系统建设、河湖长制公用设施的维护、市县河长及河长办工作人员的培训、对河湖长制考核优秀市县的奖励、河湖巡查保洁补助等。

在西藏、甘肃、青海、云南高原等水源涵养区和水源补给区，生态环境脆弱，一旦受破坏后难以恢复，治理成本极高，河湖治理保护任务较重，需要采用立法等严格的制度及专项资金来保障，加强对河湖长制工作的培训指导。如云南九大高原湖泊的一湖一条例、青海湖自然保护条例应推进落实。

四、创新思路，促进河湖长制持续推进

在全面推行河湖长制后，如何继续完善、持续改进、不断提高，不单要有制度的保障，更要有工作思路的创新。

创新河湖治理投融资体制机制，充分激发市场活力，建立健全长效、稳定的河湖治理管护投入机制，保证河湖管护需要。创新河长办成员组成方式，促进各部门协同工作，提升联动效率，形成强大的治水管水工作合力。创新河湖治理方法，依靠高科技、新工艺、新方法，从物理、化学、生物等角度提出污染水体、黑臭水体的治理方法，让广大高校、科研院所的专家、学生参与到河湖长制的工作中来，切实推进河湖长制。

五、加强培训，提高河长的履职能力

河湖管护治理关键在基层，现在许多地区的河长已经从乡延伸到行政村、村小组，实现了全覆盖、无死角。但由于基层河长能力差异较大，为了提升河流综合管理水平，应对基层河长组织开展多种形式的交流培训，重点是县、乡、村级河长及工作人员，使他们真正理解河湖长制的内在要求和目标任务，避免一些地方在实践过程中简单化、片面化，甚至流于形式，提高基层河长依法履职能力，真正打通河湖管理“最后一公里”问题。

六、加强宣传，推进公众参与河湖长制

从河湖长制现场问卷调查结果来看，尽管群众满意度较高，但仍有少数省份的群众对河湖长制知晓度低、对河湖的保护意识弱，部分与河道关系更为紧密的群众依然是“旁观者”的角色，对利害关系认识不足，参与热情不高，存在干部“一头热”现象，从而给河湖长制的落地生效带来困难。建议积极开展多层次的“六进”活动，提高公众参与度，培养其保护河道、爱护环境的意识，使群众对河湖保护成为自觉行动，发动群众参与河湖保护。

七、加强监测，为河湖管理提供支撑

加快完善河湖监测监控体系，运用无人机、视频监控、在线水质监测、卫星遥感等技术，加强对河湖的动态监测，及时收集、汇总、分析、处理跨行业信息等，为各级河长决策、部门管理提供智能服务，为河湖的精细化管理提供技术支撑。

八、划界确权，明晰河湖管理保护范围

河道管理范围和确权范围的不一致，界限不清，以及国土、农业、城建、水利等部门的信息不一致等原因，导致了长期以来在同一条河道范围内各行其是的局面，使问题长期积累，难以解决。河长制第二任务“对河湖划界确权”从根子上解决了河湖占用问题，建议统一空间规划，加强河湖管护，实事求是，有序清理河湖占用问题，完成河湖管理范围划界和确权登记。

九、考核评估，推进河湖长制健康发展

考核评估旨在总结经验、分析问题、提出建议，为全面推进河湖长制落地生根、取得实效提供技术支撑；通过考核评估，推进河长们总结推进河长制湖长制的经验，找出存在的问题，明确努力的方向，促进各地推进河长制湖长制取得实效，利用评估引导地方将“河湖长制”与“乡村振兴战略”结合，解决农业面源污染的“癌症”，建设“生态河湖”“生态农业”“循环经济”“田园综合体”示范区，探寻符合各省实际的“治本之策”——保护环境、发展经济，实现人们对美好生活的向往。江西自推行河湖长制以来，始终坚持问题导向和目标导向，突出水陆共治和系统治理，持续开展以“清洁河湖水质、清除河道违建、清理违法行为”为重点的“清河行动”。2016 年，将水质不达标河湖治理、侵占河湖水域岸线、非法采砂、非法设置入河湖排污口、畜禽养殖污染、

农业化肥农药减量化、渔业资源保护、农村生活垃圾和生活污水、工矿企业及工业聚集区水污染、船舶港口污染10个方面列为“清河行动”的重点内容。2017年又增加水库水环境综合治理、饮用水源保护、城市黑臭水体治理、非法侵占林地破坏湿地和野生动物资源4项。2018年，又增加消灭劣V类水、鄱阳湖生态环境专项整治2项。3年累计解决影响河湖健康的突出问题4653个。通过系统综合治理，真正实现了河长制湖长制从“有名”到“有实”的转变，河湖水质持续提升，2016年、2017年、2018年水质优良率分别为81.4%、88.5%和90.7%，远高于全国平均水平和国家下达的考核指标。

建立由各级总河长牵头、河长办公室具体组织、相关部门共同参加、第三方独立评估的绩效考核体系，实施财政补助与考核结果挂钩，根据各地实际情况，采取差异化绩效评价考核。上级对下级河长进行考核，考核结果报送上级组织部门，并向社会公布，作为地方党政领导干部综合考核评价的重要依据。考核评估进一步提高政府决策的科学性和政府的公信力，促进政府管理方式的创新，促进河（湖）长制工作健康发展；强化各级河长的责任担当。

十、系统防治，推进生态文明建设

污染在水里，问题在岸上，加快水岸共治，山水林田湖草系统防治；发展“生态农业”“循环经济”。在河长制湖长制推行工作中，充分调动和发挥乡镇、村级组织在河、湖、库、渠日常管理、巡查中的积极作用，建立村级河长，把农村河道、各类分散饮用水源纳入管理，有利于加强广大农村水环境整治和饮用水水源保护，发展生态农业、绿色农业，完善农业循环链，以水为媒，发展循环经济，促进生态富民。农牧部门按照“无害化处理、资源化利用”的原则，推行“种养结合，入地利用”，使畜牧业与种植业、农村生态建设互动协调发展，走种植业养殖业相结合的资源化利用道路，解决规模养殖场粪污无害化处理的问题。促进美丽乡村建设，提升城乡人居环境。广东梅州、江西高安巴夫洛生态谷、黑龙江绥化市大力发展循环农业、创意农业、旅游+农业，在加快实现农村美、农业强、农民富上蹚出了新路子，值得推广。

进一步加大水污染防治工作力度，全面排查河道“清四乱”问题，发现新的问题即知即改、立行立改，保护河道空间的完整性，维护河道的健康生命；建议加强河长、河长办人员专题培训和在“清四乱”、农业面源污染治理手段和技术方面的研究；政府对在黑臭水体、水污染源治理以及历史原因形成的河道管理范围非法建设整治等方面的投入给予配套支持；进一步加大巡查督查力度，对“清四乱”整治工作进行“回头看”，杜绝反弹，不留隐患，发现苗头性问题立即采取措施，确保整治彻底到位；建议水利部门会同其他执法部门对河道污水直排、垃圾倾倒入河、破坏河道护岸等问题展开联合执法整治，对违规违法的企业及个人进行处罚教育，对县级河长、河长办人员每年至少开展一次专题培训，推进生态文明建设。

十一、治本之策，全面推进幸福河湖建设

以习近平同志为核心的党中央高度重视水利工作。习近平总书记多次就治水发表重要讲话、做出重要指示，明确提出“节水优先、空间均衡、系统治理、两手发力”的治水思路。发出了建设造福人民的幸福河的伟大号召，为推进新时代治水提供了科学指南和根本遵循。习近平总书记提出的“幸福河”“每条河要有河长”目标为新时代中国江河治理保护指明了方向；党委政府积极响应习近平总书记号召，全面推行河长制，发展绿色经济；全面推进幸福河湖建设。

人的命脉在水，水的命脉在山，山的命脉在土，土的命脉在水，“山水林田河（湖）是一个生命共同体”，是我国亟须研究和整治的系统工程。全面推进幸福河湖建设，是落实河长制及幸福河湖建设各项要求和任务的治本之策，是推进河湖科学保护、系统治理、长效管护的关键。为进一步从源头上保护好“一河清水”，结合调研实际，建议从以下四方面全面推进幸福河湖建设。

（1）坚持勿忘初心，实现“水清、河畅、岸绿、景美、人乐”。水体污染“症状”在水里，“病根”在岸上，农村废弃物（秸秆、养殖、生活等）污染、面源（化肥、农药）污染、工业点源污染等，使原来可以游泳、饮用的河道变了样，对群众饮水安全构成危害，对当代及子孙后代造成伤害。全面推进幸福河湖建设，目的是针对存在问题，在深入调查研究基础上，科学拟定系统保护“水生态、水环境”的“良方”。通过“良方”的分步实施，实现“水清、河畅、岸绿、景美、人乐”的河（湖）保护目标，为人民群众的“健康”创建优良的“风水”。全面推行幸福河湖建设，既是一项保护工程、发展工程、民生工程，更是一份沉甸甸的政治责任，需要各级党政领导干部保持为民服务的初心。

（2）坚持问题导向，因地制宜加强保护。全面推行幸福河湖建设，要坚持问题导向，在深入调研的基础上，针对存在问题，坚持近期和远期治理保护相结合，结合群众和社会发展需求，以改善水环境质量为核心，构建责任明确、协调有序、监管严格、保护有力的河湖管理保护机制，到2025年建立现代河湖管理保护体系，河湖管理机构、人员、经费全面落实，人为侵害河湖行为得到有效遏制，地表水丧失使用功能（劣于Ⅴ类）的水体及黑臭水体全部消除，县级集中式饮用水水源水质全部达到或优于Ⅲ类，河湖资源利用科学有序，河湖

水域面积稳中有升，河湖防洪、供水、生态功能明显提升，群众满意度和获得感明显提高，河湖绿色发展、健康发展、和谐发展成为常态，努力实现“水清、河畅、岸绿、景美、人乐”的河湖库管理保护目标。

（3）坚持群众路线，推进“良方”全面落实。随着经济社会的快速发展，水污染、水灾害、水短缺等问题层出不穷；有些河段资源过度开发，有些涉河建设项目未批先建，侵占河道、超标排污、乱采乱挖乱建等现象时有发生；一些地方垃圾污水随意入河倾倒、排放，造成了局部水体污染、生态破坏；部分公民护水、节水意识不强，水行政主管部门执法权限、经济控制手段不足，致使有些突出问题屡禁不止，阻碍了水环境的持续改善提升。加强河湖治理保护，要坚持从群众中来，到群众中去。要广泛听取沿河（湖）群众意见和诉求，听取社会各界意见和建议，问计于民，充分调动人民群众“爱水、护水”的积极性，实现“包河（段）到户”，请群众管好家门口的河段，处理好家门口的垃圾和生活污水，将河湖保洁与脱贫结合起来，争取河湖保护与脱贫双赢！发动群众有利于各级河长有的放矢地抓好“总体建设规划方案”的全面贯彻实施，努力做到“以河为贵”。

（4）坚持系统治理，大力发展生态农业和循环经济。河（湖）治理是一项长期而又复杂的系统工程，针对幸福河湖建设目标，在通过工程措施治理的同时，关键还要大力发展生态农业和循环经济，此为防止水污染、改善水生态环境的治本之策。据调查，一头猪每年排出 11 吨污水（此乃河、湖水质黑臭的主因之一），如合理利用，可提供半亩地有机肥；一颗纽扣大小的锂电池，随意丢弃，能污染 600 吨的水，相当于一个人一生的饮用水；一个人每天要排出 30 千克废水、2 千克垃圾，若不处理回用，对水、对环境产生的污染是严重的。这些变废（污）物为宝贵资源，利国、利民、利己的事，需要相关职能部门、每个公民用心来做。实践证明，发展生态农业和循环经济，对经济、社会、生态环境的改善是根本性的，是可持续发展的必然选择，也是实现“青山常在、绿水长流、江河安澜、百姓富裕”的不二选择。

“水中有鱼、岸上有绿、绿中有景、人水相亲”的美好愿景，不仅是人民群众梦寐以求的美好初心，也是全面实现文明、富裕、和谐小康社会的重要标志。通过全面推行幸福河湖建设，精心营建一批生态农业和循环经济的生态样板工程，打造一批高质量的亲水河（湖）景观，并以其获取收益作为幸福河湖建设工作的经费来源之一，有望实现全面推行幸福河湖建设与生态环境保护工作的双赢。